中华伦理
源远流长
车方去碧
泽让万方

和邦

四于九十有六
丙戌友

《中华伦理范畴丛书》总序

张立文

"内修则外理,形端则影直"。由山东曲阜孔子研究院发起编纂《中华伦理范畴》丛书,准备从中华民族传统伦理道德中撷取60个重要德目,并对每个德目自甲骨金文以至现代,进行全面系统研究,以凸显其文本之梳理,明演变之理路,辨现代之意义,立撰者之诠释的价值。撰写者探赜索隐,钩深致远,编纂者孜孜矻矻,兀兀穷年,为弘扬中华伦理精神和道德建设做出了贡献。

一、

何谓伦理?何谓道德?讲中华伦理不能不明乎此。从词源涵义来看,伦的本义是辈、类的意思,《说文》:"伦,辈也。从人,仑声。一曰道也。"段玉裁注:伦,引申之谓"同类之次曰辈"。《礼记·曲礼下》:"儗人必于其伦。"郑玄注:"伦,犹类也。"理的本意是条理,引申为道理。《说文》:"理,治玉也。从玉,里声。"《说文解字系传校勘记》引徐锴说:"物之脉理惟玉最密,故从玉。"理的本义是指玉、石的纹理。工匠依玉石的固有纹理,加以剖析雕琢,便是治玉,或曰理玉。天有天理,地有地理,人有人理,社会有条理,人事有事理,各有其理,便引申为原理。伦理的义蕴便是揩审物的道理。《礼记·乐记》:"乐者通伦理者也。"郑玄注:"伦犹类也,理分也。"①即为伦

《中华伦理范畴》丛书编委会

主　任：傅永聚
副主任：孙文亮　张洪海
编　委：成积春　陈　东　马士远　任怀国　修建军
　　　　曹　莉　王东波　李　建　王幕东　周海生
　　　　滕新才　曾　超　曾　毅　曾振宇　傅礼白
　　　　仝晰纲　查昌国　于云瀚　张　涛　项永琴
　　　　李玉洁　任亮直　柴洪全　董　伟　孔繁岭
　　　　陈新钢　李秀英　郑治文　刘厚琴　李绍强
　　　　张亚宁　陈紫天　刘　智　朱爱军　赵东玉
　　　　李健胜　冀运鲁　邱仁富　齐金江　王汉苗
　　　　王　苏　张　淼　刘振佳　冯宗国　孔德立
　　　　刘　伟　孔祥安　魏衍华　王淑琴　王曰美
　　　　何爱霞　李方安　孙俊才　张生珍　赵　华
　　　　赵溢阳　张纹华
总　编：傅永聚　韩钟文　曾振宇
副总编：胡钦晓　成积春　陈　东

第二函主编：傅永聚　成积春　齐金江

国家社会科学基金项目

《中华伦理智慧与当代心态伦理研究》(07BZX048)
结题成果之一

智

——中国古代仁智关系研究

李玉洁　主编

中国社会科学出版社

图书在版编目(CIP)数据

中华伦理范畴丛书. 第 2 函 / 傅永聚等主编. —北京：中国社会科学出版社，2012.12
ISBN 978-7-5161-0803-1

Ⅰ.①中… Ⅱ.①傅… Ⅲ.①伦理学—研究—中国
Ⅳ.①B82-092

中国版本图书馆 CIP 数据核字（2012）第 079380 号

出 版 人	赵剑英
责任编辑	冯春凤
责任校对	林福国等
责任印制	王炳图

出　　版	中国社会科学出版社
社　　址	北京鼓楼西大街甲 158 号（邮编 100720）
网　　址	http://www.csspw.cn
	中文域名：中国社科网　010-64070619
发 行 部	010-84083685
门 市 部	010-84029450
经　　销	新华书店及其他书店

印　　刷	北京华联印刷有限公司
装　　订	北京华联印刷有限公司
版　　次	2012 年 12 月第 1 版
印　　次	2012 年 12 月第 1 次印刷

开　　本	880×1230　1/32
总 印 张	130.125
插　　页	2
总 字 数	3336 千字　本册字数 378 千字
总 定 价	390.00 元（全九册）

凡购买中国社会科学出版社图书，如有质量问题请与本社联系调换
电话：010-64009791
版权所有　侵权必究

《中华伦理范畴》丛书总序

张立文

"内修则外理，形端则影直。"由山东曲阜孔子研究院发起编纂《中华伦理范畴》丛书，准备从中华民族传统伦理道德中撷取60个重要德目，并对每个德目自甲骨金文以至现代，进行全面系统研究，以凸显集文本之梳理、明演变之理路、辨现代之意义、立撰者之诠释的价值。撰写者探赜索隐，钩深致远，编纂者孜孜矻矻，兀兀穷年，为弘扬中华伦理精神和道德建设作出了贡献。

一

何谓伦理？何谓道德？讲中华伦理不能不明乎此。从词源涵义来看，伦的本义是辈、类的意思。《说文》："伦，辈也。从人，仑声。一曰道也。"段玉裁注：伦，引申之谓"同类之次曰辈"。《礼记·曲礼下》："儗人必于其伦。"郑玄注："伦，犹类也。"理的本义是条理，引申为道理。《说文》："理，治玉也。从玉，里声。"《说文解字系传校勘记》引徐锴说："物之脉理唯玉最密，故从玉。"理的本义是指玉、石的纹理。工匠依玉石的固有纹理，加以剖析雕琢，便是治玉，或曰理玉。天有天理，地有地理，人有人理，社会有条理，人事有事理，各有其理，便引

1

申为原理。伦理的义蕴便是指人、事、物的道理。《礼记·乐记》："乐者通伦理者也。"郑玄注："伦犹类也，理分也。"① 即为伦类理分。

在一般意义上，伦理与道德紧密联系，伦理以道德为自己的研究对象，道德通过伦理而呈现，道的初义是指道路，《说文》："道，所行道也……一达谓之道。"道是人所经行的通达一定目的地的道路。道既是主体实存的人行走出来的，也是指引主体实存要到达一定地方而不发生偏差的必经之路，由此而引申为一种必然趋势，或人们必须遵守的原则和原理；道有起点和终点，其间有一定距离的路程，而引申为事物变化运动的过程。道的这种隐然的可被引申的可能性，随着人们在社会实践中对主体和客体体认的加深，道的隐然的内涵亦渐渐显示出来，而成为中华民族哲学思想的最重要的范畴。

道无见于甲骨文而见于金文，德有见于甲骨。② 金文《毛公鼎》在甲骨文"徝"（郭沫若：《殷契粹编》八六四，1937年拓本）的基础上加"心"字，作"惪"。假如说甲骨文德意蕴着循行而前视，或行走而上视，那么，金文德字意味着人对自身行为和视觉认知的深入，譬如视什么？如何走？到那里？都与能想能思的心相联系，古人以心为五官之君，受心的支配，故演为《毛公鼎》的字形，于是《秦公钟》便作"悳"，即为德字；又舍"彳"，《侯马盟书》作"悳"，《令孤君壶》作"悳"，"悳"或"恵"字，即古之德字。由"德"与"悳"的分别，《说文》训德为"升"，属彳部。段玉裁《说文解字注》："升当作登。《癶部》曰：'迁，登也。'此当同之……今俗谓用力徙前曰德，古语也。"又《说

---

① 《乐记》，《礼记正义》卷37，《十三经注疏》，中华书局1980年版，第1528页。
② 参见拙著《和合学概论——21世纪文化战略的构想》，首都师范大学出版社1996年版，第684页。

文·心部》训"悳，外得于人，内得于己也。从直从心。"德与悳同。《礼记·曲礼上》："道德仁义，非礼不成。"《韩非子·五蠹》："上古竞于道德，中世出于智谋，当今争于气力。"既有通物得理之意，又有协调人间修德的竞争之意。

追究伦理道德之词源含义，是为了明伦理道德意义之真。然由于时代的差异，价值观念的不同，各理解者、诠释者见仁见智，各说齐陈。或谓道德是指"人类现实生活中由经济关系所决定，用善恶标准去评价，依靠社会舆论、内心信念和传统习惯来维持的一类社会现象"[①]；或谓"道德是行为原则及其具体运用的总称"[②]；或谓"道德则就个人体现伦理规范的主体与精神意义而言"，"道德则重个人意志的选择"，"道德可视为社会伦理的个体化与人格化"[③]；或谓道德是"一种社会意识形式，是规定人们的共同生活和行为、调整人际之间和个人与社会之间的关系的原则、规范的总和"[④]。各人依据自己的体认，而有其合理性和时代的需要，但都就人与人、人与社会的关系来规定道德的内涵。

就伦理而言，或谓伦理是表示有关道德的理论，伦理学是以道德作为自己的研究对象的科学。[⑤] 或谓"伦理学（ethǒs）是哲学的一个分支。它研究什么是道德上的善与恶、是与非。伦理学的同义语是道德哲学。它的任务是分析、评价并发展规范的道德标准，以处理各种道德问题"[⑥]；或谓伦理就人类社会中人际关

---

① 罗国杰主编《伦理学》，人民出版社1989年版，第7页。
② 张岱年：《中国伦理思想研究》，上海人民出版社1989年版，第3页。
③ 成中英：《中国伦理精神的历史建构序》，江苏人民出版社1992年版，第2页。
④ 黄楠森、夏甄陶主编《人学词典》，中国国际广播出版社1990年版，第423页。
⑤ 罗国杰主编《伦理学》，人民出版社1989年版，第4页。
⑥ 《简明不列颠百科全书》第五卷，中国大百科全书出版社1986年版，第456页。

系的内在秩序而言，它侧重社会秩序的规范，可视为个体道德的社会化与共识化；①或谓伦理学是哲学的一个分支学科，即关于道德的科学。伦理是中国古代用以概括人与人之间的道德原则和规范的。②这些规定涉及社会秩序的规范和人与人之间的道德原则，以及善与恶、是与非的道德标准等问题，有其合理性；又以伦理学是哲学的分支学科，乃是根据学科分类来规定，它不属于伦理学内涵的表述。

现代西方伦理学，学派纷呈。如胡塞尔、舍勒、哈特曼的现象学价值伦理学；海德格尔、萨特的存在主义伦理学；弗洛伊德的精神分析伦理学；詹姆士、杜威的实用主义伦理学；鲍恩、弗留耶林、布莱特曼、霍金的人格主义伦理学；马里坦的新托马斯主义伦理学；弗罗姆的人道主义伦理学；弗莱彻尔的境遇伦理学；斯金纳的行为技术伦理学；马斯洛的自我实现伦理学。③就伦理学的方法而言，自英国亨利·西季威克1874年出版《伦理学方法》以来，它作为确证和建构伦理精神的价值合理性方法，说明伦理精神价值合理性方法的核心是价值选择和主体行为的程序合理性，是人们据以确定"应当"做什么或什么为"正当"的合理程序。西季威克所阐述的"自我本位"的价值合理性方法曾是英语世界中影响最大的道德哲学文献。然而，马克斯·韦伯《新教伦理与资本主义精神》的出版，却为确证伦理精神的价值合理性提供一种超越西季威克的新视野、新方法。韦伯认为，确证伦理精神价值合理性的标准和方法，是伦理与经济、社会发展的关系，以及主体所遵循的普遍的行为准则。这样便转西

---

① 成中英：《中国伦理精神的历史建构序》，江苏人民出版社1992年版，第2页。
② 《中国大百科全书·哲学卷》，中国大百科全书出版社1987年版，第515页。
③ 参见万俊人《现代西方伦理学史》，北京大学出版社1992年版。

季威克式行为的目的或效果的合理性为韦伯式的主体所遵循的行为准则的普遍性及其合理性,即转"伦理本位"为"关系本位"。被称为第二次世界大战后伦理学、政治哲学领域中最重要的理论著作的约翰·罗尔斯的《正义论》,他要在伦理与政治、伦理与经济等关系中建构"正义",作为社会的共同准则的普遍价值合理性。由于规则的普遍性与合理性,都必须在"关系"中确立,使罗尔斯陷入了两难;他在价值合理性的确证上超越了自我本位的抽象,却陷入了关系本位的抽象;他追求某种现实的具体,却陷入历史的抽象。这种"关系抽象",也是现代西方伦理学的价值方法内在的局限。针对这种局限,阿拉斯戴尔·麦金太尔诘难:"谁之正义?何种合理性?"麦金太尔认为,在历史传统和现实生活中,存在多种对立的正义和互竞的合理性,正义和合理性是一个历史的概念,没有超越一定历史传统的正义和共同体的普遍价值。伦理价值及其合理性,关键是主体的道德品质(美德),否则一定价值都不能成为行为准则。麦金太尔认为,罗尔斯的正义论缺乏人格或品质的解释力,传统的多样性使正义和价值合理性也具有多样性。尽管麦氏试图解构罗氏以正义为一种伦理价值的普遍性和合理性,即现实的合理性,而寻求真正的合理性,但麦氏自己却从罗氏的现实的"关系抽象"走入了历史的"关系抽象",最后回归亚里士多德以"美德"确证价值的合理性和现实性。[①]

21世纪的伦理学和伦理精神的价值合理性,应度越人类本位主义的存在主义的、精神分析的、实用主义的、人格主义的、新托马斯主义的、人道主义的、行为技术的、自我实现的伦理学,这种伦理学是在人类中心主义的观照下,把人与政治、经济、宗

[①] 参见樊浩《伦理精神的价值生态》,中国社会科学出版社2001年版,第2—7页。

教、人际的关系合理性作为伦理精神价值；也要度越伦理精神的价值合理性的利己主义、直觉主义、功利主义的"自我本位"，以及"关系本位"的伦理学方法。之所以要度越，是因为其"天地万物与吾一体"的观念的缺失，是"天地之塞，吾其体；天地之帅，吾其性。民吾同胞，物吾与也"①伦理价值合理性的丧失，而要建构"天人和合"，"天人共和乐"的伦理精神的价值合理性。

笔者曾在《和合学概论——21世纪文化战略的构想》一书中，提出道德和合与和合伦理学，便是企图弥补这些缺失，建构自然、社会、人际、心灵、文明间融突的和合伦理精神的价值合理性。在道德和合与和合伦理学的视阈中，道德不仅是人与人、人与社会、人的心灵及文明间关系伦理精神原则和行为规范，而且是人与宇宙自然间关系的伦理精神原则和行为规范。基于此，笔者规定道德是指协调、和谐人与自然、人与社会、人与人、人的心灵、不同文明间融突而和合的总和。

道德与伦理，两者不离不杂。伦理是指人与自然、人与社会、人与人、人的心灵、各文明间关系的伦辈差分中而成的次序和谐的道理、理则价值的合理性的和合。如孟子说："人吃饱了，穿暖了，住得安逸了，如果没有教育，就与禽兽差不多。"圣人为此而忧虑，便派契做司徒的官，来管理教育，用人之所以为人的伦理价值合理性和行为规范来教化人民。"教以人伦：父子有亲，君臣有义，夫妇有别，长幼有序，朋友有信。"②父子、君臣、夫妇、长幼、朋友的辈分及其之间的差分，这便是伦辈或"名分"；亲、义、别、序、信，这就是伦辈之间关系的理则、道理或规范，它体现了伦理关系及其行为的价值合理性和中华民族的伦理精神。

---

① 《正蒙·乾称篇》，《张载集》，中华书局1978年版，第62页。
② 《滕文公上》，《孟子集注》卷五，世界书局1936年版，第39页。

二

中华民族伦理精神的价值合理性的合理性，就在于与时偕行的社会历史发展中，以其伦理精神价值的具体合理性适应现实社会的伦理道德的需要。现实应然需要的，就是合理的；但合理的，不一定就是现实需要的。中华伦理精神的价值合理性是在现实社会不断发展中不断丰富完善的。

（一）道废与伦理

伦理道德是现实社会政治、经济、文化精神之本，本立则道生；现实社会政治、经济、文化精神废，即断裂，则"道"亦废。由于其道废，使社会政治、经济、文化破缺和动乱，社会失序、政治失衡、伦理失理、道德失德，便要求建设伦理精神和行为规范。老子说："大道废，有仁义。""六亲不和，有孝慈，国家昏乱，有忠臣。"[1] 大道被废弃，才有仁义道德的建构；父子、兄弟、夫妇的不和睦，才要求孝慈道德的建构；国家陷于动乱，就需要有忠臣的道德。这里仁义、孝慈、忠是为了化解大道废、六亲不和、国家昏乱的道德伦理缺失和紧张的需要，这种需要是伦理精神的价值合理性应有之义。所以老子表述为"失道而后德，失德而后仁，失仁而后义，失义而后礼"[2]。这个失道、失德、失仁、失义的次序，不一定合理，但由其缺失而需要弥补、重建，这是与价值合理性相符合的。

孔老时处"礼崩乐坏"的时代，社会无序，伦理错位，臣弑其君，子弑其父，重利轻义。孔子对于这种违反伦理道德和礼

---

[1]　《老子》第18章。
[2]　《老子》第38章。

乐典章的事件，非常气愤：是可忍，孰不可忍！他要求做君主的要像君主的样子，做臣子的要像做臣子样子，做父亲的要像做父亲的样子，做儿子的要像做儿子的样子。这就是说君君、臣臣、父父、子子，各行其道，各尽其责，各安其位，各守其礼，这便是其伦辈名分的价值合理性。孔子对于传统伦理道德的破坏、断裂，既表示了强烈的不满，又显示了严重的忧患。作为当时维护国家秩序的典章制度的礼乐，既是社会伦理精神的体现，亦是人们行为规范。鲁大夫季孙氏僭用天子的礼乐。按当时的规定奏乐舞蹈，天子为八佾64人，诸侯六佾48人，大夫四佾32人（佾，朱熹注："舞列也，天子八，诸侯六，大夫四，士二。每佾人数，如其佾数，或曰每佾八人，未详孰是。"一是每佾人数与佾数相等；二是每佾人数固定为八人，不受佾数而变化。现一般采用后说，并以服虔《左传解谊》："天子八人，诸侯六八，大夫四八，士二八"为是）。季氏作为大夫只能用四佾，而他"八佾舞于庭"，是严重违制的行为。同时仲孙、叔孙、季孙三家，在祭祀祖先时僭用天子的礼，唱着只有天子祭祀时才能唱的《雍》这篇诗来撤除祭品。这是违反伦理精神和行为规范的非合理性的活动，孔子对此持严肃的批判态度，而试图重建伦理精神和道德价值的合理性。为此，孔子重视"正名"，他在回答子路治国以什么为先时说，要以纠正名分上的不合理为先，这是因为"名不正，则言不顺；言不顺，则事不成；事不成；则礼乐不兴；礼乐不兴，则刑罚不中；刑罚不中，则民无所措手足"[1]。名分上的不合理性就是指当时"礼崩乐坏"的季氏八佾舞于庭、觚不觚、君臣父子等违戾礼乐价值的不合理性的行为活动，这就造成了言语不顺理、事业不成功、礼乐不兴盛、刑罚不得当、人民的手足无所措的情境，社会就不会和谐安定。

---

[1] 《子路》，《论语集注》卷七，世界书局1936年版，第54页。

（二）治心与治身

老子、孔子用正、负不同的方面批判"礼崩乐坏"的典章制度和伦理道德的价值不合理性，并从不同方面试图建构伦理精神和行为规范的价值合理性。尽管他们各自作出了努力和贡献，但无能为力作出超越时代情势的改变，因而当时收效甚微。然而随着时代的发展，孔子儒家的伦理精神和行为规范逐渐显现其价值的合理性。

就德礼教化与法律刑政而言，孔子做了一个诠释："子曰：道之以政，齐之以刑，民免而无耻；道之以德，齐之以礼，有耻且格"①。"道"作"导"，引导；政指法制禁令；礼指制度品节。《礼记·缁衣篇》载，子曰："夫民，教之以德，齐之以礼，则民有格心；教之以政，齐之以刑，则民有遁心。"管理国家和人民，以政法来引导，用刑罚来齐一，人民只是避免罪恶，而没有廉耻心；用道德来教导，以礼乐来齐一，人民不但有廉耻心，而且人心归服。"为政以德，譬如北辰，居其所而众星共之。"②以道德来管理国政，就好像北斗星一样，众星都围绕着它，归顺它。意谓用道德价值力量来感化人民，而不用繁刑重罚，人民自然归顺。

政刑是外在法制禁令和刑罚，属于他律，是对于人民违犯法制禁令行为的处理，刑罚加诸身，要受皮肉之苦，人们不再受牢狱之苦而逃避犯罪，可能起到治身的功效，但不能治心，没有道德的廉耻心，就没有道德礼教的自觉，还可能重新犯罪或作出违反典章制度、伦理道德的事。德礼的教化和引导，是培养人民道德操行品节的自觉性，使其自觉向善，自然不会作出触犯法制禁

---

① 《为政》，《论语集注》卷一，世界书局1936年版，第4—5页。
② 同上。

令和违戾礼乐制度的行为,自觉做到非礼勿视,非礼勿听,非礼勿言,非礼勿动,便能"克己复礼为仁"[①]。克制自己,使自己的视听言动都符合礼,就是仁。克制自己就属于自律,自律依靠道德自觉,而不靠他律法制禁令;克制自己是治心,树立善的道德伦理价值观,法制禁令只能治身,治身并不能辨别善恶是非,而不能不作出违反礼乐的行为;治心是治内,心是视听言动行为活动的支配者,有仁爱之心,有"己所不欲,勿施于人"的善心,这是根本、大本。治身是治外,外受制于内,所以治身相对治心而言是枝叶,根深叶茂,根固枝壮。这就是为什么需要培育伦理精神、行为规范的价值合理性的所在。

(三) 民族与世界

在当前经济全球化,技术一体化、网络普及化的情境下,西方强势文化以各种形式、无孔不入地横扫全球,东方及其他地区在西方强势文化的冲击下,逐渐被边缘化,乃至丧失了本民族传统文字语言,一些国家、民族在实行言语文字改革的旗号下,走向西化,造成本民族传统文化的断裂,年青一代根本看不懂本国、本民族古代语言文字、经典文本、史事记载。一个民族、国家的思想灵魂的载体,民族精神的传承,自立的根本,是与这个国家、民族的固有传统文化分不开的。民族传统文化载体的丧失和断裂,随之而来的是这个民族的民族精神和民族之魂的沦丧,民族之根的枯萎。一个无根的民族,无民族精神的民族,无民族之魂的民族,只能成为强势民族的附庸,其民族精神、民族之魂也会被强势民族精神、民族之魂所代替。从世界多元文化而言,这种趋势的持续,是可悲的。

一个无文化之根的民族,其价值观念、伦理道德、思维方

---

① 《颜渊》,《论语集注》卷六,世界书局1936年版,第49页。

式，乃至风俗习惯（包括传统节日）都可能被强势文化的价值观念、伦理道德、思维方式、风俗习惯所代替。当下所说的与世界接轨，实乃与西方强势文化接轨，这种接轨的结果，若按西方二元对立的思维定势来观照，必然导致非此即彼、你死我活的格局，强势文化要吃掉、消灭弱势文化，名之曰生存竞争，适者生存，为其强食弱肉的合理性作论证。民族精神、民族之魂，是这个民族之所以成为这个民族的根本标志，是这个民族主体性的凸显。世界是多元的，民族文化是多彩的。在世界文化的百花园中，多元民族文化竞放异彩，构成了绚丽多姿、生气盎然境域。这就是说，各民族文化思想、价值观念、伦理道德、思维方式、风俗习惯都是世界百花园中的一员或一份子，尽管当前有大小、强弱、盛衰之别，但应该互相尊重、谅解、友好、帮助，做到和生和长、和立和达。假如世界文化百花园中只有一花独放，只有一种文化思想、价值观念、伦理道德、思维方式、风俗习惯，那么，这个世界就是"声一无听，色一无文，味一无果，物一不讲"[1]的世界，不仅是可悲的，而且必走向毁灭。从这个意义上说，民族的即是合理的，多元的即是合法的。换言之，民族的即是世界的，世界的即是民族的，若无民族的也即无世界的。这就是民族精神和行为规范的价值合理性。

（四）传统与现代

自近代以降，西方列强疯狂地、卑鄙地侵略中华民族。中华民族出于人道主义的要求而抵制鸦片毒品贸易，西方列强竟然发动鸦片战争，中国被迫签订丧权辱国的不平等条约。此后各西方列强纷纷发动侵略战争，迫使清政府签订一个又一个丧权辱国的不平等条约，这就极大地刺痛中华民族，一批具有"国家兴亡，

---

[1]《郑语》，《国语集解》卷十六，北京，中华书局2002年版，第472页。

匹夫有责"的使命感和担当感的有识之士,为救国救民,由君主立宪的变法而转为推翻君主专制的革命,他们的思想武器既有"中体西用"的,也有"西体中用"的。到了五四运动,他们在西方科学和民主的旗帜下,提出了"打倒孔家店"和"文学革命"、"道德革命"的口号,激烈地批判和打倒孔子和传统文化,这样便掀起了古今、中西、新旧之辩,实即传统与现代的论争。

陈独秀以非此即彼、二元对立的思维,提出:"要拥护那德先生,便不得不反对孔教、礼法、贞节、旧伦理、旧政治;要拥护那赛先生,就不得不反对旧艺术、旧宗教;要拥护德先生又要拥护赛先生,便不得不反对国粹和旧文学。"[①] 在左拥护、右拥护西方科学和民主的同时,便已承诺了西方科学和民主伦理精神和行为规范的价值合理性和合法性,否定了中华民族传统文化思想、伦理道德、文学艺术、政治礼法的价值合理性。在西方科学和民主的热潮中,中华民族的传统文化,特别是儒学面临着情感化的无情的打倒和批判。鲁迅在《狂人日记》中说:我翻开历史一查,"每页上都写着'仁义道德'几个字。我横竖睡不着,仔细看了半夜,才从字缝里看出字来,满本都写着两个字是'吃人'!"为此,打"孔家店"的老英雄吴虞便说:"孔二先生的礼教讲到极点,就非杀人吃人不成功,真是惨酷极了!一部历史里面,讲道德说仁义的人,时机一到,他就直接间接的都会吃起人肉来了。"[②] 中华民族传统的"仁义道德",不仅不具有价值合理性,而且是杀人吃人的"软刀子"和凶手!

在这种情境下,人们不可避免地把中华民族传统的"仁义道德"与西方现代的科学民主对立起来,在此两者之间,只能

---

① 陈独秀:《陈独秀文章选编》,三联书店1984年版,第317页。
② 《对于礼孔问题之我见》、《吴虞集》,四川人民出版社1985年版,第241页。

采取拥护一方而反对另一方的立场，而不能有其他选择，这就使中华民族自身的主体文化受到无情的炮轰。然而破了所谓"旧伦理"、"旧文学"、"国粹"、"旧艺术"，由什么新伦理、新国粹、新艺术等来代替？其实文化、伦理、礼乐、文学、艺术就像黄河之水，大化流行，生生不息。传统文化的破坏，就像黄河的断流，不流的黄河就不成为黄河，中华民族丧失了传统文化，亦即不成为中华民族。民族文化是一个民族的标志和符号，是这个民族的民族精神的表现，是这个民族的民族之魂的载体。中华民族与其自身传统文化、伦理道德、价值观念、行为方式、风俗习惯等的关系，犹如人自身与其影子的关系，我们不能做"出卖影子的人"。德国一个年青人为了从魔术师那里换取"福神的钱袋"，他出卖了自身无价之宝的影子，他虽然得到了用之不竭的钱袋，在金榻上睡觉，人们称他为伯爵先生，挽着美人的手臂散步，但他见不得阳光、月光乃至灯光，当人们发现他没有影子时，就会离开他，孩子们非难他，把他看成是没有影子的怪物。他终日忧心忡忡，毫无快乐可言，也失去了一切幸福，最后他宁愿放弃一切，不惜任何代价也要把影子赎回来。① 我出生在浙江温州，少时候大人告诉我们小孩，千万不要丢掉自己的影子，若丢了影子，就是给魔鬼摄去了，人就死了。所以小孩们在有光地方走路，总要回头看看自己的影子在还不在。这个"故事"启示我们：人不能为了钱财而出卖影子，换言之，一个民族也不能为了某种利益的需要而丢掉传统文化、民族之魂。

其实，一个民族的传统文化、民族精神、民族之魂已潜移默化地渗透到这个民族大众的血液里、行为中。它像孔子所说的

---

① ［德］阿德贝尔特·封·沙米索（1781—1838）是德国浪漫主义作家。《出卖影子的人》（原名《彼得·史勒密的奇怪故事》），人民文学出版社1987年版。

"不舍昼夜"地与时偕行，不断地吮吸中外古今的文化资源，融突而和合为新思想、新观念或新儒学等。从"逝者如斯夫"来观照，每个阶段、时期的文化，都既是传统的又是现代的，至今概莫能外。因此，传统与现代决非断裂的两橛，亦非无关联的两极。传统与现代的核心及其关节点是人，"人是会自我创造的和合存在"。当现代人在体认传统文化、解读传统文本、诠释话题故事时，就赋予了传统文化、传统文本、话题故事现代性，从这个意义上说，传统的即是现代的，传统的伦理精神和行为规范便蕴涵着现代的价值合理性。

在道废与伦理、治心与治身、民族与世界、传统与现代的相对相关、冲突融合中，显示了中华民族伦理精神和行为规范价值的现代性、合理性和适应性。这就是说，虽然为道屡迁，但能唯变所适。中华民族的伦理精神和行为规范在与时偕行的诠释中，不断地开出新意蕴、新内涵，而成为当今需弘扬的伦理精神和行为规范。

三

中华民族伦理精神和行为规范既在现代理性法庭上宣布了自己价值的合理性，那么，价值合理性必须在伦理精神和行为规范中寻找自己适当的或应有的位置，以表现自己的内涵、性质、价值和功能。山东曲阜孔子研究院发起编纂《中华伦理范畴》丛书，从中华民族伦理道德中撷取仁爱忠恕礼义、廉耻中信和合、善勇敬慈诚德、孝悌勤俭修志、圣公洁贞敏惠、乐毅庄正平温、友强容智道顺、良格省新恭直、博节健实恒明、忧质行美刚气等60个德目进行探讨研究，有致广大而尽精微之志，求弘道统而高素质之效，其志其效可敬可佩。

作为总序，不可能简述此60个德目，而只能从中华民族伦理范畴的"竖观"、"横观"、"合观"的"三观"中,呈现中华民族伦理精神和60个德目的特质:即伦理范畴的逻辑结构性,范畴的思维整体性,范畴的形态动静性,范畴历时同时的融合性,范畴的内涵生生性,构成了中华民族伦理精神和行为规范价值合理性的谱系和血脉。

(一)伦理范畴的逻辑结构性

伦理范畴的逻辑结构,并非是观念、心意识或瞬间的杜撰,也非凭空的想象,而是中华民族长期对于人与自然(宇宙)、人与社会、人与人、人的心灵之间融突以及其互相交往活动的协调、和谐的体认,是对于国与国、民族与民族、文明与文明之间交往活动融突而后和合、平衡协调处置的体悟,而后提升为伦理概念范畴。

中华民族伦理范畴尽管多元多样,但有其一定的逻辑结构。所谓逻辑结构是指中华民族概念范畴的逻辑发展及诸范畴间内在的联系,是在一定社会经济、政治、文化、思维结构中,所构建的相对稳定的结构方式。[①] 伦理作为一种理论思维形态和行为交往规范,是凭借概念、范畴、模型等逻辑结构形式,有序地整合各信息的智能过程。伦理概念既显现了生存世界事物元素的类别形态,又体现了意义世界意义主体的价值追求,这才是合理的,才能在逻辑世界(可能世界)中现实地存在着,并释放其虚拟功能。范畴是概念的类,它间接地显现生存世界事物类别之间的关系,体现意义世界中的价值追求,呈现逻辑世界中的合用原则。伦理范畴只有满足两方面需求,才是合用的:一是在体认上显现了事物类别形态间的关系网络;二是在践行上体现了意义主体对价值的追求。否则范畴将被主体从智能活动中淘汰出去,成

---

① 参见拙著《中国哲学逻辑结构论》,中国社会科学出版社1989年版,2002年修订版,第1—57页。

为纯粹的、历史的文字形式。

中华民族伦理精神和行为规范价值合理性宗旨,是止于和合、和谐。和合、和谐是伦理精神的价值核心。由此核心而展开伦理范畴的逻辑次序,按照和合学的"三观"法,伦理范畴是遵循人心——家庭——人际——社会——世界——自然的顺序逻辑系统。《大学》"在明明德,在亲民,在止于至善"三纲领和格物、致知、诚意、正心、修身、齐家、治国、平天下八条目中,其修身以上属内圣修养功夫,正心以上又可作为所以修身的内容和根据,修身以下是外王功夫,是可践履的措施。修身是从内圣至外王的中介,它把内圣与外王"直通"起来,而没有"曲成"的意蕴。诚意、正心是修心的伦理范畴。

人心是中华民族伦理范畴逻辑结构顺序的起点、关键点。朱熹认为君主正心就能正朝廷,朝廷正就能正百官,百官正就能正万民,万民正就能正天下。淳熙十五年(1188),朱熹借"入对"之机,要讲"正心诚意",朋友们劝戒说"'正心诚意'之论,上所厌闻,戒勿以为言,先生曰:'吾生平所学,惟此四字,岂可隐默以欺吾君乎!'"[1] 朱熹认为帝王的心术是天下万事的大根本,国家盛衰、政治好坏、社会邪正均取决于帝王的心术。他说:"人主之心一正,则天下之事无有不正,人主之心一邪,则天下之事无有不邪。如表端而影直,源浊而流污,其理必然者。"[2] 又说:"故人主之心正,则天下之事无一不出于正,人主之心不正,则天下之事无一得由于正。"[3] 朱熹出于忧患意识,而直指正君心,以此为大根本。对于每个人来说,心也是自己为人处事的大根本,心的邪正、善恶是支配自己行为活动的原动

---

[1] 黄宗羲:《晦翁学案》,《宋元学案》卷四十八,第1498页。
[2] 《己酉拟上封事》、《朱熹集》卷十二,四川教育出版社1996年版,第490—491页。
[3] 《戊申封事》、《朱熹集》卷十一,第462页。

力，心善而行善，心正而行正，心邪而行邪，心恶而行恶。

孟子从性善出发，主张"人皆有不忍人之心，先王有不忍人之心，斯有不忍人之政"①。什么是不忍人之心？孟子举例说，有人突然看见一个小孩要跌到井里去，人人都会有同情心，这种怵惕恻隐的心，不是为了与小孩的父母结交，也不是为了在乡里朋友中博取名誉，亦不是厌恶小孩的哭声，而是出于每个人都普遍具有的怜恤别人的心情。这样看来，如果一个人没有同情心、羞耻心、辞让心、是非心，简直不是个人。此四心依次便是仁、义、礼、智的萌芽。这是从尽心知性、存心养性的视阈来讲心的。心应具有仁、义、礼、智、正、诚、爱、志、善的伦理道德范畴。这些范畴既是人的心性修养，也是处理人与自然、社会、人际、心灵、文明间交往的原则、规范。

仁与义，是指族类情感与合宜理性。中华民族生存方式是在族类群体性交往活动中实现族类亲情或泛爱众，"人皆有不忍人之心"，便是仁者爱人的世俗族类情感的内在心性根据。人从自我主体或类主体出发，施爱于他者或天地万物，构成他者和天地万物一体之仁的系统。在人类仁爱的情感中，蕴涵着人在天地万物中主体伦理价值的实现。义是指个体和类主体施爱于自我、他人、自然、社会、文明的"合当如此"和有序有度的合宜，是伦理价值的合理性。此其一。其二，仁与义是指为人的价值取向与为我的价值取向。仁为爱人，爱他人、他家、他国。义是端正自我，注重自我道德、人格、情操的修养。从伦理精神来观，仁是由内在心性外推，由己及人及物，义是由外在需求而内化端正自我。其三，仁与义是指理想人格与价值标准。作为仁人在任何情况下都不违仁，乃至"杀身成仁"。义是当个体利益与整体利益发生冲突时，为实现伦理价值理想，而"舍生取义"。

---

① 《公孙丑上》，《孟子集注》卷三，世界书局1936年版，第24页。

诚,《大学》讲诚意、意诚。朱熹注:"诚,实也。意者,心之所发也。"他在《中庸》注中说:"诚者,真实无忘之谓。"人之伦理道德意识应是诚实不欺之心,即真心,从真心出发而有真言、真行,而无谎言、欺诈。无论是程颐说诚应"实有是心",还是王守仁说的"此心真切",都是指真心实意。

真诚的伦理精神是止于善。朱熹说:"实于为善,实于不为恶,便是诚。"① 真实无妄的心,即是善心。孔子讲"己所不欲,勿施于人"的心,孟子讲的四端之心,皆为善心,而与邪恶之心相冲突。而需改恶从善,"化性起伪",以达人心和善。

人生于父母,与父母有着不可分的血缘基因的关系,便构成一个家庭。家庭内父母、兄弟、姐妹、夫妇、子女的交往是最频繁的、最亲密的,因为人一生下来,便首先面对家庭成员,并成为家庭中的一员,形成家庭成员间的伦理关系。一个人的意诚、心正、身修的道德节操品行,首先便体现在家庭伦理的行为规范之中。"商契能和合五教,以保于百姓者也。"② 契是商的始祖,帝喾的儿子,舜时佐禹治水有功,封为司徒。五教是指"父义、母慈、兄友、弟恭、子孝,内平外成","舜臣尧……举八元,使布五教于四方,父义、母慈、兄友、弟恭、子孝"③。于是孝、悌、恭、慈、友、贞等,意蕴着家庭伦理精神和行为规范的价值合理性。

伦理范畴的逻辑结构由人心和善到家庭和睦,推演到人际和顺。孟子讲:"人之有道也,饱食暖衣,逸居而无教,则近于禽兽。圣人忧之,使契为司徒,教以人伦:父子有亲,君臣有义,夫妇有别,长幼有序,朋友有信。"④ 此意蕴亦见于《尚书·舜

---

① 《朱子语类》卷六十九。
② 《郑语》,《国语集解》卷十六,中华书局2002年版,第466页。
③ 《左传》文公十八年,《春秋左传注》,中华书局2002年版,第638页。
④ 《滕文公上》,《孟子集注》卷五,世界书局1936年版,第39页。

典》:"契,百姓不亲,五品不逊,汝作司徒,敬敷五教,在宽。"这样便从家庭的父子、兄弟、夫妇关系扩大为君臣、朋友、老幼的人际交往活动的伦理关系及其道德原则和行为规范,君臣关系是父子关系的扩展,所以父、君对子、臣是义,子、臣对父、君是孝、忠。在家为孝子,在国为忠臣,"孝子出忠臣"。在这里仁义礼智既是心的修养,也体现为人际关系的行为规范。"子张问仁于孔子。孔子曰:'能行五者于天下为仁矣。''请问之。'曰:'恭、宽、信、敏、惠。恭则不侮,宽则得众,信则人任焉,敏则有功,惠则足以使人。'"① 此五德目作为仁的伦理精神和道德规范的体现,仁由心的修养,行之家庭,进而人际之仁;孝由家庭的伦理行为规范,而推之敬的人际伦理;孝若作为能养父母来理解,就与犬马无别,其别在于孝敬。敬作为伦理道德规范,既是对父母的,也是对他人的、社会的。

　　人际的伦理道德关系,构成一个社会的基本关系,仁、义、礼、智、信伦理道德进入社会,也成为社会的伦理原则和行为规范。孔子和孟子都认为治理国家社会最佳选择是德治。"以德服人者,中心悦而诚服也。"② 德治的核心是"仁政",孟子认为,如果"以不忍人之心,行不忍人之政,治天下可运之掌上"。③ "仁政"根本措施是"制民之产",使民有恒产而有恒心,即给人民五亩之宅,种桑树,养家畜,50和70岁就可以衣帛食肉了,物质生活就有了保障,此其一;其二,"王如施仁政于民,省刑罚,薄税敛,深耕易耨"④;其三,如行仁政,便会成为世人所归,"今王发政施仁,使天下仕者皆欲立于王之朝,耕者皆欲耕于王之野,商贾皆欲藏于王之市,行旅者皆欲出于王之涂,

---

① 《阳货》,《论语集注》卷九,世界书局1936,第74页。
② 《公孙丑上》,《孟子集注》卷三,第23页。
③ 同上书,第25页。
④ 《梁惠王上》,《孟子集注》卷一,第4页。

天下之欲疾其君者皆欲赴愬于王。其若是，孰能御之！"①仕者、耕者、商贾、行旅等都到齐国发展，齐国便可迅速强大起来；其四，加强伦理道德教化。"谨庠序之教，申之以孝悌之义，颁白者不负于戴于道路矣"②，"壮者以暇日修其孝悌忠信，入以事其父兄，出以事其长上"③。这样，人民安居乐业，遵道守礼，社会安定和谐。

《管子》认为，国家社会的倾与正、危与安、灭与复同伦理道德有重要关系，被视为国之四维。"国有四维，一维绝则倾，二维绝则危，三维绝则覆，四维绝则灭……何谓四维，一曰礼，二曰义，三曰廉，四曰耻。"④"四维张，则君令行"，"四维不张，国乃灭亡"⑤。四维乃国家命运所系，所以"守国之度，在饰四维"⑥。这是国家社会和谐稳定、长治久安的保证。

伦理的范畴逻辑结构由治国而进入平天下。"天下"观念，可理解为当今的"世界"。汉语世界是从佛教语汇中吸收来的，梵文为loka，音译"路迦"。《楞严经》四，"何名为众生世界？世为迁流，界为方位。"世即为过去、未来、现在三世，界为东南西北、东南、西南、东北、西北、上下，是时间和空间的概念，相当于宇宙的概念；后汉语习用为空间的概念，相当于天下。世界（天下）是由各地区、各国、各民族、各种族组成的，它们之间尽管存在强弱贫富、社会制度、价值观念、宗教信仰、风俗习惯等的差分和冲突，而需要遵循国际道义规范。得道多助，失道寡助。国际道义即国际伦理要公平、正义、和平、合

---

① 《梁惠王上》，《孟子集注》卷一，第7页。
② 同上书，第8页。
③ 同上书，第4页。
④ 《牧民》，《管子校正》卷一，世界书局1936年版，第1页。
⑤ 同上。
⑥ 同上。

作。不杀人的仁恕伦理,不偷盗的公平伦理,不说谎的诚信伦理,不奸淫的平等伦理,以建构和谐世界。

人类世界和谐的和,即口吃粟,"民以食为天",人人有饭吃,天下就太平;谐,从言皆声,可理解为人人能发声讲话,天下就安定。前者是人的生存权,后者是言论自由权。两者具备,在古代就可谓和谐世界。然而近代以来,人类对宇宙自然征伐加剧,使自然天地不堪重负,生态失去了平衡,造成环境污染,资源匮乏,土地沙化,疾病肆虐,天灾频发,人与自然的冲突愈来愈尖锐。人与宇宙自然应该建构道德的、中庸的、仁爱的、和美的伦理规范,在天地万物与吾一体的视阈中,"仁民爱物","民吾同胞,物吾与也"[①]。天为父,地为母,天地宇宙自然是养育人类的父母,人类也应以对待自己的父母一样对待宇宙自然,在自然伦理、环境伦理、生态伦理中,规范人类行为,建构天人共和共乐的和美天地自然。

伦理范畴的各德目,可按其性质、内涵、特点、功能,依逻辑层次安置。在整个逻辑结构层次间可以交叉互通;在一个逻辑结构层次内既有中华伦理精神德目,也有伦理行为规范德目,以及道德节操、品格、修养等德目。

(二)伦理范畴的思维整体性

中华伦理范畴的思维整体性是指以某个范畴为核心,以表现思维主体与思维对象内在整体或外在整体的概念范畴群或概念范畴之网,进而凸显思维主体与思维对象内在和外在的规定、关系以及其间的互相联系、渗透、会通、融突等形式。由于伦理范畴的性质、功能的差分,可以构成几个概念范畴群,诸概念范畴群的殊途同归,分殊而理一,构成中华伦理范畴的整体性。

[①]《正蒙·乾称篇》,《张载集》,中华书局1978年版,第62页。

中华伦理范畴思维整体性的根据，是天地万物与吾一体的整体性思维模型，它纵贯、横摄、和合由人心到自然六个逻辑结构层次；它沉潜于中华民族心灵结构、价值观念、伦理道德、审美意识、行为规范、风俗习惯之内，表现在主体的对象化与对象的主体化之中。这种伦理范畴的整体性的思维模式，在伦理主体的客体化与客体的伦理主体化，人的对象化、物化与对象、物的人化，即在人化与物化中，把伦理主体与客体、对象、自然圆融起来，使客体、对象、自然具有了人的形式，于是天地自然便是人化了的天地自然，从而使中华伦理范畴具有天地万物与吾一体的整体性，因此，中华伦理范畴能贯通、圆融为整体。

范畴的思维整体性，并非排斥思维差分性，物以类聚，人以群分，群分才有类聚，群分是类聚的体现，类聚是群分的归宿。60德目可分为六个逻辑结构层次，此六个逻辑结构层次即构成六个群。如人心伦理范畴目群的爱、良（知）、耻、善、志、毅、格、省、正（心）、省、诚、乐、圣、忧等；家庭伦理范畴德目群的孝、悌、慈、敬、勤、俭、友、贞、温等；人际伦理范畴德目群的仁、义、礼、智、信、恭、宽、敏、惠、恕、直、中、宽等；社会伦理范畴德目群的忠、廉、德、公、洁、庄、勇、节、健、实、恒、明、质、行、刚、气等；世界伦理范畴德目群的和、合、强、美等；自然伦理范畴德目群的顺、道、和等。这种德目群的划分是相对的，而非绝对，其间许多伦理范畴德目是互渗、互补、互换、互转的，譬如善作为善心、善意、善良、善动机是心的伦理范畴，作为善行、善处、善举、善事便是家庭、人际、社会、世界的伦理范畴；又譬如和，作为人心伦理范畴为和善，作为家庭伦理范畴要和睦，作为人际伦理范畴为和顺，作为社会伦理范畴为和谐，作为世界伦理范畴为和平，作为自然宇宙伦理范畴为和美。和美即是各美其美，美人之美，美美与共，天人和美的境界，这是和的终极价值和终极境界。

由此群分伦理范畴,方聚为整体性的类的伦理范畴系统,这种系统的思维形式,彰显了中华伦理范畴的思维整体性。

(三) 伦理范畴的形态动静性

如果说中华伦理范畴的逻辑结构性,揭示了伦理范畴之间的关系、性质及其逻辑次序、结构方式,直面逻辑意蕴;伦理范畴的思维整体性,呈现伦理范畴内在与外在德目群以及其间的互相联系、渗透、会通、融突的形式,直面思维模式,那么,伦理范畴的形态动静性,是指伦理范畴一种存有的状态,它直面状态形式。

中华伦理范畴随着历史时代的发展,变动不居,为道屡迁,呈显为四种形态:动态形式,静态形式,内动外静形式,内静外动形式。

就"气"伦理范畴而言,殷商至春秋,气是云气、阴阳之气、冲气,具有自然性,伦理性缺失。因而许慎《说文解字》释为:"气,云气也,象形。"云气之形较云轻微,其流动如野马流水,多层重叠。甲骨文气亦可训为乞求、迄至、终迄等意思。气后来作氣,《说文》释:"氣,馈客刍米也,从米气声。"馈客刍米,是天子待诸侯之礼。《左传》认为气导致其他事物的变化,分为阴、阳、风、雨、晦、明六气,过了便生寒、热、末、腹、惑、心疾病,以六气解释自然、社会、人生各种现象产生的原因,从中寻求其间联系的秩序,避免失序。《国语》认为阴阳二气失序,就会发生地震等灾异,乃至亡国。战国时,气由自然性向伦理性转变,如果说儒家孔子以气为血气、气息的话,那么,孟子提出"浩然之气",它与"义"、"道"相配合,它集义所生,具有伦理道德意蕴,主体通过"善养"的道德修养,来充实扩充,以塞于天地之间。它既是动态形成,亦是内动外动形式。

秦汉时期，《黄帝内经》、《淮南子》、扬雄、张衡、王充等继承先秦气的自然性，而发为元气、精气，探索阴阳调和的原理，基本属内静外动形式。《淮南子》认为阴阳、天地及人的形、气、神的合和协调是万物和人发展变化的原因。"执中含和"是社会稳定、人民和谐的原则。董仲舒认为气既具有自然性，亦具有情感性、道德性，"阴阳之气，在上天，亦在人。在人者为好恶喜怒，在天者为暖清寒暑。"① 从人体结构看，腰之上下分阳阴；从伦理精神言，阳气"博爱而容众"，阴气"立严而成功"。"君臣、父子、夫妇之义，皆取诸阴阳之道。"② 其间虽有阳贵阴贱、阳尊阴卑之别，但最终要达到阴阳"中和"的境界。"中和"是天地间终极的伦理精神。扬雄认为人性善恶混，修善为善人，修恶为恶人，"气也者，所以适善恶之马也与？"③。去恶从善，要依阴阳之气的变化而修身养性。

魏晋南北朝时期，气继续沿着自然性和伦理性演化外，由于受玄学、佛教、道教的横向影响，气的涵义向生命本原、物的实质、行气养生、道德修养乃至入禅工夫开展。隋唐时，佛道日盛，儒教渐衰。然而从王通到韩愈、柳宗元、刘禹锡，他们把气纳入伦理道德领域，凸显"和气"、"灵气"、"正气"、刚健纯粹之气的伦理精神。

宋元明时，是中国学术思想的"造极期"。理既是天地万物的终极根据，又是人类社会的终极伦理。程（颐）朱（熹）虽以理先气后，但气是理的挂搭处、安顿处。二程（程颢、程颐）认为，气有清浊、善恶、纯繁之分，"唯人气最清"，但人的气

---

① 《如天之为》，《春秋繁露义证》卷十七，中华书局1992年版，第463页。
② 《基义》，《春秋繁露义证》卷十二，中华书局1992年版，第350页。
③ 《修身》，《法言义疏》五，中华书局1987年版，第85页。

质有柔刚。由于"气有善、不善"①。不善的就是恶气。人的道德品质的善恶便来源于气禀，禀得至清之气为圣人，禀得至浊之气为愚人。但人可以通过学习，改变气质，复性为善。朱熹绍承二程，认为阴阳之气，变化无穷，其动静、屈伸、往来、升降、浮沉之性未尝一日相无。气蕴含着清浊、昏明、纯驳的成分，禀清明之气而无物欲之累为圣人，禀清明之气而未纯全而微有物欲之累为贤人，禀昏浊之气而又为物欲所蔽为愚、为不肖。圣贤愚之分决定于禀气不同，人之伦理精神、道德行为规范亦来自先验的禀气。元代许衡学本程朱，他认为阴阳之气表现为五行之气，体现天地之德，五行之性。天地阴阳五行之气有仁义礼智信五德、五性，人相应地有五德和君臣、父子、夫妇、长幼、朋友五伦：仁是温和慈爱，义是决断合宜，礼是敬重为长，智是分辨是非，信是诚实无欺。人的伦理道德品格来自气禀。吴澄学本程朱，他认为人因阴阳五行之气而有形，形之中具有"阴阳五行之理，以为健顺五常之性"（《答田副使二书》，《吴文正公集》）。五常指仁义礼智信道德规范，以及君臣、父子、兄弟、夫妇、朋友五行之理。五常中仁、礼为健、为阳，义、智为顺、为阴，信兼两者之性。五行之理中君、父、兄、夫为尊、为阳，臣、子、弟、妇为卑、为阴，朋友兼两者之理。以阴阳五行之气探究五常五伦道德精神及其行为规范。

　　明清时，程朱道学来自心学和气学两方面的挑战。湛若水批评朱熹把道心与人心二分的观点，认为"人心道心，只是一心"，那种把道心说成出乎天理之正，人心出乎形气之私是不对的。论心，是就心与气不离而言，道心是指形气之心得其正而已，不是别有一心。王守仁集两宋以来心学之大成，以"良知"为心之本体，以心的良知论气，认为"元

---

① 《河南程氏遗书》卷二十一下，中华书局1981年版，第274页。

气、元精、元神"三位一体,构成气为良知流行动静的思想,良知是一种伦理精神和道德意识,良知只是一种未发之中的状态,静而生阴,动而生阳,阴阳一气也,动静一理也,良知蕴含动静阴阳,元气作为良知的流行,或为善,或为恶,受志的制约,志立气和,养育灵明之气,去昏浊习气,便能神气清明,心与万物同体,良知湛然灵觉,而达仁人圣人道德终极价值境界。

王廷相继承张载"太虚即气"的思想,批评程朱理本论。他认为气为造化的宗枢,气有阴阳动静,它是万物的根源,有气有天地,有天地而有夫妇、父子、君臣,然后才有名教道德的建立。吴廷翰批评程朱陆王,认为人为气化所生,气凝为体质为人形,凝为条理为人性,"性之为气,则仁义礼知之灵觉精纯者是已"①。仁义礼智的灵觉既是阴阳之气,亦是道德精神,所以他说:"天为阴阳,则地为柔刚,人为仁义,本一气也。"② 天地人三才为气,阴阳、柔刚、仁义本于气。王夫之集气学之大成,"理即是气之理,气当得如此便是理,理不先而气不后,天之道惟其气之善,是以理之善"③。气是根源范畴,源枯河干,无气即无心性天理。阴阳浑合、交感,合为一气,气有动静,动静为气之几,方动而静,方静而动,静者静动,非不动。气处于变化日新之中,"气日新,故性亦日新"④。气规定着人性的善恶价值。人性即气质之性,气是人的生命之源,质是气在人身的凝结,气无不善,性无不善;质有清浊厚薄不同,所以有性善与不

---

① 《吉斋漫录》卷上,《吴廷翰集》,中华书局1984年版,第24页。
② 同上书,第17页。
③ 《读四书大全说》卷十,《船山全书》第六册,岳麓书社1991年版,第1052页。
④ 《读四书大全说》卷七,《船山全书》第六册,岳麓书社1991年版,第860页。

善之别。王夫之以气为核心，诠释人性的伦理道德之理。戴震接着王夫之讲："气化流行，生生不息，仁也。"[①] 气化生人物以后，而各有其性，并有偏全、厚薄、清浊、昏明之别，气是人性的来源和根据，有仁的伦理精神，便互涵为义、礼、智、诚伦理道德和行为规范。这便是戴震所说的以"理言"与以"德言"，前者指仁义礼之仁，后者指智仁勇之仁，其实为一。

中华伦理范畴是动中有静，静中有动，动为静动，静为动静，动静互涵、互渗、互补、互济，而使中华伦理范畴结构、内涵、形态通达完满境界。

（四）伦理范畴历时同时的融合性

中华伦理范畴的形态动静性，侧重于范畴历时态的演化，其纵观与横观、历时态与同时态是互相融合、互相促进，而达相得益彰的状态。伦理各范畴之间上下左右、纵横异同，错综复杂，构成一网状形态，网上的每个纽结，都是上下左右的凝聚点、联络点、驿站，再由此凝聚点、联络点、驿站向四周辐射、扩散，构成一畅通无阻、四通八达的范畴逻辑之网。从这个意义上说，伦理范畴是人们对于宇宙、社会、人际、心灵之间关系长期生命体认的结晶，是对于个人、家庭、国家、民族之间关系深沉智慧洞见的提升。

每个伦理范畴的形态动静运动，都处于历时态和同时态之中。历时态和同时态可以养育、发展、丰富伦理范畴，也可以使其破坏、废弃、断裂。因而协调、融突好伦理与政治、经济、文化的关系，理性地调整、平衡好伦理范畴之网各方面关系，是使伦理范畴在历时和同时态中不遭破坏、废弃、断裂的措施。在这里，协调、融突、调整、平衡、蕴含价值观念、思维方法，由于

---

① 《仁义礼智》，《孟子字义疏证》卷下，中华书局1961年版，第48页。

价值观念和思维方法的偏激,亦会造成伦理道德范畴被批判、扔掉、打倒,导致中华伦理精神伦丧、行为规范迷失,乃至人们手足无所措,礼仪之邦而无礼仪的状况。

礼作为伦理范畴,是在历时性和同时性中得以体现的,礼的起源,历来众说纷纭:一是事神致福说。许慎《说文解字》:"礼,履也,所以事神致福也。"《礼记·礼运》认为礼之初是致其敬于鬼神,王国维诠释为"奉神之酒醴谓之醴","奉神人之事通谓之礼"①。礼是奉神致福的祭祀行为,祭祀鬼神的仪式,有一定礼仪之规,后便约定俗成为礼。二是礼尚往来说。《礼记·曲礼》:"礼尚往来,往而不来非礼也,来而不往亦非礼也。人有礼则安,无礼则危。"② 礼尚往来包含"礼物"和"礼仪"两个层面,礼物往来是物品交易活动,礼仪是交往规范。三是周公制礼作乐说。孔子说,殷因于夏礼,周因于殷礼,可见夏商已有其礼,周公在损益夏商之礼后而作周礼。四是礼皆出于性。栗谷(李珥)在《圣学辑要》中引周行已的话:"礼经三百,威仪三千,皆出于性。"③ 礼出于本真的人性,而非出于伪装饰情或礼品交换行为。礼在历时性和同时性中都有不同的体认,但一般都把它作为礼仪行为规范。

孔子处"礼崩乐坏"的时代,礼仪行为规范遭严重破坏,不仅礼乐征伐自诸侯出,而且子弑父、弟弑兄等违礼的行为层出不穷,致使孔子是可忍,孰不可忍!在这个同时态中,本来作为"天之经也,地之义也,民之行也","上下之纪,天地之经纬

---

① 王国维:《释礼》,《观堂集林》卷六,《王国维遗书》(一),上海古籍书店1983年版,第15页。

② 《曲礼上》,《礼记正义》卷一,中华书局1980年版,第1231—1232页。

③ 《圣学辑要》(二),《栗谷全书》(一)卷二十,韩国成均馆大学校大东文化研究院1985年版,第442页。

也，民之所以生也"的礼，已与揖让、周旋之礼有别。前者已超越礼的形式，即仪的揖让、周旋的层次，而提升为天经地义、民之所以生的形而上的终极层次，赋予礼以终极价值。孔子是在这样的时态中，体认礼的价值，呼喊不可"违礼"。然而，礼作为"国之干"也好，"身之干"也好，"所以正民"也好，都是主体人外在的东西，是以外在的力量规定礼的性质、作用、功能，以及主体人应如何的行为规范，并非出于主体人自身的自觉。为了使外在的礼的行为规范成为主体人的自觉的行为活动，必须获得内在伦理精神、道德意识的支撑，于是孔子援入仁的伦理道德范畴，并以仁为礼的本质的体现。"子曰：'人而不仁，如礼何？'"[①] 无仁，如何来对待礼仪制度，这是化解外在违礼行为与内在道德意识分裂、紧张的一种选择，只有把道德意识与行为规范、内与外、仁与礼融合起来，置于同时态的状态中，礼才能转化为一种主体自觉的道德行为。孔子说："克己复礼为仁，一日克己复礼，天下归仁焉。为仁由己，而由人乎哉？"[②] 一切违礼的行为都出于某种私利、权力、功利的欲望，克制自己的欲望，使自己的行为自觉地符合礼，凡非礼的都不去视听言动，就是仁，这样仁与礼圆融。既然实践仁的道德全凭自己的自觉，那么，实践礼的道德规范也出于自己的自觉。这样，外在礼的他律性同时也具有了内在的道德自律性。

仁与礼在同时态的互渗、互补中，又在历时态的演变中，获得了丰富和发展。孟子绍承孔子，他把仁义礼智都纳入伦理精神、道德意识中。他认为"人皆有不忍人之心"，所谓不忍人之心是指人人皆有怵惕恻隐的心。由此看来如果一个人没有恻隐心、羞恶心、辞让心、是非心，简直就不像个人，"恻隐

---

① 《八佾》，《论语集注》卷二，世界书局1936年版，第9页。
② 《颜渊》，《论语集注》卷六，第49页。

之心，仁之端也；羞恶之心，义之端也；辞让之心，礼之端也；是非之心，智之端也"①。礼作为辞让之心，是人作为一个人所不能欠缺的，否则就是"非人也"，这就是说，礼的伦理精神是"人皆有"的道德心，是人性所本有的。礼的辞让之心的自然流出，即是主体道德心自觉又自然的表现。这样孔子的"仁者爱人"和孟子的"人皆有不忍人之心"，在"礼崩乐坏"、天下无道的情境下，为"复礼"的合法性、合理性作了理论的诠释。

如果说孟子从人性善的价值观出发，导向内律与外律、仁与礼的圆融，那么，荀子从人性恶的价值观出发，导向外律的礼与法的圆融。这种圆融，孟子实以仁节礼，仁体礼用；荀子援法入儒，以儒为宗，以礼统法。荀子认为礼有五方面的性质和功能：(1) 作为行为规范而言，礼是衡量人之好坏的标准，国家有道无道的尺度，治国的规矩。他说："礼者，人主之所以为群臣寸、尺、寻、丈检式也。"②"礼之所以正国也，譬之犹衡之于轻重，犹绳墨之于曲直也，犹规矩之于方圆也，既错之而人莫之能诬也。"③"隆礼贵义者其国治，简礼贱义者其国乱。"④ 这是国家强弱的根本；从这个意义上说，礼是政事的指导，是处理国政的指导原则："礼者，政之面挽也。为政不以礼，政不行矣。"⑤ (2) 作为伦理道德而言，礼体现了伦理精神和道德行为。"礼也者，贵者敬焉，老者孝焉，长者弟焉，幼者慈焉，贱者惠焉。"⑥在人伦关系上，对贵、老、长、幼、贱者，要尊敬、孝顺、敬

---

① 《公孙丑上》，《孟子集注》卷三，世界书局1936年版，第25页。
② 《儒效》，《荀子新注》，第111页。
③ 《王霸》，《荀子新注》，第171页。
④ 《议兵》，《荀子新注》，第233页。
⑤ 《大略》，《荀子新注》，第445页。
⑥ 同上书，第442页。

爱、慈爱、恩惠，体现了忠孝仁义的道德原则，并使之定位，"礼以定伦"①，即指君臣、父子、兄弟、夫妇之伦，都能遵守符合其伦的道德规范；(3) 作为礼的性质来看，"礼有三本，天地者，生之本也。先祖者，类之本也。君师者，治之本也。"② 三者是生存、人类、治国的根本。礼有三本而有分与别，"辨莫大于分，分莫大于礼，礼莫大于圣王"③。人与人之间的分别，最重要的是礼，即等级名分。"礼也者，理之不可易者也。乐合同，礼别异。"④ 礼体现着贵贱上下的等级差分，这是其不可改变的原则。这个不可易者，便是终极之道。"礼者，人道之极也。"⑤ (4) 作为可操作的礼仪制度，包括婚、葬、祭等各种礼仪，如"亲近之礼"，男子亲自到女方迎娶的礼节。"丧礼者，以生者饰死者也。"⑥ 但"五十不成丧，七十唯衰存"⑦。(5) 作为礼与法的关系来看，"礼义生而制法度"⑧。"明礼义以化之，起法正以治之。"⑨ 以礼义变化本性的恶，兴起人为的善，并以法度来治理。治国的根本原则，在礼与法，"明德慎罚，国家既治四海平"⑩。礼法兼施，"隆礼尊贤而王，重法爱民而霸"⑪。前者可以称王于天下，后者可以称霸于诸侯。这种礼法融合的礼治模式，开出汉代"霸王道杂之"的"汉家制度"，凸显了中华

---

① 《致士》，《荀子新注》，第 226 页。
② 《礼论》，《荀子新注》，第 310 页。
③ 《非相》，《荀子新注》，第 56 页。
④ 《乐论》，《荀子新注》，第 338 页。
⑤ 《礼论》，《荀子新注》，第 314 页。
⑥ 同上书，第 322 页。
⑦ 《大略》，《荀子新注》，第 442 页。
⑧ 《性恶》，《荀子新注》，第 393 页。
⑨ 《性恶》，《荀子新注》，第 395 页。
⑩ 《成相》，《荀子新注》，第 416 页。
⑪ 《天论》，《荀子新注》，第 277 页。

伦理范畴历时态与同时态的融合性。

（五）伦理范畴的内涵生生性

中华伦理范畴大化流行，生生不息。"天地之大德曰生"，"生生之谓易"。天地间最根本、最伟大的德性，就是生生。生生是为变易，生生的变易是新事物、新生命不断的化生。换言之，即是中华伦理新范畴的化生和范畴新内涵的开出。

从孔子"仁"的伦理范畴新内涵的开出表层结构的具体意义，深层结构的义理意义及整体结构的真实意义来看仁内涵的生生性。就表层结构而言，仁是爱人，《论语》"爱人"三见，讲治国要爱护百姓，君子学道则爱人，其基本语义是人与人之间关系的一种行为规范或道德标准。进而如何实践"仁者爱人"，孔子要求从自己做起，"为仁由己"，从正面说自己"欲立"、"欲达"，也使别人"立"和"达"；从负面说，"己所不欲，勿施于人"。"己欲"与"己所不欲"，"立人达人"与"勿施于人"，从正负两个方面说明实践"仁者爱人"的要求。

"为仁由己"，要求每个人要"克己"，即约束自己，使自己的视听言动合乎礼，这便是仁，如何进行仁的道德修养？从正面说"刚毅木讷近仁"[1]，是正面的应然价值判断，从负面说"巧言令色，鲜矣仁"[2]，这是负面的不应然价值判断。由自己的道德修养"仁"，推致家庭的父子、兄弟、夫妇之间，便是"孝弟也者，其为仁之本与"[3]，再由家庭推致天下，"能行五者于天下为仁矣"[4]。此五者便是指恭、宽、信、敏、惠。构成了从约束自我—家庭—社会—天下的道德行为规范。仁便从内在的道德意

---

[1] 《子路》，《论语集注》卷七，世界书局1936年版，第58页。
[2] 《学而》，《论语集注》卷一，第1页。
[3] 同上。
[4] 《阳货》，《论语集注》卷九，第74页。

识和伦理精神转化为伦理道德行为规范,这是一个从内到外的化生过程。

"仁"从表层结构的具体意义而开出深层结构的义理意义,是把孔子仁的伦理精神和行为规范从句法和语义层面超越出来,置于宏观的时代思潮之中,来透视微观伦理范畴义理。仁是孔子思想的核心范畴,它与各伦理范畴联结,由各纽结而构成网状形式,抓住网上的纲领,便可把孔子思想提摄起来,也可以进一步体认仁的伦理价值。譬如说仁与礼融合渗透,礼的尚别尊分、亲亲贵贵的意蕴作用于仁,使仁在处理人与人之间关系,便不能普遍地、无差等地贯彻"仁者爱人"的"泛爱众"的伦理精神,而受到墨子的批评。从范畴的联系中,反求伦理范畴的涵义,更能体贴伦理范畴真义。

从伦理范畴的网状结构贴近其真义,开展为从时代思潮的整体联系中体贴其意蕴,体现伦理范畴内涵的吐故纳新,新意蕴化生。譬如《国语》讲:"杀身以成志,仁也。"[①] 孔子说:"志士仁人,无求生以害仁,有杀身以成仁。"[②] 又《左传》僖公三十三年载:"德以治民,君请用之;臣闻之:'出门如宾,承事如祭,仁之则也'。"[③] 孔子说:"出门如见大宾,使民如承大祭。"[④] 再《国语》载:"重耳告舅犯。舅犯曰:'不可,亡人无亲,信仁以为亲……'"[⑤] 孔子说:"君子笃于亲,则民兴于仁。"[⑥] 由此可见,孔子"仁"的学说是与时代政治、经济、礼乐制度相联系,是当时一种社会思潮的呈现;是在"礼崩乐坏"

---

① 《晋语二》,《国语集解》卷八,中华书局2002年版,第280页。
② 《卫灵公》,《论语集注》卷八,世界书局1936年版,第66页。
③ 《春秋左传注》,中华书局1981年版,第1108页。
④ 《颜渊》,《论语集注》卷六,世界书局1936年版,第49页。
⑤ 《晋语二》,《国语集解》卷八,中华书局2002年版,第295页。
⑥ 《泰伯》,《论语集注》卷四,世界书局1936年版,第32页。

的冲突中，企图援仁复礼，重建伦理精神、礼乐制度的努力；孔子仁的义理智慧在时代的振荡中获得新生命。

"仁"再由深层结构的义理意义而开出整体结构的真实意义。"仁"作为伦理范畴，在与时偕行的大浪中，被冲刷、淘尽了一切外在的面具和装饰，而显露出真实的相貌。战国初，墨子从两个方面批评孔子"仁"的思想。《墨子·非儒下》载："儒者曰：'亲亲有术，尊贤有等，言亲疏尊卑之异也。'"[①] 施仁有此异，则爱人有差等。结果是"各爱其家，不爱异家"，"各爱其国，不爱异国"。这种异，便是有别，别则"相恶"，故此，墨子主张"兼相爱"，"兼即仁矣，义矣"[②]。"别"与"兼"，为孔墨仁学之分。另墨子认为，儒者以古言古服合乎礼，然后仁。他主张"仁人之事者，必务求兴天下之利，除天下之害"[③]。礼之道义与兴利除害的功利之分。在这里，墨子所批评的是孔子仁的深层结构的义理意义，但从表层结构的具体意义来看，孔子的"泛爱从"与墨子的"兼相爱"并无语义上的差别。

孟子对墨子的批评提出反批评："杨氏为我，是无君也；墨氏兼爱，是无父也。无父无君，是禽兽也。"[④] 说明为什么爱有差等亲疏之别。荀子亦认为，"贵贱有等，则令行而不流；亲疏有分，则施行而不悖……故仁者仁此者也"[⑤]。批评墨子"有见于齐，无见于畸"[⑥] 之失。秦的速亡，仁的伦理精神获得了价值合理性的论证。两宋时，伦理精神和道德规范提升为道德形而上

---

① 《晋语二》，《国语集解》卷八，中华书局2002年版，第295页。
② 《兼爱下》，《墨子校注》卷四，中华书局1993年版，第178页。
③ 《非乐上》，《墨子校注》卷八，第379页。
④ 《滕文公下》，《孟子集注》卷六，世界书局1936年版，第48页。
⑤ 《君子》，《荀子新注》，中华书局1979年版，第408页。
⑥ 《天论》，《荀子新注》，第280页。

学，仁在生生不息中获得新义。理学的开山周敦颐说："天以阳生万物，以阴成万物。生，仁也；成，义也。"① 仁育万物，而有生意。程颢说："万物之生意最可观，此元者善之长也，斯所谓仁也。"② 仁所体现的万物生命的生意，是天地生生之理的所以然，于是他把仁放大，以体验仁者以天地万物为一体的境界。朱熹集周敦颐、张载、二程道学之大成，发为"仁也者，天地所以生物之心，而人物之所得以为心者也"③。如桃仁、杏仁，此仁即为桃、杏生命之源，亦是桃、杏之所以为桃、杏的根据。这种伦理范畴生生不息的新义，是伦理精神和道德价值合理性生命力的体现，是伦理范畴的内涵生生性呈现。

中华伦理范畴在和合学"竖观"、"横观"、"合观"的视野下，其逻辑的结构性、思维的整体性、形态的动静性、历时同时态的融合性、内涵的生生性都得到了充分的展示，中华民族伦理精神和道德行为规范的价值合理性也得到了完善的说明。《中华伦理范畴》丛书的出版，将为弘扬中华民族传统文化，实现中华民族伟大复兴作出贡献，这也是一项利在当代，功在后世的重大文化工程。

是为序。

2006 年 8 月 30 日
于中国人民大学孔子研究院

---

① 《顺化》，《周敦颐集》卷二，中华书局 1984 年版，第 22 页。
② 《河南程氏遗书》卷十一，《二程集》，中华书局 1981 年版，第 120 页。
③ 《克斋记》，《朱文公文集》卷七十七。

《中华伦理范畴》第二函前言

傅永聚 齐金江

中华文化是伦理型文化。以儒家伦理道德为显著特色的中华伦理是中华民族文化和精神的内核与载体，是中华民族五千年生生不息、绵延峥嵘的源头活水；在建设有中国特色的社会主义事业进程中，继承和弘扬中华民族优秀的伦理道德，是建设中华民族共有精神家园的重要切入点，是全面实现社会和谐的重要保障；从当代中华民族生存的国际环境看，中华伦理是东方文化和智慧的杰出代表，是在多元文化相互激荡、多元思想猛烈交锋的新的历史条件下，保持中华民族强大竞争力和凝聚力，促进中华民族和平发展，实现中华民族伟大复兴的强大思想武器和坚实基础。

一，以儒家伦理道德为显著特色的中华伦理是中华民族文化与精神的内核与载体，是中华民族五千年生生不息、绵延峥嵘的源头活水。

中国是世界文明古国之一，且是文明唯一不曾中断者。中华民族从诞生之日起就十分注重伦理道德建设，使民族文化具有伦理型的典型特征。先秦时期伟大的思想家老子、孔子、孟子、荀子等都曾为中华伦理的价值体系构建作出了重大贡献。尤其是孔子，其思想积极入世，以仁为核心，以和为贵，以礼为约束，以道德高尚的君子人格为楷模，其影响跨越时空，成为中华礼乐文化的重要根据、价值观念的是非标准和伦理道德的规范所在。孔子是当之无愧的中华文化符号,他的一系列思想构成中华文化的基本精神。汉代以来,孔子为代表的儒家思想成为中华主流文化,儒家的伦理道德遂成为中华民族传统文化的主干。中国统一稳定、疆域辽阔、经济发达、文明先进,曾领先世界文明两千年。中华影响远播海外。受中华伦理道德熏陶培育成长起来的政治家、文学家、军事家、思想家、教育家如群星璀璨,民族英雄凛然千古,成为炎黄子孙千秋万代的丰碑。只是在近代,由于资本主义和帝国主义列强的侵略,民族灾难深重,我们才暂时落伍了。19—20世纪中叶中华民族所受的苦难和耻辱,在世界民族史上是罕见的。但中华民族一直在反抗、在斗争。历经磨难而不亡,说明我们的民族有一种坚韧不拔、自强不息的精神。

人类历史的发展是不平衡的,跳跃性的,先进变落后,落后变先进也是一种历史规律。"雄鸡一唱天下白"。中国共产党领导新中国成立,中国人民站起来了! 尤其是改革开放以来,在邓小平理论指引下中国发展迅速,综合国力增强,政治、经济地位发生了翻天覆地的变化,中国人民正在信心百倍地建设现代化社会主义。强大的政治、经济呼吁强大的文化,呼吁人的高尚道德的养成。通过弘扬中华民族优秀的伦理道德,提升国人素质,优化国人形象,确立优秀伦理道德在华人文化中的特色地位,可以得到不同文化背景、不同宗教信仰的群体的共同认可。这对于发扬光大中华文化、实现祖国统一大业、实现中华民族的伟大复兴都具有重要的现实意义和深远的历史意义。

二、在建设有中国特色的社会主义事业进程中,继承和弘扬中华民族优秀的伦理道德,是建设中华民族共有精神家园的重要切入点,是全面实现社会和谐的重要保障。

近代以来,中国饱受西方列强侵凌,经济落后,积贫积弱,传统文化一时成为替罪之羊。在全盘西化、民族虚无主义妖雾迷漫之时,嘲笑、批判、搞倒搞臭传统文化一度成为最革命、最时髦的心态。从盲目不加分析地打倒孔家店,到"文化大革命"破四旧、批林批孔,人们在干着挖掘自己民族文化之根的傻事。"文化大革命"过后,一代人的道德品质沦丧,几代人的道德品质受损,礼仪之邦一时间竟要从礼仪 ABC 起补课。尤其近几十年来,由于西方强势文化携其具有鲜明征服特色的价值观念不断有意识地涌入,中华民族传统的道德伦理受到猛烈的冲击,社会上下思想领域中普遍存在着信仰失范、价值观念扭曲、道德滑坡、精神迷惘和庸俗主义、世俗化盛行、拜金主义泛滥等一系列问题。对此,党和国家领导人一直给予高度重视,屡屡发出警语。

早在改革开放之初,邓小平同志就严厉地指出:"一些青年男女盲目地羡慕资本主义国家,有些人在同外国人交往中甚至不顾自己的国格和人格,这种情况必须引起我们的认真注意。我们一定要教育好我们的后一代,一定要从各方面采取有效的措施,搞好我们的社会风气,打击那些严重败坏社会风气的恶劣行为"[①];"如果中国不尊重自己,中国就站不住,国格没有了,关系太大了"[②];"中国人要有自信心,自卑没有出路"[③];他反复强调物质文明与精神文明一起抓,两手都要硬,否则,"风气如果坏下去,经济搞成功又有什么意义?"

江泽民同志十分重视用中华优秀传统道德伦理教育下一代,他说:"在抓紧社会主义物质文明建设的同时,必须抓紧社会主义精神文明建设,坚决纠正一手硬、一手软的状况"[④];"必须继承和发扬民族优秀文化传统而又充分体现社会主义时代精神,立

---

① 《邓小平文选》第 2 卷,第 177 页。
② 《邓小平文选》第 3 卷,第 332 页。
③ 同上书,第 326 页。
④ 《在党的十三届四中全会上的讲话》,载《江泽民文选》第 1 卷,第 61 页。

足本国而又充分吸收世界文化优秀成果，不允许搞民族虚无主义和全盘西化"①；"任何情况下，都不能以牺牲精神文明为代价去换取经济的一时发展"②；"保持和发扬自己民族的文化特色，才能真正立足于世界民族之林。我们能不能继承和发扬中华民族的优秀文化传统，吸收世界各国的优秀文化成果，建设有中国特色的社会主义文化，这是事关中华民族振兴的大问题，事关建设有中国特色社会主义事业取得全面胜利的大问题"③。

胡锦涛总书记更是从中华民族优秀传统文化中汲取营养，提出了科学发展观、以人为本、社会主义和谐社会建设的一系列重要理念，尤其是社会主义荣辱观的提出，在全社会和全体公民中引起强烈反响。以热爱祖国为荣，以危害祖国为耻；以服务人民为荣，以背离人民为耻；以崇尚科学为荣，以愚昧无知为耻；以辛勤劳动为荣，以好逸恶劳为耻；以团结互助为荣，以损人利己为耻；以诚实守信为荣，以见利忘义为耻；以遵纪守法为荣，以违法乱纪为耻；以艰苦奋斗为荣，以骄奢淫逸为耻。"八荣八耻"是中国传统文化价值的进一步发展，现实性和可操作性很强。对于全社会，特别是青少年思想道德教育意义重大。十七大正式提出了建设中华民族共有精神家园的宏伟历史任务，而中华优秀传统伦理道德就是我们的民族之根。

我在8年前写过一篇文章，名字叫"日积一善，渐成圣贤"，这句话今天仍不过时。人的潜意识中亦即本性中总有为恶的一面。换句话说，人是既可以为恶也可以为善的。一个人一生当中，一点坏事也没有做过的，可以说没有；但所做的坏事好事

---

① 《当代中国共产党人的庄严使命》，载《江泽民文选》第1卷，第158页。

② 《正确处理社会主义现代化建设中若干重大关系》，载《江泽民文选》第1卷，第74页。

③ 《宣传思想战线的主要任务》，载《江泽民文选》第1卷，第507页。

总有一个比例。就社会上的芸芸众生来说，完完全全的君子可能一个也找不到，但基本上属于君子的或基本上属于小人的有一个明显的界限。人生一世，所做的好事多，就基本上是个好人；而所做的恶事多，就基本上是个坏人。我们每人每天都在做事，为自己，为他人，为社会，为人类。在做每一件事情之前，你是怎么想的？是想做善事还是做恶事？是一种什么心态支配着你去做成善事或者是恶事，这就牵涉一个人的道德修养水平，牵涉人生观、价值观这个根本问题。法律是刚性的他律，舆论监督是柔性的他律，而道德修养属于自律。具体到每一个人，自律永远是道德修养的基础，也是他律的基础。自律受法律的威慑，但更重要的是内里自觉修养的功夫。因此，儒家伦理所揭示的仁义礼智、忠孝廉耻、和合勇毅等一整套人之为人的大道理就成为流传千古的向善弃恶的道德规范。日积一善，慢慢接近于道德高尚的境界；日为一恶，就会不断向小人的队伍靠拢。诚然，让每个人都成为君子是不现实的；但是，通过优秀伦理文化的教育和普及，不断提高绝大多数人的"君子化"水平则是可能的，也是现实的。季羡林先生说过一句非常中肯的话："能为国家、为人民、为他人着想而遏制自己本性的，就是有道德的人。能够百分之六十为他人着想百分之四十为自己着想，就是一个及格的好人。"①语重心长，应该引起人们的深思。

三，从当代中华民族生存的国际环境看，中华伦理是东方文化和智慧的杰出代表，是在多元文化相互激荡、多元思想猛烈交锋的新的历史条件下，保持中华民族强大竞争力和凝聚力、促进中华民族和平发展、实现中华民族伟大复兴的强大思想武器和坚实基础。

当今世界，既有多元化、多极化的客观需求，又有强权独

---

① 季羡林：《季羡林谈人生》，当代中国出版社 2006 年版，第 6 页。

霸、政治高压、经济封锁和文化扩张的客观现实。这就是中华民族走向现代化所面临的国际生存环境。你必须强大，可人家不愿看到你强大，而压制你强大的武器不仅有政治的、经济的，更有文化的、思想的。在这种环境下，民族精神、民族文化越来越成为一个民族赖以生存和发展的精神支柱。精神颓废、委靡不振的民族必然失去其自主、独立、生存的资格，必然走向衰亡。儒家思想在其2500年的发展中，孕育了中华民族精神，担当了建构民族主题精神的重任，它以和合发展、生生不息的生命与生存智慧维系着中华民族的绵延和发展，影响着东方文化体系的形成壮大，成为东方文化智慧的杰出代表。这是其他三大文明古国的精神传统所不能比拟的。孔子与穆罕默德、耶稣和释迦牟尼一起被称为缔造世界文化的"四圣哲"和世界名人之首。孔子既属于中国，也属于世界，他的思想既是历史的又是跨时代的。在多元文化并行，多种思想激烈交锋的时代背景下，儒家文化就是中华民族的声音，就是文化对话的资格。在文化传播的态度上，既要主张"拿来主义"，又要力行"送去主义"，现在我们国家设立在世界上的250多所孔子学院，就是主动送出去的例证。当然，孔子学院主要发挥的是语言传播的功能，今后应加强孔子思想传播的内容。因为思想传播比语言传播更为深邃。

中华传统伦理思想内涵丰富，包罗万象。我们对前人的研究进行了系统的反思和归纳，将其总结为64个德目，即仁、爱、忠、恕、礼、义、廉、耻、中、信、和、合、诚、德、孝、悌、勤、俭、修、志、圣、公、洁、贞、庄、正、平、温、友、强、容、智、道、顺、良、格、博、节、健、实、恒、明、忧、廉、行、美、刚、气、善、勇、敬、慈、敏、惠、乐、毅、省、新、恭、直、慎、雅、理、利（见《联合日报》2006年8月10日第3版）。首批选取了仁、和、信、孝、廉、耻、义、善、慈、俭等10个德目进行研究，已由中国社会科学出版社于2006年12

月出版发行。

《中华伦理范畴》第一函甫出,学术界给予了鼎力支持和高度评价。著名国学大师季羡林先生在301医院抱病亲笔为之题词:中华伦理,源远流长;东方智慧,泽被万方;并委托秘书打电话给总编,说"感谢你们为中华民族文化复兴事业做了一件大好事"。中国人民大学著名学者张立文先生冒着酷暑、挥汗如雨,一气呵成洋洋两万多字的长文,称"《中华伦理范畴》丛书从中华民族传统伦理道德中撷取六十多个重要德目,并对每个德目自甲骨文以至现代,进行全面系统研究,以凸显集文本之梳理,明演变之理路,辨现代之意义,立撰者之诠释的价值,撰写者探赜索隐,钩沉致远,编纂者孜孜矻矻,兀兀穷年";"这是一项利在当代、功在后世的文化工程,将对进一步证实中华伦理精神的价值合理性产生深远的影响,并对弘扬中华民族传统文化,实现中华民族伟大复兴作出应有的贡献"。原中共中央政治局委员、国务院副总理谷牧、姜春云和原国务委员王丙乾纷纷致函祝贺,认为"《中华伦理范畴》丛书的出版发行,对于弘扬中华民族精神,提高民族人文素质,全面翔实地展现中华民族的优秀传统伦理道德,积极推进社会主义道德建设具有重要的现实意义"。国际儒联主席叶选平先生慨然为丛书题写了书名。台湾著名学者刘又铭、张丽珠、郭梨华等在《光明日报》上撰写文章,认为:"中华传统伦理文化源远流长,《中华伦理范畴》丛书对六十多个范畴进行系统的梳理和研究,气势磅礴,意义深远实乃填补学界空白之作";"《中华伦理范畴》丛书的第一函出版发行,令人鼓舞";"《中华伦理范畴》付梓印行,实乃学界盛事,作者打通中西之隔,超越唯物论与唯心论之争,高屋建瓴,条分缕析,用力之勤,令人感佩"。主流媒体分别以《海峡两岸学者笔谈中华伦理范畴》、《人能弘道、非道弘人》、《弘儒学之道、为生民立命》和《人文学者为生民立命的人间情怀》等为题发表了评论。《中华伦理范畴》丛书已经先后获得济宁市2007年社会科学优秀成果一等奖；山东省高校2007年社会科学优秀成果一等奖和山东省2008年哲学社会科学优秀成果一等奖。所有这些荣誉都给我们这个学术团队的辛勤劳动以充分肯定，也坚定了我们迅速编撰第二函的决心。我们接着精选了节、智、明、谦、美、正、中、乐、公等9个基本范畴，按照第一函的体例，对这9个伦理范畴的含义、实质及在历史上的发生、演变进行了系统的介绍、阐述和论证，力求完整地呈现出它们本来的面目、意义和社会价值。

——关于"节"。节可称为节操，包含气节和操守两个方面的内容。在《易·序卦》中，"其于木也，为坚多节"。可见节对于良木的重要作用，它可以连接并加固植物的各个部分，使植物变得更加坚韧，而不易弯曲、折断。由于节的特殊地位，"节"通常用来形容人坚韧不拔、高风亮节、不屈不挠的高贵品格。左思《咏史》中"功成耻受赏，高节卓不群"就反映了人心不为名利、爵位所动的精神品质和道德修养。高尚的节操被历朝历代所肯定和赞赏，载入史册，流芳百世。节操与仁义、信义、忠义、廉耻等伦理概念紧密联系在一起，它们之间的内涵相互渗透、相互补充，为"节"的内容注入了丰富而新鲜的血液和生机。节操作为一种思想观念，在秦统一以后才逐步显现，先秦时期那些为国君、宗族效命的思想如殉君、死节、侠义等意识逐渐扩大为民族主义、爱国主义以及遵纪守法等思想，气节、节操与坚持正义、英勇不屈、洁身自好、品行端正等优秀品格联系在一起。在儒学成为中国主流文化后，在其日益影响下，节操观念不断发展和修缮，成为中华传统伦理范畴之一。节操的思想自古有之，考诸历史典籍，孔子、孟子等先期儒学大师未明确提出"节"的概念，直到北宋时期，程颐开始提出"节"，并对"节"从贞节的角度进行阐述，指出"饿死事小，失节事大"，其中的"节"就包含了人诸多的道德层面。历经宋元理学家的提倡和赞颂,明清时期的贞节观念逐步浓厚,贞节观成为束缚古代妇女自由的枷锁和镣铐,影响深远。各类古籍直接论述气节、操守的相对较少,只散见于典籍中的一些名人笔记,例如苏武:"屈节辱命,虽生,何面目以归汉"①;颜真卿:"吾守吾节,死而后已"②;韩愈:"士穷乃见节义"③;刘禹锡:"烈士之所以异于恒人,以其仗节以死谊也"④;苏轼:"豪杰之士,必有过人之节"⑤;欧阳修:"廉耻,士君子之大节"⑥;文天祥:"时穷节乃见,一一垂丹青"⑦。节操包含仁、义、忠、信、廉、耻等诸多内容,它是一个综合性很强的范畴,不成一个完备的系统。概括来讲,节操观念是具有仁、义、忠、信、廉、耻等内容的儒家伦理范畴,它形成于先秦秦汉时期,贯穿于整个中国传统社会,无论治世还是乱世,它拥有强大的张力和表现力,凝聚着中华民族思想文化的精华,涵盖了传统文化最有价值的核心范畴。节操在中国古代法律伦理化的过程中,被吸收融入许多法律规定中,如有人叛国投敌,亲属要受到惩处;贪赃枉法,最高可处以死刑。在传统中国,利用伦理道德约束的氛围和有关法律规定,使人们自觉或不自觉地受到节操观念的影响,保持高尚的气节操守受世人仰慕、失节则受万世万代唾弃的思想深入人们的心灵之中,士大夫对自己的气节与名节尤为爱惜,看得宝贵,认为此"节"关乎当下和身后名,把它看得比性命还要重要。节操观念在现代

---

① 《汉书·苏建传附苏武传》。
② 《旧唐书·颜真卿传》。
③ 《柳子厚墓志铭》。
④ 《上杜司徒书》。
⑤ 《留侯论》。
⑥ 《廉耻说》。
⑦ 《正气歌》。

社会可以发挥它道德约束的巨大作用。在社会舆论方面，坚持爱国主义、民族气节、廉洁奉公可敬，让人人都认同缺乏职业道德、丧失气节可耻，并由此形成浓厚的社会氛围，不仅中国要建设法治化社会，也要以德治为补充和依托，弘扬高尚的道德操守、民族气节与高度的社会责任感。

——关于"智"。其基本的含义是智慧、聪明。《说文》云："智，识词也。从白，从亏，从知。"《释名》曰："智，知也，无所不知也。"仁、义、礼、智、信是儒家伦理学说的重要内容，孔子说："仁者安仁，知者利仁。"子贡说："学不厌，智也；教不悔，仁也。"《孙子兵法》云："将言，智、信、仁、勇、严也。"孟子说："是非之心，智也。"智是社会生产力不断发展的产物，智包含人对是非对错的分辨能力，战争中所表现出的机智和谋略，也是智的一种，智也是"知"，知识之意。《论语·子罕》曰："智者不惑，仁者不忧，勇者不惧。"孟子认为"仁义礼智根于心"。智与仁义、诚信、勇、勤等概念和范畴紧密联系，儒、道、法、兵、名、墨家都在不同程度上分别论述了"智"的内涵和外延。《中庸》云："好学近乎知（智），力行近乎仁，知耻近乎勇。"认为智、仁、勇是"天下之达德"。在中国古代的兵法中，"智"占据了重要的内容，智对战争的胜负起了决定性作用，"兵不厌诈"与指挥者的智慧是分不开的，兵道即诡道，更充分说明了智的变化性对指导战争的积极作用。战时要把握战争的规律，创造有利于己方的作战阵容，即时掌控敌方的兵事变更，争取战斗的主动权。春秋战国是百家争鸣、众家之智角逐历史舞台的重要时期，从那时起，中国的智谋文化开始萌动，并逐渐成长和发展，智观念的形成与发展，推动了我国思想文化的发展与繁荣，奠定了古代科技的良好基础，对当时社会改革的深入与进步起到了有效且有力的作用。战国时期，养士风气日浓，出现了许多著名的有识之士和纵横家，如惠施、苏秦等。

汉代崇尚智的学者如司马迁、刘向等，他们在书中褒扬了许多智慧之士，三国时期的诸葛亮与周瑜是智慧的使者与化身，明清是充满智慧的时代，当时的文人学者、贤哲仁人、能工巧匠不绝于世，出现了《益智编》、《智品》、《经世奇谋》、《智囊》四大智书，《智囊自叙》认为："人有智犹地有水，地无水则为焦土，人无智则为行尸。智用于人，犹水行于地，地势坳则水满之，人事坳则智满之。"到了近代，有识之士为开发民智进行了艰苦卓绝的努力和改革，严复认为鼓民力、开民智、新民德三者为自强之道。维新派与洋务派不断认识到开民智的重要意义，加强学校的教育。新文化运动的倡导者与共产党人更是在开发民智，提高国民文化素质上作出了努力和改革。智对于现代社会的意义不言而喻，人类的智慧在社会生产力的发展中起到了重要作用，智在现代人际交往、现代商战、现代法制建设等诸多方面有其独特的地位和意义。智不是孤立的世界，现代的智要与普遍的社会道德、仁义联系起来，才能发挥它积极的作用，创造出更多的社会价值。

——关于"明"。"明"，由日月二字组成。《易·系辞下》云："日往则月来，月往则日来，日月相推而明生焉。""明"，就是在日月的照耀下，世界一片光明的意思。古人把清楚明白的事物称为"明"，把显著的、一目了然的事物称为"明"，把站高看远之人称为"明"。《尚书·太甲》云："视远惟明。"人们把看透事物的本质称为"明察秋毫"，把能够认识事物本质的人称为"贤明"，或尊称为"明公"，把能够勤于国务、明辨是非的帝王称为"明君"。"明"在社会生活中的引申义就是说，所有的人和事物，都在日月的照耀下，明明白白，一目了然。它是儒家伦理学说的重要内容，是几千年来中国人民的渴望和追求。儒家学说对"明"有深刻的理解和认识，自儒家学说的先驱周公至明清儒家学者，都对"明"做了阐释。儒家的经典《尚书》

中记载了"明德慎罚"、"明四目、达四聪"、"视远惟明"、"圣人不以独见为明"等观念,孔子则提出"举直错诸枉,则民服;举枉错诸直,则民不服",汉代董仲舒,宋代的二程、朱熹,明代的王阳明皆在先秦儒家"明"观念的基础上,对"明"进一步阐述,但总的说来,是希望国家政务都处在光明正大之中。"明"既包括"明德"、"明君",也包括吏治清明、军纪严明等。"明德"就是要修己、正己,"明君"就是要明察狱讼。"明"体现在国家官员的任用方面,就是必须要任人唯贤,以保证吏治的清明。吏治清明、择贤而任,是儒学的重要内容。军纪严明也是古代"明"观念的重要内容,中国最早的兵书《司马法》提出,军中号令要严明,长官要有仁爱之心的兵学原则。《孙子兵法》更是强调了军纪严明的主张。到了近代,当西方资本主义列强用洋枪大炮轰开古老中国的大门时,一部分先知先觉的中国人开始清醒,他们意识到:中国要想富强,必须走西方之路。林则徐、龚自珍、魏源等提出"明耻"观念,康、梁变法提出"君主立宪"的主张,这都体现出近代中国知识分子的"明"的思想,但并未提出以民主制代替专制的主张。中国资产阶级革命运动兴起后,主张以暴力推翻专制,孙中山先生更是提出了"天下为公"、"主权在民"的思想。革命党人的"公理之未明,以革命明之"的理论对几千年封建专制统治下的中国是空前的,想通过"主权在民"实现政府的廉明、官吏的清明、财政的透明,这与封建社会的"明君"、"明臣"是完全不同的概念,他们代表了近代先进中国人的"明"的思想。现代中国在改革开放的大背景下,更需要"明"的观念。特别是对于权钱交易、暗箱操作、"官本位"等社会不良风气的抵制,更是需要树立"明"的观念和"明"的行为,呼唤"明"的思想和作风,这才是建立现代文明社会的途径。

——关于"谦"。其基本的含义是谦让。谦让之德是一种道德自律，是处世原则的重要部分。它要求人们在道德标准上严于律己，宽以待人；在人际交往中要尊重他人，要有卑己尊人的态度和行为。谦让之德不仅是儒家伦理范畴的组成部分，也是中华民族璀璨的传统文化特征之一。《周易·谦卦》以卑释谦："谦谦君子，卑以自牧也。"朱熹释之："大抵人多见得在己则高，在人则卑。谦则抑己之高而卑以下人，便是平也。"[1] 由此可见，谦让可以理解为较低并谦虚地评价自己，同时对别人的心理和行为要较高地看待。《尚书·大禹谟》中说："满招损，谦受益，时乃天道。"其中的"谦"含有谦逊戒盈的内容。"谦"也通"慊"，有满足、满意的意思。《大学》云"所谓诚其意者，毋自欺也，如恶恶臭，如好好色，此之谓自谦"。"谦"不仅是一种伦理范畴，它也是一个哲学概念，中国人历来追求的"谦谦君子"之崇高人格，实际上是积极进取与谦虚自抑的完美结合。《周易》中说："谦：亨，君子有终"，"初六：谦谦君子，用涉大川，吉。"《老子》说："持而盈之，不如其已；揣而锐之，不可长保。金玉满堂，莫之能守；富贵而骄，自遗其咎。功遂身退，天之道也。"[2] 其意是，碗里装满了水，不如停止下来；尖利的金属，难保长久；金玉满堂，没有守得住的；富贵而骄傲，等于自己招灾；功成名就，退位收敛，这是符合自然规律的。他告诫人们要虚己游世，谦虚恭让，方能长久。孔子说："君子有九思；视思明，听思聪，色思温，貌思恭……"[3] 大意是说，君子在修身达己的过程中，常要考虑容貌态度是不是谦虚恭敬，并论证了谦虚恭敬与礼的密切关系，"恭而无礼则劳，慎而无礼则葸，勇而无礼则乱，直而无礼则绞"[4]。《国语》中晋文公说：

---

[1] 《朱子语类》卷七十。
[2] 《老子》第九章。
[3] 《论语·季氏》。
[4] 《论语·泰伯》。

"夫赵衰三让不失义。让,推贤也。义,广德也。德广贤至,又何患矣。请令衰也从子。"赵衰数次谦让不失仁义,且有助于国家选贤任能,是个人美德与魅力的一种彰显形式。孟子说:"无恻隐之心,非人也;无羞恶之心,非人也;无辞让之心,非人也;无是非之心,非人也。"①王符认为谦让的品质是人之安身立命的重要依据,"内不敢傲于室家,外不敢慢于士大夫,见贱如贵,视少如长"②。谦让与个人修身、政治素养方方面面的紧密联系,更说明了其在中华传统文化中的特殊地位和社会价值。谦让的态度有利于冲淡人际交往中的各方面冲突,促进团队精神的形成,进一步增强群体和各阶层间的凝聚力。儒学认为谦让是一切道德观念的基础,"让,德之主也。让之谓懿德"③。谦让之德对推进我国道德环境建设,形成和谐而文明的社会氛围有积极的作用。《菜根谭》认为:"处世让一步为高,退步即进步的张本;待人宽一分是福,利人实利己的根基。"可见谦让的美德能构筑起和睦温馨的人际往来之桥,通过对"谦"的体悟,人类必能通向和谐而幸福的家园。

——关于"美"。其基本的含义是"以美立善"的伦理美。作为伦理美的"美"是一种"宜人之美",即从审美角度出发而阐发出对人的"终极关怀",它指向人的现实生活,与人的生命、生活休戚相关。"美"成为追求人类合规律的自觉与自由的和谐统一,人的社会活动应是"合乎人性"的,能够充分引起精神愉悦、审美情趣的美好享受与舒适体验。中华民族的"美"、"善"观念是从图腾崇拜以及巫术礼仪与原始歌舞中萌发诞生的。"美"、"善"观念在"以人和神"中萌动,在"神人

---

① 《孟子·公孙丑上》。
② (汉)王符:《潜夫论·交际》。
③ 《左传·昭公十年》。

以和"中孕育,在"以众为观"中萌芽。《论语》中写道:"知者乐水,仁者乐山。知者动,仁者静。知者乐,仁者寿。"在其中孔子充分阐述了一种自然的审美情感,在《论语·八佾》中"子谓韶,'尽美矣,又尽善也。'谓武,'尽美矣,未尽善也。'"子曰:"里仁为美。择不处仁,焉得知?"孟子将性善之美、浩然正气、充实之美和与民同乐等方面归纳阐释,引发了人们对美、善至高境界的追求与向往。道法自然、上善若水、大音希声、虚壹而静的道德修养无一不探到美与善的丰富实质,美的内涵与外延包罗万象,"天地有大美而不言","乐行而志清,礼修而行成,耳目聪明,血气和平,移风易俗,天下皆宁,美善相乐"。董仲舒在《俞序》中引世子的话说:"圣人之德,莫美于恕。"同时他也论及了道德之美:"五帝三皇之治天下……民修德而美好","士者,天之股肱也。其德茂美不可名以一时之事","德不匡运周遍,则美不能黄。美不能黄,则四方不能往","此言德滋美而性滋微也。"董仲舒把德与美联系起来,德之美,即德之善。《淮南子》曰:"当今之世,丑必托善以自解,邪必蒙正以自辟。"因此,书中认为假、丑、恶,应予以揭露,同时在社会上提倡真、善、美,期待建立起真、善、美基础上的伦理美。伦理美的核心是"真"而不是"伪",是"质"而不是"文"。中国传统伦理美思想是以儒、道、墨、法等各家伦理道德传统为主要内容的伦理美思想与行为规范的总和。它不仅影响了中国历代人们的价值观念与行为方式,同时也成为衡量人们行为的准则与分辨德行修养的客观依据。修身内省、完善人格、重视情操的伦理美思想,有利于构建和谐社会和人们自我价值的提升,追求人际关系的和谐和强调人伦关系中的"美",有助于社会良好道德氛围的塑造,"天人合一"的伦理美能够保持人与自然的和谐共存,"贵中尚和"、"协和万邦"的伦理美思想是指导和谐社会、恰当处理各类关系的道德准则,"志存高远"、"自强不息"、"修己以敬"等伦理美观念丰富了人们的思想视野与道德境界。

——关于"正"。"正"与"中"、"直"意义相近,常与"邪"对举。其原初含义为走直路,其基本含义为正中、平正、不偏斜,合规范,合标准,纯正不杂,使端正、治理、修正等。其中正中、平正、不偏斜具有本体意义,治理、修正则具有方法意义。在中华传统伦理道德中,"正"既是个人身心修养的内容与方法,也是处理人与人、人与社会关系的原则和规范,在修身、齐家、治国三个层面有着不同的伦理意蕴。我国先民很早就有"正"的观念,而尧、舜、禹、汤、周文王、周武王自律、躬行、示范、用贤、惩恶的言行可视为"正"范畴的萌芽。"正"的范畴是在殷周之际的社会变革中伴随着西周伦理思想的建立而产生的,西周伦理思想中敬德、克己、用贤等思想可视为"正"范畴的源头。春秋战国时期,百家争鸣,儒、墨、道、法各学派在修身、齐家、治国方面有着不同的见解,从而丰富了正的思想。《大学》从理论上揭示了修身、齐家、治国的内在逻辑联系,使正的思想得以系统化。秦汉以降,"罢黜百家,独尊儒术",赋予先秦儒家正心、正己、正人、正名思想以正统地位,其在修心、修身、齐家、治国方面的作用,被历代思想家所阐发,从而使正的思想得以发展和完善。与此同时,司马迁、诸葛亮、魏征、王安石、岳飞、文天祥、郑成功、谭嗣同、孙中山等志士仁人用自己的正言正行,甚至生命诠释了正的含义。历经变迁,"正"范畴在今天对民众、对国家依然具有重要的现实意义,具体表现在儒家"正己正人"的德治传统与以德治国方略,"正己率民"的官德思想与党员领导干部的思想道德建设,"尚贤"传统与党的干部队伍建设,孔子"正名"思想与社会的可持续发展,传统正气观与新时代的党风建设等方面。

——关于"中"。对于"中"字的含义,学术界有不同的诠释。《说文》曰:"内也。从口、丨,上下通。"王筠《文字蒙求》曰:"中,以口象四方,以丨界其中央。"唐兰《殷墟文字记》说最早的"中"是社会中的徽帜,古代有大事则建"中"以聚众。王国维《观塘集林》释"中"为古代投壶盛筹码的器皿。郭沫若在《金文诂林》中认为"一竖象矢,一圈示的",像射箭命中之说。还有人认为是古战场中王公将帅用以指挥作战的旗鼓合体物之象形。可以看出的是,早在原始氏族社会时期就有了"中"的观念,在这种观念中,蕴涵了一种因力而中的价值取向,是部众必须依附听从的权威和统治,具有政治、军事、文化思想上的统率作用,进而意味着一切行为必须依附的标准所在。当然,这种观念仅仅表现为一种传统习惯而已,人们还没有把"中"上升到伦理道德的范畴。后来随着社会的发展,"中"就逐渐用来规范人们的思想行为。到了三代时期,执中的王道思想开始形成。三代相传的要点,就在于"执中"的王道思想。到了商代,"中"已然被作为一种美德要求于民,同时,也预示着后世"忠"字出现的契机。周朝进一步发展了"中"的思想,明确提出了"德中"的概念。周公把"中"纳入"德"作为施政方针,周公的"中德"思想,主要包括明德和慎罚两个方面。在孔子以前,中的观念在中国古代文化中早已形成了传统。虽然他们还没有将"中"和"庸"连缀使用,但我们已可以看出两个字字义的高度契合性。孔子则正式提出了"中庸"的伦理范畴,他视"中庸"为"至德"。这种"至德"首先体现为公允地坚守中正的原则,以无过无不及为特征。纵观中庸问题的发展历史,我们可以对中庸之道作如下概括:中庸之道是儒家的最高哲学范畴,是儒家的道德准则和思想方法。首先,中庸是一种"至德"。中庸的核心是"诚",作为德行规范,广泛作用于社会、思想道德以及自然各领域。其功用则表现为"正己"、"正人"和"成己"、"成物"。"诚"在中庸中有两大特质:一是由下而上，为天人合一之道；一是由内而外，为内圣外王之道。作为德行理论，中庸之道教育人们进行自我修养，把自己培养成至仁、至诚、至善、至德、至道、至圣、合内外之道的理想人格和理想人物，以达到"致中和，天地位焉，万物育焉"天人合一的境界。其次，中庸之道作为一种思想方法，它含有"尚中"、"尚和"两个方面。"尚中"，即崇尚中正不偏之意。它既是一种方法原则，又包含对行为结果的要求。"尚和"，强调矛盾事物的统一、和谐。"尚和"还含有"中和"的意义。其中，"和"是"中"的目标和结果，"中"是"和"的前提和保证；无"中"便无"和"，"中"与"和"互相联系、相互依存。但是，"和"仅体现了事物的表层状态，而"中"则作为事物的本质和精神内藏于事物之中。《中庸》认为："中也者，天下之大本也；和也者，天下之达道也。"又认为："致中和，天地位焉，万物育焉。"由此可知，中庸之道亦是中和之道，然而亦为天地之道，亦为人行事之道。它合一天人，使自然界和人类社会和谐无间，从亲亲之仁出发，以人的道德自律为途径，以"致中和"为其宗旨，最终达到内圣外王的理想境界。中庸之道作为一种政治与道德形态，对于中国社会的和谐和发展以及维系几千年的统一，起到了极其重要的作用。因而，行中庸，执中道，致中和，便成为中国传统文化的核心内容之一，中庸思想、中和情结，时时刻刻地影响着我们个人和社会。今天，我们全面而客观地评价中庸之道，深刻地理解和把握其合理内容及实质，汲取其思想精华，对于推动当今中国现代化的进程和社会主义道德建设有重要的意义。同时，当今世界，在全球一体化的发展趋势之下，中庸思想和价值观对全球化的价值思维也有着指导意义。

——关于"乐"。乐是一种心理状态，包括人的内心、人与人、人与自然和社会的幸福情感交流。如何看待幸福快乐即幸福快乐观是人生观系统中关于幸福快乐的根本观点和看法，也是产生并形成幸福快乐感的关键。迄今虽然中国伦理思想家对幸福快乐的理解见仁见智，但他们对如何达到和实现幸福快乐这种完满状态，却作过大量的思考。他们探讨了义利、理欲、苦乐、荣辱等幸福维度，并由此构成了不同历史时期各具特色的幸福快乐论。先秦时期，既有儒家以道德理性满足为乐的道义幸福快乐论，又有墨家以利他为乐和法家以建功立业为乐的幸福快乐论，还有道家以无为自由为乐的自然幸福快乐论。汉代儒家董仲舒强化了道德理性对于幸福的决定性，强调了以纲常秩序为美的道义幸福快乐论。魏晋玄学家主张以性情自然、精神自由、行为放达为乐的自然幸福快乐论。宋明理学家片面深化了道德理想主义，其幸福内涵的价值取向完全抛弃了感性幸福，走向了纯粹的道德理性单维。晚明时期出现了彰显自我的幸福快乐论。清代思想家在批判宋明理学家极端道义幸福论的基础上，重构了理欲、义利、公私关系，形成了多维度均衡的幸福快乐论。近代，面对救亡图存的历史重任，新学家提倡道德革命，借鉴西方的幸福快乐论和功利主义等思想形成了求乐免苦的幸福快乐论，但并没有从根本上背离传统幸福快乐论的大方向。

儒家所倡导的道义幸福快乐论在中国传统伦理文化中占有统治地位，对中国人追求幸福快乐生活的影响最为深远，并与以苦为人生起点的西方伦理观相判别。从先秦时期的孔子、孟子，到宋明时期的程颐、程颢、朱熹、陆九渊、王阳明，都思考了获得幸福快乐的方式和途径，都认为幸福快乐必须内求于己。除了追问幸福的含义以及实现幸福的方法外，儒家对于德与福之关系的思考也是不绝如缕的。首先，儒家坚持以高尚为乐，认为乐于行道，乐于助人，才能有君子道德的造诣，达到心灵和谐的境界；其次，儒家在强调道德幸福和精神幸福的同时，也特别强调社会的共同幸福，认为自我独乐不如"天下皆悦"，力倡"先天下之忧而忧，后天下之乐而乐"，所谓修身、齐家、治国、平天下之理论，其旨亦在求得普天下人的共同幸福快乐。因而儒家就建立了道德、精神的快乐与普天下人的共同快乐两个方面的幸福快乐标准。儒家强调人如果没有理性和美德就不会有幸福快乐，认为幸福快乐就在于善行，就在于为社会整体利益而行动之同时，又强调为完善德行而"一箪食，一瓢饮"的乐道精神，注重个人德行的完善和人生的不朽以及强调平治天下的大志与追求社会的共同幸福快乐，把个人的幸福快乐包容于普天下民众的幸福快乐之中。儒家传统幸福快乐观在诠释幸福的内涵上不仅仅重视人的主观内在感受，更重视个人幸福同自然、他人、社会的相互关联，这与现代和谐社会思想的理路是基本一致的，对今天的人生和社会依然颇具启迪意义。

——关于"公"。重视"公"是中华伦理的一个重要特征，"先公后私"、"崇公抑私"已经成为中华伦理的基本道德要求。"公"作为一种道德理念，不仅贯穿于中华传统伦理的过去、现在和将来，而且在某种程度上已经内化到中华民族的集体记忆中，成为中华伦理道德的一大特色。正如刘畅先生所说的那样："崇公抑私，是传统文化中最活跃的思想因子，公私观念，是古代思想史中至关重要的论证母题，相对于其他范畴来说，具有提纲挈领的意义，牵一发而动全身。"[①] 因而，探究"公"范畴的内涵及其发展历程对于研究中国伦理思想有重要意义。"公"观念不仅对中国古代社会产生了重要影响，即便在当今社会，"公"观念也没有褪色，反而显示出强大的生命力，获得了新的生长点。"公天下"的理念是中国社会的崇高理想，早在先秦时期"公天下"的观念就已经萌芽，比如《慎子·威德》写道："故立天子以为天下，非立天下以为天子也；立国君以为国，非

[①] 刘畅：《中国公私观念研究综述》，《南开学报》（哲社版）2003年第4期。

立国以为君也。"慎子的意思很明白,那就是立君为公,应该以天下为公。这一思想和明末清初思想家王夫之的"不以天下私一人"具有异曲同工之妙。"公天下"的理想被后世思想家不断提及,《礼记·礼运》描绘的那个"天下为公"的大同世界是对"公天下"的最好诠释。唐太宗所说:"故知君人者,以天下为公,无私于物。"① 柳宗元认为秦设郡县乃是公天下的行为:"然而公天下之端,自秦始。"② 顾炎武强调"合天下之私以成天下之公";王夫之反对"家天下",主张"公天下",认为"天下非一姓之私",应"不以天下私一人"。近代以来,"天下为公"的思想仍然备受推崇,众所周知,"天下为公"是孙中山先生毕生奋斗的最高理想。尽管这些关于"公天下"或"天下为公"的思想论述的角度和具体内涵有差异,但是毫无疑问都表达了对"公天下"的向往。既然公私问题如此重要,历代思想家自然非常重视,几乎历史上重要的思想家都对公私问题发表过自己的看法。也正因为公私问题在漫长的历史中不断被探讨辨析,所以"公"观念的内涵也随着时代发展不断被赋予新的内容,呈现出历史演变的阶段性。可以说,我国社会思想的发展史,就是公私关系的历史,是公、私观念产生、发展、嬗变及辨别的过程。"公"观念的发展大致经历了形成、发展、激荡、转型等几个时期。邓小平继承并发展了马克思主义公私观。为了适应中国国情和时代要求,邓小平突破传统,对公私问题进行了深入思考,开创性地提出了共同富裕的思想。他指出:"社会主义的本质就是解放生产力,发展生产力,消灭剥削,消除两极分化,最终达到共同富裕。"③ 但是在此过程中又不可能平均发展,所以要一部

---

① (唐)吴兢:《贞观政要·公平第十六》,裴汝诚等译注《贞观政要译注》,上海古籍出版社2007年版,第154页。
② 《封建论》,载《柳河东全集》,中国书店1991年版,第34页。
③ 《邓小平文选》第3卷,人民出版社1993年版,第373页。

分人先富起来,以先富带动后富,他还强调在这一过程中要兼顾公平与效率。江泽民、胡锦涛等对"公"观念也有很多论述。江泽民在继承邓小平的经济共同富裕的基础上,开创性地提出了精神层面的共同富裕。进入21世纪以来,公观念又有进一步的发展,特别是和谐社会思想的提出是对传统公观念的一大突破。党的十六届六中全会提出要"按照民主法治、公平正义、诚信友爱、充满活力、安定有序、人与自然和谐相处"[①]的原则来建设社会主义和谐社会,民主原则的提出体现了以民为本的思想,"公平正义"则体现了对公平的追求,这标志着从原来注重效率逐渐向注重公平的重大转向,是对"公"思想的又一个重大突破。

到此,《中华伦理范畴》已经相继出版了19个德目,它们之间既是相对独立的,又是紧密联系的,构成一个完整的体系。为了共同的目标,每一卷的作者都勤勤恳恳、呕心沥血,付出了艰辛的劳动,在此谨向他们致以深深的谢意!

正当《中华伦理范畴》第二函杀青之际,世界陷入了次贷危机的泥沼之中。次贷危机,其实是一场信誉危机,本质上仍是伦理道德的危机。惊恐之中,重温1988年1月诺贝尔物理奖获得者、瑞典科学家汉内斯·阿尔文的"人类要生存下去,就应该回到25个世纪前,去汲取孔子的智慧"的演讲和镌刻在联合国大厅里的孔老夫子的"己所不欲,勿施于人"、"己欲立而立人,己欲达而达人"的教诲,应该给人们一些启迪吧!

《中华伦理范畴》总结的是中华民族千百年来所继承和弘扬的做人的大道理。它是每一个想做君子而不想做小人的人的道德约束和修养圭臬。伦理道德虽然并称,但道德主要是每个人内心

[①]《中共中央关于构建社会主义和谐社会若干重大问题的决定》,人民出版社2006年版,第5页。

的活动，而伦理有为全社会的人规范行为的作用。因此，普及中华民族优秀伦理，对于全社会成员的道德自律既具有普遍的指导作用，又具有某种意义上的他律作用。有自律和他律两个方面的保障，国人的素质才会提高。

让我们每个人都明白做人的道理，用中华民族优秀的传统伦理去规范一言一行，努力去做一个道德高尚的人。每个人都从身边的小事做起，从自身做起；多做善事，少做乃至不做恶事。

愿我们共勉。

戊子隆冬于曲园寒舍

目 录

绪论 …………………………………………………………（ 1 ）
 一 先秦诸子"智"观念的差异 ……………………（ 1 ）
 二 秦汉至明清大一统封建专制国家的"智"观念 …（ 3 ）
 三 近代民智的开发 …………………………………（ 4 ）
 四 现代社会的"智"观念 …………………………（ 5 ）

第一章 智是人类社会发展的产物 …………………………（ 7 ）
 一 "智"的字义阐释 ………………………………（ 7 ）
 二 "智"的起源与社会背景 ………………………（ 8 ）
 三 "智"对先秦社会的作用 ………………………（11）
 四 春秋政治家范蠡的"智"观念 …………………（16）

第二章 儒家的"智"观念 …………………………………（22）
 一 儒家的"智"观念 ………………………………（22）
 二 "智"是儒家伦理的范畴 ………………………（31）
 三 "智"与"仁义"的关系 ………………………（36）
 四 "智"与"诚信"的关系 ………………………（44）
 五 "智"与"勇"的关系 …………………………（46）
 六 "智"与"勤"的关系 …………………………（51）
 七 "智"与"恶"的关系 …………………………（53）

第三章 道家关于"智"观念 ………………………………（68）
 一 道家的愚民政策 …………………………………（68）
 二 道家的军事诈术与"智"观念 …………………（70）

三　道家的大智若愚的思想 …………………………（77）
第四章　兵家的"智"观念 ………………………………（82）
　　一　孙武关于"智"的理论 ………………………………（82）
　　二　兵家"智"学说在战争中的应用 …………………（85）
　　三　《孙膑兵法》中的"智"观念 ………………………（89）
　　四　兵家"智"观念在战争中的应用 …………………（94）
第五章　法家的"智"观念 ………………………………（98）
　　一　商鞅的"智"与"术" ………………………………（98）
　　二　申不害的"智"观念 ………………………………（102）
　　三　韩非子关于"智"与帝王专制的思想 ……………（106）
　　四　法家的"智"与帝王专制的关系 …………………（113）
第六章　名家的"智"观念 ………………………………（116）
　　一　名家在论辩中表现出的智慧 ……………………（116）
　　二　名家在处理政务方面表现的智慧 ………………（122）
第七章　墨家的"智"观念 ………………………………（125）
　　一　墨家对"智"的认识 ………………………………（125）
　　二　墨家义利统一、智勇相生的理论 ………………（128）
　　三　墨家贤、才统一的学说 …………………………（129）
　　四　墨家"学而智"的观念 ……………………………（134）
　　五　墨家"智者治国"的观念 …………………………（136）
　　六　墨家在处理国家政务以及反对侵略战争中表现出
　　　　的智慧 ……………………………………………（142）
第八章　战国时期"士"的"智"观念 ……………………（153）
　　一　游学养士风气的盛行 ……………………………（153）
　　二　"智"与富贵的关系 ………………………………（158）
　　三　"智"与审时度势 …………………………………（170）
　　　　（一）惠施审时度势尊齐王 ………………………（171）
　　　　（二）苏秦的纵横之术 ……………………………（173）

（三）鲁仲连劝阻尊秦昭王为帝 …………………… （179）
　　（四）孟尝君借兵救魏 ……………………………… （181）
第九章　汉代的"智"观念与治国安邦 ………………… （184）
　一　智与西汉王朝的建立 …………………………… （184）
　二　智与治国安邦 …………………………………… （200）
　三　汉代的"智"观念 ……………………………… （205）
　四　东汉和帝皇后邓绥以退为进的"智"观念 …… （208）

第十章　晋唐时期的"智"观念 ………………………… （212）
　一　寓智于仁义忠信的诸葛亮 ……………………… （212）
　二　大智大勇的三国名将周瑜 ……………………… （217）
　三　唐代中兴名将郭子仪的"智"观念 …………… （221）

第十一章　明清时期"智"观念的发展 ………………… （227）
　一　晚明四大智书的编纂 …………………………… （227）
　二　晚明"智"观念的发展 ………………………… （231）
　三　明朝时期智慧的实践与运用 …………………… （250）
　四　晚明崇智思想兴起的原因 ……………………… （253）
　五　清代的"智"观念 ……………………………… （258）

第十二章　不仁之智引起的惨案 ………………………… （262）
　一　斗鸡引起的灭族与失国 ………………………… （262）
　二　争桑叶引起的灭国大战 ………………………… （265）
　三　食鼋肉引起的惨案 ……………………………… （267）
　四　羊羹导致战争的失败 …………………………… （270）
　五　脱离"仁"的王莽之"智" …………………… （272）
　六　贪得无厌走向灭亡的和珅 ……………………… （279）

第十三章　近代的"智"观念 …………………………… （283）
　一　西方文化的传入对中国思想界的震动 ………… （283）
　二　近代为开发民智所进行的改革 ………………… （288）
　　（一）鸦片战争后先进中国人对开发民智的认识 … （290）

（二）维新派开发民智的主张与实践 ………………（292）
　　（三）革命党人为开发民智的努力 …………………（297）
　　（四）新文化运动倡导者为中国国民个性解放进行的
　　　　 不懈战斗 ……………………………………（302）
　　（五）中国共产党人开发民智的实践和效果 ………（306）
三　中华民族在反侵略战争中智慧的升华 ……………（308）
　　（一）林则徐虎门销烟与中国人民智慧的展现 ……（309）
　　（二）三元里人民用智慧首次取得抗英斗争
　　　　 的胜利 ………………………………………（311）
　　（三）左宗棠收复新疆的胆魄和智慧 ………………（313）
　　（四）中国人民的智慧在反侵略战争中的
　　　　 全面升华 ……………………………………（315）
四　中华民族在富国强兵运动中智慧的升华 …………（320）
　　（一）中国人实现富国强兵梦的滥觞 ………………（320）
　　（二）洋务运动，富国强兵运动在中国大规模
　　　　 的实践 ………………………………………（323）
　　（三）戊戌变法，淹没在血泊中的富国强兵运动 …（325）
　　（四）辛亥革命党人对富国强兵的探索与努力 ……（329）

第十四章　智在现代社会中的意义 ……………………（336）
一　现代社会"智"观念的发展及其影响 ………………（336）
二　"智"在现代人际关系中的意义 ……………………（345）
三　"智"在现代商战中的意义 …………………………（353）
四　智圆行方与现代法制 …………………………………（362）

后记 ………………………………………………………（374）

绪 论

智,简单地说,包括知识和能力。智是人们在生产斗争和政治斗争中知识经验的总结,是人与大自然作斗争中表现出来的智慧和才干,是人对自然和社会改造过程中对事物认识的不断深化,也是社会生产力不断发展的产物。

我国五千年的文明发展史中,人们对"智"的理解有很大差别。不仅历史上各家学派对"智"的理解不同,古代的、近代的、当代的人们由于时代不同,对"智"亦有不同的理解。

一 先秦诸子"智"观念的差异

春秋时期,周王室衰微,失去对诸侯国的控制能力。诸侯大国迅速发展,并展开了争夺霸权的战争。战国时期,诸侯国之间的争霸战争向兼并战争转化。为了能在激烈的争霸战争和兼并战争中取得优势,诸侯国君广泛地吸收知识分子为我所用。政治上的宽松使大批知识分子脱颖而出,他们代表不同的阶级和阶层发表演说,著书撰文,相互辩论,从而出现了历史上的诸子百家争鸣的局面。先秦诸子对"智"有不同的理解。

礼、义、仁、智、信皆是儒家伦理学说的重要内容。儒家认为,智必须在礼、义、仁、信的规范下才称为"智"。孟子说:"是非之心,智也。"(《孟子·告子上》)一个智者,必须懂得是非之区别，才能决定自己的取向，才能正确地把握自己向善，不向恶；才能永远保护自己，不坠入罪恶的深渊。在儒家的观念中，智不仅是解决处理问题的能力，也是保护自己免受邪恶势力伤害的能力。一切用欺骗邪恶的手段去掠夺骗取富贵或杀人越货者，不能谓"智"，那是罪恶和狡诈的行为。

儒家认为，智是仁义诚信的，是善良勇敢的获取胜利、达到理想的能力。孔子说："仁者安仁，知（智）者利仁。"（《论语·里仁》）智是实施仁义的才干。子贡说："学不厌，智也；教不倦，仁也。"（《孟子·公孙丑上》）只有对世界上一切人或事以仁相待，才谓智。

道家主张小国寡民和愚民政策。老子《道德经》三章云："常使民无知无欲，使夫智者不敢为也。"道家认为，人们只有无智愚之别，才能回到没有剥削、没有压迫的平等社会。因为人们有智愚之别，才造成社会的不平等。道家认为，凡事不要出头冒尖，才是保护自己的智者。老子说："我有三宝，持而宝之：一曰勤，二曰俭，三不敢为天下先。"如果舍此三者，"死矣。"

法家的"智"观念是完全为帝王的专制统治服务的。商鞅的法，申不害的术，韩非子提出的"六微"、"七术"、"八奸"、"八说"、"备内"、"二柄"等皆是为帝王们加强巩固自己的专制王权，防止大臣们篡夺权力而出谋划策的。

先秦诸子中，兵家之智是非常重要的内容。兵家认为，战争的胜负取决于"道"。《孙子兵法·计篇》云："将者，智、信、仁、勇、严也。"智必须与仁、信、勇、严相结合，才是制胜之智。即只有正义的战争和智慧的配合，才是胜利的保证。这种理论使中国古代兵学放射出民本之义的光华。

先秦诸子"智"观念的差异表现出他们所代表的不同的阶级和阶层的利益和观点。

二　秦汉至明清大一统封建专制国家的"智"观念

中国自秦汉以后,大一统的封建帝国形成。专制帝王控制着天下所有人的生杀予夺之权。国家政治集团的所有官员全都是为皇帝服务的,是皇帝的臣。《说文》云:"臣,牵也,事君也,象屈服之形。"臣本身就是皇室的奴仆。而清朝皇帝则更为直白,所有的臣向皇帝皆自称"奴才"。在日益加强的专制皇权下,知识分子要想取得富贵或事业的成功,必须得到皇帝的信任。

帝王们为了巩固自己的统治,把儒家学说作为封建国家的正统理论。封建王朝以科举取士,儒家经典是科举考试的内容科目。这样封建国家的每一个官员都必须在"君君、臣臣、父父、子子"的原则下,并取得帝王的信任,才能做出一定的成就。官员们如果功高就会"震主",受到皇帝的疑忌。官员们稍有差池,轻则遭贬,重则砍头。因此,封建国家的各级官员,既保持对皇帝肝脑涂地的忠诚,不使皇帝猜疑,又能以儒家主张的"仁"去治理百姓和国家,从而形成了中国官员的"智"观念。

我国历史上,三国时期的诸葛亮、周瑜都是幸运的。他们得遇"明主",以施展自己的才智。诸葛亮辅助刘备得三分天下,成就刘氏帝业。周瑜"雄姿英发,谈笑间,樯橹灰飞烟灭",以东吴 3 万军队打败曹操的号称 80 万的大军,创造赤壁之战的光辉战绩。

唐代的中兴名将郭子仪是数次在皇帝的疑忌下,保全自己的智者的典型。

唐朝中期发生了安史之乱,国都长安失守,唐玄宗逃到四川。郭子仪以朔方节度使率兵五万,与李光弼会合,征讨安禄山、史思明叛军。郭子仪先收复了长安,又收复了东都洛阳,立下了江山再造的旷世功勋。新即位的唐肃宗对郭子仪极不放心，下令郭子仪立即回朝，解去郭子仪的兵权。宦官鱼朝恩又掘了郭子仪的祖坟。郭子仪知自己功高不赏，有杀头之危险，立即回朝，交出兵权，闲居京师，对鱼朝恩也表示宽容，不予追究。

然而郭子仪罢职后，东都洛阳再度沦陷，叛军又逼近长安。唐肃宗不得已又起用郭子仪。郭子仪出山，打退叛军，收复洛阳。

唐肃宗死后，代宗李豫即位。在宦官程元振的谗诣之下，朝廷又夺去郭子仪的兵权和官职。郭子仪立即回朝，交出兵权。郭子仪罢官，叛军勾结吐蕃复乱，进逼长安。朝廷不得已又起用郭子仪，平息叛乱。

郭子仪闻诏即返，听令即罢。《新唐书·郭子仪传》说：他"朝闻命，夕引道，无纤介自嫌"，从而使皇帝释疑。郭子仪"权倾天下而朝不忌，功盖一世而上不疑，侈穷人欲而议者不贬。"郭子仪被封为汾阳王，85岁而终，是古今中外为数不多的、福禄寿俱全的名臣名将。郭子仪可谓智者。

写到此处，笔者想起了战国时期的赵国良将李牧，唐代与郭子仪齐名的中兴名将李光弼，宋代精忠岳飞等。他们的爱国赤诚鼓舞着一代又一代的中国人。如岳飞的"待从头，收拾旧山河，朝天阙"，表现出多么激昂壮烈的爱国情怀。然而他们都死在自己用生命和赤诚保卫的专制的国君、帝王手中。其悲剧在于：他们在国家与个人之间，选择了以国家为重。他们忠诚、勇信，有打败敌人、恢复国家之智，但由于功劳太大，引起了专制皇帝的恐惧和疑虑，即功高震主。结果，他们既没有保住国家，也没有保住自己，这是中国专制制度造成的悲剧。哀哉！

三　近代民智的开发

中国古代，劳动人民以他们的勤劳勇敢和智慧创造了灿烂辉煌的文化。如中国的四大发明：造纸、印刷术、指南针、火药等。儒家伦理学说把"智"与"仁"相联系，闪耀着民本主义的光辉。然而中国几千年处在专制帝王的统治下，知识分子的一切活动都是为了帝王们一家一户的江山服务。劳动人民又在"上智下愚"的束缚之下，这大大阻碍限制了中国民智的发展。

随着近代西方文化的传入，民主意识开始在中国知识分子的头脑中觉醒。特别是中国在鸦片战争、中日甲午战争中战败，不平等条约的签订，中国人开始痛苦地反思，并寻求西方文化。如林则徐、魏源等提出"师夷之长技以制夷"的观点，中国上层官员发动了洋务运动，康有为、梁启超等人发动"戊戌变法"，提出"废科举、兴学堂"，修铁路、办邮电等主张。一时间，近代中国开始掀起学习西方文化的浪潮。然而，晚清官员们学习西方文化还只停留在上层贵族之中，是一种改革的主张，并没有考虑广大民智的开民和教育的普及。

中国资本主义革命运动兴起以后，革命派认为，中国人本来就有天赋之聪明，但是长期的专制统治蔽塞他们的才智。如陈天华说："吾民之聪与明，天所赋与也，于各民族中不见其多逊。""中国经二十余朝之独夫民贼"的统治，"闭塞其聪明，钳制其言论，灵根尽去"。（陈天华《论中国宜改创民主政体》）革命者的任务是去吾民之蔽，还其聪与明。

孙中山等革命派提出了"以革命开明智"的主张，提出改革旧的教育体制，批判"忠君"思想，建立民主政体；大力发展中小学及国民教育；除文史外，增加理、工、农、医等学科。中国人的文化素质空前提高，民智进一步开发。

四 现代社会的"智"观念

张岱年先生说："盲目地推荐孔子的时代过去了，盲目地批判孔子的时代也过去了，科学地评价孔子的时代到来了。"当代中国，人们应合理地继承中国传统文化的优秀成分，批判其不合理的糟粕。如儒家伦理学说中"君君、臣臣、父父、子子"的等级制度应该摒弃，而"仁且智"、"不仁不智"的观点，智必须与仁、义、勇、信相结合的主张都是当今社会应该继承的精华。当今社会上有人殚精竭虑，绞尽脑汁去贪污受贿、坑蒙拐骗，以抢夺霸占国家或他人的财富，自以为得计，认为自己智商很高，这其实是一种蠢而又蠢的行为。脱离了"仁"的"智"，迟早会受到法律的审判。树立正确的"智"观点，是当今社会的选择。

第一章 智是人类社会发展的产物

一 "智"的字义阐释

智，即智慧、聪明的意思。智的古文写法"𥏾"。《说文》云："智，识词也。从白从亏从知。"智就是对某一问题能够全面认识、知晓。《释名·释言语》云："智，知也，无所不知也。"智，就是对所有的事情不仅能知其然，并知其所以然，也就是"无所不知"。

智，指的是对事情处理的能力。能够很好处理事情谓智，不能很好处理事情的谓不智。《国语·周语下》云："言智必及事。"韦昭注曰："能处事物为智。"这种处理事物的能力也可以说是一种才干。

智，亦指对是非的分辨能力。《孟子·公孙丑上》云："是非之心，智之端也。"在处理事情时，能区别是与非，这是智之萌始。对正确的或正义的事情努力地去做、去支持，对错误的非正义的坚决反对。这就是智。

战争中所表现的机智、谋略称为智。《史记·项羽本纪》汉王笑曰："吾宁斗智，不能斗力。"在战争中以奇计谋略取胜的称为"智"，能在战争中用智的将领称为"智将"。《孙子兵法·作战篇》云："故智将务食于敌。"即智将一定要善于从敌方那里取得供给食物等。又《吴子·论将》："如此将者，名为智将，勿与战矣。"在战争中不能与智，而只凭勇力者称为"莽夫"。

智,同"知",亦是知识之意。《荀子·正名》曰:"所以知之在人者,谓之知。知有所合谓之智。"杨倞注曰:"知有所合,谓所知能合于物也。"对于事物全面掌握了解、与事物实质相合,这就是知识。

智,也是"知道"之意。《墨子·经书下》云:"夫名,所以明正所不智,不以所不智疑所明。"又"逃臣不智其处,狗犬不智其名也。"《墨子·耕柱》曰:"岂能智数百岁之后哉!"这里"智"与"知"的意思相同。

智,指的是聪明、有智慧的人在处理事务表现出的能力,在战争中表现聪慧与灵活,在认识事物方面表现出的知识。智者有明哲的头脑,不仅了解事物的表象,而且了解事物的本质。智者就是聪明能干的人。

智,是聪明和能力。但在仁义规范下的聪明能力才叫做智。《孟子·公孙丑上》曰:"而不仁,是不智也。不仁不智。"仁是最大的智。用自己的能力才干去做邪恶之事的人,那么这种"聪明才干"叫做奸诈,而不谓智。诈是一种诡计和阴谋。因此,智与诈有不同的含义。《国语·晋语七》云:"知张老之智而不诈也,使为元侯。"

二 "智"的起源与社会背景

智是社会生产力不断发展的产物,是人与大自然斗争中不断增长的才干和能力,是对事物认识的不断深化。

人类社会的早期,人们以采集野果、捕捞鱼虾、围猎野兽为生活。他们用树枝、石块与大自然作艰苦的斗争。在漫长的人类社会的发展中,他们逐渐增强了生活能力,从只能制造简单的旧石器到能够制造精美的细石器,又发明了弓箭,喂养牲畜等,生产力不断地提高。生产力提高的过程,也是民智渐开的过程。

智是对事物的认知。人们与大自然斗争的过程中，把自己的住处选择在依山傍水向阳的地方。《诗经·大雅·公刘》记载："笃公刘，既溥既长，既景乃冈，相其阴阳，观其流泉。"这几句诗意是，敦厚的公刘，开拓的土地宽阔又漫长，把住处定在山冈上，并看住处是否向阳，流泉的方向如何。因为住在山冈上，人们才能在发水时躲在高处；在向阳的地方才可以温暖而不生病；在有水的地方才能生存。这种选择当是长期生活经验的积累。

夏商以后，人们修建了宫殿，发明了金属冶炼，创造了文字，建立了国家。人们的智慧在发展。《史记·夏本纪》记载：帝尧时期，洪水滔天，淹没了大地，百姓无法生存。尧派鲧治理洪水。鲧治水九年，采取堵塞的方法，但无法治服洪水。这时舜已登位，舜殛鲧于羽山以死。舜又命鲧之子禹接替其父治水。禹采取疏导的方法治水，十三年在外治水，三过家门而不入，终于治服了洪水。在治水中，禹改变鲧用堵塞的方法，而采取疏导的方法，这实际是对自然规律的正确认识，表现了人们智力的发展。

当人们还处在部落时期，为了争夺水草和空间，部落之间就不断地进行冲突和战争。当国家形成以后，人们无论在处理国家政务和对外战争时都必须有智慧和才能，否则就会被人夺走国家政权，或者在战争中失败。

智在国务活动中，在对外战争中愈来愈显得重要。随着社会的发展、社会财富的增加，社会上的贫富尊卑差别也不可避免地产生。争夺权力、争夺财富的斗争愈演愈烈。人们不仅用强力夺取，而且当强力不能夺取时，则采用尔虞我诈的方式去骗取。因此智作为保护自己权力和财富的思维也相应地产生。

有些邪恶之人用狡诈或欺骗而得到权力和财富，如果正直的人没有智慧去对待，那么就可能使财富被掠夺，正直的人受到伤害。

夏王朝自禹、启，传至太康。由于太康淫乐，失去夏民的支持，国家政权一度被后羿所夺。后羿掌握政权以后，非常信任一个叫寒浞的人，让寒浞做自己的相。寒浞利用后羿对他的信任，对内讨好谄媚，对外实施贿赂，愚弄百姓，并诱导后羿沉溺于田猎，利用奸诈阴谋以得到国家政权。而后羿仍然不了解情况，依旧淫于田猎。有一次，当后羿田猎回来，寒浞让其家人将其杀掉又烹煮，让后羿的儿子食用。其子不忍食，亦死在穷门。寒浞占据了后羿的妻孥财贿。后来，还是太康的孙子少康，集聚了夏的遗民，以及后羿的遗民，才灭掉寒浞，恢复了夏王朝，史称"少康中兴"。

当寒浞在用奸诈之谋，一步步地将后羿逼上死路而夺取其国家政权时，如果后羿是一个有智慧的人，肯定会识破寒浞的奸计，而不会自取灭亡、被烹杀的。正因为后羿不智，才会有如此下场。

当社会上富贵贫贱尊卑的差别产生以后，人们的地位也出现了天渊之别。富贵者利用自己的权势去欺侮卑贱者。如果地位低的人不以智来保护自己，就可能会遭到杀戮之祸。如殷商王朝末年，殷纣王淫乱不止，微子数谏而不听，微子与太师、少师相谋，逃走。而王子比干则强谏纣王。纣王大怒说："你是一个圣人，我听说圣人有七窍。现在我想剖开你的心，看看七窍是什么样？"于是纣王让人杀比干以剖其心。箕子一看，非常害怕，佯作疯狂。

从殷王朝的微子、比干、箕子等三位贤士的做法来看，无疑微子与箕子是明智的。面对一个昏庸无道而凶残的暴君是没有什么道理好讲的。比干的忠心只能招来杀身之灾，给后人留下永远的教训和叹息。因此，在强大的恶势力面前，人们必须以智来保护自己。

先秦时期的战争是非常频繁的。在战争中亦要有明智的态度。如果战争中的自己一方是弱者,那么就应避开强敌。能战胜则战胜,不能战胜则避之,这种态度就是明智。在这方面,周人的做法是正确的智的态度。

先周古公亶父时期,周人继承先公公刘在渭水流域的豳地居住。但在这里,周人时常遭受荤粥戎狄的进攻。戎狄等少数民族不断地向周人掠取财物。周人当时很弱小,就把财物给了戎狄之人。而戎狄又继续进攻,想占有土地和人民。古公亶父认为,民是不可弃的,于是带领族人离开豳地,渡过沮水、漆水,翻过梁山,来到岐山之下,周人在这里迅速地发展起来。

周武王时期,欲伐殷。诸侯不期而会者八百,皆愿意跟随武王伐殷。但武王认为时机还不成熟。又经过两年,殷纣王暴虐淫乱益甚。杀比干,囚箕子,贤士忠臣纷纷背离纣王。纣王的周围只剩一些阿谀谄媚之臣。于是周武王乃率戎车三百乘,虎贲三千人,甲士四万五千人,从东伐纣王,一举消灭了殷商王朝。

周人在不能与戎狄抗衡的情况下,主动撤离迁徙。武王伐纣时,会于孟津,但时机尚未成熟,撤兵。两年后,殷王朝动荡不安,人心离散,才开始征伐,一举成功,这其实是智举。战争,必须当时机成熟,战道有利时才能进行。

智是社会发展的产物。智是促进社会生产力发展的原动力之一,当然生产力的发展又促进智的提高。智是为保护正义事业的谋略,当人类进入国家时期,人们在处理国家政务的时候,在军事战争和生产劳动中,智愈来愈具有重要的作用。

三 "智"对先秦社会的作用

先秦时期,国家政治和社会经济迅速发展。权力、财富成为人们追逐的目标,而篡权、杀人越货、互相残害亦成为屡见不鲜的事实。为了躲避迫害，人们以智慧、聪明、才干来保护自己。在战争中，也广泛地以智取胜。智对先秦社会有重要作用。

周武王克商二年后，死去。成王尚在幼冲，即尚在年幼之时，没有能力管理应对当时复杂的局面。武王之弟周公旦摄政称王。武王的其他兄弟，如管叔、蔡叔等，在国中散布流言："周公将不利于成王。"以后，管叔、蔡叔及殷纣王之子武庚果然率东夷故地的小国反周。周公毅然东征，杀武庚、诛管叔、流放蔡叔，封康叔于卫（管理殷商故地），封微子于宋以奉殷祀，经过三年的征伐，终于取得胜利。

周公因是代成王摄政称王，因此害怕成王年长后，怀疑其有野心。有一次，成王有病，周公乃自剪指甲沉于河，以向神明祷告说："王年幼不了解情况，奸神命乃旦（指周公旦本人）也。"其意是，"我周公旦违背了神明，不要降罪成王，成王年少无知，如神降罪应降在我的身上，让成王的病赶快好吧！"这个祷辞写在简策上，藏在府中。当周公执政七年后，还政于成王。成王掌握了国家大权。有人在成王面前说周公的坏话。周公害怕成王惩罚，《史记·鲁周公世家》记载："周公奔楚。"周公逃到楚国。而后成王发府，看见周公祈祷神明的简策，才知周公对自己是多么地赤诚忠心。成王掉下眼泪，令人迎回周公。

周公把求神明的祷辞简策藏在府中，可谓是智者之举。因为当周公旦摄政时，管叔等人就散布流言，说周公将威胁成王。虽然周公东征时已诛杀了管叔等人，但很难保证周公将来还政成王之后，没有人向成王谗言，以挑拨成王与周公的关系。因此，周公府中藏策，成王早晚也能看到，这难道不比任何言语更能说明周公对成王的一片赤诚？府中藏策，当是周公的先见之明，是周公的智慧使然。周公以此来保护自己免受不白之冤，免受伤害，也保护自己名誉的清白，从而使自己成为千古圣贤。

春秋前期，齐国襄公即位后，残暴荒淫，对外欺杀诸侯，对内无礼于大臣,齐国处在混乱之中。齐襄公的几个弟弟,纷纷逃到其他诸侯国避难。齐襄公的次弟公子纠,其母为鲁女,于是由管仲、召忽相辅,逃到鲁国;襄公的另一弟公子小白,其母为莒女,由鲍叔牙相辅,奔莒。

襄公即位十二年后被弑。齐国无君,给逃亡在外的齐国公子以机会。鲁国为了让公子纠迅速返齐即位,派公子纠的辅臣管仲阻碍在莒的公子小白返齐。管仲埋伏在小白的返齐道上,一箭射中小白。小白机智地倒下佯死,其实这一箭只射中小白的带钩。管仲派人向公子纠飞报小白的死讯。鲁国以为小白已死,于是从容送公子纠前往齐国。小白并没有死,而是从另一道上日夜兼程,抢先进入齐国即位,是为齐桓公。

齐桓公即位后,发兵拒鲁,大败鲁国。在齐国的压力下,鲁国杀公子纠,召忽自杀,把管仲送回齐国。原来齐桓公的亲信辅臣鲍叔牙与管仲为至交。《史记·齐太公世家》记载:鲍叔牙向齐桓公推荐管仲时说:"君将治齐,即高傒与叔牙足也。君且欲霸王,非管夷吾不可。夷吾所居国国重,不可失也。"管夷吾,即管仲。齐桓公听了鲍叔牙的意见,佯做要报管仲射钩之仇,以亲手杀死管仲为名,骗鲁国送回管仲,实欲重用之。齐桓公不记带钩之仇,以管仲为相,治理齐国,在政治、军事、经济方面进行变法改革,使齐国出现一个蓬勃发展的局面。齐桓公成为春秋时期第一个霸主。

当管仲一箭射来,齐桓公急中生智,倒下佯死,以骗过管仲,此其一智也。这样小白能够在鲁国毫无提防的情况下迅速回国即位,从而拥有了齐国的政权。齐桓公即位后,能从谏如流,听从鲍叔牙的谏议,不记带钩之仇,任管仲为相,使齐国走上春秋时代的鼎盛时期,此其二智也。正因为齐桓公在其争国与执政方面表现出超人的智慧,才使他成为春秋时期的第一个霸主。虽然齐桓公晚年的荒淫,使齐国无法维护春秋霸主国的地位,但也无法掩饰齐桓公早期智慧的光辉。

智者防患于未然。当伤害或战争尚未到来之时，识破伤害者的阴谋，避开这种伤害，是智者的做法。

春秋初期，齐国逐渐强大。齐国在发展的同时，采取灵活的与郑国联合的外交政策。郑国是春秋初年灭掉郐、虢而迁至中原地区的诸侯国。始封君郑桓公友是周厉王的少子、周宣王的幼弟，是王室近亲。郑武公、郑庄公相继为周王室的卿士，挟天子以令诸侯，把持王室大权。齐国君僖公联合郑国，以加强齐国的地位。

齐在发展强大时，开始进逼其东邻国纪。齐希望占领山东半岛，独擅渔盐之利，因此把攻伐纪国当做既定的方针。但齐僖公拉拢郑国，共同朝聘纪，齐、郑的目的是借朝聘的名义，骗纪国打开城门，然后袭击纪国。齐、郑在当时皆为大国，而纪则为一个小国。齐、郑联袂朝见一个小国，其不良用心可想而知。这种阴谋被纪国识破，拒绝了齐、郑朝聘。《左传·桓公五年》云："夏，齐侯、郑伯朝于纪，欲以袭之，纪人知之。"纪侯拒绝齐、郑，使纪国免受了齐、郑的袭击，从而保护了自己。

春秋时期还发生一次楚借聘娶名义而欲袭击郑国的事件，被郑国识破，未得逞。公元前541年，楚国令尹公子围到郑国朝聘，并娶公孙段氏的女儿，以伍举为副。一队人马浩浩荡荡来到郑国的城前，准备进城入住馆驿。郑人从来者的气势及带的行装看，知楚橐中暗藏兵器，包藏着袭郑之祸心。于是郑国使行人（即外交大臣）子羽前去接待楚国，使其住在城外，不让其入城。迎娶时，子产让子羽告诉楚人，请在城外筑坛以迎娶。令尹公子围不同意，认为这样使自己的亲事太草率了，一定要入城进祖庙迎娶。子羽说："小国无罪，恃实其罪，将恃大国之安靖己，而无乃包藏祸心以图之。"子羽直接点明了楚国包藏祸心的阴谋。楚人知其有备，请垂橐而入，即把兵器掏出，以示空橐无

14

物。这样，郑国才放楚人入郑。郑人能够识破楚人的阴谋，不放其入郑，直至楚人垂橐，去除武器，从而消除了对郑的威胁。郑国成功地保护了自己的利益，这可谓智者之为。

公元前627年，有三个把守郑国城门的秦国人捎信给秦穆公让秦来偷袭郑国，他们可以打开城门，让秦国不受阻击地进入郑国。秦穆公很高兴，就派军队长途跋涉远攻郑国。

郑国商人弦高从郑国向周王室去贩卖货物，途中，遇见秦国偷袭郑的军队。作为郑国人，弦高看到秦要偷袭自己的国家，就先用四张熟牛皮、十二头牛去犒劳秦师，说："我们的国君听说您要出师到敝邑，让我来犒劳您的军队。我们的国家很贫乏，但因为您的随从与军队来到敝邑，只准备这一天的供给；如果贵国军队在敝邑停留一天，我们就负责一天的保卫！"其言外之意就是郑国已经知晓秦国要来攻伐，并做好迎战的准备。弦高一面犒劳秦师，一面派人火速回到郑国，报告秦国偷袭郑国的消息。郑国国君马上派人去检查三个守城门的秦人。这三个秦人已厉兵秣马，准备接应秦国军队。郑国马上辞退秦人。秦师统帅孟明说："郑国已有备，偷袭不可能了。攻之不克，包围又后继无军，我们还是回去吧。"

秦师偷袭郑国，怀着掠夺别国财富的目的，是一种不义的行为。弦高的智是一种维护正义、挫败侵略阴谋的行为。弦高是站在热爱郑国的立场，以智慧成功地使秦国退兵，使郑国免遭秦人的偷袭与攻伐，维护了郑国的利益，表现了弦高出色的智谋。

随着社会的发展，人们之间、诸侯国之间的关系变得更为复杂。战国时期，魏将庞涓率师攻占了赵国的都城邯郸。赵国向齐国求救。齐国派田忌为将、孙膑为军师以救赵国。孙膑是军事家孙武的后代，对兵法有极深的研究。孙膑认为，如果到邯郸解救，与魏将会有一场恶战。于是孙膑采取"围魏救赵"之策，即率齐兵以攻魏之襄陵。魏军虽远在邯郸，但闻听齐军攻魏，马上回军以解魏国之围。当魏军风尘仆仆赶回魏国时，齐国却以逸待劳。魏齐相遇于桂陵（今河南长垣县西南）。魏军长途跋涉而疲惫不堪。两军相遇，齐军一举攻破魏国。孙膑从而创造了"围魏救赵"的战例。

公元前344年，魏将庞涓又攻韩。韩国战败后向齐求救。齐威王又命田忌为将，孙膑为军师，率军救韩。这次孙膑又采取围魏之策。庞涓迅速回军，以迎战齐军。孙膑令齐军佯做逃跑。第一天，齐军做了十万个灶；第二天，齐军做五万灶；第三天，做三万个灶。庞涓追击齐军，每天查点齐军灶数，看见齐灶日少，就大笑曰："齐军胆怯，入我魏地以来，已逃跑大半矣，齐军做饭的灶每天都少，说明齐军人数日益减少。"庞涓产生轻敌思想，留下大军，只带轻军锐卒追击。孙膑则在马陵（今山东菏泽一带）的险要地带设下埋伏，与齐军士卒相约："暮见火举而弩发。"当庞涓追至马陵已到晚上，看见一棵大树被剥去树皮，上面似乎有字。庞涓令燃火把而看树上的字。齐军士卒见举火，万弩齐发，魏军被全歼，庞涓自杀。孙膑从此显名于天下。通过这次战争，魏国元气大伤，独霸中原的局面一去不复返了。

孙膑是一位军事家，他所创造的"围魏救赵"之策，"减灶诱敌"之策皆是智慧的结晶。在先秦时期旷日持久的战争中，中国人以智慧创造了光辉的战略战术思想，以防止敌人的侵略与伤害。先秦时期，中国曾出了《孙子兵法》、《孙膑兵法》，这些都是中国人民长期斗争的经验和智慧的总结。

四　春秋政治家范蠡的"智"观念

范蠡是春秋越国的政治家，他的一切活动和思想无不闪耀着"智"的光辉。

春秋末年，我国东南地区有两个诸侯国：越国和吴国。越国国都在今浙江绍兴，相传是夏后禹的苗裔；吴国国都在吴（今江苏苏州市），相传是周族太伯、仲雍的后代。越国和吴国连年战争。

越王勾践元年（公元前496年），吴越发生樵李（今浙江嘉兴县南有樵李城）之战，越王勾践一箭射中吴王阖庐，吴师大败。吴王阖庐回去后因箭伤感染而死，临死前，他对儿子夫差说："不要忘了为我报仇。"

夫差即位后，日夜练兵，准备讨越。三年后，夫差伐越，与越国战于夫椒（今浙江绍兴北）。越国大败，只剩下五千人被围困在会稽山（今浙江绍兴会稽山）上。

越王勾践在战败之际，开始请教他的两个贤臣范蠡和文种。《史记·越王勾践世家》记载：范蠡说："持满者与天，定倾者与人，节地者以地。卑辞厚礼以遗之，不许，而身与之市。"勾践乃使文种到吴国求和。文种膝行顿首对吴王夫差说："君王亡臣勾践使陪臣种敢告下执事；勾践请为臣，妻为妾。"吴王夫差将许之。吴相伍子胥说："天以越赐吴，勿许也。"文种回来，告许勾践。勾践欲妻子，焚宝器，奋战而死。文种止住勾践说，吴太宰伯嚭贪婪，可以贿赂之以行事。越国乃以美女宝器献伯嚭。伯嚭就使文种对吴王说："愿大王赦勾践之罪，尽入其宝器。不幸不赦，勾践将尽杀其妻子，燔其宝器，悉五千人觸战，必有当也。"伯嚭从中调和，对吴王说："还不如许和，对吴更有利。"于是吴王乃许和，虽伍子胥再谏，吴王不听。

勾践栖居会稽山上，在范蠡和文种的辅助下，励精图治。他置一苦胆在他的座上，每天望着苦胆，吃饭前先尝一下苦胆，然后说："你忘了会稽之耻吗？"这就是有名的"卧薪尝胆"的故事。勾践亲自耕作，其夫人亲自织布，赈贫吊死，抚老问伤，与百姓同甘苦。

勾践把国政完全委托给范蠡和文种。范蠡、文种忠心耿耿，勤于国政,抚爱国姓,休养生息,训练士卒,发展生产。他们在越国规定老夫不准娶少妇,以妨碍人口的繁衍。寻常百姓,生一子者,赐小猪一头,酒一壶;生一女者,赐鸡一只,酒一壶。凡生产致粟多者,皆有奖励,鼓励生产和耕织。越国经过十年生聚、十年教训,迅速地发展起来。

对于吴国,范蠡、文种采取极其谦卑的策略,每年送给夫差大量的金银财宝,多买吴国的粟米;送给吴国能工巧匠帮助吴王建造宫室和台榭,以尽其财,以疲其力;送给吴王以美女,以堕其志;结交吴国的佞臣,为越国说话。经过22年的努力,越国的国力超过了吴国。

越国的强大,自然是吴国的灾难。在越国君臣一致、举国努力之时,吴国泛海伐齐,又北上争盟,主黄池(今河南封丘县南)之盟,正在志得意满之际。于是在范蠡、文种的谋划下,越国伐吴。此时,吴国由于连年对北方用兵,轻兵锐卒死伤大半。越国以休养的精战之士,一举打败吴国。吴王夫差被围困在姑苏(今江苏苏州)山上。吴王让大臣公孙雄肉袒膝行而到越军去见勾践,请和,说:"您的臣下夫差让我对您说,昔日在会稽曾得罪过您,现在您来讨伐夫差,夫差是罪有应得。今夫差愿举国为大王您的臣妾,唯命是听。大王能亦如会稽时那样赦免臣夫差吗?"勾践欲许之。范蠡说:"会稽之事,天以越赐吴,吴不取。今天以吴赐越,越其可逆天乎?且夫君臣蚤朝晏罢,非为吴邪?谋之二十二年,一旦而弃之,可乎?且夫天与弗取,反受其咎。"勾践说:"吾欲听子言,吾不忍其使者。"范蠡于是擂鼓进兵,曰:"王已属政于执事,使者去,不者且得罪。"吴使者哭泣而去。勾践使人对吴王夫差说:"吾置王甬东,君百家。"吴王谢曰:"吾老矣,不能事君王。"遂自杀。(《史记·越王勾践世家》)

越王勾践在范蠡、文种的支持下,励精图治,完成了从灭国到复国的大业。按照常情,君臣应该同享富贵,共致太平。然而越国灭吴取得全胜以后,范蠡却悄悄地带着轻宝珠玉离开越国,驾着扁舟渡海来到齐国。范蠡来到齐国,使人捎信给文种一封书信说:"飞鸟尽,良弓藏;狡兔死,走狗烹。今吴国已灭,越国已胜,你我这样的大臣已经失去了作用。越王勾践为人忍刻,多疑,生得长颈鸟喙,这种人可与共患难,而不可与共乐。愿先生见此信,快速离开越国,不然将有灾祸生。"文种见信,正犹豫不决,称病在家。忽一日,越王勾践召文种进朝,说:"有人告你谋反作乱。"勾践又赐文种一把利剑说:"伐吴之战中,先生曾教我七术,寡人用其三而灭吴,先生还留四术,请您追随先王而用吧!"文种不得已而自杀。

原来自灭吴以后,勾践日夜焦思,夜不能寐。在举国上下同仇敌忾、共同对吴国之时,勾践亲眼看到了范蠡、文种那卓越的治国才能,惊叹他们的能力,竟能使一个濒于灭亡的国家起死回生,而又打败了强吴。勾践在国难当头之际,专信专任;而在胜利之后,他开始害怕范蠡、文种去夺他的权力。他怕有一天夫差的悲剧重演,害怕被范蠡、文种这样的能臣贤将取而代之。因此,勾践处心积虑地要除掉范蠡和文种。范蠡头脑清醒,看透了形势,深懂得"兔死狗烹"的道理,于是极早地离开了越国,从而免于难。而文种死于非命,惜哉!范蠡可谓一个智者。

范蠡走后,勾践杀了文种,又把会稽周围三百里封为范蠡的封邑,但范蠡终生也没有接受勾践的赏赐。

范蠡浮海到齐国后,喟然长叹说:"我的老师计然曾教我七条策略,在越国我曾用五计,越国就战胜吴国。这些计策既然可以施用于国,我今施于家。"于是范蠡改姓埋名,自称鸱夷子皮。

范蠡和儿子在海边开一块荒地,早起晚息,辛苦耕作。另外,他们又利用海边得天独厚的条件,买一些海产鱼盐等,运到齐国的其他地方去卖，苦身努力，经营鱼盐等生意。几年后，范蠡经商致富，资产已达数十万。

齐国君听说国内有一名叫鸱夷子皮的人很有才干，就派使臣携重金带相印聘鸱夷子皮为相，以治齐国。范蠡说："居家如致千金，做官能至卿相，这是一个布衣之士所能达到的最高地位。然而，如果久有尊名，不祥。"于是，范蠡谢绝了齐国国君，退回千金和相印，然后把自己经商所得的数十万钱全部分给知己的朋友和乡里的邻居，只拣些重宝带在身上，离开齐国。他自己认为，既然辞去越国卿相，而又在齐国做官也是不祥之兆。

范蠡离开齐国，从小道来到陶（今山东定陶县）。范蠡认为陶是"天下之中"，交通方便，在这里汇集天下的各种货物，能够以其所有，易其所无，做生意是一个很理想的地方。在这里，范蠡自称陶朱公。

范蠡和儿子一切从头开始，耕田养畜，根据季节，变换经营的商品。夏天，他们经营麦子和果菜，秋天经营谷物粟稷。他们与人做生意，货真价实，诚实厚道，童叟不欺，得到天下商贾的信任，故陶朱公信誉布于天下。停几年，陶朱公资产累巨万。陶朱公认为，"久受尊名，不祥。"也就是，人应当知足，所得钱财与天下之人共享，特别是那些在贫困中生活的人，更应该予以救助。《史记·货殖列传》云：陶朱公"十九年之中三致千金，再分散与贫交疏昆弟。此所谓富好行其德者也。"十九年之中，陶朱公三致千金。每致千金，陶朱公则分给贫困的朋友和同族兄弟。陶朱公为富一方，德被乡里。

陶朱公晚年，把生意交于子孙。子孙承继并发展了他的事业，遂至巨万。后世人把有钱的人常称为"富比陶朱公"。

范蠡在治理国家方面，是一个极有才干的政治家，他用超人的政治才能，辅助亡国的君主，不仅夺回失去的社稷，又消灭了强大的敌国。他不贪权位，不恋富贵，急流勇退，表现了一个政治家敏锐的眼光。范蠡的"智"观念是值得后人学习的。

范蠡从卿相之位下降到一个平民百姓的地位,他不居官骄傲,轻视生产,而是以一个普通的劳动者的身份出现,苦身努力,辛劳耕作,经营商业。当他经商致富后,不贪财,不吝惜,将所得钱财分给贫困的亲戚朋友,十九年中,三致千金。在范蠡的身上,看不到贪婪和无厌。明智豁达,正是范蠡成功的秘诀。

范蠡去官散财,急流勇退的做法,也不见得一定要效仿,但他不贪权势,不争名利,自甘淡泊,却是生活中难得的楷模。范蠡是一个大智大勇的智者的典范。

第二章 儒家的"智"观念

智与仁、义、礼、信一样皆为儒家伦理学说的重要内容。儒家对人的品质要求很高。如曾子所说:"吾日三省吾身,为人谋而不忠乎,与朋友交而不信乎,传不习乎?"儒家学说是"修身、齐家、治国、平天下"的学说,因此其不仅要求人们有极高的道德修养,还要求人们应该有"智",或者说有超人的智慧,去认识社会,战胜邪恶以实现这种"治国、平天下"的政治主张。关于"智",儒家的各派学者都有自己的观念,并且儒家对智与"仁义"、"诚信"、"勇"、"勤"、"恶"的关系都有鲜明的观念和理解。

一 儒家的"智"观念

儒家是以孔子为宗师,以《诗》、《书》、《易》、《礼》、《乐》、《春秋》为经典,以"仁"、"义"、"礼"、"智"为基本思想的学术派别。它是春秋末期至战国初期最先形成的两大学派之一,在战国中后期已经发展成为显学,是绵延时间最长、对中国文化与民族精神影响最为深远的一个学派。韩非子在概括这一时期的学术发展时说:"世之显学,儒墨也。"(《韩非子·显学》)由于孔门弟子众多,旨趣不一,对夫子之学"取舍不同",遂使儒学内部又分化演变为八派:即子张之儒、子思之儒、颜氏之儒、孟氏之儒、漆雕氏之儒、仲良氏之儒、孙氏之儒、乐正氏之儒。其中,发展了孔子的仁学,强调心性和内圣的孟氏之儒,以及发展了孔子的礼学、强调礼法与外王的孙氏之儒,是儒家内部思想观点相对立的两个重要支派,对后世儒学影响最大。这些不同的支派在阐发"仁"、"义"、"礼"的同时,也对"智"进行了讨论,而且在阐发讨论中也形成积淀了许多具有普遍意义和永恒价值的人类智慧。

1. 子张之儒在交友上,主张"尊贤容众"、崇善。孔子及其门徒都很重视交往,在交友问题上多有论及。但每个人的做法、看法及着重点是不完全一样的。如子夏"好与贤己者处",(《说苑·杂言》)即子夏交友的可与不可唯以是否贤于己作为标准。而"子夏之门人问交于子张。子张曰:'子夏云何?'对曰:'子夏曰:可者与之,其不可者距(拒)之。'子张曰:'异乎吾所闻也:君子尊贤而容众,嘉善而矜不能。我之大贤与,于人何所不容?我之不贤与,人将距我,如之何其距人也?'"(《论语·子张》)可见,子张交友是以"尊贤容众"为原则的。这比孔子推崇的尊贤、爱人的道德价值是有所发展的,他承认"尊贤"、"崇善"的必要,但把"爱人"已扩展到"容众"、"矜不能"的程度。甚至对不贤、不善者,也不计前嫌,以德报怨,表现出过度的宽容,颇接近于一视同仁的兼爱思想。这在一定程度上,也反映了子张的智观念。

2. 颜氏之儒在国家管理上,主张用贤使能,以德治国理民。颜回认为治理国家要处处坚持道德教化的基本原则。对君臣关系,应以道德进行调节:"主以道制,臣以德化,君臣同心,外内相应。"同时还要"进贤使能,各任其事。"这样便可以使"君绥于上,臣和于下。垂拱无为,动作中道,从容得礼";对于百姓民众,也同样通过道德教化的办法来进行治理:"教行乎百姓,德施乎四蛮。"这样就可以达到"列国诸侯,莫不从义尚风,壮者趋而勤,老者扶而至","天下咸获永宁"的"太平盛世"。(《韩诗外传》卷七)"言仁义者赏,言战斗者死"。这样既可以避免发生战争,"使城郭不治,沟池不凿"(《韩诗外传》卷九),节省力行。因此,必须用贤使能,以德治国理民。这正是对孔子"为政以德"思想的继承和发挥,同时与孟子"善战者服上刑","以德行仁者王"的"王道"思想相一致。(《孟子·公孙丑上》)也是颜氏之儒智观念的具体体现。

3. 漆雕氏之儒在为人处世上,主张大智大勇。智、仁、勇,是孔子倡导的儒家伦理思想与做人原则。《论语·子罕》:"智者不惑,仁者不忧,勇者不惧"。《中庸》:"好学近乎知(智),力行近乎仁,知耻近乎勇。"并把智、仁、勇三者称为"天下之达德"。儒家认为,能以仁义作为行为曲直的标准是大智。为行仁义而无所畏惧则是大勇,对此,曾子曾转述过孔子关于大勇的见解:"自反而不缩,虽褐宽博,吾不惴焉;自反而缩,虽千万人,吾往矣"(《孟子·公孙丑上》)。漆雕开就是这样的人。文献记载说:"漆雕之议,不色挠,不目逃,行曲则违于臧获,行直则怒于诸侯。"(《韩非子·显学》)所谓不色挠,就是不为威严之形色所屈。所谓不目逃,就是人刺其目也不转睛。两者皆为刚毅尚勇之精神。意思是说,行为曲直,当以是否合乎仁义为标准。行为不合乎仁义,则自觉愧疚,理屈气短,虽如奴隶臧获之卑亦避之;行为合乎仁义,则理直气壮,无所畏惧,虽如诸侯之尊亦敢责之。可以说,这正是孔子一贯提倡的智、仁、勇的体现,也是漆雕开勇毅精神的源出所在。而且漆雕开兼具大智、大勇,故知二者应是这一支派儒者思想观念的特点。

4. 乐正氏之儒在智慧的来源上,亦即认识论上,主张格物致知。乐正氏,即孟子的弟子乐正克。《大学》是乐正氏之儒的典籍。该书开宗明义说:"大学之道,在明明德,在亲(新)民,在止于至善"。又说:"古之欲明明德于天下者,先治其国;欲治其国者,先齐其家;欲齐其家者,先修其身;欲修其身者,先正其心;欲正其心者,先诚其意;欲诚其意者,先致其知;致知在格物。物格而后知至，知至而后意诚，意诚而后心正，心正而后身修，身修而后家齐，家齐而后国治，国治而后天下平。"可谓是儒家"内圣外王"思想的集中体现。所谓"明明德"，就是要修明天赋的善德，亦即"内圣"。"修身"以上之事属之；"亲民"，是指治国安民之事，亦即"外王"。"修身"以下之事属之；"止于至善"，是以上两者所应当达到的目标；"修身"，则是联结这两者的中心环节，它是由"格物致知"开始的。"所谓致知在格物者，言欲致吾之知，在即物而穷其理也。"（朱熹《大学章句》）实际上，"格物致知"就是《中庸》所说的"道问学"。用现在的话来讲，就是穷究事物的原理而获得知识。这表明乐正氏之儒不仅主张格物致知是智慧的重要来源，而且还强调格物致知在内圣外王中所起的重要作用。

5. 子思之儒的认识论主要记载于《中庸》中。子思主张"道问学"。"道问学"，就是被朱熹称为"致知"的功夫。子思认为要治理天下国家，必须从修身或"诚身"入手。而要修身、诚身，又必须"知天"、"明善"。"圣人"是天道或诚的化身，故能"自诚明"。圣人是"生而知之"，不待后天学习，即能"不思而得"。实行起来也毫不勉强，"安而行之"，便可"不勉而中"。至于一般人，则属于"学而知之"，"利而行之"或"困而知之"，"勉强而行之"。无论知、行，都不能如同圣人那样"不思而得"，"不勉而中"，还必须从"知"、"行"两方面进行修身。从"知"的内容看，首先应知"天下之达道五，所以行之者三。曰君臣也、父子也、夫妇也、昆弟也、朋友之交也"。而要做到这一点，就要依靠仁、智、勇。其中以"仁"为根本，"知"是知仁，"勇"是行仁。"知斯三者，则知所以修身。""知"的方法有五："博学之，审问之，慎思之，明辨之，笃行之。"（《中庸》二十章）前四者，即学、问、思、辨，是关于"致知"方面的，它继承了孔子学思并重的求知方法，比较符合人们思维活动的实际，今天也仍可作为我们学习传统文化的重要方法。但子思所谓学问思辨的目的，并不在于掌握文化知识，而在于"知天"、"明善"，以便"择善而固执之"，这就不可避免地陷入了神秘主义。

　　子思之儒在人才观上，特别推崇圣人，过分夸大圣人的作用。子思认为通过"修道"，使自在的"性"发展成为自觉的"道"，就能使普通人修养成为至诚的圣人，从而对自身、国家乃至宇宙万物都可以发生神奇作用。对自身，能知进退，明哲保身。子思说："唯天下至圣，为能聪明睿知，足以有临也……文理密察，足以有别也。"（《中庸》三十一章）因而能够明悉事理，君临天下，"居上不骄，为下不陪（悖）。国有道，其言足以兴；国无道，其默足以容。《诗》曰'既明且哲，以保其身，'其此之谓与！"（《中庸》二十七章）"至诚"的"圣人"于居身处世，无论"居上"还是"为下"，都能把事情处理得恰到好处，绝不至于发生骄横和悖礼的情形。政治清明，便不失时机地发挥好自己的作用，干一番振兴国家的大事业；政治昏暗，则缄默不语，明哲保身，免除祸害。不管处于怎样的情况下，都能审时度势，处之泰然。该进则进，该退则退，即使在乱世，也能全性保身，发挥作用；对国家，可以做到"人存政举"，"国治民安"。子思还进一步发挥了孔子"为政在人"的思想："其人存，则其政举；其人亡，则其政息。"认为从政治民，关键在人，而要充分发挥人的作用，又须从"诚身"、"明善"入手，处理好各方面的社会关系，使之亲睦和谐，符合中和之道。而要做到这一点，又有赖于践行知、仁、勇三德。"知斯三者，则知所以修身；知所以修身，则知所以治人；知所以治人，则知所以治天下国家矣。"（《中庸》二十章）在他们看来，从政治国，无须着力于刑赏耕战，只要启发人的自觉，经过内省、修身等一套功夫，达到至诚之域，自然会国治民安，天下太平。反映了儒家在当时尖锐激烈的阶级斗争和政治斗争中，希望避免矛盾，用"为政以德"的办法使社会归于安定和谐的愿望；对宇宙万物，则能使"天地位焉；万物育焉。"(《中庸》一章)子思认为人和万物都具有天赋之性。但只有圣人才能充分发挥天赋的善性，使之达到"道"的程度，从而成为"天下至诚"。然"诚者非自成己而已也"，(《中庸》二十五章)还须成人，使众人都具有中和之德。"唯天下至圣，……以声名洋溢乎中国，施及蛮貊，舟车所至，人力所通，天之所覆，地之所载，日月所照，霜露所队(坠)。凡有血气者，莫不尊亲，故曰配天。"不仅成人，还须成物。化育万物本属天地自然之事，但圣人"文理密察"、"聪明睿知"，(《中庸》三十一章)深谙万物化育之奥秘，故能对万物取之有时，用之有节，循其所性，培育爱养，使之各得逐其性而生长发育，从而赞助天地之化育，弥补自然造化之不足。能赞助天地之化育，即可与天地并立为三。他还认为："至诚之道，可以前知。国家将兴，必有祯祥；国家将亡，必有妖孽；见乎蓍龟，动乎四体。祸福将至：善，必先知之；不善，必先知之。故至诚如神。"(《中庸》二十四章)意谓国家兴亡，人世祸福，均由祯祥妖孽的征兆出现。因此"圣人"便可根据蓍龟卜筮的结果预知吉凶，应之如神。从上述来看，其中虽不乏强调人的主观能动作用的合理因素，同道家消极无为的思想相比，其积极进取的精神也是显而易见的。但可惜的是子思片面夸大了人的主观精神的作用，对"圣人"作用的渲染颇有些神秘的色彩，把圣人说成能够单枪匹马独创世界的"超人"了。历史唯物主义者并不否认"圣哲"在社会发展中的重要作用，但这种作用的发挥离不开"众人"的促成，且必须依赖于一定的物质条件，而子思则把"圣人"的作用绝对化，认为"圣人至诚"可以脱离众人的作用和一切客观物质条件，无所凭依地独创一切，这就把"圣人"的主观精神夸大为创造世界的唯一精神力量了。至于说圣人可以卜知吉凶,这就更沦为粗俗浅陋的神学说教了。子思由于没有摆脱天命神学的传统观念和天人合一理论的束缚,最终导致出人神合一的神学结论。这种结局表明,在陈腐的传统思想的基础上,是无法构建新的理论大厦的。因而也不可能对圣人的作用作出客观正确的定位与评价。

6. 孟氏之儒在人性问题上,主张"仁义礼智根于心"的性善论。人性问题的探讨,标志着人类已经从对外界事物的认识,深化到了对人自身本质的探讨。战国时期,各家出于为各自勾画的社会蓝图寻找理论根据的需要,人性问题遂成为百家争鸣的重要内容,曾先后提出了性无善无恶、可善可恶、有善有恶等不同的人性理论。而孟子在人性问题上则首创性善学说,而且是战国时期各种人性理论中比较系统、深刻的一种观点。

孟氏之儒在高尚人格的培养上,主张艰苦磨练、存心养性、反求诸己、与人为善。孟子强调智慧的发展离不开丰富的社会阅历和艰苦卓绝的实践活动,以及学习反思、总结经验教训。他说:"人之有德慧术知者,恒存乎疢疾。"认为人必有疢疾,才能动心忍性,增益其所不能。要"存其心,养其性",(《孟子·尽心上》)即"善养吾浩然之气"。(《孟子·公孙丑上》)"行有不得者皆反求诸己"。"爱人不亲反其仁,治人不治反其智,礼人不答反其敬。"(《孟子·离娄上》)认为事与愿违,则从主观方面查找原因,君子立身处世,凡事应反躬自责,务求无愧于心。"圣贤"并非天生即尽善尽美,而是乐于取人之长,补己之短,才成为出类拔萃的"圣人"、"贤者"。所以"君子莫大乎与人为善。"(《孟子·公孙丑上》)这些都是中国智慧论的精髓。

7. 孙(荀)氏之儒的智观念。荀子是先秦时期最后一位儒学大师。"孙卿迫于乱世,遒于严刑,上无贤主,下遇暴秦,礼义不行,教化不成,仁者绌约,天下冥冥,行全刺之,诸侯大倾。当是时也,知者不得虑,能者不得治,贤者不得使,故君上蔽而无睹,贤人距而不受。然则孙卿怀将圣之心,蒙佯狂之色,视天下以愚"(《荀子·尧问》)而著《荀子》一书。该书凝结了荀子一派的儒学思想,虽然其基点依然是言"仁"、说"义"、论"礼",但也集中论述和体现了他们的智观念。

孙氏之儒在天人关系上,更重视人的价值意义。荀子不但认识了天的物质性、客观性和规律性,而且还在充分肯定人的社会群体性和主体能动性的基础上,深刻地认识到了人在宇宙中的价值地位。他说:人之所以"力不若牛,走不若马,而牛马为用,"就是因为"人能群,"并且有一定的道德规范。"义以分则和,和则一,一则多力,多力则强,强则胜物。"(《荀子·王制》)

孙氏之儒即荀氏之儒,在智能的态度上,主张实事求是,反对沽名钓誉。中国古代称有才德而隐居不仕的人为处士。战国时期的确有一些德高望重、才德兼备、智慧出众的贤哲智士,自视清高,怀才不仕,甘愿隐居一生。但也确有一些自视才智超人,沽名钓誉而隐居的。荀子对这种做法非常厌恶。他说:"古之所谓处士者,德盛者也,能静者也,修正者也,知命者也,箸是者也。今之所谓处士者,无能而云能者也,无知而云知者也,利心无足而佯无欲者也,行伪险秽而强高言谨悫者也,以不俗为俗,离纵而跂訾者也。"(《荀子·非十二子》)主张对这种实不符名的现象,应该得到纠正,使人们的行为重新回到原来的正确轨道上来。

孙氏之儒在名辩实践活动中,主张"君子必辩"和智辩。荀子对战国末期汹涌澎湃的名辩思潮进行了考察分析,并将当时的辩说划分为圣人之辩、士君子之辩、小人之辩三种类型。关于圣人之辩,他认为该类型辩论的目的,在于使辩论双方认识真理。在辩论时坚持"辩异而不过,推类而不悖,听则合文,辩则尽故"的原则。(《荀子·正名》)在辩论态度上,能虚心听取对方的观点,毫无傲慢自是的表情;对各种合理的思想观点能够兼容并蓄,绝无自夸美德的神色。如果学说得以推行,那么天下就可以得到整治;如果学说不能推行,就坚持宣传正道,宁可躬身引退而不同流合污,这就是圣人之辩。荀子很推崇这种论辩。关于士君子之辩,他认为该类型的论辩,辞让适当,长短合理,忌讳之言不说,淫佚之辞不讲;以仁德之心论述自己的观点,以学习之心听取别人的辩说,以公正之心加以分析。不为众人的批评或称赞所动摇,不为迎合听众的耳目去修饰词藻,不为贵者的权势所收买,不以逢迎谄媚者之辞为利。所以,能够坚持正道而不三心二意,发言不受外力的胁迫,有利于表达思想而不去迎合他人,尊重公正而鄙视意气之争,这就是士君子之辩。荀子很赞成这种论辩,并说"君子必辩"。

  关于智者与愚者的区别,荀子在分析名的作用时说,万物虽然共存于同一个自然界中,但它们各不相同;人们的欲望虽然相同,但求欲的方式途径不尽相同;人们对于事物都有一个认为对的看法,在这一点上智者和愚者是相同的,但是彼此认为对的看法却有差别,因此能够区别智者与愚者。在论述用辞的目的时,他批评那些故作艰难之辞,以及那些已经表达了自己的思想,但仍无休止地卖弄名词、炫耀辞句,却并没有深化自己思想的人,是愚者。在论述辞的对错标准时,他给智、愚作了明确的定义。荀子说:"是是,非非,为之知(智);非是,是非,谓之愚。"(《荀子·修身》)意思是肯定正确的言辞,批判错误的言辞,便是智者;批判正确的言辞,肯定错误的言辞,便是愚者。孤立地看这两句话,无可非议,然而将"王制"作为判断是与非的标准,那么,对于智者与愚者的定义,也就难以保持一致的看法了。荀子将邓析、宋钘、惠施等优秀的名辩学者说成愚者,原因就在于评判是非的标准上,他由此而对名辩之士的种种评论,也就难免失之偏颇了。

总之，儒家各派对智慧问题的种种论述，都充分表明儒家的智慧是大谋无形，是一种由谋圣而谋智的无形的智谋。它从人的道德深处出发，以改变人的品行为根据来影响社会，从而达到内圣外王的目的。尽管他们的主张，在当时并未被统治者所接受，有些还带有时代的局限性，但在后世，乃至于今天则有不少是人们公认的具有普遍意义和永恒价值的人类智慧。

二 "智"是儒家伦理的范畴

孔子说："里仁为美（善）。择（宅）不处仁。焉得知（智）。"意思是说：所居住的乡里乡亲之间仁厚和谐是美而善的环境。假如你所安家的地方没有仁人君子，人与人之间不能和睦相处，那么，怎么算得上知（智）呢？儒家学者告诉我们，居必择邻，交必择友。作为一个智者，他必须首先选择一个环境，这个环境适于家庭居住，适于和谐相处，适于对子女的教育，适于子孙后代的健康成长。著名的孟母三迁的故事就说明了这个道理。据史书记载，孟轲幼年时，家宅附近居住着屠户。他耳闻目睹受到熏染，常常模仿屠夫的动作。他的母亲恐怕他接受残忍的心理，从而影响他的职业选择和人生前途，于是就毅然决定迁徙。孟母搬家之后，新迁的住处附近有一些坟茔，每当清明、夏历十月一日的时候有人上坟祭祖，就有妇女在那里哭。孟母担心久而久之会影响到儿子成人后的刚强性格，影响他成长为学有所成、有所作为的大丈夫。故而，孟子的母亲决定再次迁徙，后来把家搬到了学堂附近。孟子受到私塾先生每天教书、举止文雅的影响，使孟子从小养成了勤学好问、乐学深思的习惯，孟子在慈母的关怀下，学得许多知识，终于成长为战国时代第一流的思想家和政论家。

《孔子家语》中记载了这样一桩官司：孔子担任鲁国的大司

寇期间，有一宗父亲控告儿子不孝的案子。孔子下令将父子二人收押，三个月不断狱，并不判儿子不孝的罪名，最后，做父亲的主动要求撤回诉状，孔子就立即放了他们父子二人。季孙听说了这事，很不赞成。认为孔子是出尔反尔。因为孔子曾对季孙说过治国必先崇尚孝道。正可以利用这个机会判儿子不孝的罪名，来教育全国的百姓，无缘无故把他给释放了，这是什么意思？

　　担任季氏家臣的学生冉有把这些话告诉孔子，孔子叹道："贵族官吏们不能遵循正确的准则，却动不动就要责罚老百姓，天下哪有这样的道理！不先教育人民行孝，只知道动用刑罚，等于是责罚无辜的人一样。"

　　"我听说法令简慢却严行诛杀，称之为'贼'；不依农获的时间而苛责重税，称之为'暴'；不给人民尝试学习的机会，就直接要求法令百分之百被遵行，称之为'虐'。治国要先避免'贼'、'暴'、'虐'三种情形，才是刑法的开始。"在笔者看来，孔子对于文告子这件事的"自由裁量权"使用得很好。他把父子二人羁押起来，实际是让他们"自我反省"，这种长期拘留本身就是一种刑罚。其实，儿子不孝，父亲也不慈。如果父亲严而慈，从小就教育儿子，何至于儿子不孝？孔子反对"不教而诛"，借这个机会给他们父子一个教训罢了。像这样的民事纠纷，如果都去判刑，那么，监狱也会盛不下的。这样做，显示了儒家对处理民事案件的灵活之智。一个地方的政治家，应该以政治教化来影响人民，这就要求他自身作表率。以德教为主，以刑罚为辅。而不能宣称自己辖区逮捕了多少人，判了多少有期徒刑和判了多少死刑。一个地区犯罪率高是这个地区长官的耻辱，而不是他的光荣；是这个地区百姓的悲哀，而不是他们的福音。犯罪的人多，老百姓受害就多，这就影响安定祥和。

　　我在这里再举一个当代的例子。某乡村一对青年男女"地下恋爱"，未婚先孕。按照当地的风俗，女方父母辈认为是受了奇耻大辱。一场家族恶战势难避免。女方家庭准备好了武器，有可能血案在即。这时候，一位年长的儒者出面斡旋，以男方的妹子嫁给女方的哥哥而摆平此事。事实上，双方同处一村，新撮合的一对早就眉来眼去，情感不缪。这样，化干戈为玉帛，两个家庭皆以欢喜告终。这一例换亲婚姻，后果很好，双方儿女均已长大成人。这就是运用了儒家和为贵的智慧。

孔子认为，具有聪明睿智的人，应该选择仁厚的乡村作为邻居，这才是正确的、美好的。"择（一作宅）不处仁，焉得知（智）？"如果住宅附近人情浇薄，怎么算得上是智慧的表现呢？当然，"唯仁者，能好人，能恶人。"这里能即耐。意思是，只有仁厚的人，才耐受好人和令人讨厌的人。孔子还指出，士人要有志於道，而耻于谈论衣食的好坏。即"士志于道。而耻恶衣食者。未足于议也。"（《论语·里仁》）孔子还认为，"放于利而行、多怨。"这就是说，为满足个人利益而不择手段地为所欲为，是会招致众多怨恨的。孔子要求他的弟子道："君子欲讷于言，而敏于行。"聪明正直的人不要夸夸其谈，而要行动敏捷，多干实事。这才是智者的作为。"君子"一词本来是诸侯的代称。在孔子及其弟子的言论集《论语》里，把它引申为"聪明正直的人"、"智者"、"公道正派的人"。智慧离不开思维。孔子说，"君子有九思。视思明。听思聪。色思温。貌思恭。言思忠。事思敬。疑思问。忿思难。见得思义。"在这"九思"里，笔者认为最重要的是"事思敬、疑思问、见得思义"这"三思"。做工作要有敬业精神，搞科学研究遇到疑难问题要多询问请教。遇到获得利益的机会要考虑是否符合道义，是否合理合法。如果是不义之财，那就要拒之门外，甚至却之千里之外，绝不能染指。如果是劳动所得，分内所得，亲友的礼仪性馈赠，祖宗留下的遗产，应当归自己所有的，那就当仁不让。这也是智者应取的态度。

以上是孔子关于知识分子个人对于"智"应取的态度。孔子还把对于"智"的运用推广到民间，各种体力劳动者身上。与统治阶级作为政治智慧的统治术不同，孔子认为，民间的智慧主要表现为生产技术、劳动技能的培养和训练。因此，他曾指出："民可使，由之；不可使，知（智）之。"这句话自古以来是歧义的。由于语法、断句的不同认识，导致对该句的不同理解。笔者认为，按照本文所采用的断句方法，这句名言所讲主要是指对于体力劳动者手工技能问题的议论。意思是，如果民众有劳动能力可供驱使的话，就可以自由地发挥他们的技术和方法；如果民众不熟习某种生产技术，那么就要传授给他们劳动方法，使他们娴熟劳动技术，使他们聪慧起来。这表明，儒家创始人孔仲尼已经认识到知识、技能对于生产劳动的重要性，开始重视生产劳动中的科学技术知识的含量。如果说，孔子想要实行愚民政治，那实在是冤枉的。孔子作为春秋时期的大教育家，一直是主张开启民智的。

被称为儒家亚圣的孟轲，认为伯夷的政治策略是：治则进，乱则退。伊尹则主张：治亦进，乱亦进。相比较来说，伊尹的政治立场和态度是进取的、无私的；伯夷的政治立场和态度是消极的、保守的和过于关注个人名节的。伊尹说，"天之生斯民也。使先知觉后知，使先觉觉后觉。予天民之先觉者也。予将以此道觉此民也。思天下之民匹夫匹妇有不与被尧舜之泽者，若己推而内纳之沟中。其自任以天下之重也。"（《孟子·万章下》）伊尹认为世人有贤愚之别，先知先觉的人，要启发教育后知后觉的人。让天下之民人人接受圣君恩泽。柳下惠则是"不辞小官，进不隐贤。……与乡人处、自由然不忍去也。尔为尔，我为我。虽袒裼裸裎于我侧，尔焉能浼我哉。故闻柳下之风者，鄙夫宽，薄夫敦。"柳下惠作为破落贵族出身而又有操守的知识分子，对政治进退自如，对人民亲近而不被陋习所改变，对美色和金钱的诱惑能做到坐怀不乱,使所在的地方风俗淳厚。孟轲认为,"智、譬则巧也。圣,譬则力也。由射於百步之外也。其至,尔力也。其中,非尔力也。"这说明,智慧好比技巧,神圣好比力量。射击所能达到的射程,这是力量的作用;然而,至于能不能射中靶的,则不是力量的作用,而是射击技巧所决定的。这里毫无疑问强调了智巧的重要性。有力而无智巧,盲目地工作,是根本达不到目的的。在《孟子·万章上》中,孟轲就百里奚对晋人假虞伐虢这件史事的具体态度,进行智与贤的论辩。"宫之奇谏。百里奚不谏。知虞公之不可谏而去之秦。……不可谏而不谏,可谓不智乎。知虞公之将亡而先去之,不可谓不智也。时举于秦,知缪公之可与有行也而相之。可谓不智乎。相秦而显其君於天下,可传於后世。不贤而能之乎。"在这里,孟轲肯定百里奚是个智者,是个贤人。而且认为百里奚自卖五张羊皮这种谣传是毫无根据的无稽之谈。事实是,百里奚来到秦国不被重用,他逃到楚国。秦人得知他是个杰出人才,又不好以笼络人才的名义将百里奚招徕。所以派使者诓楚人说,我们秦国有一个奴隶犯了罪出逃至楚,穆公非要把他提回不可,亲自处死才解自己的心头之恨。并以"五羊之皮"将他赎回。这个故事说明,秦国用人不看来源,不问身份是否低贱,只要具有治国之才,就千方百计羁縻到手。也说明秦国善于运用外交手腕,用极其低廉的价格,换回了安邦定国的无价之宝。这是秦穆公的政治和外交智慧。

孟子认为是非之心是智慧的来源。是非不分的糊涂虫根本谈不上有什么智慧。而且,智与仁、义、礼都是每个人本来就有的。追求仁义礼智,就很容易获得;抛弃他们,就丢失得无踪无影。

孟子认为,做事成功与否,仅有智慧仍然是不行的,要有专心致志、一以贯之孜孜不倦的追求,才能学有所成,功有所就。他以奕秋教人下棋为例,其中一人能聚精会神、一心一意地思考棋艺；而另一人自以为能，边下棋，边听着空中鸿鹄的鸣叫，打算射落鸿鹄。结果赢棋的总是专心致志的人。这就不是"智"的缘故，而是用意所在的缘故。在同等智力情况下，用心要专一，才能做到术业有专精。

孟子认为，"仁义礼智根於心"。这"根於心"，其实是指仁义礼智是由人心决定的。如果说，智慧的一部分是根源于心，这是对的。然而，作为心理学范畴的"智"，则是离不开社会环境的影响的。"仁、义、礼"这三个概念，更是社会学、伦理学的范畴。同时，它们也是历史性的。我们知道，狼孩之"智"虽然"根于心"，与人类具有相同的基因，但是，他失去了良好的后天发育环境，所以，他就难以成长为正常的有智慧的人。《孟子·尽心下》里，孟轲指出"知（智）之于贤者也。圣人之于天道也。命也。"无论是将仁义礼智归根求源于"心"；还是将"智"归结于天命，其实质都是唯心主义的。当然，就遗传对于人的智力的影响而言，这也具有唯物论的成分。

三　智与仁义的关系

《论语·里仁》指出："不仁者，不可以久处约，不可以长处乐。仁者安仁，智者利仁。"这两句话深刻地阐明了智与仁，智与生活的相互关系。意思是，只有仁爱的人，才愿意过着简朴的生活。这是因为，仁爱的人，一粥一饭当思来之不易；一针一线体会劳动辛苦，做到不铺张浪费，不腐化堕落。只有仁爱的人，才能够长久地过着快乐的生活。为什么呢？因为你对别人仁爱，别人才能对你和善。你对他人有所帮助，对社会有所贡献，才能得到他人的爱戴，得到社会的尊重，同时，也才能得到他人和社会的回报。这样，你才能乐在其中。所以，孔子认为，仁爱的人安乐于仁爱的行为，聪明的人有利于仁爱的事业。人们的聪明才智除了思维，还要靠经验的积累。一个贤明的人要做到以下九点，才称得上有智慧：观察事物要明白无误，聆听声音要清晰准确，态度要温和，容貌举止要谦恭，言论要考虑是否符合忠恕的信条，做事要敬业谨慎，遇到疑惑不解之事要想到询问，对事情忿忿不平时要考虑当事人的难处，见到获得利益的机会首先要考虑是否仁义然后再决定放弃或拿取。以上是儒家对"君子"的基本要求。

智是实现社会公平正义和个人政治理想的手段。离开"修身，齐家，治国，平天下"这样的远大政治目标和雄心壮志，"智"本身就毫无意义可言。儒家的所谓"智"，不是阴谋，不是诙诡，不是狡诈，不是巧言令色，而是光明正大，是庄严，是深思熟虑，是秀外慧中，是"见善如不及，见不善如探汤"。一心向善，嫉恶如仇。但是，制服坏人要讲究斗争艺术，遇到坏事要赶紧缩手自爱。不要同坏人坏事同流合污。当然，学习好人好事，拒绝坏事恶行，在多数场合下，是轻而易举的，是不难办到的。相反，如果你要做一番事业，只靠洁身自好是不行的。所以，孔夫子就说："隐居以求其志，行义以达其道。吾闻其语矣，未见其人也。"（《论语·季氏》）为什么"未见其人"呢？因为儒家是主张出世的，是主张实现全社会的吉祥、富裕、和谐、安定的。所以，靠隐居是难以获得什么志向的，行仁义是值得尊重的，是常有的，但要实现远大抱负即治国安邦平天下，则没有见过这样的人物。在孔子这句话里，"道"应是指远大的政治理想。换一个思路，如果整个社会人人都行仁义，那么，这社会不就和谐、安定了吗？然而，理论上可以这么说，实践上却难以达到。就一个诸侯国而言，我们也并不能保证人人都行仁义。任何时代，犯罪率尽管可能很低，但罪犯总是有的。所以，一个君子、一个智者，自己可以行仁义，可以提倡人人行仁义，但决不能就此止步，应该采取措施（或制定法律）制裁那些背信弃义、危害社会的蛀虫。树欲静而风不止。人虽善而欺却来。即使一个诸侯国里的人民个个都是良民善士，还有一个面对外敌入侵的问题。敌国或贼寇并不因为你善良、你隐居、你行义，他就放弃对你的侵犯。所以，每个公民或国家，不能都变成任人宰割的羔羊。要行义，要真正能使天下太平，一个政治家就要适时出仕，建立一整套法律制度，建立社会控制机制，惩罚犯罪，弘扬正气。对外则要建立良好的外交关系，以良好的武器装备作为御敌的后盾。这就是所谓"智"者的作为。

亚圣孟轲指出："唯仁者为能以大事小。是故汤事葛，文王事昆夷。唯智者能以小事大。故太王事獯鬻，勾践事吴。以大事小者，乐天者也。以小事大者，畏天者也。乐天者保天下，畏天者保其国。"（《孟子·梁惠王下》）这里讲与邻国相处的道理。仁者不以大压小，以强凌弱。智者能以弱小之国事奉强大的国家。小心谨慎地与强大邻国友好相处，才能保护自己的国家不受侵犯。这样，智者实际上也就实现了仁义的目的：使人民安居乐业，这是最大的仁义。一个国家的统治者，"行仁政而王，莫之能御也。"（《孟子·公孙丑上》）"万乘之国行仁政，民之悦之犹解倒悬也。"（同前）实行仁政，这是君王的大智慧。子贡曾说："学不厌，智也；教不倦，仁也。仁且智。"（同前）认为学而不厌，诲人不倦，是仁慈而智慧的事情。"可以仕则仕，可以止则止。可以久则久，可以速则速。"（同前）这是孔子的政治策略和智慧，很受孟子的赞赏。孟子说："恻隐之心，仁之端也。羞恶之心，义之端也。辞让之心，礼之端也。是非之心，智之端也。"这四者之中，一般来说，恻隐之心，人皆有之。恻隐之心就是同情、仁慈的心理素质。这种心理，至关重要。没有它，人就不成其为人。同样地，没有是非之心，也就没有智慧可言。治理天下要有政治智慧和政治品质。"是以惟仁者宜在高位。不仁而在高位是播其恶于众也。"（《孟子·离娄上》）

孟轲进一步指出:"三代之得天下也以仁。其失天下也以不仁。国之所以废兴存亡者亦然。天子不仁,不保四海。诸侯不仁,不保社稷。卿大夫不仁,不保宗庙。士庶人不仁,不保四体。"(同前)按照孟子的历史观,夏商周三代因仁爱百姓而得天下,又因舍弃仁爱而丧失国家。国家是这样,士庶平民也是这样。普通老百姓如果不仁,就会连身体也保护不了。一个国家奉行强权政治,一个百姓蛮横不讲理,那就要遭到相应的抵制和反对。所以,孟子强调,"爱人不亲反其仁。治人不治反其智。礼人不答反其敬。行有不得者皆反求诸己。其身正而天下归之。"别人不亲近你,反思自己是否做到了仁。治理国家没达到太平要反思自己的治国才智。别人不回礼要考虑自己是否做到了恭敬。凡事有不顺心遂意的情况都要反思自己有哪些失误。一个统治者能够以身作则,那么就会天下归心。

孟夫子所说的"智"主要是政治智慧。春秋战国时期的思想家们的着眼点都在于国家的兴亡,在于国家是否能够长治久安。因为,"危巢之下,安有完卵?"所以,古代知识分子常说"天下兴亡,匹夫有责。"提倡人人关心政治,人人为国效力,人人为保卫国家、建设国家恪尽职守。那么,治理好国家的根本原则是得民心。"桀纣之失天下也,失其民也。失其民者,失其心也。得天下有道,得其民斯得天下矣。得其民有道,得其心斯得民矣。得其心有道,所欲与之聚之。所恶勿施尔也。民之归仁也。犹水之就下、兽之走圹也。"(《孟子·离娄上》)用一句通俗的话来表述就是:得民心者得天下,失民心者失天下。然而,如何才能得民心呢?老百姓需要的,那就给予满足。老百姓缺少的,就想尽办法聚拢来保障供给。这样,老百姓归顺贤明的统治者,就会"归之如流水"。

作为个人私生活来说,什么事最重要呢?那就是事亲守身。"不失其身而能事其亲者,吾闻之矣。失其身而能事其亲者,吾未之闻也。"(《孟子·离娄上》)不做违法犯罪的事,保全自身这才能尽侍奉双亲的职责。如果"失其身",或者因犯罪而坐牢,或者因犯罪而处死,或者因厌世而自戕,或者自身不健康,这哪里能谈得上事(侍奉)双亲呢?只恐怕是泥菩萨过河——自身难保,哪里还顾得上双亲呢?孟子又说:"仁之实,事亲是也;义之实,从兄是也;智之实,知斯二者弗去是也。……"(《孟子·离娄上》)仁义的实质,对于家庭来说就是侍奉双亲和服从兄长。智的实质,也就是后人所说的,父母在,不远游。懂得这一点,不离开亲族故旧那就对了。"不得乎亲不可以为人,不顺乎亲不可以为子。"在古代宗法制社会里,晚辈要绝对服从长辈。在我们今天看来,"得乎亲、顺乎亲",使父母等长辈身心健康、心情愉快自然是好的,仍然值得提倡。即便现代化社会,有很多科学知识,少辈掌握了,长辈不懂,然而,少辈仍应当多听听长辈的意见。除了养育之恩外,长辈有丰富的处世经验、安全、畅达的法宝。例如老人告诉小孩不要轻信陌生人的话,仍然有效。当然,晚辈行了冠礼,有了自己的理想和人生目标,有自己的计划和实现计划的途径,要有自己的个性自由,要给晚辈施展才华的空间。长辈往往是保守的,年轻一代往往是勇于革新、创新,勇于开拓、进取的。在实现青少年远大抱负这一方面,父辈应给予宽松开明的环境,给予广阔的舞台和活动范围。不要以自身的老成持重去限制年轻人的伟大创举、冒险精神。允许青年人走前人没有走过的路,说祖宗没有说过的话,做出非同寻常的、惊天动地的造福于人类的事业。如果远离父母、远离祖国,走向世界,学会世界上别国的先进科学技术、先进管理经验、先进的政治模式,带回祖国,为祖国人民造福,那才是最大的智慧和仁义。

  关于待人接物的智慧,孟夫子指出,"爱人者人恒爱之,敬人者人恒敬之。"(《孟子·离娄下》)如果有人反对我,对我不友好，那么我应当反省自身。那大约是"我必不仁也，必无礼也"的缘故。反省的结果，见诸以后的举动。要做到"非仁无为也，非礼无行也"，才是正确的表现。这是君子之"智"用在处理个人与他人之间关系的准则和策略。

关于人们在处理重大事务方面怎样运用事物的规律，孟夫子指出，"天下之言性也则故而已矣。故者以利为本。所恶於智者为其凿也。如智者若禹之行水也，则无恶於智矣。禹之行水也。行其所无事也。如智者亦行其所无事，则智亦大矣。"（《孟子·离娄下》）这里的"性"指的是规律，"故"则指处事成熟老练、富有经验，所谓老于事故。成熟的人以有利于事业为根本。这里所谓"智"，是指假聪明，是巧伪，所谓"凿"，是穿凿，是破坏事物的本来面目，违反事物的本性，违背客观规律。这样的"智者"当然是令人讨厌的。如果智者像大禹治水，采用疏导的办法，亦即因势利导，顺应自然规律，那么，就不会令人厌恶。禹行起水来，疏通水道，水顺流而下不会泛滥。如果聪明的政治家都能像大禹那样，顺乎自然，不违民心，不违农时，那也可以说是大智大德大仁义。孟子以象与舜的关系为例，说明"仁人之於弟也。不藏怒焉，不宿怨焉，亲爱之而已矣。"（《孟子·万章上》）一句话，不记仇，不报怨，以德报怨，这才体现一个哲人智者的远大胸怀。

"人之有德慧术知（智）者，恒存乎疢疾。独孤臣孽子，其操心也危，其虑患也深，故达。"（《孟子·尽心上》）人的智慧德行，应当永远处于像养病保健一样的谨慎心态。只有孤弱臣子居安思危、深谋远虑，才能处世久远。所谓"仰不愧於天，俯不怍於人。"心怀坦荡，不做对不起人民、对不起民族的事情。

智者达人应以仁义为本。"人能充无欲害人之心，而仁不可胜用也。人能充无穿窬之心，而义不可胜用也。"（《孟子·尽心下》）在这里，孟夫子的道德标准显然很低下。他只要求人不要有害人之心，不要有偷窃之心。这从一个侧面说明战国时代贼盗横行，人人自危的状况。那时的杰出思想家不奢望民众和官吏关心他人、助人为乐，只是呼吁社会，每个士人都不要有害人之心。倘若每个民众都做到如此简单的道德要求，那么，起码人人都不会受到伤害。即使太平盛世不出现，起码也会造成一个小康社会，或承平社会。孔夫子说："苟志于仁矣，無恶也。""仁者安仁，智者利仁。"（《论语·里仁》）有志于仁义事业的人就绝不会做恶事。仁爱之人安于仁厚的事业，智慧之人有利于仁义的事业。这"智"不是一般的小聪明，更不是狡猾、奸诈，也不是故作高深，而是大智若愚，不计个人利害得失，一心为人民。

以上我们先后叙述了志士仁人在社会生活中和个人私生活、家庭生活中怎样看待智与仁义，怎样实施仁义的问题。我们再看一下孟子关于诸侯国君——用今天的话说就是政治家们应该把心思用在哪里才算是发挥了他的政治智慧。孟轲说："诸侯之宝三。土地、人民、政事。宝珠玉者，殃必及身。"（《孟子·尽心下》）一个大政治家有三件宝，这三件宝概括为六个字就是：土地、人民、政事。它概括了政治活动家全部的生活要素和政治内容。土地，即所谓社稷江山。在古代，君王毕生精力和睿智都用于守民守疆土。在当代，我们的各级领导都要筹划如何经营好国土资源。工农商学兵，行行离不开土地。如何处理好工矿业、旅游业与农林牧业争用土地的关系，这是当代各级政府的重要课题。如何处理好林地牧场、环境保护、交通能源以及绿化美化和旅游业之间纵横交叉的关系，处理好与此相关的立法与执法，这是举足轻重的问题。在与邻国和经济与国的关系上，怎样处理好边界问题和跨国公司、土地跨国出租、开发、征用的问题，这是任何国家都不能回避的问题。处理得好，国泰民安，共同繁荣，处理不好，国无宁日，人民遭殃。再说人民，战国时代是封建农业经济大发展的时代。人口大量增加，强大的诸侯国都力图开疆拓土。孟子不赞成诸侯国通过战争掠夺土地和人民。孟子主张和平竞赛。竞赛看谁能获得较多的人口——排除使用战争的办法。那时的政治家们、思想家们和各界有识之士，都充分认识到劳动力的价值。在落后的农业社会，人们虽然还没有认识到科学的力量，但是已经认识到士农工各种工匠、技师、政客术士在社会经济和政治生活中所起的巨大作用。儒家希望诸侯、大夫，开明的封建政治家们能够以开放的、优惠的政策，创建宽松的建设环境，鼓励农民、商人自由迁徙，到愿意去的地方或国度去开垦荒地或经营工商业。实行轻徭薄赋和公平竞争，看哪里的经济发展了，人口增多了，就说明哪里的国君昌明。人口多就意味着劳动力多，民富国强。诸侯或政治家心里应时刻装着人民，应当以人民对自己的国家有向心力、凝聚力、归顺力为荣；以纷纷外迁出逃为耻。刑不在于多而在于准。对人民进行法律和道德教育。反对不教而诛。如果人民犯了罪还不知犯了什么罪，那就视为官府有意设陷阱，让百姓受罚。所以，对于明知故犯，那就要予以严厉制裁，施以相应的刑罚。

对于人民不仅要以法律条文进行约束，使一切社会活动在法制的轨道上运行，而且要进行一系列道德教育。道德包括社会公德和个人私德。所谓社会公德，包括对社会公众、对国家利益的维护，对环境的维护，对社会秩序和交通的维护，渔猎适时、不捕杀幼兽等古人公认的道德要求。所谓个人私德，例如不侵犯他人的名誉权、隐私权、居住休息权，尊重他人的个人意志，与人交往的诚信原则、对等原则，和而不同、与人为善的原则，等等，都是公民个人之间应具备的基本美德。其中，名誉权、隐私权的问题，严重的往往涉及法律问题。但是，日常生活中，大量的类似问题则是属于道德问题、陋习问题。例如涉及他人的职务、年龄、薪金、生活习惯等问题，是个人隐私问题。中国人遇到邻居或同行，爱就这些问题刨根问底。问者虽不能算违法，但反映了他（她）的修养或道德水准较差。只要被询问者不乐于回答，他就可以说无可奉告。这类问题除有关法律部门可以针对犯罪嫌疑人询问外，其他任何人无权做假仁假义的关心"问候"。"你孩子在哪儿上学？""你吃了没有？"这是中国人之间见面打招呼的陋习。但愿这些逐渐被"How do you do"所取代。

再说"政事"。古人说："政者正也"。所谓政治就是对国家、对土地、对人民的正确治理。那么，国家有哪些"政事"呢？"国之大事在祀与戎"。古代国家的统治者非常重视祭祀和军事活动。按照马克思主义关于国家的学说，国家有两大职能：对内，镇压被压迫、被剥削阶级的反抗；对外，抵御外国侵略者的来犯。这两者互相配合，目的是保护国家统治阶级的根本利益。这就是所谓"政事"。统治阶级历来把"国家政权"凌驾于社会之上，认为它代表全体国民利益。中国封建社会的统治者更是力图把自己打扮成圣君贤相，貌似公正无私的象征，替天行道、拯救万民的救世主。其实，这都是统治阶级的"正事"。当然，统治阶级如果实行轻徭薄赋，对邻国实行睦邻友好政策，或者实现了国家的统一。人民过上了负担较轻、相对安定的生活，这"政事"对于百姓和官吏来说是"双赢"的。"管理者"和"被管理者"双方的利益有时也是可以统一的，是可以并行不悖的。

四 智与诚信的关系

孔夫子教导我们："古者言之不出（一作古之者言之不妄出也），耻躬之不逮也。"（《论语·里仁》）古时候的人为什么不轻易妄言，或者轻易向人许诺呢？那是因为，他（她）们恐怕自己做不到，力不能及。认为向人许诺过，又不能身体力行，那是可耻的。有鉴于此，宁可不言，也不让别人失望，也不能失信于人。不然，会被人认为是不诚信。所以，中国古代史上有个曾子杀猪的故事，这一故事就是讲教育也需要诚信。有一天，曾子的儿子不听话，闹得父母没办法。曾子的妻子对儿子说，你听话，明天我给你杀个豚吃。第二天，曾子果然将小豚杀了。曾子的妻子说我只是哄哄孩子，谁知你真的这么做了。曾子就说，怎么能够骗孩子呢？你骗了他，岂不是等于教他长大骗人吗？这个故事载于《韩非子·外储说左上》。所以，对孩子讲话，也要一是一、二是二，来不得虚伪和狡诈。众所周知，《狼来了》的故事，说的是牧童撒谎，一再喊着"狼来了"、"狼来了"。农民们听到喊声都背着锄头来赶狼。可是，有一天，大灰狼真的来了，牧童再大的喊声，人们也不信了。农民们说，这孩子又在撒谎了。结果，小羊就被老狼叼走了。教育要诚信，社会生活中要诚信，政治生活中更要诚信。周幽王的时候，有个王妃叫褒姒，曾经"烽火戏诸侯"。事情是这样的：古代在边关如果有外族来犯，要用牛粪、狼粪或柴草点火冒烟以示警，以便组织军队抵抗。有一次，在没有外敌入侵的情况下，褒姒命人点燃烽火，引来诸侯勤王之兵。结果，诸侯军队扑了一场空。后来，当北狄来犯的时候，救兵认为褒姒又在耍人，所以，这时候，周幽王就遇到了大灾难，被迫孤军奋战，寡不敌众，吃了败仗。周王朝后来被迫东迁，从陕西渭水流域迁到了河南洛水流域，将都城从镐迁到了洛邑。西周被东周所取代。从此，周朝的统治一步一步地走下坡路。这说明政治家无论是对于他的下属，还是对于他的友邦都要诚信。诚信，不仅是一种伦理道德，更体现一种政治智慧。俗话说，人而无信，不知其可。一个人说得漂亮，做得也漂亮。才能取信于人，才能带动人，才能起表率作用。

孟子指出："不仁者可与言哉，安其危而利其菑。乐其所以亡者。不仁而可与言则何亡国败家之有。有孺子歌曰：沧浪之水清兮，可以濯吾缨；沧浪之水浊兮，可以濯吾足。孔子曰：小子听之,清斯濯缨,浊斯濯足矣。自取之也。夫人必自侮,然后人侮之。家必自毁,而后人毁之。国必自伐,而后人伐之。太甲曰:天作孽犹可违,自作孽不可活。此之谓也。"(《孟子·离娄上》)笔者认为,真正的智者,必是仁人;真正的仁人,必有诚信。所谓大智若愚,凡事不怕吃亏,这种与人为善、与人方便的人,往往并不吃亏,往往能得到邻人、亲友、群众的信赖、支持、帮助和褒奖。不仁不诚不信难免亡国败家。人必自侮然后人侮之。假如自己做官贪污腐化,难怪纪检会、检察院和司法部门找上门来。自己是一位清正廉明的好官,"为人不做亏心事,不怕半夜鬼敲门"。家庭也好,国家也好,必定是自己家国在"萧墙之内"出了乱子,才引来别人别国的干涉和侵犯。也就是通常说的"堡垒最容易从内部攻破"。这和一个人体质差才容易受外邪入侵生病是同样道理。至于太甲的话,那是说,自然界如果出现旱涝、地震山崩等灾害,人类可以迁徙、抵抗这些灾害;人们如果像夏桀等昏君自己胡作非为,那就难逃活命。

五 智与勇的关系

关于智与勇的关系,儒家创始人孔仲尼也有过一系列精辟的论述。"子路问成人。子曰:'若臧武仲之知(智),公绰之不欲,卞庄子之勇,冉求之艺,文之以礼乐,亦可以为成人矣'。曰:'今之成人者何必然?见利思义,见危授命。久要不忘平生之言,亦可以为成人矣。'"(《论语·宪问》)成人,是中国古代思想家们所热切期盼的具有理想境界的崇高之人,换句话说,就是行为方正、无不通晓、可为众人表率的成熟完美之人。那么,所谓成人具体应当具备哪些美德呢?在儒家看来,通常成人应具有的品质是智、仁、勇。智者是勇敢的。然而,智者的勇敢不是盲目蛮干,不做无谓的牺牲。成人首先是智者,智者"见利思义，见危授命"。这就是说，君子爱财，取之有道。智者见到有利益之事不是见利忘义、一拥而上，不是争强好胜，争权夺利、不择手段；而是看到利益，首先想到，这利益应该属于谁，是谁的劳动挣得的，应该给予谁，由谁来获得？我想得到这份利益。但是，我应当不应当获得？如果应当获得，获得多少才算是义？所谓义，即"宜"，适当的意思。如果有我的份额，那么，我应当当仁不让。如果没有我应得之份，那么，这"与我如浮云"。用无产阶级革命家陈毅元帅的诗句来说，就是："莫伸手，伸手必被捉。"如果我们各级领导人真正做到理想至上，见利思义，那就不会贪污腐化，就不会犯挪用公款等违法乱纪的错误。所谓"见危授命"，现在我们成语写作"临危受命"。这是指有关国计民生、有关军国大事，虽然有巨大风险，甚至危及自己的身家性命，也要临危不惧，迎难而上，服从祖国和人民的根本利益，为保家卫国、解民倒悬而勇于担当大任，冲锋陷阵、赴汤蹈火。要敢于拨乱反正，"苟利国家生死以，岂因祸福避趋之。"（林则徐语）这智，用于军国大业，就是大智大慧；这勇，为了扬善抑恶，维护国家的财产、安全和人民的生命、利益，就是大智大勇。如果一个人的聪明学识不是为了造福人类而努力工作，不是用于进行科学技术的研究，不是用于进行有关国计民生的研究和事业，而是为一己之利而投机钻营、溜须拍马，为升官发财，或者用在偷逃税款、贩毒走私等罪恶的勾当中，那么，他就不能算作是"智者"，而是奸诈邪恶、作奸犯科、害国害民的罪人。如果一个人有勇有谋不是用来保家护国，不是济危扶弱，而是欺行霸市、拦路抢劫，或者仗势欺人、以势压人，或者横行乡里、炫耀武功，那么，他就不能算作勇敢，不能算作有勇有谋。这些表现只能是地痞流氓、无赖行径。所以，我们说，智者必勇，勇者必智，二者是相辅相成的，互为表里的，相互为用的。儒家先贤把"智、仁、勇"三者并列看作一个人的三大美德。

智者在社会秩序正常的情况下应该各就己位，各司其职，做好自己的本职工作。做到"不在其位，不谋其政。"(《论语·宪问》)用曾子的话说就是"君子思不出其位。"这就要求每个善于从政的人不要插手不该管的事情，不要过问不属于自己管辖范围的事情，不要"越俎代庖"。在现代社会各种分工更加细密。公检法司各司其职，各有自己的职责范围。执法方面有纪检会、监察室、国安局等机构。不但在古代对士大夫要求各司其职，在现代更应该做到职责分明。因为只有这样，才能做到该避嫌的就回避，该认真负责的就不能推卸责任。否则，职责不明，那就难免出现渎职、包庇、秩序混乱的现象。因此，狗咬耗子，多管闲事，不仅不能算勇敢，而且只能算混账。那么，每个士人都不越职从事，是不是与"天下兴亡，匹夫有责"相矛盾呢？这二者并不矛盾。后者主要是指在乱世，一个智勇双全的人，应该为国效力，尽最大努力，挽回国家的损失。"仁者不忧，知(智)者不惑，勇者不惧。"孔夫子谦逊地说：君子之道有三条，我是做不到的。仁义之人无忧无虑，智慧的人不迷不疑，勇敢的人不会恐惧。恩格斯曾经讲过，犹豫不决是以无知为基础的。遇到重大事情，不知道如何处理是好，是因为对这类事情既缺乏经验，又缺乏相应的历史知识的学习，因而也就缺乏相应的政治智慧。如果对某一国情了如指掌，对某一事件的来龙去脉清楚明白，对处理某类事件掌握了丰富的历史知识，那么，处置起来就会刚毅果断，游刃有余。就不会踌躇再三，畏首畏尾。在重大问题上，勇离不开智，智也离不开勇。事实上，有智就有勇，就不会三心二意，裹足不前。

在孔夫子看来，侍奉于诸侯面前，作为谋士往往有三种过失，即所谓"三愆"："言未及之而言、谓之躁(一作傲)。言及之而不言、谓之隐。未见颜色而言、谓之瞽。"(《论语·季氏》)大意是说：主子没说到某件事侍从先说那是多嘴。主子说到某件事自己哑口无言，这种沉默的态度是企图隐瞒事实真相，是不忠的表现。不察言观色而随便讲话，往往会激怒主子，这是盲目。这三种情况既不能算作智，也不能算作勇。其实，这三条都做到了，也只是作为幕僚熟悉一些进言的时机和技巧。后代士大夫们进谏是不大顾忌这些的。如果一味看脸色行事，过多地患得患失，那么，对于军国大事就可能贻误时机，于国于民不利。孔夫子认为，君子有三戒："少之时，血气未定，戒之在色。及其壮也，血气方刚，戒之在斗。及其老也，血气既衰，戒之在得（一作德）。"（《论语·季氏》）人到晚年，要守晚节，要重晚节，要为人表率，行为得人，符合当时当地的道德标准。这样，实际上也是符合智勇的要求的。如果盲目地为一己私利而打架斗殴，那不仅不是勇，而且是流氓蠢动，是愚蠢的行为，更算不上智了。

勇敢是好的品质。那么一个智勇双全的人，一个仁人君子，是不是就无所畏惧了呢？不！按照儒家创始人孔仲尼的论断，君子有三畏。这"三畏"是："畏天命。畏大人。畏圣人之言。"（《论语·季氏》）长期以来，我国哲学界不承认有"天命"一说，认为这是唯心主义的机械论，是迷信思想在作怪。其实，天命就是自然规律，就是必然性，就是事物一定要走向某种境界或变成某种模样的一种不可抗拒的历史趋势。四季交替，昼明夜晦，是普遍规律，是天命。生老病死，饥食寒衣，是普遍规律，是天命。有些例外的情况，比如日食、暖冬现象，或是短暂的、或是偶尔的，但改变不了总的趋势。即便是所谓"暖冬"也只是相对于某些以往的冬季气温偏高，对于当年来说，冬秋仍是分明的。人可以通过养生而长寿，但死亡迟早是要发生的。这就是所谓"天命"。再如庄稼苗的生长是一个缓慢吸纳土壤营养的过程。春秋时代宋国有个"聪明"人，想要比别人家的禾苗长得快一些，于是就到自家地里逐棵向上拔起苗来，结果次日他儿子去地里一看，禾苗全枯黄了。这就是著名的"揠苗助长"的故事。那位农人就是违背了"天命"即自然规律。违背了自然规律就要受惩罚，古今中外任何人都是如此，不管他是贵族、高官，还是下里巴人。关于"畏大人"一说，孔夫子所指大人当是握有重权的贵族。既然人家有权，作为被统治阶级，我们还是小心谨慎一些好。统治阶级实行的政策开明，我们就要敬畏。统治阶级的政策假如很昏庸，我们也不能在毫无实力、毫无舆论准备的情况下盲目反对，那样的话，就等于白白送死，做无谓的牺牲。统治者腐败，要它自己烂掉，"旧房子"塌了，才可以盖新居。至于"畏圣人之言"一说，在辩证唯物主义者看来，历史上的圣人，在当时的条件下所讲的话确定对当时的国政、社会起到良好作用，是符合他所在时代的。有些"圣人之言"例如孔子的一系列教育思想、孔子的仁、礼、信等等伦理要求，是对人类带有普遍意义的范畴，是千古不灭的真理，因而也是值得敬畏的，值得遵行的。至今我们仍奉为圭臬。所以，有智慧的人，不仅是勇敢的，有时也是需要有所"畏惧"的。这种畏惧不是胆小如鼠，不是畏首畏尾，而是对自然规律，对良好政治秩序，对圣贤的金玉诤言要持敬畏顺应的态度。就当代来说，为了维护国家、社会的安定团结，为了个人事业的发展和民族的繁荣复兴，做到这"三畏"仍然是有必要的。但是，这不是取消我们自己的主观能动性，凡事面对上级唯唯诺诺，听到错误的言论不抵制。我们仍然需要创新和求异思维，这是科学和建设事业的生机之源泉所在。所以，对古代圣贤的说教，我们应当有分析、有批判、有选择地吸纳其中的可以为我所用的知识，这才是应取的合理的态度，才能使我们面对纷繁复杂的新世界立于不败之地。

　　孟轲认为对待勇以及培养勇士有两种不同的要求。"北宫黝之养勇也。不肤桡，不目逃。思以一豪挫于人，若挞之于市朝。不受于褐宽博，亦不受于万乘之君。视刺万乘之君若刺褐夫。无严诸侯。恶声至必反之。孟施舍之养勇也。曰。视不胜犹胜也。量敌而后进。虑胜而后会。是畏三军者也。舍岂能为必胜哉。能无惧而已矣。孟施舍似曾子，北宫黝似子夏。夫二子之勇、未知其孰贤。然而孟施舍守约也。昔者曾子谓子襄曰：子好勇乎。吾尝闻大勇於夫子矣。自反而不缩。虽褐宽博，吾不惴焉。自反而缩，虽千万人，吾往矣。……"（《孟子·公孙丑上》）作为侠士的北宫黝，用现在的术语来说，就是实行个人恐怖主义，或者讲得体面一些，就是巴贝夫式的密谋暗杀主义。北宫黝要求他的信徒忠勇必胜，而且目标无论是平民还是国君。孟施舍就不同了。作为一个智者，一个军事战略家，一个善于养士养勇的君子，他并不要求他的属下出师必胜。胜利，是每个战争指挥员、战斗员都孜孜以求、渴望获得的。但是，战争胜负不取决于任何一方的主观愿望，胜败是兵家常事。胜了当然是大好事，但是，败了也要以胜利看待，不能自馁、丧气。要做到胜不骄、败不馁。属下战将如因客观条件不利吃了败仗，重要的是，进而可退，退而可守。战争的指挥者对属下要予以抚慰，使其戴罪立功，令使属下感激涕零，拼死来报答上级的知遇之恩。俗话说："知己知彼，百战不殆。"孟施舍所说的"量敌而后进"，就是指要"知彼"，要了解对方的兵员多寡、武器配备、地势陈法和联盟等因素，考虑是否能取胜然后再会战。这是由于对"三军"将士的性命负责。只要军队不是畏缩不前就是善举。对军队和人民负责，免遭生灵涂炭，这才是真正的智者和勇者。否则，像北宫黝那样，是只对自己负责，不顾属下死活，自古以此称霸一时一地的有之，以这种方式成就大事业的笔者从未听说过。

六　智与勤的关系

智者即有智慧的人往往是勤劳的人。勤劳的人往往具有聪明睿智和丰富的生活经验、社会经验。毛泽东曾经说过，"卑贱者最聪明，高贵者最愚蠢。"为什么卑贱者最聪明呢？在漫长的封建社会，劳动人民地位低下，无论农民或是各种手工工匠、艺人都是社会底层的卑贱者，正是他们终日在各种各样的生产劳动岗位上辛勤工作，积累大量的生产经验和劳动技能，所以，他们是最聪明的人。相反，那些贵族显宦，那些脱离生产劳动的达官贵人以及一些醉心科举的读书人，大多四体不勤、五谷不分。他们中的某些人只会玩弄政治权术。另一些人花天酒地、醉生梦死，腐化堕落，吃喝嫖赌，斗鸡走狗，根本谈不上有什么聪明才智。所以，人们说高贵者最愚蠢。恩格斯曾经说过，不学无术对任何人任何事情都是毫无帮助的。不学无术既谈不上勤奋，也谈不上有智慧和知识。所以，我们尊敬、信赖那些智且勤的人。

孟子处于战国之际，对周游列国的士子提出了智与勤的看法，他提出了身处异国他乡的原则和智巧。他说："去父母国之道也。可以速而速。可以久而久。可以处而处。可以仕而仕。"(《孟子·万章下》) 被邀请离开父母之邦，就接受邀请。可以久留就住下来，可以加入这国国籍就加入。如果政治清明，重视人才，能够做官就从政。处事要得体，从政要讲究策略。以射箭为例，要达到射中标的，不仅靠力量，更要靠技巧。箭头达到一定距离，是人力所至；而射中目标，却是技巧才能做到的。技巧何来？俗话说："熟能生巧。""勤能补拙。"射箭这种技术要靠长期的训练才能熟练掌握。尤其是射击活动着的目标，要估算目标运动的速度，计算好射程，然后，决定自己运作要用多大的力，还要考虑自己的视力是否清晰准确，目标所在背景会不会因折射或迷彩等现象影响视觉，在综合运用这些因素后，才能射中目标。各种竞技比赛、体育比赛等的优胜者都是智力和勤学苦练综合作用的结果。

七　智与恶的关系

恶与善二者是一对伦理范畴。恶者往往是不讲道理的。恶有恶报，善有善报，不是不报，时候未到。恶人坏事迟早是要受到惩罚的。既然如此，作为一个智者，一个聪慧明智之人怎么可能做恶而不为善呢？自己为善，别人怎能加害于自己呢？孔夫子说："唯仁者，能好人，能恶人。"（《论语·里仁》）这里是能忍耐、接受、容纳的意思。唯有仁厚与人为善的人，才能够同时耐受好人和耐受恶人。一般地说，你为人仁厚、为人肯帮他人忙，别人才不去伤害你。孔夫子又说："苟志於仁矣，無恶也。"（《论语·里仁》）"君子無終食之间违仁。造次必於是，顛沛必於是。"（同前）假如有志于仁义，那就没有罪恶。作为一个成人、大人、完人，时时刻刻都不能违背仁的原则。匆忙时一定是这样，落魄不得志、到处奔波时也一定是这样。孔仲尼把"道"放在至高无上的地位。这"道"字，据笔者的理解，应该是指"真理"，是人们对宇宙真谛的理解和最高的道德伦理评价的统一。他说："士志于道，而耻恶衣恶食者，未足与议也。""朝闻道，夕死可矣。"（《论语·里仁》）凡士人都要有志于获得"真理"，如果早上获得真理，晚上死也可以瞑目了，是死得其所。这里有为追求真理而献身的意思。"放於利而行，多怨。"就是说，唯利是图就会招致多方怨恨。俗话说，"君子爱财，取之有道。"作为一个正直的人，不是神仙不食人间烟火，也就不能不考虑个人及其家庭、团体的利益，乃至民族、国家的利益。但是，这些个人利益或者民族利益的获得，是要靠通过正当的手段，比如辛勤劳动或公平贸易而获得。任何利益都不能通过坑蒙拐骗欺诈去获得，不能通过巧取豪夺去获得，不能通过偷盗、走私贩私去获得，不能通过偷税漏税和骗取出口退税去获得，不能通过经营、出售伪劣商品去获得，更不能通过抢劫和战争去获得。总之，获取各种利益，要在不违背他人利益、不违背法律的情况下取得，才是合乎情理的和正道的。

关于与邻相处，在古人看来，"伯夷叔齐不念旧恶，怨是用希。"(《论语·公冶长》)伯夷、叔齐是中国古代著名的贤人，他们能够不念旧恶，与曾经伤害过自己的人和好相处，因此，很少有人抱怨他们。"君子成人之美，不成人之恶。小人反是。"(《论语·颜渊》)助人为乐、积德行善，这是君子的美德。小人就不是这样，而是刻薄积怨，或者横行乡里，人人痛恨。当樊迟问到"崇德、修慝、辨惑"这三点时，孔仲尼教导说："攻其恶，毋攻人之恶。非修慝欤？一朝之忿，忘其身以及其亲。非惑欤？"(《论语·颜渊》)这是说，改除自身那些毛病、恶习，不要攻击别人的过错。不是等于去除邪恶了吗？如果因为一时冲动，与人发生殴斗，忘了自己身家性命，岂非令人困惑？尤其是青年人，往往如此。在遇到与人发生冲突时，要头脑冷静，不要头脑一发热，不顾忌后果。子张问政于孔子，怎样才能从政。孔子说要"尊五美，屏四恶。"才可以从政。所谓"五美"是指"君子惠而不费。劳而不怨。欲而不贪。泰而不骄。威而不猛。"(《论语·尧曰》)施人恩惠不浪费，劳动辛苦而不怨天尤人，有正当欲望而不是贪得无厌，处理安泰而不骄傲，行动有威望而不猛烈。这就是五种美好品质。所谓"四恶"是指从政应当戒除的四种行径。"不教而杀谓之虐。不戒视成谓之暴。慢令致期谓之贼。犹之与人也，出纳之吝，谓之有司。"(《论语·尧曰》)一个政治家，一个智者应把对民众的思想品德教育和政治法律教育放在首位。法律条文明确，宣传教育到位，如果有人明知故犯，那就不能算作"虐"。不戒除失败的因素，而要求成就显著，向民众征收高额税赋，这就是"暴"。对于政令不是雷厉风行，而是阳奉阴违、轻慢政令以致延误时机这就叫做"贼"。对民众吝啬，取人不足，向百姓征收本来就贫乏的物品。这是一个政治家切忌做的。在孟子看来，"人皆有不忍人之心"。所谓不忍人之心，就是不忍心看着他人受灾受难不管。"以不忍人之心行不忍人之政，治天下可运之掌上。"所以谓人有不忍人之心者，今人乍见孺子将入於井。皆有怵惕恻隐之心。非所以内交於孺子之父母也，非所以要誉於乡党朋友也。非恶其声而然也。藏在人心深处的仁爱之心、善良之心、同情之心和恻隐之心，不是为了结交幼儿的父母，不是为了沽名钓誉，邀功于乡里；而是一个情感正常的人所做的正常的反应。只要不是恶者、不是丧心病狂，一个智力正常，心理健康的人，都会做到助人为乐的。

"昔者有馈生鱼于郑子产。子产使校人畜之池。校人烹之。反命曰：始舍之，圉圉焉。少则洋洋焉悠然而逝。子产曰：得其所哉，得其所哉。故君子可欺以其方。难罔以非其道。"（《孟子·万章上》）这里讲郑国的执政子产将生鱼放生的故事。校人把鱼吃了，却告诉子产是放生了。子产不去深究这件事，说道：鱼到了它该去的地方去了。舜对于象和父母的倾轧逆来顺受，是出于孝悌之心。舜能以德报怨是一般人所做不到的，这就是所谓古圣贤的过人之处。孟轲赞扬古代圣贤，说道："伯夷目不视恶色。耳不听恶声。非其君不事，非其民不使。治则进，乱则退。"（《孟子·万章下》）认为伯夷不与昏君纣王同流合污，不与恶人共处。所以他就去北海之滨隐居去了。孟子称道的贤人还有柳下惠。"柳下惠不羞汙君。不辞小官。进不隐贤，必以其道。……故闻柳下惠之风者，鄙夫宽，薄夫敦。"（《孟子·万章下》）柳下惠是不论官大小，只要胜任这一官职，能够治国安民，或者能够安定一方，他就不嫌弃。进身要靠自己的才能和政绩，要走堂堂正正之道。所以，在当时听到柳下惠的风格的人，粗鄙者变得宽厚，刻薄者也会变得敦实大方。以上所讲伯夷、柳下惠是先秦时期从政态度不同的政治代表人物。但是，他们都能从国家的长治久安出发,从建设和平富裕的社会出发,以社会稳定人民幸福为己任。这就是他们被推崇为贤人的缘故。他们都主张正义。但是,除了伯夷逃避恶人之外,其余都主张用正义战胜邪恶。我们认为,如果自己一方即正义一方的力量足够强大,那就对抗直至战胜邪恶或非正义的一方。如果正义一方或者由于力量弱小,或者在冲突中会伤及无辜,那就尽可能采用迂回策略,例如迁徙或逃避。任何战争或斗争,目的都是保存或发展自己,消灭或削弱敌人。如果达不到这一目标,那么与敌方脱离接触、妥协、回避、逃亡都不失为良策。当然,有些并非绝对的善恶关系或敌我矛盾,在人民内部出现微小利益冲突,或者性格冲突,这是常见的。这时候就要发挥当事者的聪明睿智。

在古人看来,智与恶是对立统一的关系。智者可以为善,可以为恶;但是,智者只愿为善,不愿为恶;大智者必为善。宋人"揠苗助长","非徒无益而又害之,何谓知(智)言。"(《孟子·公孙丑上》)那是干的蠢事、坏事,怎么谈得上是聪明呢?

在儒家亚圣孟子看来,"五霸者、三王之罪人也。今之诸侯、五霸之罪人也。今之大夫,今之诸侯之罪人也。"(《孟子·告子下》)这里"罪"即是恶,二者同义。那么贵族为什么会越来越有罪呢?在战国时代,家天下的诸侯、大夫政治取代了原有的周天子与诸侯之间的上下尊卑关系,实际上也就破坏了相当统一的政治局面:天子巡狩,诸侯述职。"土地辟,田野治,养老尊贤,俊杰在位"被"土地荒芜,遗老失贤,掊克在位"的残破局面所取代。战国时代,诸侯争霸,战乱频仍,这实际上是统一的周王朝经过衰落、分裂重新走向统一的一个漫长过程。孟轲生活在战国中后期,当时看不到重新统一的曙光,认为五霸是三王的罪人,是恶的。其实,没有五霸,也就没有后来的七雄。没有七雄,也就没有后来秦汉的大一统王朝。这是孟夫子对历史演变进程的一个重大误解。"政在家门",各自为政是有罪的,是贵族之恶。"今之良臣，古之所谓民贼也。"(《孟子·告子下》)战国时代的官员不是以仁富民，而是以强战富国，在孟子看来，鼓动战争，使千百万无辜良民肝脑涂地，这真是罪莫大焉！恶莫大焉。富国强兵，奖励耕战，是历史的必经之路。战争如果是正义的，能够促成民族统一，国家繁荣，就不能算作"恶"。

孟轲指出："伯夷非其君不事，非其友不友。不立於恶人之朝。不与恶人言，立於恶人之朝，与恶人言，如以朝衣朝冠坐於涂炭。推恶恶之心，思与乡人立。其冠不正。望望然去之，若将浼焉。是故诸侯虽有善其辞命而至者、不受也。不受也者，是亦不屑就也。"(《孟子·公孙丑上》)这里孟子以伯夷为例，告诫我们不要和恶人同流合污。不仅政治上不与恶人合作，而且也不要与恶人对话。如果与恶人站在同一立场，就好比穿上绫罗绸缎坐在污泥中，太可惜了，太不值得了。与乡人在一起，要衣冠整洁，堂堂正正作表率。对于志存高远、雄才大略的人来说，诸侯有善意延聘自己，也不要轻易地屈就。这里孟子关心的是大一统的君王事业。所以不屑为一般诸侯效劳。在特定的环境里，有坏人坏事，特别是有凶恶之人，痞子流氓，或者有一般恶习、坏毛病之人，自己又摆脱不掉，那怎么办呢？在自己心目中必须划清界限："尔为尔，我为我。虽袒裼裸裎於我侧。尔焉能浼我哉！"(《孟子·公孙丑上》)所以就自自然然和这些人共处而不失去自我，不污染自我。对于有过一般劣迹，有一些过恶的人，只要他不继续为害他人，我们就应当与他"和而不同"。"故君子莫大乎与人为善。"(《孟子·公孙丑上》)种瓜得瓜，种豆得豆。种蒺藜得刺。一个聪明睿智的人，应该懂得，与人方便，自己方便。要用自己的善行去感化具有一般恶行而又愿意悔改之人。

在孟子看来，"为高必因丘陵，为下必因川泽"。想要使自己的建筑物高大要凭借丘陵一类的高地势，想要就低就必须凭借河流谷地。为政做官不因循先王旧制，那就不是高明的。所谓因循不等于守旧。这只是说不能抛开旧的章法,另外搞一套。然而因循还是要有所变通的。通常我们所说的"汉承秦制",是就主要的法律制度而言在秦朝基础上汉朝再加以发展,并不是一成不变。汉朝实行郡国并行制与秦的单一郡县制是判然有别的。汉初的黄老政治和中期以后的"罢黜百家,独尊儒术"与秦朝的信奉法家、实行严刑酷法、高税赋、竭尽民力的制度更是天壤之别。但是,萧何的汉律是在秦律的基础上建立起来的,郡国并行是吸收了周秦两代的经验变通而来的。如果像汉末王莽那样,胡乱改变,那将是不堪设想的,不可能使一个王朝稳定二百年之久。所以,"萧规曹随"是曹参之智;为政不知因循也不能算作"智"。"唯仁者宜在高位。不仁而在高位是播其恶於众也。……朝不信道,工不信度,君子犯义,小人犯刑,国之所存者幸也。故曰城郭不完,兵甲不多,非国之灾也。田野不辟,货财不聚,非国之害也。上无礼,下无学,贼民兴,丧无日矣。……"(《孟子·离娄上》)只有实行仁政的人才配做高官。不然,品质不良的人做官会把恶行传播给大众,败坏社会风气。孟子在这里第一次提出了政治家的道德要求。朝政上的官员不信道义,做工的不实地度量,君子违反道义,小人触犯刑律,即便国家不即刻灭亡也只是暂时幸存。所以,没有金城汤池,没有众多甲兵不要紧;田野没有开发,货财没有聚拢不要紧。要命的、关乎军国大事的是:君王行为不合礼,民众没有礼法和技能的习练,盗贼蜂起,国家就要完蛋了。孟子提出"义"这一概念,"义者宜也",凡事要处置得当,适可而止。这里"义"与后世的"义气"一词意思不同。这是一个哲学术语:在处理人与人之间关系时,适当的行为或准则就叫做"义";在处理人与物或工程作业时,恰当的操作或度量标准就叫做"度"。把握好了这些度,就是睿智的,就远离恶行。

古人认为,"眸子不能掩其恶。胸中正则眸子瞭焉。胸中不正则眸子眊焉。听其言也，观其眸子。人焉廋哉。"（《孟子·离娄上》）一个人的瞳人不能掩盖他的内心世界，更不能掩盖他的恶意。胸怀坦荡的人眼睛就明亮。心胸狭窄、怀有恶意，眼睛就容易昏花。俗话说，怒气伤肝。而肝火上扬则伤眼。人的情绪影响到内脏、内分泌乃至人的眼睛的明亮度，这在中医理论上是有根据的。你如果听取一个人的言论，同时观察对方的眼神，再结合他平日的行为表现就能了解一个人的善恶。这是智者对周围人的评估和提防恶人恶行的有效途径。

古人还认识到父不便教子。儿子如果不听从父亲的，父亲就会发怒，怒则失去常态（"失正"），失去常态的结果，"则是父子相夷也。父子相夷则恶矣。古者易子而教之。父子之间不责善，责善则离。离则不祥莫大焉。"（《孟子·离娄上》）这里"夷"应是指平，父子不分尊卑任何时候都不是美事。孟子在两千多年前已认识到这种教育心理。现在仍然是这样，父母是子女的至亲，但子女多不肯听从父母指教，而往往很听老师的话。这里"善"是正词反用，父子之间不责善，意思是父子不互相谴责过恶，如果互相谴责或惩罚过恶，会导致子女离家出走，这样会把子女推向社会，推向流氓犯罪分子，推向罪恶的境地，最终导致不可救药。因而子女与父母相离则是不祥的。会被黑社会所诱骗，陷入罪恶的渊薮难以脱身。

在孟子看来，智慧的实质是懂得仁义；快乐的实质是乐行仁义。人们心情快乐，恶行就可以避免。"恶可已，则不知足之蹈之手之舞之。"（《孟子·离娄上》）现代心理学研究发现，人们的情绪是会传染的。愤怒、烦躁、疲劳、厌恶会引起人的暴躁、过恶，仁慈、坦然、轻松、快乐会乐于助人、奉献爱心。调查证明，一对幸福的恋人往往乐于帮助别人，把欢乐带给周围的朋友。人的情商、情绪是会影响智慧的。智慧的人少有做坏事、蠢事的。可见营造一个又有自由、又有纪律、尊重个人意志、人人心情舒畅的环境是多么重要。孟子认为,"虽有恶人,斋戒沐浴,则可以祀上帝。"(《孟子·离娄下》)与恶人相处的人,只要自己洁身自好,清心寡欲,不与坏人同流合污,就可以以一个完人的身份祭祀上帝。古人认为自己不正派或不洁净就会亵渎神明,是不可以祭上帝的。可见,孟子把能够独善其身的人与和恶人相处而有染的人区别开来,并认为虽接近恶人但自己并无恶行的人仍然是高尚的,是配做上帝的臣民的。

《孟子·告子上》记载:告子说:"性无善无不善也。或曰,性可以为善,可以为不善。是故文武兴则民好善,幽厉兴则民好暴。或曰,有性善,有性不善。是故以尧为君而有象,以瞽瞍为父而有舜。以纣为兄之子且以为君而有微子启、王子比干。"儒家关于人性善恶的问题上,形成三种观点。孟轲主张性善说;荀卿主张性恶说;告子则主张性无善无恶说。客观地说,告子的性无善恶论或善恶分存论更符合实际,更有说服力。所谓性乃人之本性,如果说人的本性是善的,或者说人的本性是恶的,这二者都带有形而上学的和先验论的性质,都是违背唯物辩证法的。自然科学且不论,就人的社会伦理范围内来说,无论人的本性是善是恶,我们的思想政治工作、伦理道德教育将毫无意义。因为人的本性是不可改变的。我们的思想、道德教育无非是教导人们弃恶向善、好上加好。既然人性不可改变,我们还投入那么多的人力、物力、财力办宣传、教育机构干什么。何不听之任之,或者仅仅依赖法律裁决?正是告子的性无善恶论给思想政治教育和伦理学、伦理哲学提供了一个理论根据,提供了塑造良好人文环境、文明和谐的社会氛围的理论立足点。性无善恶论就意味着一个少年孺子,在脱离娘胎来到尘世后,他(她)的心灵就好比一张白纸,你把它塑造成什么样子,它就变成什么样子。这就表明了环境影响的重要性,从而预示了或者说推导出思想品德教育的重要性。当然,这仅仅是理论上的推测。从第二次世界大战结束后，我国对日本战犯的改造结果来看，他们当中的大多数都能悔过自新。新中国成立后，我国对地主、富农实行社会主义劳动改造，使他们成为自食其力的公民，也是成功的。负隅顽抗、与人民为敌的是极少数。教育虽不是万能的，但是，只要方式合理、方法得当，教育改造就会是有效的。这些都体现了老一辈无产阶级革命家的博大胸怀、远见卓识。这是智者对恶者崭新的处理谋略。从上述告子的叙述来看，善与恶并没有遗传性，同一个家族或家庭，都有可能同时出现善人或恶人。智者未必都行善。然而，大智大德之人绝不为恶。凡为恶者少见善终。在孟子看来，"仁义礼智非由外铄我也，我固有之也。弗思耳矣。故曰，求则得之，舍则失之。"（《孟子·告子上》）他认为这些美德懿行是人人都可以做到的，追求善事，唾手可得。抛弃善行，眨眼失去。这里的善事当然是一贯提倡的助人为乐、好人好事，不是指升官发财、得道成仙。孟子所谓"恻隐之心，人皆有之"，把人都看作仁义的、善的，这有利于缔造爱心环境。这与孟子获得太多母爱有关。孟子的性善说不利于涉世不深的青少年人提防人生的陷阱。而这种陷阱在当代比比皆是：人贩子的花言巧语，以招工、集资为名的诈骗案、网上陷阱等等，处处在打善良的少男少女的主意。这是性善说未曾料到的可悲之处。荀子等人的性恶说则把人类社会看作可怕的狼的世界。性恶说的历史贡献在于它把人类之恶赤裸裸地暴露到社会大众面前，给人民提供了如何克服"人性恶"的忠告和深层思考。这种思考的结果必然导致法治精神的产生和法理地位的提高。其后的韩非、李斯、慎到、申不害分别从不同角度把法的原理阐述得淋漓尽致。然而，这些法家思想距离现代法学——在法律面前人人平等等法学思想仍然相差遥远。中国先秦的法家思想仅仅是也只能是君主专制下的治民之术。但是，这在他们那个时代是很了不起的历史进步。

关于智与恶（Wù）的关系。子贡与仲尼曾有一段对话：

"子曰：君子和而不同，小人同而不和。子贡问曰：乡人皆好之，何如？子曰：未可也。乡人皆恶之，何如？子曰：未可也。不如乡人之善者好之，其不善者恶之。"（《论语·子路》）这段对话的大概意思是说：孔子认为，君子之间和合相处，他们的生活方式是可以丰富多样的。地位低下的人为追逐利益而趋同常常因而争斗不和。子贡则问道：假如乡民都喜好"同而不和"，怎么办？孔子认为这是不可能的。子贡又问：假如乡民都厌恶上述两种情况又当如何？孔子仍认为是不可能的。人上一百，形形色色。在一个乡里，在成千上万的民众中间，既不可能都是良民，也不可能全是罪人。其中必定有好人，有坏人，有污浊懒惰之人，有这样那样缺点的人。有人群的地方，善良的人总占人口的绝大多数。君子可取的正确态度是：既不能全部否定，也不能随波逐流，全部顺从。值得学习的就友好相处，对那些不善者理所当然地表示厌恶，这才能起到抑恶扬善的作用。

孔子说："众恶之，必察焉。众好之，必察焉。"（《论语·卫灵公》）在这里，孔子实际上提出了任用人才的考察方法。众恶，何以恶？众好，何以好？作为一个领导者对自己的部下、对将要任用的官员都要进行德、能、勤、绩的考核，从而分辨出哪些是贤良，哪些是庸佞。

孟子说："生亦我所欲也，所欲有甚於生者。故不为苟得也。死亦我所恶，所恶有甚於死者。故患有所不辟（避）也。……是故所欲有甚於生者，所恶有甚於死者，非独贤者有是心也，人皆有之。贤者能勿丧耳。"（《孟子·告子上》）孟子认为人都是好生恶死的，但是，好生之人有比生更可爱、比死更可恶的情况。他以鱼与熊掌不可兼得为比喻，指出人们为坚持真理和正义而献身，是值得的，是对自我的超越，是死得其所。因此，他提倡杀身以成仁，舍生以取义。

"指不若人、则知恶之，心不若人、则不知恶。此之谓不知类也。"(《孟子·告子上》)既然手指不如人知道不好,心地不善则不知厌恶,这是不知类比的缘故。懂得了这层道理就应当从内心深处责问自己所作所为所思所想是不是考虑到社会和他人的利益,如果不能设身处地为公众而设想,那就要改恶从善。

孟子说:"居下位不以贤事不肖者,伯夷也。五就汤五就桀者,伊尹也。不恶汙君不辞小官者,柳下惠也。"(《孟子·告子下》)上述三位都是大德大贤的智者,各有自己的处世之道,居官原则。作为殷遗民伯夷不食周粟,自以为是贤者,宁可逃至首阳山饿死,也不愿在周朝做官。伯夷、叔齐都是为理想而活着,他们的人格是高尚的。但是,他们的忠君思想又是无原则的:他们忠诚的是昏君,是腐朽糜烂的商纣王,而拒绝的是周初的开明政治。就这一方面来说,伯夷、叔齐并没有站在人民大众的立场上,对人民大众负责,而是站在狭隘的民族主义和贵族政治的立场上。关于伊尹历来就有忠奸之辩。伊尹认为天下总是要有国君统治的。作为夏民他忠于夏王朝。但是,当夏桀暴虐无道、无药可治的时候,伊尹就毫不犹豫地归顺了新兴的君王商汤。伊尹以民族兴旺发达、国家昌盛稳定为自己追求的目标,不惧怕他人以间谍、奸佞等恶名加于自身,后来成为商代开国的名相。柳下惠传说是坐怀不乱,做到慎独的君子。不使君王厌恶、难堪,是一个忠君爱国、爱民勤政的道德楷模。不以官小而耻之,不以职低而不干。兢兢业业,在那个时代,受到称赞。柳下惠的这种政治作风、生活作风、道德风格至今仍然是值得借鉴、值得提倡的。所以,就政治家来说,可以仕则仕,可以隐则隐,可以叱咤风云,就不要遁身匿迹。政治家总是要以民族、人民的生死和国家的存亡为己任的。

"仁则荣,不仁则辱。今恶辱而居不仁,是犹恶湿而居下也。如恶之,莫如贵德而尊士。贤者在位,能者在职。国家间暇。及是时明其政刑,虽大国必畏之矣。"(《孟子·公孙丑上》)

仁义光荣,不仁慈的人自取其辱。国家要想强大,不受外敌入侵,或者战胜外敌,那么,极其重要的条件就是"贤者在位,能者在职"。要自尊必尊人。古人主张贵德尊士,实行贤人政治,这是对的。但是,贤人怎样被推举出来,一旦贤人在位会不会变质,变质腐败了怎样处置。政治制度化、法治化这样的问题还没有进入思想家和政论家的视野。

孟子认为,羞恶之心,是义的开端。如果没有羞恶之心,简直连人都算不上了,更不要算是智者了。"是非之心,智之端也。"(《孟子·公孙丑上》)分清是非善恶,这是智慧的开头。然而,后世由于封建专制主义高压政策,连鸿生大儒都不敢论是非,他们尽量麻醉自己。所以,有的是"小事糊涂,大事不糊涂",有的则认为"难得糊涂,吃亏是福"。如果说"诸葛一生唯谨慎,吕端大事不糊涂"是具有政治家的风范的话,那么,凡事装糊涂、甘吃亏的态度,则是做官的儒士们在政治高压下的明哲保身,是得过且过的政治变形,压弯了腰的政治软骨病患者。

在孟轲看来,"禹恶旨酒而好善言。"(《孟子·离娄下》)孟子眼里,酗酒是顶坏的事情。许多学者都认定孟轲是性善论者。其实,孟轲并不认为人性全是善的。他说:"人之所以异于禽兽者几希。庶民去之,君子存之。舜明于庶物,察于人偷〔伦〕。由仁义行,非行仁义也。"(《孟子·离娄下》)传说古代的贤明君主舜自己从仁义做起,并不是让他人推行仁义,而是事事以身作则,带头做好人好事,其仁义孝悌行为令他人自觉效法。

孟夫子反对尸位素餐,主张在其位就要谋其政,谋其政就要造福于民。认为在朝政做官,不能实行良好的政治主张,那是当官的耻辱。他说:"仕非为贫也,而有时乎为贫。娶妻非为养也,而有时乎为养。为贫者,辞尊居卑,辞富居贫。恶乎宜乎?

抱关击柝，孔子尝为委吏矣。……位卑而言高，罪也。立乎人之本朝而道不行，耻也。"(《孟子·万章下》)做官不是为了贫，但有时也要守贫、安贫乐道。就好比娶妻不是为了养活她，然而，必要时也须养活她。宁做贫穷人，辞尊居卑，辞富居贫，这种做法适当吗？孟子以孔子为例，指出孔仲尼就是道不同不相为谋，不肯吃白饭的典型。孟轲具有做官要各安本分、各司其职的要求，就是说不在其位，不谋其政。既然做了官，就要做出政绩来，包括富国强兵、安抚民众、犯罪率下降、百姓安居乐业等等。"当官不给民做主，不如回乡卖红薯。"当官不是为权势荣耀，更不是为富贵美色，那是身当重任、心系万民的差事。

孟子说，生是我的愿望，义是我的追求。在鱼与熊掌不可兼得的情况下，二者取其重，即杀身以成仁，舍生以取义。(《孟子·告子上》)为正义的事业而献身是光荣的。无数革命志士仁人，先辈英烈都是为正义、为理想、为革命、为民族、为人民解放、世界和平而献身的。例如辛亥革命中黄花岗七十二烈士、秋瑾、徐锡麟，社会主义革命中的方志敏、李大钊、夏明翰等共产党人都是为人民、为进步事业而献身的。

关于利己与利人的善恶关系，孟子指出："杨子取为我，拔一毛而利天下不为也。墨子兼爱，摩顶放踵利天下为之。子莫执中。执中为近之。执中无权犹执一也。所恶执一者，为其贼道也。举一而废百也。"(《孟子·尽心上》)在这里，孟子的观点似乎游离了中庸之道。认为杨朱过于自私。墨子的博爱主义又难于终身践行。子莫的主张是执中的，持一种既要利于我，又要在不妨害自身的情况下做好人好事的观点。允执厥中，折中杨、墨二种观点，与二者都可以调和相处。所恶执一，是因为它抹杀其他各种观点，固执地只持一种观点，举一而废百，这也是不对的。

在儒家看来，乡愿是德之贼。所谓"乡愿"，就是"言不顾行，行不顾言"之人。(《孟子·尽心下》)换言之，就是言不由衷、言行不一的人。这些人，往往"居之似忠信，行之似廉絜。众皆悦之，自以为是，而不可与入尧舜之道。……恶似而非者，恶莠恐其乱苗也。恶佞恐其乱义也。恶利口恐其乱信也。恶郑声恐其乱乐也。恶紫恐其乱朱也。恶乡原恐其乱德也。"(《孟子·尽心下》)这里实际上是说，"乡愿"之人，表面上受群众欢迎，实际上往往互相勾结，掩盖过恶，似是而非。恶乡愿是厌恶乡绅的奸佞、花言巧语不守信用，没有原则，没有是非，甚至与狐朋狗友勾结，扰乱社会秩序。需要说明的是，孟子所认为的郑声未必是恶声。郑声轻曼悠扬优美，适于传达欢快而真挚的爱情，故孔子皆认为"郑声淫"，并认为郑声会乱"雅乐"，这其实是一种偏见。

孟轲进一步论证了统治阶级施行仁政、笼络民心的重要性，"三代之得天下也以仁，其失天下也以不仁。国之所以废兴存亡者亦然。……士庶人不仁，不保四体。今恶死亡而乐不仁。是犹恶醉而强酒。"(《孟子·离娄上》)政治家要治理好国家就要关心人民，倾听民众呼声。孟子还总结了古代君王之所以丧国辱身的根本原因。"桀纣之失天下也，失其民也。失其民者，失其心也。得天下有道，得其民斯得天下矣。得其民有道，所欲与之聚之。所恶勿施尔也。民之归仁也，犹水之就下、兽之走圹也。……苟不志於仁，终身忧辱，以陷于死亡。"(《孟子·离娄上》)夏桀商纣之所以亡国，是因为失去了普天下民众的支持。何以会失去民众支持呢？暴虐无道，赋税繁重，朝令夕改，民无所适从，失去民心，必然失去政权。得天下必先得民心，得民心必然顺应民众需求，大兴农工商，民众想得到就能采购到，所不愿接受的例如违背农时的各种工役不要强迫他们去执行。这样的仁政，民人归之如流水。君王如果不实行仁政，就会亡国灭身，终身不宁。智者避开恶和嫌恶，就是要避开"不仁"的行为，实行仁义宽敏惠,给天下百姓实实在在的好处。这所谓"给好处",就是引导官方机构为民着想,替民办实事,给百姓好的政策,制定适中的法律,促进社会经济发展,让天下人民安居乐业。

一个政治家、一个智者要疾恶如仇,要远离恶人、恶事。

第三章 道家关于"智"观念

道家关于智的思想观念主要体现在老子的《道德经》和庄周的《庄子》这两部哲理著作中。道家思想的核心是"道"。"道"既是指自然规律,也是指顺从自然规律的处世态度和生活方式。因而道家之智也就是指顺应自然的一种办事方法,通常是指"无为"。李耳认为,"无为则无不为",柔能克刚,弱能胜强。被人们称作弱者的哲学(或智慧)。以下我们分别阐述一下道家的智愚观和军事诈术思想。

一 道家的愚民政策

老子,本名李耳,号老聃。春秋时期陈国人。他在《道德经》中论述了实行愚民政策的理由:"不尚贤,使民不争。不贵难得之货,使民不为盗。不见可欲,使民心不乱。是以圣人之治,虚其心,实其腹。弱其志,强其骨。常使民无知无欲。使夫智者不敢为也。为无为,则无不为。"(《老子·三章》)大意是说,不崇尚贤人,则人不争强好胜。不看重金银珠宝,老百姓就不会偷盗。不让老百姓看到好东西,就不会出乱子。圣人治国方略无非是让老百姓无知,让他们吃饱肚子而已。消磨他的志气,强壮他的筋骨。经常让人民无知识又无欲望。让那些聪明人不敢夺天下。做到无所作为,那么什么事都可以做好。

老子还认为,最善的人性格好比水一样。水善有利于万物而不争。水处于柔弱的地位,"夫唯不争,故无尤。"(《老子·八章》)强调要与世无争,才不会有危险。针对春秋时期战争多、智巧多,而人民并没有得到利益的情况,李耳呼吁"绝圣弃智,民利百倍。绝仁弃义,民復孝慈。绝巧弃利,盗贼无有。"(《老子·十九章》)他号召芸芸众生"见素抱朴,少私寡欲。"要坏的,不要好的;要贱的,不要贵的;要实用的,不要浮华的。用俗语说的,守住自己的"丑妻、薄地、破棉袄"这三件宝,与人无争就等于守住了自己的幸福。不贵金银珠玉,不贵绫罗锦缎,所有具有耀眼光芒的好东西,都会给个人带来不测之祸。作为保身思想,在战乱的年代,这些主张无疑是可取的。但是,如果一个民族都持这种抱残守缺,不弃破旧的庸愚观念,这个民族还有什么进步可言,还有什么可以作为进步的动力?一个公民,一个民族,只有不满足才是前进、奋斗的动力,才能使自己振作起来。

老子说:"沌沌兮。俗人昭昭,我独昏昏。俗人察察,我独闷闷。澹兮,其若海。飂兮,若無止。人皆有以,我独顽似鄙。我独异於人,而贵食母。"(《老子·二十章》)这是要人们对于一切事情不要太认真,要装聋作哑,视而不见;不要羡慕,不要妒嫉。大事化小,小事化了,淡泊名利。

庄子指出:"鷦鷯巢於深林不过一枝。偃鼠饮河,不过满腹。"(《庄子·逍遥游》)森林虽然广大,小鸟只要卧一枝就可以了。滔滔的河水,对小老鼠来说,只要喝饱肚子就可以了。庄周用这两个比喻来要求世人,只要有饭吃有房住就行,不要有更高的要求。"绝圣弃智,天下大治。"(《庄子·在宥》)绝圣弃智的根本目的是为了天下大治。

老子理想的社会是"小国寡民,使有什伯之器而不用。使民重死而不远徙。虽有舟舆,无所乘之;虽有甲兵,无所陈之;使人復结绳而用之。甘其食,美其服,安其居,乐其俗,邻国相望，鸡犬之声相闻，民至老死不相往来。"（《老子·十八章》）在这里，老子的思想是让人民安土重迁，拒绝与外界交往，闭关锁国，安贫乐道。即便舟船车轿也不要乘坐，虽有甲兵，也不要摆成阵列打仗。大家认为自己穿的衣服、吃的饭、住的居室，风俗人情都是最好的，人们也无需相互往来。这其实表现了老子的公社复归思想。他希望人类回到那种自由的、没有任何剥削、压迫和斗争的社会。

二　道家的军事诈术与"智"观念

道家的军事思想是奇特的。道家认为武器是重器，是不祥之器。武器是轻易不要使用的，"不得已而用之，恬淡为上。"（《老子·三十一章》）也就是说武器用来防守、自卫的。军事行动要以达到自我保卫为目的。以安然平淡的心态对待武器。即便打起仗来打赢了也不是什么好事。"胜而不美"，把打胜仗看作美事是乐于杀人。"乐於杀人者，则不可得志於天下矣。"（《老子·三十一章》）老子认为战胜敌人也是可悲的，因为战争会造成大批人员的死亡。以祥瑞的姿态，可以走遍天下。"往而不害，安平太。"（《老子·三十五章》）老子希望人们的一切行动都不要有过恶，这样才能太平安康。在《老子》三十六章里集中论述了军事诈术思想："将欲歙之，必固张之。将欲弱之，必固强之。将欲废之，必固兴之。将欲夺之，必固與之。是为微明。"老子在这里实际上是战略战术原则。想要削弱一个国家，就要让它强大起来或自以为强大，让它嚣张跋扈，让它称霸逞强。然后，它就会遭到弱小国家合而击之。想要废掉一个国家，道理也是这样。在战术上，所谓布袋战术，所谓"关门打狗"，所谓以退为进的军事谋略，用老子的话表述就是"将欲歙之，必固张之。"要想张网捕鱼，先张开网才能后合拢来收网。"将欲夺之，必固與之。"钓鱼要用鱼饵。打仗时，我方力量足够强大，或者我方所处地势易守难攻，却不利于出战迎敌，那就要采取诱敌深入的策略。在李耳看来，只要采取适当的战略战术，"柔弱胜刚强"是可能的，也是常有的。中国古代史上具有许许多多以弱胜强的战例：曹袁官渡之战、秦晋淝水之战等都是以少胜多，弱战胜强的著名战役。"鱼不可脱于渊。国之利器，不可以示人。"（《老子·三十六章》）李耳这两句话包含两个命题。前一句实际是当今所谓系统论的问题。系统论认为，某一事物只有在它所在的系统内才有意义。例如，人的器官——手离开了人体就不成其为手。电脑显示器等零件拆离主机就将变成废铁。拿破仑在率领几十万军队走在阿尔卑斯山脚下的时候说过："我可以把这座山荡平！"鲁迅曾就拿破仑的话评论道：假如拿破仑身后不是站着几十万大军，人们肯定会说，这个人是个疯子！这就是说，只有当拿破仑被放入军事系统中，而且是特定的法国军事系统中，他才可能发挥军事才能，他才被看作伟大的英雄。我们中国人民解放军与人民的关系常常被比作鱼与水的关系。人民军队之所以强大，是受到人民的拥护。后一句讲的是军事谋略。国家有重要的战略性武器，所谓"利器"，一般来说，是要保密的，不可以让别国窃取有关军事情报的。但是，最好是让敌国处于对我方战略武器知与不知之间。知有威重武器，他国轻易不挑衅；不知具体制造或操作技术及其置放方位，敌国就不能制造对付这种武器的武器，就可以避免准确的袭击。

《老子》四十六章指出："祸莫大於不知足，咎莫大於欲得。故知足之足常足矣。"按照王弼的解释：天下有道知足知止，无求于外各修其内而已。

道家认为，治大国若烹小鲜。不扰民，不躁动。政治上大起大落的变动，或者战事、赋役频繁，就会导致政局不稳。所以，老子主张"以正治国，以奇用兵，以无事取天下。"（《老子·五十七章》）所谓"以奇用兵"就是通常所说的"出其不意,攻其不备",声东击西的战术。这是夺取政权的战术。所谓"以正治国"、"以无事取天下",就是指统治者"无为、好静、无事、无欲"。统治阶级恬淡寡欲,生活节俭,同时,又不为了夸耀政绩、炫耀武力而兴起令百姓难以负担的重大工程或征服战争,百姓就乐于归服。"用兵有言,吾不敢为主而为客。不敢进寸而退尺。是谓行无行,攘无臂,扔无敌。"（《老子·六十九章》）掌管军队,把自己放到客的地位。以退为进。俗话说,骄兵必败。晋楚城濮之战,晋国军队退避三舍,结果是晋胜楚败。这实际上是晋国故意退兵,使敌方产生轻敌思想,而楚国的追击,又激怒了晋国的将士,使晋国将士憋足了气,最后把楚军打得落花流水。"故抗兵相加,哀者胜矣。"历史上的例子也是很多的。就拿抗日战争来说,日本侵略军气势汹汹,不可一世,中国却经济衰弱,武器落后。但是,正义在被侵略一方,中国军队有广大人民支持,经过持久战争,中国人民终于取得最后的胜利。第二次世界大战中,妄图称霸世界的希特勒等人实力很强也免不了完蛋的命运。老子的睿智不仅穿透历史,而且准确地预见了未来,他掌握了战争的规律。老子进一步指出,"兵强则不胜,木强则兵。"武器虽好不一定取胜。树木强壮则被砍伐用作武器,那些弱小的树木却能保住生命。因而,"弱之胜强,柔之胜刚"。（《老子·七十八章》）

"故圣人之用兵也,亡国而不失人心。利泽施于万物不为爱人。故乐通物,非圣人也。有亲,非仁也。天时,非贤也。利害不通,非君子也。行名失己,非士也。亡身不真,非役人也。"（《庄子·大宗师》）所谓圣人即大智大德之人。圣人用兵,灭亡敌国而不失民心,如商汤灭夏桀,夏民归于汤；周武灭商纣,商民自愿归顺周武王。唯其不失民心,才达到天下大治。实现天下大治,才是达到了用兵的目的。顺乎自然,物情自通,仁义行于天下，不趋避利害，才能使天下众民为统治者所用。过于追求功名则会失去天性，失去自我，为世所役，为外物所累。

庄周指出，"禹之治天下，使民心变。人有心而兵有顺。杀盗非杀。人自为种，而天下耳。"（《庄子·天运》）夏禹时期人心大变，有了贵族平民的分化，同时有了顺天应人的杀伐。那时人人自卫，杀死盗贼是不算杀人的。当然庄子所设想的那种各自为善、自我保卫的社会自从国家产生以后就不可能再出现了。对于民间的利害冲突一定要有一个凌驾于双方或多方之上的公共机构去处理。庄子所说仅是一种社会理想。

《庄子·徐无鬼》认为"为义偃兵，造兵之本也"。在春秋战国时期，各诸侯国互相争霸，互相兼并。如果一个国家为义而止兵，那么，该国家并不能保证其他国家同样止兵。最好的办法就是训练自己的军队，以武力防止武力的侵略，避免其他具有不轨之心的诸侯觊觎自己的领土和人民。庄子后学要求军事指挥者和统治者"无以巧胜人，无以谋胜人，无以战胜人"。显然是想要建立一个个互不相犯的理想国。希望诸侯利用和平竞争的办法争取更多的劳动力。在那个时代，许多土地有待开发，各诸侯国招徕人才和普通劳动者是他们的愿望。故而要求"修胸中之诚，以应天地之情而勿撄"。希冀诸侯各不相犯。很可惜，道家的这一政治主张是极难实现的。如果真是那样，就不会有战国七雄的出现，不会有秦汉的大一统局面。

关于道家的智观念。"知（智）生而无以（智）为也，为之以知（智）养恬。知（智）与恬交相养，而和理出其性。"（《庄子·缮性》）有智而不任智，不卖弄，不炫耀，以智慧养自己的恬静心态，凡事不浮夸，不急躁。智与恬互为前提，相生相养，就会产生"和理"，这是道家的一种高境界。"知（智）者不言，言者不知（智），而世岂识之哉。"（《庄子·天道》）庄周实际上把自然事物人格化，认为自然也是有智慧的，能创生万物。智（知）者不说什么，而夸夸其谈的人却是无知的。这种天人合一观念深刻影响了道、儒等各家学派。孔子也曾说"天何言哉，四时行焉。天何言哉，百物生焉。"（《论语·阳货》）孟子也说："天不言，以行与事示之而已矣。"（《孟子·万章上》）"病从口入，祸从口出。"道家要求弟子少说话，这样可以避祸，或少犯错误。儒家泰斗要求弟子效法天，以行动代替言语。崇尚默默无闻地实干精神，以行动作表率的以身作则精神，反对华而不实，口是心非。就效法天道而言，儒道两家在这一点上是一致的，而且是可取的。

但是，道家的思想多强调无为，落脚点在于"弱君"，而不是像孔孟以后的儒家那样推崇"强君"即君主专制。庄周说："古之王天下者，知虽落天地，不自虑也。辩虽雕万物，不自说也。能虽穷海内，不自为也。天不产而万物化，地不长而万物育，帝王无为而天下功。"（《庄子·天道》）这里庄周显然是将智虑、言说（即发号施令）的权利留给臣下，削减君权，搞"虚君"主张。承认君王能"功"而应"无为"，否则就不与"天地之德"相配。该主张是对"朝令夕改"、"政令频繁"，使下级和民间应接不暇、无所适从的一种反动，是对变化无常的春秋战国时代的正确反映。它以"无为而无不为"，以不变应万变为政治准则。

庄周以陆上推舟比喻周法不能鲁用。以水果味各不相同却可口比喻治国各有方略法度，时移事异，不可抱残守缺，东施效颦。以讥刺孔子用"仁义"（礼制）治国不合时宜。时代变了，治国的法制和权术都应有所改变。以上庄周主要讲了怎样运用政治智慧。

庄周还论述了养生之智与立身之术。将此二者有机地糅合在一起。"古之所谓隐士者，非伏其身而弗见也。非闭其言而不出也。非藏其知而不发也，时命大谬也。……古之行身者，不以辩饰知，不以知穷天下，不以知穷德。危然处其所，而反其性。……小识伤德，小行伤道。故曰正己而已矣。乐全之谓得志。古之所谓得志者，非轩冕之谓也。谓其无以益其乐而已矣。今之所谓得志者，轩冕之谓也。轩冕在身，非性命也。物之傥来，寄者也。寄之，其来不可圉（御），其去不可止。故不为轩冕肆志，不为穷约趋俗。其乐彼与此同，故无忧而已矣。……故曰丧己於物，失性於俗者。谓之倒置之民。"（《庄子·缮性》）这里指出古时的隐士既现身说法又显其志。不诡辩，不用智巧来违背民意困穷百姓，丧失德性。大智若愚，不从小是小非上着眼。摆正自身的位置，不做坏事，生活得快乐就是得志了。古人所说的得志，不是指的能享受高官厚禄，快乐罢了。现在所说的得志之人，指的是穿戴官服坐轿子。车马官衔，是身外之物，生不带来，死不带去。因此不要为做官而改变自己的志向，也不要为追随流俗而丧失志向。无论处境如何，生活得达观就好。不要为身外之物——功名利禄、车马轿子所牵累，不要为金钱财货而丧失自我，那样做是本末倒置，受外物的奴役。这是庄子的生活智慧或生存哲学。学懂了这一段话，每个士人面对纷繁复杂的世界，万千纠葛的世事，就会坦然处之，处变不惊。对于当代的官场政坛，就会吹进一缕清风，少一些贪污腐化。

庄子进一步指出，万物各有其性，各有其用，各有其能，各有其功，用当所长，其可大用。用非所长，则一事无成。"梁丽（即栋梁）可以衝城，而不可以窒穴，言殊技也。骐骥骅骝，一日而驰千里，捕鼠不如狸狌，言殊技也。鸱鸺夜撮蚤，昼出瞋目，而不见丘山，言殊性也。"（《庄子·秋水》）世间是非治乱，是天地之理，万物之情。上述讲到的梁丽、骐骥骅骝、鸱鸺等几种事物在特定的场所有它们优良的功用和技能，然而，要把它们放在不适当的场所、发挥其不善于从事的作用，那就不如相应的看似微弱的事物。如果我们附会这些话的引申意义，也可把它看作人才思想。用人不当,无异于让犬耕地、鸡拉车,或用非所长,或力不胜任。庄周还借孔子之口传达了他的天命观和时事观。他说:"我讳穷久矣而不免,命也。求通久矣而不得,时也。当尧舜,而天下无穷人,非知(智)得也;当桀纣,而天下无通人,非知(智)失也。时势適然。"(《庄子·秋水》)庄周借孔丘围于宋一事,抒发万物非可强得,而靠天时地利人和,靠自然、社会规律。感叹"知(智)穷之有命,知(智)通之有时。"世间万物可取则取,不可取则不能强取。一切都有它的限界,有规律的制约。庄子所谓"智",实际上是指在客观条件允许的情况下如何发挥自己主观能动性的问题。那种"人有多大胆,地有多高产",吹大气、说大话的浮夸作风是要不得的。庄周还对智的层次进行了划分,认为"小知(智)不如大知(智)。"(《庄子·逍遥游》)庄子所说的"大知"实际是从战略高度,从如何看待规律的哲学高度来认识事物,运用自然规律,因势利导,达到预期目标的大智大慧,是一种运筹帷幄的境界。所谓"小知",就是雕虫小技,或者在细枝末梢上捞点小便宜,又叫耍小聪明。

道家认为,人们处世应该像燕子(鹓鶵):处于怕人与不怕人之间,非即非离的境地。"鸟莫知(智)於鹓鶵,目之所不宜处,不给视。虽落其实,弃之而走。其畏人也,而袭(褼)诸人间。社稷存焉尔。何谓无始而非卒,仲尼曰,化其万物而不知其禅之者,焉知其所终,焉知其所始。正而待之而已耳。"(《庄子·山木》)这是《庄子》下篇的言论,实际是庄周弟子后学的见解。认为万物化生、变化是无始无终的,人们无法弄清它的终始。正如知了不知春,蟪蛄不知冬一样,人生天地间,空间和时间都是有限的,不要为万物何去何从徒伤脑筋。据庄子后学记载,有人问庄子:"昨日山中之木,以不材得终其天年,今主人之雁,以不材死。先生将何处?"庄子笑曰:"周将处乎材与不材之间。材与不材之间，似之而非也。……物物而不物于物。"（《庄子·山木》）这些话告诉我们：事物有时含有难以预见的不测因素，带有偶然性或随机性。人杰处事应不显山露水，不"露峥嵘"，不出风头，不做露头椽子。要处于才与不才，无可无不可的自由境界，要学会利用客观事物，身处浊世要学会避祸患。不要冒尖，露头椽子先沤朽。学会韬光养晦，不露锋芒。最平庸者最长久。道家的这种"智观念"与我们现代的人才观，现代人提倡的参与意识、拼搏意识，创优争先意识，争当劳动模范和英雄人物的进取观念是有一定距离的。我们既要从正面吸收那种淡泊名利的智观念，也要摒弃那种消极避世、不思进取、听任自然的"智观念"。

三 道家的大智若愚的思想

老子指出："持而盈之，不如其已。揣而锐之，不可长保。金玉满堂，莫之能守。富贵而骄，自遗其咎。功遂身退，天之道。"（《道德经·九章》）按照晋代学者王弼的解释，有功有德不如无功无德。锋芒毕露的不可长保。金玉满堂，不一定能够守得住。富贵的人骄傲就等于自己种下祸根。功成身退是最好的选择。老子在这里讲的是个人处世哲学。介子推、张良都是在大功告成后隐退的。引退大多可以善终。古代富贵的人并不能保证子孙后代仍然富贵。锐气十足的人往往容易受挫折。所以，为人做官，有功不如无功，有功而不居功自傲尚可。如果知进而不知退，如韩信等人的下场是可悲的。所以，做人要有一股傻气，不要贪图富贵利禄，不要争名争功，更不要恋慕官场。如果自己有政治才能就一显身手；如果自己力不胜任，还是归隐凡尘的好。

道家视养身重于成名发财。"得与亡孰病。是故甚爱必大费，多藏必厚亡。知足不辱，知止不殆，可以长久。"（《道德经·四十四章》）不得财富身安与得财而身亡二者相比,老子赞成不得财而身安。多积财也就容易多失败。知足者不受伤害,知道适可而止这一道理,不贪图权势富贵,可以长生永安。相反,那些弄权敛财不知厌足的人,很少有善终的。这是老子的睿智,是令两千年后的学者不能不佩服他的远见卓识。这种深刻的言论具有历史的穿透力。

"知者不言,言者不知。塞其兑,闭其门,挫其锐,解其分（纷）,和其光,同其尘,是谓元同。故不可得而亲,不可得而疏。不可得而利,不可得而害。不可得而贵,不可得而贱。故为天下贵。"（《道德经·五十六章》）这是老子处世的辩证法。堵塞漏洞,关闭门户,摧挫锋锐,解散纷争,使光线柔和,与芸芸众生同生活共甘苦,这是最重要的处世哲学。可亲的也就可疏。可得利也就可遇害。富贵诚不可期遇,是先天运气,在古代尤其如此。然而,有时候某些人想要贫贱也是不可得的。例如,当韩信、周亚夫遇害时,当杨修、崔琰遇害时,当梁武帝遇害时,当安禄山起兵后,当鳌拜被逮、和珅被抄家后,都是"不可得而贱"的结局。有时候,"贫贱也是难得的"。当势家权臣失败时,想要过普通老百姓的贫苦日子也不可能!老子的这一思想,同样是穿透历史的,预见了两千年甚至更久的世事人情。这种处世经验是天下难得的,"故为天下贵"。《道德经》五十六章还有这样的意思：把货物、尊贵等同尘土,叫作"大同",所谓"君子之交淡如水",无利也就无害（无爱不生怨）,非贵即非贱,日子平平淡淡则是大福大贵。君不见贵族王侯"一朝天子一朝臣",本来不贵则是可贵的。国无常主,货无常主,富贵如浮云,时有时无。唯平淡的日子才是值得珍惜的。所以,老子甘于贫贱。

"江海所以能为百谷王者,以其善下之。故能为百谷王。是以欲上民,必以言下之。欲先民,必以身后之。是以圣人处上而民不重,处前而民不害。是以天下乐推而不厌,以其不争,故天下莫能与之争。"(《道德经·六十六章》)老子在这里讲的是王道、统治术。要求统治者谦虚，尊民、重民、爱民，恭敬待民，身先士卒，然后，不与民争利，才能受到民众拥戴。这本来是很简单的道理，但是，统治阶级中多数人往往不愿这样做。他们习惯于骄横跋扈，颐指气使。所以，老子说："吾言甚易知，甚易行。天下莫能知，莫能行。言有宗，事有君，夫唯无知，是以不我知。知我者希（稀），则我者贵。是以圣人被褐怀玉。"(《道德经·七十章》)他们不愿听从我的告诫，原因是他们无知，所不了解我的善意，不了解我是为国家的长治久安和当政者坐稳江上而教诲的良苦用心。知我心愿的实在稀少，以我为榜样的实在可贵。因此，圣人身披褐衣而怀抱珠玉。看人不可只看外表啊！老子与孔子一样，也可以说是帝王之师，只是他的某些统治原则是不可取的，如"古之善为道者，非以明民，将以愚之。民之难治，以其智多。故以智治国，国之贼。不以智治国，国之福。"(《道德经·六十五章》)老子在政治思想方面的"愚民政治"立场是不可取的。任何一个具有远见卓识的政治家，都要开启民智，使民聪明，而不是利用人民愚昧。所以，我们说，老子的愚民思想与现代化，与现代政治要求普及教育，使全体人民懂科学的时代潮流是背道而驰的，是应当摒弃的封建糟粕。

老子还是中国哲学的首倡者。与儒家的执中、中庸之道具有相通之处。"天之道，其犹张弓与？高者抑之，下者举之，有余者损之，不足者补之。天之道损有余而补不足。人之道则不然，损不足以奉有余，孰能有余以奉天下，唯有道者。"(《道德经·七十七章》)自然规律是损有余而补不足。人们则是损害穷人利益而贡奉富贵人家。只有懂得自然规律的人，懂得社会发展史的人，才不居功不自傲，不崇尚贤人。老子的论述自甘贫贱，不崇尚官位，恬淡寡欲，知足常乐、与人相处不亲不疏的思想境界，以及虚怀若谷、甘为人下、不与民争的政治态度，概括来说，就是"大智若愚"。在我们当代人看来,除消极避世、利用愚昧等观念不可取以外,其他一些思想,如不贪恋权位、财货、色情等处世的理念,透射出一个善养生者的智慧光芒。要做一个合格的政治家,不能不读《论语》,更不能不懂《道德经》。愿天下官吏都成为有知,知老庄之学的人,不再成为唯权、唯钱是求,祸患临身而不觉的贪官俗吏,而要成为以天下祸福为己任、人间哀乐为情怀的智者。

在庄子看来,生生死死如春夏秋冬四时更替,所以,当惠子等人吊唁时,庄子鼓盆而歌。因为他把这看作是自然而然的事。正如支离叔所说:"死生为昼夜"。(《庄子·至乐》)道家是达观的。道家的这些行为其实是大智若愚的表现。因为人死不能复生,又何必哭得肝肠寸断呢?

道家认为,"人之於知也少,虽少,恃其所不知,而后知天之所谓也。……以不惑解惑,復於不惑,是尚大不惑。"(《庄子·则阳》)其解似不解,其知似不知,是乃大解大知。这里有难得糊涂的意味。《庄子·天下》讲得更清楚:"夫无知之物,无建己之患,无用知之累。……彭蒙之师曰:古之道人,至於莫之是莫之非而已矣。"这里干脆抛却是非界限。道家的这些思想主张,如果用在非原则问题上,在非正规场合,是无可厚非的。然而,如果与命运攸关,如果做法官,如果涉及主权,这种观念与现代政治和法制思想是背道而驰的,同时也是不可取的。道家的这种观念用于私人交往之间、老朋友之间,这是一种可取的随和态度。

道家要求"未尝先人而常随人……人皆取先,己独取后。……人皆求福,己独曲全。曰苟免于咎。"(《庄子·天下》)又说:"不能容人者无亲,无亲者尽人。"(《庄子·庚桑楚》)道家要求有容人之量,对小是小非不要计较。邻里亲族之间难免磕磕碰碰,如果不能原谅,以牙还牙,以眼还眼,那么,亲人之间也难免反目成仇。亲族叛离，这人也就完了。"兵莫憯于志，镆铘为下。"(《庄子·庚桑楚》)这是战国时期语言，兵不是指武器，而是指武士。如果士卒没有杀敌之志，再好的武器如干将、镆铘也毫无杀伤之力。《庄子》下篇，是庄子后学的言论。在这里，道家似乎已认识到人的作用，人的主观能动性对于战争胜负所起的决定作用。这里真正显示了道家似愚而非愚的智慧。

庄子非圣非法的理论是不可取的。庄子说："圣人不死，大盗不止。虽重圣人而治天下，则是重利盗跖也。为之斗斛以量之，则并与斗斛而窃之。为之权衡以称之，则并与权衡而窃之。为之符玺以信之，则并与符玺而窃之。为之仁义以矫之，则并与仁义而窃之。何以知其然邪，彼窃钩者诛，窃国者为诸侯。诸侯之门，而仁义存焉。"(《庄子·胠箧》)在庄子看来，以斗斛、权衡、符玺来做标准或信证，有人会连这些量器、印信连同仁义都窃取去。向平民放债，大斗出小斗进的齐国田氏，可以说是"民归之如流水"的仁义开明之士。然而，他的这些做法目的是为了笼络民心，在和其他贵族争夺政权时扩大自己家族的统治基础，其实质是"窃国"。无怪乎庄周抨击道："窃钩者诛，窃国者为诸侯。"而且，谁又敢说取代齐姜的田氏不仁义呢。田氏已获取了诸侯国的政权。有权的人是常有理的，那么仁义、恩惠、仁德、声誉也属于田氏。也就是说，田氏窃取的是政权以及"仁义"等声誉。对于权势者，平民百姓要有一个应对的心态，"知其雄，守其雌"，"知其白，守其黑"，"知其荣，守其辱"，不要与权势者争高下辨雄雌，这才是"大智若愚"。

第四章 兵家的"智"观念

兵家是先秦汉初专门研究军事的学术派别，也是战国时期的一个重要学派。按西汉末年古文经学家刘歆和东汉史学家班固的划分，兵家又分为兵权谋家、兵形势家、兵阴阳家和兵技巧家。兵家的代表人物有孙武、吴起、孙膑、尉缭、韩信等。兵家的重要著作有《孙子兵法》、《吴子》、《孙膑兵法》、《尉缭子》、《六韬》等。其中孙膑为战国中期的军事家，是春秋末年军事家孙武的后代子孙，和孙武一样，在我国历史上也是很受推崇的杰出军事家。《孙膑兵法》是中国古代著名兵书，它在失传了一千多年之后，于1972年在山东临沂银雀山一座西汉前期的墓葬中，与《孙子兵法》和其他先秦兵书同时被发现，为研究我国古代军事思想，提供了新的宝贵资料。该书总结和吸收了战国中期以前丰富的作战经验与智慧，继承和发展了《孙子兵法》等早期兵书的军事思想，包含着朴素的唯物论和辩证法，对后世有着深远的影响。

一 孙武关于"智"的理论

《孙子兵法·计篇》开篇指出："兵者，国之大事，死生之地，存亡之道，不可不察也。"接着论述了决定战争胜败的五种要素即：一曰道（政治），二曰天（天时），三曰地（地利），四曰将（将领），五曰法（军法）。"将者，智、信、仁、勇、严也。"(《孙子兵法·计篇》)这里,孙武把"智"放在军事家、将军所具备的五种品质的第一位。战争的目的是保存自己、消灭敌人。即使不能消灭敌人,也不能使我方遭受重大伤亡和损失。在孙武看来,善于用兵的人,"不战而屈人之兵",这是最好的办法。不用战斗就可以使敌军降服真是"善莫大焉"。"故善战者,能为不可胜,不能使敌之可胜。"(《孙子兵法·形篇》)

"凡战者,以正合,以奇胜。故善出奇者,无穷如天地,不竭如江河。"(《孙子兵法·势篇》)"正"一般是指正规的、正面迎敌等战法;"奇"大致是指灵活用兵、出敌不意等战法。善于出奇制胜的将军,其招数像天地的无穷无尽,像江河的奔流不竭。主要是说善于变化战术使敌方摸不着规律、无所应对。"故善战者,致人而不致于人。"(《孙子兵法·虚实篇》)这是说,善于作战的将帅,能够控制敌人而不被敌人所控制。善于进攻的将军要让敌方不知道该守哪里是好;善于防守的军队要使敌人不知道从何处去进攻。进攻要急冲敌人空虚之处。要做到出其不意,攻其无备。"夫兵形象水。水之形避高而趋下,兵之形避实而击虚。"(《孙子兵法·虚实篇》)所以,"兵无常势"就好比水没有固定的形状一样。在《虚实篇》中,孙武着重提出,作战中必须使我居于主动地位,使敌处于被动地位,从而使我成为敌人的主宰(为敌之司命)。孙武还指出,用兵必须做到自己的作战意图不被敌人知道,却能详细掌握敌人的作战意图。孙武把这种情况叫做"形人而我无形"。换句话说就是:"知彼知己,胜乃不殆,知地知天,胜乃可全。"(《孙子兵法·地形篇》)

孙武《九地篇》扼要论述针对不同地形如何用兵的问题。他认为战争不外乎在"散地、轻地、争地、变地、衢地、重地、圮地、围地、死地"这九种地形进行。对这九种地形有不同的作战特点和利用原则。同时,孙武主张把战争引向别国境内,重点研究了深入他国作战的"为客之道"。用现代军事语言来说,就是所谓"外线作战"的问题。孙武主张到别国作战,断绝士兵归路,把士兵"投之亡地然后存,陷之死地然后生。夫众陷于害,然后能为胜败。"

孙武非常重视情报工作以及分化瓦解敌军的工作。"故用间有五,有因间,有内间,有反间,有死间,有生间。五间俱起,莫知其道,是为神纪,人君之宝也。"(《孙子兵法·用间》)上述五种间谍同时并用,使敌人茫然无从应付,认为很神妙,这是人君作战取胜的法宝。孙武在他的军事专著中专列一章论述"用间"问题。可见,古代军事家也是非常重视情报以及对敌扰乱工作的。《用间篇》主要论述在战争中使用间谍的重要性以及如何使用间谍的问题。孙武提出预先了解敌情(先知)是战争取胜的重要条件(故明君贤将,所以动而胜人,成功出于众者,先知也)。孙武把间谍分为五类,一是"因间",以敌方的人为间谍,将计就计;二是"内间",用敌方的官吏为间谍,打入敌方内部;三是"反间",用敌方派来的间谍为间;四是"死间",使我方的间谍传假情报给敌人;五是"生间",我方派往敌人那边的间谍。五类间谍,前三类是用的敌人,后二类是我方派去的。"反间"可有两种途径:一是明知敌方派来间谍,我方故意装作不知,将计就计向间谍提供假情报;一是对敌方派来的间谍在破获后,对其进行感化或收买,使其为我所用,将其转化为双重间谍。

孙武认为,事物是发展和变化的,没有什么固定不变、永恒存在的东西。孙武总结了军事问题上一系列对立联系的范畴,如:治乱、勇怯、强弱、奇正、虚实、众寡、迂直、利害、主客、死生等等,认为这些对立的双方并不是固定不变的,而是"相生"的。治乱、勇怯、强弱是可以互相转化的。他还指出,考虑问题,一定要注意到有利和有害两个方面,注意到有利的一面就可以较好地完成作战任务,注意到有害的一面就可以解除可能的患害。指挥作战要善于发挥自己的努力，使形势有利于自己。他所说的"陷之死地然后生"隐含这样的意思：只要指挥得当、作战奋勇，就能够化险为夷、转危为安。孙武认为，只有懂得这些道理，才是"知用兵"。在这个思想基础上，孙武提出了"胜可为"，即胜利是可以通过主观努力去造成的。"胜可为"是区别于战争问题上的形而上学和消极无为的一个积极思想。这个"胜可为"，集中体现了孙武的辩证法思想，是孙武哲学思想中一个可贵的特点。从军事实践来看，孙武应该说是唯物主义者。他说"先知者，不可取于鬼神，不可象于事，不可验于度，必取于人知敌情者也。"（《孙子兵法·用间篇》）这就否定了用迷信的方法来预测敌情，而以实际来推测未来。

二　兵家"智"学说在战争中的应用

兵家"智"学说在战争中的应用，可分为两个方面：一是兵家关于"智"的理论下面低一个层次的应用学说；一是历史上军事家们指挥战争时运用兵家之"智"的具体战例。我们先分述一下兵家学说关于"智"的应用理论。"兵者，诡道也。故能而示之不能，用而示之不用；近而示之远，远而示之近；利而诱之，乱而取之；实而备之，强而避之；怒而挠之，卑而骄之；佚而劳之，亲而离之；攻其无备，出其不意。此兵家之胜，不可先传也"。（《孙子兵法·计篇》）以上这些军事家取胜的办法，要因事制宜，临机决断，既不能预先作出死板的规定，也不能将我方情况和真实意图泄露出去。否则，就背离了"诡道"的原则。兵贵神速。静如处女，动若脱兔。"故兵闻拙速，未睹巧之久也。"（《孙子兵法·作战篇》）这一原则是指战役和战斗而言。

孙武主张把握好士气和战机是取胜的重要条件。他说："朝气锐，昼气惰，暮气归。故善用兵者，避其锐气，击其惰归，此治气者也。以治待乱，以静待哗，此治心者也。以近待远，以逸待劳，以饱待饥，此治力者也。"（《孙子兵法·军争篇》）这实际上讲的是如何争取主动权的问题。孙武所说"归师勿遏，围师必缺，穷寇勿迫"的思想要看是战略上的还是战术上的，要看当时的历史条件。归师即退兵，退兵若是战略性的，那就不必"遏"，围师若不留缺口，必然迫使敌方死打硬拼。若优势兵力对孤城可迫使其投降，就不必留缺口。"穷寇"要奋起直追，不留残余。若是背水、背丘，处于地形劣势而又携带杀伤力很强的武器，为保存我方实力可以不追，可以网开一面，歼其一翼。"凡地有绝涧、天井、天牢、天罗、天陷、天隙，必亟去之，勿近也。吾远之，敌近之；吾迎之，敌背之。军行有险阻、潢井、葭苇、山林、翳荟者，必谨复索之，此伏奸之所处也。"（《孙子兵法·行军篇》）兵家之"智"不在于必胜，而在于"避险"、防诈，遇到不利地形，迅速撤离。在具体的战争过程中，必须做到"非利不动，非得不用，非危不战。"（《孙子兵法·火攻篇》）这符合自存自利的原则。孙武总结的五种火攻，烧军营、粮草、辎重、府库、交通运输设施，抓住了军队作战的要害。他提出的"火发上风，无攻下风"等规则，直到现在仍是适用的。（《孙子兵法·军争篇》）这里"诈"是诡计多端、变化无常的意思。全句是说，打起仗来要使敌人捉摸不定，自己才站得住，要根据有利的情况采取行动，要以兵力的分散和集中实行变化。同时还要善于转移。善于打仗的，要避开敌军初来时的锐气，等到敌军懈怠、疲乏时去打它，这是掌握士气的方法。保持自己的部队严整，等待敌军混乱，保持自己的部队冷静，等待敌军喧哗鼓噪，这是掌握军心的方法。保持自己的部队接近战地，等待敌军远道而来，保持自己的部队安逸，等待敌军奔走疲惫，保持自己的部队食粮充足，等待敌军饥饿，这是掌握战斗力的方法。避实就虚、以逸待劳是军队把握战机的原则之一。

中国人在处理国与国、民族与民族、个人与个人之间的关系时，是讲求诚信的。用一句成语来表达就叫做"言必信、行必果"。对于那些违背诺言、背弃盟约的情况，讲求一个"恕"字。但是，如果两国或两军发生战争，进入战争过程以后，为了减少自我牺牲，最大限度地发挥军力，那就要讲求"奇正、虚实"，讲求"兵不厌诈"。"兵不厌诈"是与指挥者的智慧分不开的。而指挥者的智慧则要集思广益，要依靠智囊团、顾问团或情报中心提供广泛翔实的信息，在这些信息基础上的各种作战方案。然后，指挥者再根据这些方案选择或修改某些方案，进入战争运作。所谓"兵不厌诈"则是给敌人在认识上造成真假虚实与事实相反的错觉，使其作出错误的决策，对其进行突然袭击，诱使其走进战争的死胡同。这种诡诈的谋略，是根据战争所处的地形、所拥有兵众的多寡、武器的优劣、当时的气候条件等情况临机作出决断、随机应变的。"故善出奇者，无穷如天地，不竭如江河。"（《孙子兵法·势篇》）出奇计，用奇兵，变幻莫测，捉摸不定，才能战胜敌人，壮大自己。"故兵以诈立，以利动，以分合为变者也。"《孙膑兵法·威王问》篇里，田忌说："权、势、谋、诈，兵之急者耶？"孙膑回答："非也。夫权者，所以聚众也。势者，所以令士必斗也。谋者，所以令敌无备也。诈者，所以困敌也。可以益胜，非其急者也。"通过这一问一答，我们知道：权是用来聚散兵众的；势是指造成兵士必斗的条件；谋是用来麻痹敌人或者攻其不备应造成的种种条件；诈则是制造种种假象或者传递虚假情报以欺骗、困扰敌人。这几点可以用来增加胜利的概率和获得更大胜利（"益胜"），而不是军队急切的第一位的要务。然而，也不是可有可无的东西。而是说，在军队士兵和装备尚未达到一定条件时，要尽力发展自己的实力，而不要虚张声势，轻举妄动。

在《三十六计》里，可以说计计都是"兵不厌诈"的典型战例的经验总结。我们在这里从中抽取几例，以便说明以诈取胜的可能性。声东击西是历代军事家常用的战术，所以，它往往容易被识破。西汉景帝时，吴、楚等七国叛乱。汉将周亚夫固守城垒，任凭叛军挑战，拒不出战。当吴军佯攻东南角时，周亚夫却下令在西北方向加强防守。不久，吴王刘濞果然派出主力攻西北角，结果攻不进去。这是指挥官头脑清醒，不被叛军声东假象所迷惑的战例。韩信"明修栈道，暗度陈仓"实际上也是声东击西战术的灵活运用。另一个著名的战例便是假道伐虢。春秋时期，虞（今山西平陆县）、虢（今河南陕县）二国原为晋国的毗邻小邦国，唇齿相依。晋国早有吞并它们的野心。公元前658年，晋献公采纳荀息的计谋，先用名马、宝玉买通了虞公。虞公允许借道给晋国军队去攻打虢，还派兵为晋军充当先头部队。这年夏天，晋军占领了虢国的下阳（今山西平陆东南）。到公元655年，晋献国又向虞公借道伐虢。大夫宫之奇以"辅车相依，唇亡齿寒"的道理，说明虞、虢两国的利害关系，劝虞公应联虢抗晋，不要借道。虞公不听，再次答应晋国借道伐虢。宫之奇预言这次虞国要亡国。果然，晋军灭亡虢国后，回师路过虞国，趁其不备，发起猛攻，轻而易举地又灭了虞国。这两次战役，历史上又叫做"假虞伐虢"。晋国诈称伐虢，实际上第一次是探路，第二次真正意图是要吞并虞虢两国。"美人计"最早的例子是越王勾践被吴国战败后，侍奉吴国，以美女西施进献给吴王夫差，消磨他的意志，为越国提供复仇之内应，后来越国终于灭了吴国。此外，像"瞒天过海"、"欲擒故纵"、"金蝉脱壳"、"空城计"、"苦肉计"等都是军事诈术的具体表现形式。

  中国古代的兵学以"智"为其重要内容。但中国兵学的"智"是被制约在"道"之下的。战争如果是无道之战，那么"智"就会显得毫无意义，甚至是可憎的。因此中国兵学特别强调战争的正义性。有道的战争是保卫自己的仁义之战，"智"对战争的胜利往往起关键作用,故中国兵学把智、信、仁、勇、严列为重要的内容。

三 《孙膑兵法》中的"智"观念

战国时期的兵家十分重视智慧在军事中的重要作用。《孙膑兵法》竹简直接谈论智的有六处。其中除两处因简文残缺,无法得知具体内容与文意外,其余四处简文则比较完整,意思明白。从这四处较完整的简文来看,孙膑主张把合乎封建道德标准的"义"、"仁"、"德"、"信"、"智"等五个条件作为将帅必须具备的品质,并以首、腹、手、足、尾等来比喻这五者的重要性和紧密关系。他说:"将者不可以不义,不义则不严,不严则不威,不威则卒弗死。故义者,兵之首也。将者不可以不仁,不仁则军不克,军不克则军无功。故仁者,兵之腹也。将者不可以无德,无德则无力,无力则三军之利不得。故德者,兵之手也。将者不可以不信,不信则令不行,令不行则军不槫。军不槫则无名。故信者,兵之足也。将者不可以不智胜,不智胜……则军无囗。故决者,兵之尾也。"(《孙膑兵法·将义》,以下凡引《孙膑兵法》,只引篇名)这里的义、仁与儒家所说的仁义不同。孙膑要求义是为了立威严,使士卒效死;要求仁是为了克敌立功。这里的"不智胜",学术界有两种解释。一种认为胜字及其下的重文号可能是抄书者多写的,原文当作:"不可以不智,不智……"。另一种认为"不智胜"当读为"不知胜",不知胜即不智。两说句意不变,意谓将者必须具有智的品质。春秋末年的孙武也曾说过:"将者,智、信、仁、勇、严也。"(《孙子·计篇》)可见,孙膑对孙武的将帅品质的具体内容尽管有所新创,次序有所变化,但也有继承。二人都把智列为将帅必须具备的五个条件之一。表明历代兵家对智这一品质都是很看重的。孙膑还

89

非常重视智在将兵中的重要作用,把智不足而带兵,看作是一种自负的表现。把勇不足而带兵,看作是自大的表现。把不知道而带兵,看作是侥幸的表现。他说:"智不足,将兵,自恃也。勇不足,将兵,自广也。不知道,数战不足,将兵,幸也。"(《八阵》)可见,不仅不智不能为将,而且智不足和勇不足、不知道,也都是不能带兵打仗的。孙膑对智士也非常重视。他强调说:"知(智)士可信,毋令人离之。"(《杀士》)把智士作为可信用的人来加以关爱和保护。

孙膑还把周公视为智的典范。他说:"故曰,德不若五帝,而能不及三王,智不若周公,曰我将欲责仁义,式礼乐。垂衣裳,以禁争夺。此尧舜非弗欲也,不可得,故举兵绳之。"(《见威王》)在他看来,神农、黄帝、颛顼、尧、舜是德者的代表,夏禹、商汤、周文王和周武王是能者的代表,周公则是智者的代表。这在一定程度上也反映了他的智观念。

从那二处残简来看,孙膑把"所以曰智"与"所以知敌","将军之智"与"将军之恒"、"将军之惠"、"将军之德"等相提并论,(《将德》)且把它作为将帅应具备的品德,虽然所包含的具体内容不可而知,但仅此也已足见其对智的重视了。

战国时期的兵家十分重视计谋在军事中的运用。计谋是计策和谋略的总称,在中国古代典籍中又称之为勾践之术、纵横之术、长短之术。用今天的话来说,就是斗智和决策的哲学与艺术。它是人类智慧之花结出的果实,是随着人类社会的发展,科学知识的开拓,实践经验的积累而逐步升华、丰富起来的。深谋远虑,历来是人们所追求的智慧境界,兵不厌诈,历来是人们所称道的军事智慧。春秋以来的兵家最重智谋与诱诈,"谋攻"是《孙子兵法》的基本战略原则。战国时期的孙膑,也是一个善于设计施谋、众伏智多的兵家人物,《孙膑兵法》也十分重视作战计策和谋略。他不仅在具体作战行动上强调谋、诈是益胜的重要条件,把"不用间"列为"恒不胜有五"之一,而且还把计谋诱诈运用到具体战法与阵法中,并明确指出其用意目的。孙膑说:"夫赏者,所以喜众,令士忘死也。罚者,所以正乱,令民畏上也,可以益胜。""夫权者,所以聚众也。势者,所以令士必斗也。谋者,所以令敌无备也。诈者,所以困敌也,可以益胜。"(《威王问》)在作战方法上,他主张"鼓而坐(挫)之,十而揄之"。(《威王问》)提出了许多计谋诱诈战法。如当"必胜乃战,毋令人知之。"(《杀士》)对付"刚至(怪)之兵,则诱而取之;"(《五名五恭》)对付"敌强以治,先其下卒以诱之;"(《八阵》)在"我强敌弱,我众敌寡"的情况下,则"毁卒乱行,以顺其志,则必战矣;"(《威王问》)击圆之道:"三军之众分而为四五,或傅而佯北,而示之惧。彼见我惧,则遂分而不顾。因以乱毁其固;"(《十问》)击方之道:"规而离之,合而佯北,杀将其后,勿令知之;"(《十问》)击强众之道:"告之不敢,示之不能,坐拙而待之,以骄其意,以惰其志,使敌弗识,因击其不□,攻其不御,压其骀(怠),攻其疑。彼既贵既武,三军徙舍,前后不相睹,故中而击之;"(《十问》)击保固之道:"攻其所必救,使离其固,以揆其虑,施伏设援,击其移庶"等。(《十问》)孙膑还特意设计了专门的谋诈阵法。他说:"凡阵有十:有方阵,有圆阵,有疏阵,有数阵,有锥行之阵,有雁行之阵,有钩行之阵,有玄襄之阵,有火阵,有水阵。"其中"玄襄之阵者,所以疑众难故也。"(《十阵》)其阵法是:"玄襄之阵,必多旌旗羽旄,鼓翚翚庄,甲乱则坐,车乱则行,已治者□,檛檛崒崒,若从天下,若从地出,徙来而不屈,终日不拙。此之谓玄襄之阵。"(《十阵》)说明玄襄之阵是一种疑阵。关于谋诈的目的,孙膑也说得很明白:"隐匿谋诈,所以钓战也。……疏削明旗,所以疑敌也。……揆断藩薄,所以眩疑也。伪遗小亡,所以聭敌也。"(《官一》)所谓"钓战"、

"眺敌"，就是引诱敌人出战；所谓"疑敌"、"眩疑"，就是迷惑敌人。意思是通过疏减军旗的密度与数量、车子的障蔽与装饰、故意丢失一些财物等隐匿谋诈手段，来迷惑引诱敌军，从而消灭之。既有明确的目的，又有具体的做法，其智慧的含量是显而易见的。要知道，每一个计谋都有多种发展的可能性，如果不能充分考虑到各种发展的可能性，就不能应付随时出现的各种情况。每一次谋划实际上都是一个系统工程，没有广博的知识、丰富的实践经验、机敏的头脑，是无法策划和实施的。

孙膑还十分重视反间计的运用。反间计是一种用谣言、假造情报等手段迷惑扰乱敌方，以使其自毁长城的计谋。它是利用人的猜疑、嫉妒和武断本性来达到目的的，其关键是要看准对象、抓住时机和讲究方法。成功的妙计可以赢得一场战争，可以拯救一个国家。在各种计谋中，只运用一两条甚至一条计策就能决定整个战役乃至整个国家兴衰成败的智谋，或许只有反间计才有这样的功效。在中国军事斗争史上，反间计的使用有着较为成熟的先例。早在两千多年前，《孙子兵法》中就有对反间计的论述，并对反间计有着很高的评价，这说明反间计在当时已有了较多的应用。战国时代，由于诸侯林立，争战不休，成为中国历史上权谋之术、智谋之术最为发达的时期，反间计得到了更为广泛的应用，也更为成熟，获得了许多既巧妙又成功的典型范例，从而成为战国时期兵家军事智慧的重要组成部分。

孙膑在军事斗争中特别重视斗智。斗智斗勇是敌我双方生死较量的秘诀，是获得胜利的法宝。智勇双全自古以来就是人们追求的完美军人。孙膑在提倡将帅义仁勇、士卒效死和必攻不守的同时，也非常崇尚斗智，极力主张智斗、智取、智胜。为此，他强调战前必须先了解地形与敌情，认为"料敌计险，必察远近，……将之道也。必攻不守，兵之急者也。"（《威王问》）并把"量敌计险"列为"恒胜有五"之一，（《篡卒》）把以进攻为主的战略作为兵者最要紧的事情。

战时要把握战争的规律,创造有利的作战态势,争取掌握战争的主动权。孙膑认为战争的胜负,并不单纯地取决于双方兵力的多少、国家的贫富、装备的优劣。要取得战争的胜利,除了客观物质条件外,还要注意发挥人的主观能动作用,注意了解和掌握战争的规律,正确处理各种矛盾关系和战争因素。他说:"众者胜乎?则投算而战耳。富者胜乎?则量粟而战耳。兵利甲坚者胜乎?则胜易知矣。故富未居安也,贫未居危也,众未居胜也,少未居败也。以决胜败安危者,道也。"(《客主人分》)在战争中积与疏、盈与虚、径与行、疾与徐、众与寡、逸与劳六对矛盾,既是相互对立的,又是可以相互转化的。只要善于总结战争的规律,积极创造条件,就可以促成战争双方优劣形势的转化,使之向着有利于自己的方向发展。孙膑认为人众、粮多、武器精良都不足恃,只有掌握战争规律、明了敌我双方情况、善于利用矛盾的发展变化和良好地形、创造有利的作战态势,才是取得胜利的保证的种种论述,本身所体现的就是智斗、智胜的思想观念。

在作战中要根据不同的地形、敌情条件,灵活运用不同的战法和阵法。孙膑认为战争的情况千变万化,无穷无尽。同时,战争的发生发展又是可以预知的。人们需要了解各方面的情况,掌握其特点,预知战争的发展趋势。他说:"战者,以形相胜者也,""形胜之变,与天地相敝而不穷,"绝不能"以一形之胜胜万形。""故善战者,见敌之所长,则知其所短;见敌之所不足,则知其所有余。"(《奇正》)如果只知其一,而不推知其余,是不能取得战争胜利的。在不同的战争阶段,所采取的战略战术也不一样。当陈兵毋战时,要"倅险增垒,诤戒毋动;"(《威王问》)当没有取胜的把握时就按兵不动,有取胜的把握时就"见胜而战";当敌人战斗力强、阵容严整时,先以战斗力弱的士卒诱诈敌人；当"敌弱以乱"时，则"先其选卒以乘之。"（《八阵》）甚至在不同的作战时段，对士卒也要采取不同的精神鼓励。"合军聚众，（务在激气）。复徙合军，务在治兵利气。临境近敌，务在厉气。战日有期，务在断气。今日将战，务在延气"（《延气》）等等。这些可以灵活运用的每一种战法和阵法，以及所采取的相应对策，无不都是智慧结出的硕果，处处都闪耀着聪明智慧的光辉。

四 兵家"智"观念在战争中的应用

战国时期的兵家在军事实践上，更是创造了许多流传千古的智慧经典。战国是一个军事大比武的时期，斗智斗勇，精彩纷呈。就孙膑来说，其军事智慧的典型事例主要有田忌赛马、桂陵之战、马陵之战等。齐威王时，孙膑因受庞涓残害而偷偷来到齐国。"齐将田忌善而客待之。忌数与齐诸公子驰逐重射。"有一次，他观看齐威王与大将田忌赛马，田忌因马稍差而输。他发现"马有上、中、下辈"之分。回到府中，孙膑对田忌说："下次赛马，尽管下大赌注，我自有办法让你获胜。"田忌听后颇为纳闷，但又很信任孙膑的智谋。于是，又到赛马时，田忌一反常态，与齐威王及诸公子豪赌千金。第一场比赛，孙膑以田忌的下驷迎战威王的上驷，第二场，孙膑以田忌的上驷迎战威王的中驷，第三场，孙膑又以田忌的中驷迎战威王的下驷。结果威王赢一场输二场，"而田忌一不胜而再胜，卒得王千金。"（《史记·孙子吴起列传》）这就是众人皆知的田忌赛马的故事。这一"虚则实之，实则虚之"的军事思想在赛马实践中的灵活运用，博得了齐威王与田忌的高度赞扬，并成为他被拜为军师的一份合格试卷。同时，也成为智赢比赛的著名典范。

他为了向残害自己的魏国军师庞涓报仇，还亲自设计并指挥军队连续两次大败魏军于桂陵和马陵,成为军事史上智取胜利的千古绝唱。魏惠王十七年(公元前353年)庞涓率军进围赵都邯郸,"赵急,请救于齐。"次年齐救赵,"齐威王欲将孙膑,膑辞谢曰:'刑余之人,不可。'于是乃以田忌为将,而孙子为师,居辎车中,坐为计谋。田忌欲引兵之赵,孙子曰:'夫解杂乱纷纠者不控卷,救斗者不搏撠,批亢捣虚,形格势禁,则自为解耳,今梁赵相攻,轻兵锐卒必竭于外,老弱罢于内。君不若引兵疾走大梁,据其街路,冲其方虚,彼必释赵而自救。是我一举解赵之围而收弊于魏也。'田忌从之。"采用孙膑提出的避实击虚、"疾走大梁"、"攻其必救"、示弱诱敌、秘密设伏等策略与战法,先南攻平陵,"吾将示之疑","示之不知事"。继而"请遣轻车西驰梁郊,以怒其气。分卒而从之,示之寡。"诱使庞涓果去邯郸,弃其辎重,兼程赶回应战,在桂陵中伏。"孙子弗息而击之",大破魏军,"而擒庞涓"。这就是著名的桂陵之战,亦即人们耳熟能详的"围魏救赵"的故事,也是孙膑运用自己的军事智慧取得胜利的一个著名战例。魏惠王二十八年(公元前342年)"魏与赵攻韩,韩告急于齐。"次年齐救韩,齐将田忌再次采用孙膑"攻其必救"、减灶惑诱、狭隘设伏的计策,直趋魏都大梁,旋即退兵。并按照孙膑所说的"彼三晋之兵素悍勇而轻齐,齐号为怯,善战者因其势而利导之。兵法,百里而趣利者蹶上将,五十里而趣利者军半至。使齐军入魏地为十万灶,明日为五万灶,又明日为三万灶。""魏将庞涓闻之,去韩而归,"并在齐军的诱使下兼程追击。"行三日,大喜,曰:'我固知齐军怯,入吾地三日,士卒亡者过半矣。'乃弃其步军,与其轻锐倍日并行逐之。孙子度其行,暮当至马陵。马陵道狭,两旁多阻隘,可伏兵,乃斫大树白而书之曰'庞涓死于此树之下'。于是令齐军善射者万弩,夹道而伏,期曰'暮见火举而俱发。'庞涓果夜至斫木下,见白书,乃钻火烛之。读其书未毕,齐军万弩俱发,魏军大乱相失。庞涓自知智穷兵败，乃自刭。""齐因乘胜尽破其军，虏魏太子申以归。"这就是中国历史上著名战役马陵之战。以上这些战略战术都充分反映了孙膑的聪明才干和军事智慧。他的出色表现，不仅使齐国逐渐强盛起来，终于实现了他"战胜而强立，故天下服矣"的愿望，正如司马迁所说的"秦用商君，富国强兵；楚、魏用吴起，战胜弱敌；齐威王、宣王用孙子（膑）、田忌之徒，而诸侯东面朝齐。"而且也使"孙膑以此名显天下，世传其兵法，"其智慧已成为千古不朽的军事思想。

除孙膑之外，战国时期的其他兵家也提出了许多闪耀着智慧光芒的军事思想。如著名兵家吴起提出的"内修文德，外治武备，治国不以山川之险"，"山河之固，在德不在险，用兵之道，以治为胜，""明法审令"，"要在强兵"的不以自然条件和已有的社会条件为决定性因素，而以德治国、以强治兵的思想，以及废除世卿世禄，"使封君之子孙三世而收爵禄，绝灭百吏之禄秩；损不急之枝官，以奉选练之士"的用人思想；军事家尉缭对魏惠王所讲论的用兵取胜的计策与战术方法等，都是流传百世的奇谋大略。同时，战国时期的其他将帅，也创造了不少军事智慧的经典战例。如魏文侯三十八年（公元前408年）魏将乐羊越过赵地攻克中山之战；齐襄王五年（公元前279年）齐将田单大败燕军的火牛阵战术，及其使燕惠王改用骑劫取代乐毅为将的反间计、诈降计；赵惠文王二十九年（公元前270年）赵将赵奢大破秦军的阏与之战，及其示怯惑敌之计；秦昭王四十七年（公元前260年）秦国大败赵国的长平之战，及秦使赵孝成王改用赵括替换廉颇为将的反间计、秦将白起的诈败计；赵孝成王十五年（公元前251年）赵将廉颇大胜燕军的鄗之战；赵王迁三年（公元前233年）赵将李牧大败秦军的肥之战；等等。它们都是兵家将帅妙用智慧的累累成果。其中的长平之战及其反间计，更是一例高含量的军事智慧成果。正是这一战才奠定了此后秦取得统一战争胜利的基础。也就是这一条反间计,便决定了赵国和秦国乃至当时整个中国的历史命运。无论其巧妙与成功的程度,或是它对中国历史所发挥的巨大作用,都是首屈一指的,故被称之为千古第一反间计。

总之,战国时期的兵家将帅在军事斗争的实践中,充分展示了他们的聪明才智,他们用实际行动表明了自己对智慧的渴望与推崇。在他们的兵法著作中,对智慧问题也进行了许多论述。所有这些都反映了战国时代兵家的智观念。

第五章　法家的"智"观念

法家是战国时期的一个重要学派。《汉书·艺文志》列为"九流"之一。它起源于春秋时期，代表人物是管仲、子产。战国初期法家作为一个学派出现了。战国中后期，法家思想已经形成了一套完整的理论，并且有关法家思想的学术著作也相继问世，如《商君书》、《韩非子》等。战国时期法家的代表人物有李悝、商鞅、慎到和申不害等。

一　商鞅的"智"与"术"

法家是战国时期兴起的一个具有重大影响的学术流派和政治思想派别。其代表人物有商鞅、李悝、慎到、申不害、韩非子、李斯等。其先驱可上溯至春秋时期的子产、管仲等。战国末期韩非综合商鞅的"法"、申不害的"术"、慎到的"势"，集法家思想之大成，建立起完整的法治理论体系。法家虽主张以法治国，但仍是在封建君主制之下的有限法制论。法家在经济上主张废除井田制、建立地主土地私有制，实行重农抑商、奖励农战、厚赏重刑；在政治上主张废"分封"，行"郡县"，建立统一的君主国家，加强君主集权；在思想教育上主张禁止儒家学说，以法为教，以吏为师。法家以性恶论为其法治理论的基础。认为没有"自善之民"，主张君主专制，仗势用术，以严刑峻法进行统治。法家的智与术都是围绕其政治主张而施展的。法家的理论集中反映在其代表性著作《商君书》和《韩非子》等书之中。在这里，笔者主要阐述法家关于智与术的关系，以及法家之智与帝王专制的关系。

商鞅，生于战国中期，是卫国的公族，因而被称为卫鞅，因他姓公孙又称公孙鞅。商鞅辅佐秦孝公二十一年（前359—前338年），使秦国走上法制化的轨道，民富国强，最终使秦统一了全中国。

法家认为，法律应具有因时而变，顺从时代潮流的性质；同时又应具有相对稳定性。绝不能朝令夕改，法随人改，法律被权势者所左右。公孙鞅指出："三代不同礼而王；五霸不同法而霸。故智者作法，而愚者制焉。贤者更礼，而不肖者拘焉。拘礼之人不足与言事，制法之人不足与论变，君无疑矣。"（《商君书·更法第一》）又说："礼法以时而定，制令各顺其宜。……治世不一道，便国不必法古。"（《商君书·更法第一》）强调法律的制定应随着社会经济的发展、时代的变化而加以变更。

商鞅的智与术二者是相通的。商鞅只要求统治者有智慧，而对民间则是利用其愚昧。他鼓励闭目塞听的愚民政治和钳制思想的制官之术。商君说："国之大臣诸大夫，博闻、辩慧、游居之事，皆无得为，无得居游于百县，则农民无所闻变见方。农民无所闻变见方，则知农无从离其故事，而愚农不知，不好学问。愚农不知，不好学问，则务疾农。知农不离其故事，则草必垦矣。"（《商君书·垦令第二》）国君不准许官吏、贵族见多识广、闲居游逛。使有知识的农民不离旧业，使无知识的农民无从求得新知，让他们唯一懂得的就是耕垦。至多遇到战争，让农民懂得拼杀就算成功的"教育"。商鞅认为臣民善言谈，多智慧，则可以利用其言谈智慧，作违法乱纪的事，所以他说"辩慧，乱之赞也。"（《商君书·说民第五》）法家的智是围绕着法制而施展的。法家的术是其运用智慧依法治国的手段。例如治国要任奸，而不用善。商鞅所说的"善"是指重视儒家所谓道义，顾全私人的情谊，不肯揭发别人的罪恶以自利的人；"奸"是恰恰与此相反。商鞅鼓励人民相互监视，相互告发；所以不利用"善"民，而利用"奸"民。他说"用善则民亲其亲。任奸则民亲其制。……章善则过匿。任奸则罪诛。过匿则民胜法，罪诛则法胜民。民胜法，国乱。法胜民，兵强。故曰：以良民治，必乱至削。以奸民治，必治至强。"（《商君书·说民第五》）在这里，商鞅笼统地对违法犯罪之人与守法之民不加区分，因而有"民胜法"与"法胜民"之说。

商鞅的"智"是统治阶级的"智"。统治阶级只希望本阶级"智"；相反，则希望全体国民"愚"。利用愚昧，是法家治国之术的核心。"故民愚，则知（智）可以胜之；世知（智），则力可以胜之。臣愚，则易力而难巧；世巧，则易知而难力。故神农教耕，而王天下，师其知也。汤、武致强，而征诸侯，服其力也。"（《商君书·算地第六》）这是说，人民愚昧就可以用智慧来战胜他们；人们智慧，就可以用力量战胜他们。因为人民愚昧，就容易有力量，而难以有技巧；人们技巧，就容易有智慧，而难以有力量。神农靠农耕的榜样得天下，汤王、武王靠武力征服了天下。总之，商鞅希望人民愚昧和软弱，只有这样才便于统治。"故圣人之治也，多禁以止能，任力以穷诈，两者偏（徧）用，则境内之民壹，民壹则农，农则朴，朴则安居而恶出。"（《商君书·算地第六》）这里止能即禁止奸巧，暗指商业、工业乃至科学技术。所谓"任力"则是以武力制止非以农为本的诈伪行当，以达到"农朴"务本，达到安土重迁、发展农业的目的。商鞅进一步指出，"治国者贵民壹，民壹则朴，朴则农，农则易勤，勤则富。"（《商君书·壹言第八》）所谓"壹"，就是使人民专心统一务农，务农就勤劳，就容易致富。这是传统农业社会的道德和追求。商鞅还强调适应时代需要为重要的政治标准的思想。崇尚实力，反对空谈，这是商鞅等法家的又一重要思想。

商君所理解之法仍然是君王意志，是可以以言代法的法。它缺乏对国君的制约机制，把国家的强盛和长治久安寄托在君王的"圣明"之上。那么，谁又能保证君王的"圣明"呢？商君说："其狱法，高爵訾下爵级。高爵能（罢），无给有爵人隶仆。爵自二级以上，有刑罪则贬。"（《商君书·境内第十九》）这鲜明地反映了贵族不受刑的统治阶级法律思想。有爵位的犯了罪只是降低爵位而已。爵位自一级以下，有罪者只是取消爵位。这里具有很明显的对贵族优容的思想。

"民弱国强。民强国弱。故民之所乐民强，民强而强之，兵重弱。民之所乐民强，民强而弱之，兵重强。……"（《商君书·弱民第二十》）商鞅把人民与国家对立起来，认为民弱才能国强。所以，他劝诫统治阶级实行弱民政策，消灭强民，用强硬的政令或法律对付民众，这便是商鞅为秦孝公"成就王业"而谋划的重要方略。

商鞅强调治国之明主要明法、以法令为本。他说："明主之使其臣也，用之必加于功；赏必尽其劳。人主使其民信此如日月，则无敌矣。"（《商君书·弱民第二十》）人主赏善罚恶，像日月运行一样稳定地实行正确的法令，国家就无敌于天下。相反，虽然人众兵强，但缺乏严厉而明确的法律，兵众无异于乌合之众，国家也就危险了。"故圣人为法，必使之明白易知，名正，愚知（智）徧能知之；为置法官，置主法之吏，以为天下师，令万民无陷于险危。"（《商君书·定分二十六》）以吏为师，层层效法，最终使权力集中于皇帝，这是法制专制主义。法家还主张法随时务而修，事有当而功。"今时移而法不变，务易而事以古，是法与时诡，而事与务易也。"（《商君书·法（佚文)》）这就提出了顺应时代潮流，法律要随社会经济的变动而变动，要能促进生产的发展和社会的文明进步。

公孙鞅提出重战、重农、压抑儒生、压抑工商四个政策。具体要求是："赏则必多，威则必严，淫道必塞，为辩知（智）者不贵，游宦者不任，文学私名不显。"（《商君书·外内第二十二》）赏赐使士卒不怕死；刑罚使他们认为活着是痛苦；又堵着了淫荡的道路。这样，打起仗来就会所向披靡。专制主义、集权政治用于战争尚可，用于和平则是可怕的，用于建设则违背常理。辩智、游宦、文学之人正是太平盛世不可或缺的，非此不足以证明是否治世。让人民感到活着是痛苦的，失去了政治的目标和本义。

二　申不害的"智"观念

申不害是战国时期郑国人，后以"学术干韩昭侯"而成为相。与韩非并称为法家学派的代表人物。他主张法治，重视势，尤重谈术，其中也包含着他对智慧的一些看法。

申不害主张以"术"治国。战国时期各诸侯国纷纷实行改革变法，并都有加强王权的要求，申不害正是在这种情况下，为适应诸侯国君的这一心理，提出了以"术"治国的政治主张。所谓"术"，就是权术。《尹文子》曰："术者，人君所密用，群下不可妄规。"可知术就是国君所掌握的秘不告人的统治术、权术。权术也是智谋的一种，故其本身就属于智慧的范畴。申不害认为国君不应对臣下说明自己的心意，让臣下无法揣摩你，对国君感到高深莫测，从而产生畏惧心理；而国君则更能清楚地看透臣下。因此国君要多看多想，少说话。如果国君把自己的意思告诉臣下，臣下就会防备、掩饰自己，准备好谎言以对付国君；如果国君不表明自己的态度，臣下就会怀疑，不敢有什么举动。如果你很谨慎地说了你自己的意见，那么臣下就会知道你的心理；

如果你只是行动，那么臣下就会跟随你；如果你的智慧与见解都表现出来了，臣下就会对你藏匿隐瞒；如果你的智慧见解不表现出来，臣下就会猜测而不敢妄动。因此国君应该无为，不要轻易表态。申子曰："上明见，人备之；其不明见，人惑之。其知见，人饰之；不知见，人匿之。其无欲见，人司之；其有欲见，人饵之。故曰：吾无从知之，惟无为可以规之。"又曰："慎而言也，人且知女；慎而行也，人且随女。而有知（智）见也，人且匿女；而无知（智）见也，人且意女。女有知也，人且臧女；女无知也，人且行女。故曰：惟无为可以规之。"（《韩非子·外储说右上》）为确保"术"治之权威、国君驾驭臣下之能力和为天下之主的绝对地位，他主张国君要亲自视听，独自处理政事。"独视者谓明，独听者谓聪，能独断者，故可以为天下主。"（《韩非子·外储说右上》）反对臣下越职行事。"治不逾官，虽知弗言。"（《韩非子·定法》）这就是申子以术治国、以术胁臣的统治方法，并被韩君所采纳。韩昭侯就经常以"术"去考验臣下对他是否忠诚。有一次昭侯出城，发现南城门外有一黄牛犊在道边啃麦苗。他不让使者告诉别人，然后下令曰："当苗时，禁牛马入人田中。固有令，而吏不以为事。牛马多入人田中，亟举其数上之。不得，将重其罪。"于是地方长官上报了一些牛入田地的事件。昭侯说：你们没有举报完全，地方长官又出来寻找，终于发现南门外的黄牛犊，于是"吏以昭侯为明察，皆悚惧其所而不敢为非。"（《韩非子·内储说右上》）还有一次，韩昭侯醉而寝，典冠见其寒，为他盖上了衣物。昭侯很舒服地睡了一觉。当他醒来闻知是典冠盖的衣物，就给典冠治罪，因为他越职行事。同时又给典衣治罪，因为他没有尽职。韩宣王则常常任用两个有矛盾的大臣，使他们不和，以便自己好从中驾驭。这表明申不害的术治思想对韩国的影响是非常大的。

申不害的"术"，也包含有授官任能的内容。《韩非子·定法》云："术者，因任而授官，循名而责实，操生杀之柄，课君臣之能者也，此人主之所执也。"意谓君主要根据能力而授官职，经常监督臣下，考核其是否称职，予以奖惩，使能尽忠职守，以加强君主专制。由此可知申子之"术"包含有两个方面的内容。一是国君所掌握的秘不告人的统治权术；另一是因任而授官、循名而责实课能之权术。申不害还提出了"循功劳，视次第"的主张。(《战国策·韩第一》)即按功劳、次第而授官授奖。在官吏任用方面，一旦采用"因任"、"循功劳"的办法，那就是对世袭制度的否定与废弃。当然，也应该认识到，申子的授官任能是以"术"治为前提的，在这一前提下是不可能真正做到因任而授官的。

申不害认为权势与权术是国君实行法治的重要手段，而智、仁、德则不利于君主实行法治。因此他在政治思想上，重视势，讲究术。在势与智的关系上，重势而弃智。他的术治思想的重要论点之一就是讲"静因无为"，主张君主治理国家不要依靠自己的智慧，只靠权势、权术就足够了。他说："至智弃智，至仁忘仁，至德不德"，"去听无以闻则聪，去视无以见则明，去智无以知则公"(《吕氏春秋·任数》)荀子批评他是"蔽于势而不知知（智），"(《荀子·解蔽》)针对的就是这种观点。

申不害的学说，突显了重术弃智的智慧观。他的术治思想，尽管在中国历史上具有重要的影响，后世帝王在其统治政策中也都或多或少地用它来治驭臣下，以加强帝王的权力，但这毕竟不是长治之策。同时，申子之术尽管在短期内对韩国政权的巩固起到了良好的作用："申不害相韩，修术行道，国内以治，诸侯不来侵伐。"(《史记·韩世家》)但是，由于申子只注重教人如何行权使术，而忘了教人如何做人。于是传统智慧仿佛只剩下了赤裸裸的"术"，人也随之变成了权谋和利益的动物。这就远远背离了中国文化的实际，是不可能让人有真正智慧的，更不可能助人成就真正的大业。因此长期下来，其中的许多弊病就不能解决了。如任用有矛盾之大臣的结果是他们不能合作共事，以致互相攻击，使朝廷处于被动局面，甚至有些互相敌对的大臣，一方因得不到国君的支持，竟然出现亲近敌国，凭借敌国的力量来颠翻政敌的现象。用"术"考验臣下的结果是大臣们离心离德，人人惶恐，互相猜忌，常常处于恐惧不安之中。君臣之间本应真诚相见，才能治理好国家。而韩君所采取的权术大多都是愚蠢的办法，这就使大臣对国君更加失去了信心。由于心术不正，贤能之士往往被排斥。再加上滥用术数，滥出诏令，还引起了法规律令之混乱。正如韩非所指出的那样："申不害，韩昭侯之佐也，晋之别国也。晋之故法未息，而韩之新法又生；先君之令未收，而后君之令又下。申不害不擅其法，不一其宪令则多，故利在故法前令则道之，利在新法后令则道之。利则故新相反，前后相悖，则申不害虽十位昭侯用术，而奸臣犹有所谲其辞矣。"(《韩非子·定法》) 申不害的"术"已走向其反面，最终必将危及其国家的生存。

　　事实说明，"治人"单靠"术"是不行的。鲁迅先生说过："捣鬼有术，也有效，然而有限。能成大事者，古今未有。"历史上，不靠做人，只靠弄权而成功的人是没有的。不管是"圣人"或是小人，如果一味地求其术而不求其道，最终都是要玩火自焚的。要知道，中国的智慧首先是道而不是术。术只是道的表现形式和实现方式，道则是术的根本和决定因素。只要掌握了道，术就会无师自通，就会自然而然地显现出来。无论是儒家还是道家、兵家，他们都有一个共同的特点，那就是内谋谋圣，外谋谋智，都要求首先提高自己的道德境界，加强自身的人格修养，然后才是智慧谋略，这才是中国智慧的真谛和灵魂。

三　韩非子关于"智"与帝王专制的思想

韩非子是韩国的庶公子，战国法家的集大成者。他的思想主要是加强帝王专制。韩非子喜刑名法术之学，不能道说，而善著书。今韩非的传世之作有《孤愤》、《五蠹》、《内外储》、《说林》、《说难》等十万余言。韩非子的著作是为帝王加强专制权力而出谋献策。韩非子主张用"智"、"术"去防止国君权力的架空、转移、防止大臣和近亲的专权。韩非子提出从各个方面去巩固王权。韩非子的智观念是为帝王加强专制权力服务的。

在治国之术上，他指出："事在四方，要在中央；圣人执要，四方来效，虚而待之，彼自以之。"（《韩子浅解·扬权》）这是说，各种政务民事分散在全国各地，政治之机枢关键掌握在实行中央集权的君主手里。贤君明主紧握着枢要权柄，全国臣民从四面八方向中央献计献策，贡献效力。君主要虚静地等待他们，他们自然会使用他们的力量。显然，韩非子受到道家的思想影响，希望君主不要过于干涉地方政治，不要过度扰民。韩非子等法家的智是用来使明君得贤相，贤臣事明主，明君贤相，相得益彰。所以，韩非说："智术之士，必远见而明察，不明察不能烛私；能法之士，必强毅而劲直，不劲直不能矫奸。"（《韩子浅解·孤愤》）要求懂治术的臣子要明察秋毫，坚毅果敢，执法严厉，识奸除邪。

韩非子反对朝令夕改，主张能令政必行，变业变法虽可，但不宜屡变，更要慎变。在变法、建立新的制度之前应集思广益，进行严密论证，应有借鉴和参照物。"工人数变业则失其功，作者数摇徙则亡其功。……然则数变业者，其人弥众，其亏弥大矣。凡法令更则利害易，利害易则民务变，民务变谓之变业。故以理观之，事大众而数摇之则少成功，藏大器而数徙之则多败伤，烹小鲜而数挠之则贼其宰，治大国而数变法则民苦之。是以有道之君贵静，不重变法。"（《韩子浅解·解老》）法家清醒地认识到，变法是民人利益的重新调整，会引起民务即职业职务的变更，甚至社会震荡。对变法应持慎重态度，以免使促进社会发展的政治事业变成苦民、扰民的破坏活动。韩子劝当政者"外无怨雠於邻敌，而内有德泽於人民。……遇诸侯有礼义则役希（稀）起，治民事务本则淫奢止。"（《韩子浅解·解老》）由此可见，韩非的思想与商鞅的思想在与邻国和人民的关系问题上有本质区别。韩非希望和平和人民幸福，而商鞅则是以钳制人民，攻灭邻国为政治目标。笔者认为韩非的观点是有可取之处的。即使实现同种同族的统一主张，和平、经商、通婚、交往、融合的过程，也是有利于政治统一的，有利于民生幸福，导致祥和、繁荣，所以是值得肯定的。无论商鞅还是韩非，二人均反复地强调赏善罚恶、赏罚分明的重要性。然而，商鞅所赞成的是厚赏重罚、严刑峻法；韩非则强调赏当其功，罚适其罪，实行恰当的赏罚标准。而且，韩非强调以赏为主，以罚为辅，不使暗弱愚昧之人陷于困惑悲惨的境地；只是对那些怙恶不悛、明知故犯、无可救药的恶人进行惩处，以儆戒民众。因此，他说："明主立可为之赏，设可避之罚。故贤者劝赏而不见子胥之祸，不肖者少罪而不见伛剖背，盲者处平而不遇深谷，愚者守静而不陷险危。"（《韩子浅解·用人》）对身体残疾、智力有缺陷的人寄予同情，体现了韩非作为一个善良的思想家考虑普通百姓对法律承受能力的良苦用心。法家总的来说摒弃那些无原则的假仁义假慈悲，认为对坏人坏事、违法犯罪的人不能心慈手软。对坏人的放纵则是对良民的残忍。所以，韩非子指出："爱多者则法不立，威寡者则下寝上。是以刑罚不必则禁令不行。……成欢以太仁弱齐国，卜皮以慈惠亡魏王。"（《韩子浅解·内储说上七术》）法家强调令行禁止、赏罚必信。只有这样，才能鼓励有功、震慑犯罪。

韩非子主张深入实际，对事物进行调查研究，那些隐藏在表象后面的实况自然会暴露无遗。与道家不同，韩非不赞成藏智守拙，而有意锋芒毕露。他说："挟智而问，则不智者至；深智一物，众隐皆变。"（《韩子浅解·内储说上七术》）现实中有这种情况，一个谦让的人，往往被那些不知天高地厚的人所威逼得无所适从。因此，一个深明大义的人，在重大原则问题上应当当仁不让。

韩非子的法术思想有时与儒家也有相通或接近之处。例如，他主张用名缰利锁羁縻士民。"利之所在民归之，名之所彰士死之。"（《韩子浅解·外储说左上》经四）关于"夫良药苦於口，而智者劝而饮之，知其入而已己疾也。忠言拂於耳，而明主听之，知其可以致功也。"（《韩子浅解·外储说左上》）这些说教，无非是希望明君贤主听取忠臣良将的劝谏，与儒家说教如出一辙，不离劝善从良的言辞，跳不出贤人政治的窠臼。

怎样使明主驾驭群臣，这也是法家的政治智慧。韩非子认为，君主所用来治理群臣的"主术"有三种：其一，"势不足以化则除之。"（《韩非子·外储说右上》）韩非引用了子夏论说《春秋》的话："善持势者，蚤绝其奸萌。"这是说，对于那些难以驾驭的臣僚和可能实施的奸谋，要早早除掉；以免贻患无穷。在奸臣羽翼不丰满时，及时察觉，即时查办；在奸谋尚处于萌芽状态，就把它粉碎。从引用子夏言论看，韩非也吸收儒家的思想，绝不像商鞅一味排斥不同学术思想。这是主术之一。其二，"明主之道，在申子之劝独断也。"（同前）主张君王要有主心骨，善于听取和分析臣僚的意见，决断还要自己拿主意，要善于独断专行，不要随波逐流，使臣下无所适从。其三，在于"清君侧"，用现在的话说，要用好、管好身边的人。对清除身边的坏人，就好比一个人让医生割除身上的瘤子，只有果断地忍痛割除，才能保证恢复健康。把那些贪官、弄臣比作"社鼠"、"恶狗"，必除之而后快。用"狗恶酒酸"比喻，国君身边、朝政中的坏人妨碍国家推行良好的、正确的政令。所以，韩非说，"故能使人弹疽者，必其忍痛者也。"（《韩子浅解·外储说右上》）

韩非认为，明主只要管好官吏，管好自己的臣下，就可以使国家政治稳定。他说："人主者，守法责成以立功者也。闻有吏虽乱而有独善之民，不闻有乱民而有独治之吏，故明主治吏不治民。说在摇木之本与引纲之纲。"（《韩子浅解·外储说右下》）这表明，只要实行法治，官吏即使有乱政违法现象，但国民全体总是守法向善的。管好官吏，就好比本摇枝动、纲举目张，是抓住了关键，吏正即国治。明确赏功罚罪，就能民富国强。强调不管是出于什么目的和心愿，即使是忠君爱君，只要擅自下令违背律法，那么，出令之臣也要受到惩处。这是御臣之术，但是，在紧急情况下，如救火、抗击突袭来犯之敌，来不及请命，应给予宽大处理。否则，导致臣下无所适从。君权过于集中，互相扯皮，就会像宋朝，学士们辩论未止、诏令未下，金兵已入城。这是一个悖论。如果你放纵臣下，恐怕他会越权从事；如果你像唐僧控制孙悟空那样，动辄得咎，恐怕会丧失除妖战机。韩非以田婴相齐为例，进一步说明大权独揽、小权分散的必要性。否则，君王所处理政务，不可胜听，日夜不睡觉也不能使百政有条有理。

韩非不仅对法与术分别定义，而且认为法家之智主要体现在"术"上。他指出，"法者，编著之图籍，设之於官府，而布之於百姓者也。术者，藏之於胸中以偶众端，而潜御群臣者也。"（《韩子浅解·难三》）这"术"是君上驾驭臣下的计谋、技巧，而且要潜而不显、藏而不露，默默运用于臣僚之间而不为人所察知，才是最成熟之"术"。"用术，则亲爱近习莫之得闻也，不得满室。"（同前）诸如纵横捭阖、恩威并施、互相钳制等都属于"用术"。韩非所言之"术"，是君王的专利；"术者，因任而授官，循名而责实，操杀生之柄，课群臣之能者也，此人主之所执也。"(《韩子浅解·定法》)由此可见，法家之术是君王的权变，"术"中隐含有政治高压和恢诡之谋。这样"法律"就打了折扣。君主仍可利用权势凌驾于法律之上。

韩非引《本言》中的话说，"所以治者，法也；所以乱者，私也。法立，则莫得为私矣。"(《韩子浅解·诡使》)追逐私利是坑蒙拐骗诈形成的原因，也是社会动荡、治安混乱的根源。法律就是用来治理这类丑恶和枉法现象的。法律的权威如果树立起来，则不得为私利而违法。法律治私，只能是治那些超过法律所允许的私利，治那些妨碍或侵夺他人或公共利益的某些个人私利的追逐者。但是，对个人"私权"、合法的私利则应当保护。否则，那就是对私人正当利益的侵犯。中国古代专制主义就是不承认私权，要人们"莫得为私"，进而要求民众无条件"牺牲"，使封建君主专制主义推向极致。

法家也认识到，凡事物有利即有弊，智者只有权衡利弊，趋利避害，减少损失，取利多弊少的方案而推行措施，就是明睿的选择。所以，韩非说"甲兵挫折，士卒死伤，而贺战胜得地者，出其小害，计其大利也。夫沐者有弃发，除者伤血肉。为人见其难，因释其业，是无术之事也。"(《韩子浅解·八说》)凡事物好则难，只要对国家人民有利，对事业有利，就要迎难而上。不然，就谈不上有智有术。

"明主之国，官不敢枉法，吏不敢为私，货赂不行，是境内之事尽如衡石也。此其臣有奸者必知，知者必诛。是以有道之主，不求清法之吏，而务必知这术也。"(《韩子浅解·八说》)法家希望贤明君主能使官吏不敢因私利而枉法，贪赃舞弊的行为没有市场，国内事事公平。具有良好的行政信息系统，使下情上达，有罪必刑。国君的道术不在于获得清廉的官员，而在于政令通畅，有法必依。

韩非显然受到道家影响，他把看似矛盾的东西调和起来。指出"明主之行制也天，其用人也鬼。"（《韩子浅解·八经》）所谓"天"即自然而然，顺乎自然，像天对万事万物那样无私宽容。所谓"鬼"者，诡也。用人之术，诡诈无常，不要让臣下揣摩出自己的心思。用人不一，各用其长，使臣下不能专权，这是驭下之术。赏功罚罪，诡诈乃止。赏罚得当，这是对待臣下狡诈蒙骗的重要权术之一。总之，要求"上下贵贱相畏以法，相诲以和。"（同前）既团结协同，又畏惧法律，国家民族就一定会兴旺发达。

韩非认为修明政治、发展生产，广积粮食，坚其城守，弘扬爱国精神，国有战争，民众拼命死守，这是国家"不亡之术"。"故治强易为谋，弱乱难为计。"（《韩子浅解·五蠹》）贫弱之国搞好内政是图治之要务，其次，实行互通有无的睦邻友好政策，这才是图强自安之策。

韩非对于人才的态度，以能否为我所用而决定去取。他说："若是其言，宜布之官而用其身；若非其言，宜去其身而息其端。"（《韩子浅解·显学》）他劝告君王：如果你认为一个纵横家或游说之士的言论可用，就任用这个人做官；如果你不赞成他的言论，就应当杀掉他而消除祸端。韩非这种非此即彼、不用即杀的策略，反映了古人的原始思维方式的简单化。他的这种"术"是不可取的。韩非所劝诫君王的一套驭臣术，无疑使李斯追求私利遇到障碍，又容易使他受君王制约。因而韩非的话讨李斯厌，无疑李斯从韩非"不用即杀"的论调中得到了启发，韩非自己咎由自取，受到可悲的结局，这是他始料不及的。他的"智"与"术"没能保全他自身，也许这是所有政治家或政论家的通病。

法家的什伍连坐之法是苛刻毒辣的治民之策。"禁尚有连於己者，理不得相窥，惟恐不得免，阕者多也。如此，则慎己而阕彼，发奸之密。告过者免罪受赏，失奸者必诛连刑。"(《韩子浅解·制分》) 这种互相告发的连坐之法对封建专制主义统治具有一定作用，但它容易导致邻里不和、人人自危。对于现代社会来说，株连之法是不可取的。汉武帝的算缗、告缗政策即深受《韩非·制分篇》告奸之法理论的影响。法家普遍认为"赏告而奸不生，明法而治不烦。"(《韩子浅解·心度》)

韩非的法治思想是法与时进的思想。这说明，他已认识到社会历史是一个不断变化的进程，这在《五蠹》篇反映得很明白，既然社会生活、生产、社会经济关系不断发展变化，那么用固定不变的律条去套已变化了的社会情况，肯定不能符合实情，不能有效保护正常发展的经济和随经济关系而变动的新的合理的社会关系、伦理意识和伦理秩序。所以，他提出了与时俱进的法制思想："法与时转则治，治与世宜则有功。故民朴而禁之以名则治，世知维之以刑则从。时移而治不易者乱，能治众而禁不变者削。故圣人之治民也，法与时移而禁与能变。"(《韩子浅解·心度》) 韩非这种"法与时移"的思想反映了他的历史进化观和发展观，或者说，是他的进化、发展观在法制思想里的具体运用。这种思想至今仍放射出他耀眼的光芒，至今仍然是国家每隔几年修改宪法或制定、补充新的刑事或民事法律条款的重要理论依据。

韩非与商鞅一样把重农抑商作为法家的基本国策，作为法家的法术和政治之智谋在经济领域的应用。然而，这种思想是褊狭的、糟糕的。如果说在远古时有其一定的正确性和存在条件，它的正确性也是短暂而有条件的。例如，在灾荒和商人囤积居奇的情况下对奸商加以限制是可以的。然而韩非竟然把工业与商业一样列为社会上游手好闲白吃饭的五类蠹虫即寄生虫之一。韩非这种贬抑工商的思想比商鞅有过之而无不及。他说："其商工之民，修治苦窳之器，聚弗靡之财，蓄积待时而侔农夫之利。"

(《韩子浅解·五蠹》)认为这是"邦之蠹也。"基于这种浅薄认识，他们多次提出要堵塞工商业发展的渠道，种种政策、措施甚至形成律令来限制工商业发展，而中国的专制主义皇权又严厉推行了这些违反经济发展规律的措施。这是中国工业自中世纪以来落后的重要原因之一，科学技术是植根于工农商各业基础上的。用恩格斯的话说，社会一旦需要，科学技术会比十所大学发展得更快，而封建专制制度却遏制了这些需要。笔者认为，韩非的思想同样也影响到科学技术的发展。当然，中国中古以后科举制度未把自然科学、数学、技能列入考试科目更加重了对科学进步的妨碍性影响。无工不利农，无商不利民，无商业流通不能互通有无。从而，农民得不到工具，手工业不能顺利获得生产资料和劳动机会，限制商业使工业品没有销路，就窒息了工商业。无工不富，无商不"活"。各行各业是互相促进的，而不是互相妨碍、影响社会富裕的。

四　法家的智与帝王专制的关系

韩非把君主专制推向极致，甚至不允许处士或隐士的存在。韩非说："使小臣有智能而遁桓公，是隐也，宜刑；若无智能而虚骄矜桓公，是诬也，宜戮。小臣之行，非刑则戮。"(《韩子浅解·难一》)连大名鼎鼎的齐桓公也被韩非看作"不知仁义"之君。总之，臣民中如果有人不愿为君王效犬马之劳，不能用就杀掉。对于那些不能为其所用之人，要让他坐着不对站着歪。"非刑即戮"的政治主张，令天下士子不寒而栗。"若是其言，宜布之官而用其身；若非其言，宜去其身而息其端。"(《韩子浅解·显学》)这种非此即彼、不用就杀，是法家运用原始思维处理复杂社会现象和政治策略的一种简单化政策。它害人害己。结果，后来秦王既然不用韩非，那就杀掉了他。韩非是他自己理论的受害者。专制主义君权愈来愈至高无上。相反，老百姓的生活则每况愈下，大臣们则无所适从，出处等同皂隶。为了推行君主专制，韩非假托古代部落联盟首领这类所谓帝王，标榜并推崇他们说一不二、生杀予夺决于人主。他说："昔者舜使吏决鸿水，先令有功而舜杀之；禹朝诸侯之君会稽之上，防风之君后至而禹斩之。以此观之，先令者杀，后令者斩，则古者先贵如令矣。"（《韩子浅解·饰邪》）意在要求人们唯命是从。所说"先令"是指未得令而行动，所谓"后令"是未按照君令所定期限完成，或有拖延行为。这两种情况都是绝不允许的。按照韩非所标榜这一套，君王令行禁止，政令畅通，有其可借鉴之处；然而，这种动辄得咎的高压政策必定窒息创新和限制臣下的主动精神，使整个社会丧失生机。执法者必须考虑严刑峻法的副作用——它既有震慑犯罪的一面，也有使官吏横行激起民变、影响安定的一面。诸如陈胜吴广之事，倘若戍守之事因天气等意外变故可以宽限时日到达戍守目的地，或者法律估计到可能出现的变故而不是刻板地处以极刑，而只是给予一般谴责或责罚，那时也不至于激起民变，导致秦末农民起义大暴发。凡是极权往往都要走向它的反面，物极必反的哲学定律在这里也起着作用。

法家的智与帝王专制是分不开的。因为韩非等法家思想家都主张明君贤臣政治观。所谓明君要听取法家这些贤人的观点，所谓贤臣之智是用如何劝谏君主来推行他们的政治主张。如果能使明君用贤人，用之则治，不用则乱。法家把自己绑在君主的战车上，他们加强君主专制，这种"智"有时也是"弱智"。例如商鞅与韩非都是死于非命。他们非谦卑仁义，当他们遇到不仁不义、受到无端伤害时，在绝对专制主义君主的高压下，他们却束手无策。（非仁义之说见于《韩非子浅解·难一》）法家对于仁义的理解与儒家也是判然有别。在笔者看来，法家具有愚民政治思想。韩非指出："事智者众则法败，用力者寡则国贫，此世之所以乱也。"(《韩子浅解·五蠹》) 主张明主之国无书简之文，以法为教，以吏为师。按照这一谬论，其结果将导致文化虚无主义。在上古农业社会，人民大众靠"用力"即体力劳动吃饭，所以法家认为用脑力劳动的人多了不利于国家的治理。其实，这一种观念，在上古有一定道理；但在中古以后，科技发展对生产力的发展产生越来越大的影响，在当代，"事智"者越多标志一个民族就越是兴旺发达。韩非甚至还说："今不知治者必曰：'得民之心。'欲得民之心而可以为治，则是伊尹管仲无所用也，将听民而已矣。民智之不可用。"(《韩子浅解·显学》) 韩非子认为治国不必得民心，只要严刑峻法就行，殊不知法律的目的是要维护广大人民利益和国家政治安定。即便是法律健全，立法思想也必须符合民心。治国不必得民心的言论是谬误的，从古到今都是错误的。

法家代表人物韩非是替富人代言的典型代表。例如他说："侈而惰者贫，而力而俭者富。今上徵敛于富人以布施於贫家，是夺力俭而与侈惰也，而欲索民之疾作而节用，不可得也。"(《韩子浅解·显学》) 他不了解或不承认财富的来源可以是自然条件的优越（或称"天赐"），超人的智慧获得；甚至有不法之徒可以是欺诈、抢劫、偷盗、侵占、剥削、贪污、暴利、战争等获得，可以是巧取豪夺获得。他把富裕者简单地归结为"非力则俭"，而把贫穷归咎于国民非侈则惰。这种观点有一定的片面性。

第六章 名家的"智"观念

名家,一称"辩者",又称"形名家",它是以邓析为旗帜,以"两可"为基本思辩方法,从争讼的论辩实践中发生发展起来的一个学派,也是战国时期非常活跃的一个学派。其代表人物有田骈、兒说、田巴、尹文、惠施、公孙龙等,他们在强调"控名责实,参伍不失,"着重讨论"名"、"实"关系问题的同时,反映了名家的智观念。

一 名家在论辩中表现出的智慧

首先,在形名学说的分类上,名家辩士把智划归为善类,与恶类相对。稷下学宫的早期人物、素有形名学家之称的名辩之士尹文说:"万物具存,不以名正之则乱;万名具列,不以形应之则乖。"(《尹文子》)他认为世界上的万事万物,如果不用概念名称加以反映,人们对万事万物的认识仍将一片混乱,毫无头绪;仅仅有了概念名称,却无相应的反映对象去充实它们,这许多概念名称也便变得不可捉摸。所以,对这些具体反映事物对象的"形名",有必要加以整治。"善名命善,恶名命恶。"他认为属于"善"一类的概念名称,按理反映的是"善"一类的事物对象,"恶"一类的概念名称,反映的是"恶"一类的事物对象。这样,善类事物便有了善名,恶类事物便有了恶名。具体来说,根据他对"形名"的划分与整合,圣贤仁智,属于善名所反映的对象；顽嚚凶愚，属于恶名所反映的对象。并认为，虽然善名未必完全地反映出善类事物的面貌，恶名也未必完全地揭示出恶类事物的面貌，而将善与恶完全地分辨清楚，但总算是起到了概念名称反映事物的作用了。尹文还把所有的概念名称分为三个大类："一曰命物之名，方圆黑白是也；二曰毁誉之名，善恶贵贱是也；三曰况谓之名，贤愚爱憎是也。"(《尹文子》)尹文把智划分到善类事物中，表明他对智是持积极肯定的态度的。把贤愚并列对提，可见，在他看来贤是包含着智的。

在智慧的运用上，名家辩士在演讲、辩论、抨时弊、劝国君、陈国策、挽狂澜中均表现出了极高的智慧。春秋末期，在邓析操持"两可"方法教讼兴辩的同时与稍后，由老子开创的"无名"、"有名"之辩、由孔子开创的"正名"之辩、由战国初年墨翟开创的"取实予名"、"兼爱"、"非攻"之辩，也相继兴起。经过一个半世纪的发展，到了战国中期，便形成了队伍齐整、观点鲜明的名、儒、墨、道等各个学派，他们在名实关系问题上展开了激烈的争辩，名辩思潮达到了高潮。一直到战国末期，名辩之风都十分兴盛。

在名辩思潮中，名家辩士展示了非凡的演讲辩论口才，其反应之敏锐，答辩之机智巧妙，令人惊叹叫绝。如名家学派的田骈，因为一天的演讲辩论，使数以千计的稷下学宫的辩士折服，而被人们誉为"天口骈"。齐国颇有影响的名家辩者田巴，因为他在演讲中能持之有据、言之成理，也取得了像田骈那样在一天之内使整个稷下学宫的辩士折服的良好效果。又如名家学派继往开来的名辩巨星惠施，对楚国的善辩之士黄缭提出的天为什么不坠，地为什么不陷，风雨雷霆的产生究竟是什么原因等问题，惠施能出口成章、滔滔不绝地给出答案。就连批评他的人也说"其持之有故，其言之成理。"(《荀子·非十二子》)不少实例也足以说明之。他刚来到魏国的时候，与大臣白圭初次见面就展开了一场辩论。白圭倚老卖老，与旁人说道："大凡新媳妇进门之后自应矜持安稳，一举一动都要讨人喜爱。如果见到迎接她的仆人手持灯火很大，便说：'这灯火太大，浪费啊。'跨进门槛，见到地上有凹洞，便说'快把它填平，否则会扭伤人的脚。'这种话虽然对家人并没有什么不便，但出于刚进门的新媳妇之口，显然太过分了。现在，惠施先生与我刚认识，说话之中就对我很不尊重，太过分了！"惠施听到后辩驳说："不应该这样讲，《诗经》中说'道德高尚的人，可以成为民众的父母。'父母教诲儿子，岂有等待很久的道理！白圭怎么可以将我比作为新媳妇呢？倘若将我比作新媳妇，《诗经》岂不也要改为'道德高尚的新媳妇'了？"后来，白圭再次向惠施发难。他对魏惠王说："用历丘的那只鼎烹鸡，汤水放得多，鸡就淡而无味；汤水放得少，鸡就被烧焦不能吃。这只鼎的样子很好看，却没有什么用场。惠施先生的言论，也与这历丘鼎相似。"惠施知道后批驳说："这话不对。如果军队饥饿，又恰恰在这只大鼎旁边，这时与其用一般的炊具蒸饭，不如改用这只大鼎蒸食更为合适。"有一次，名将匡章当着魏王的面指责惠施说："农夫一旦抓获蝗虫，就要把它们杀掉，什么缘故呢？因为它们残害庄稼。现在，你每次出门，多者数百辆车，随车步行的侍从数百人。少者数十辆车，步行的侍从数十人。如此不劳而食，比残害庄稼的蝗虫更厉害。"魏王点头说："惠施啊，你还能有什么话可与匡章辩论呢？"惠施遂说道："现在建筑城墙，有的人手持泥刀在城上砌砖头，有的人背着泥畚在城下奔走，有的人手执仪标站在远处观测城墙建筑得是否好。我惠施就是手执仪标的人。如果把女工变成丝就不能整理丝，把木匠变成木料就不能整治木料，把圣人变成农民就不能管理农民。我惠施本来就是管理农民的人，你怎么可以把我比作蝗虫呢？"惠施对于白圭、匡章等人的种种指责和恶意中伤毫不退让，他常常用假譬推理的方法进行自卫反击。每次都把对方说得无言可对。由于惠施的假譬取喻在辩论中所向无敌，于是，有的客卿出于嫉妒便向魏惠王进言："惠施先生谈论事情，善于譬喻。大王如果要他不用譬喻，他恐怕就不会讲话了。"惠王点头说："行。"第二天，惠王见到惠施说："请先生以后议论事情时直截了当，不要再用譬喻。"惠施说："现在有一个人，因不知道弹是什么东西，便发问：'弹的形状怎么样？'回答他说：'弹的形状像弹'，这能使他明白吗？"惠王说："不能明白。"惠施说："于是，换一种回答说：'弹的形状像弓，但以竹片为弦'。这样能明白吗？"惠王说："这就知道了。"惠施又进一步分析说："大凡进行推论，本来就是用对方已经明白的道理类比对方还不明白的道理，达到能使对方明白的目的。现在大王说不用譬喻，怎么能行呢？"惠王连连点头说："你说得好。"(《说苑·善说》)惠施再次运用譬喻推论的方法击败了对手。惠施还与才高好辩的庄子有过观鱼论"乐"一事。一天，他们二人在濠水堤岸上漫步，看到一群小鱼在清澈的春水中悠然游动。庄子指着说："这群鱼儿游动如此从容，一定很是快乐。"惠施驳问说："先生不是鱼，怎能知道鱼儿的快乐？"庄子回答说："先生不是我，怎么知道我不知鱼儿的快乐？"惠施说道："我不是先生，所以不知道先生。先生本来就不是鱼，因而你也不知道鱼儿快乐与否。"庄子强辩说："请回到开始时的问题上。先生说'你怎么知道鱼儿的快乐'，表明你已经知道我知鱼儿的快乐，才这么问我的。所以，我是本来就知道鱼儿快乐的呀！"(《庄子·秋水》)在这场观鱼论乐的辩论中，惠施抓住庄子自相矛盾的错误，针锋相对，二辩即胜。尽管庄子又做了不肯认输的强辩，但输局已定。很明显，惠施辩论的逻辑性要比庄子高明得多，显示了极高的辩才。

名家辩士尹文也曾因辩"士"折服齐王而轰动稷下学宫。尹文与齐宣王讨论"士"，宣王曰："寡人很喜欢士，然而齐国却没有士。"尹文问:"大王,什么样的人才能称之为士呢?"宣王竟一时回答不出来。尹文说:"现在有这样一个人,侍奉父母很孝敬,侍奉君王很忠心,朋友交往很讲信用,对待乡邻尊长也很敬重。他有这四种品行,可以称得上是士吗?"宣王答道:"这个人真正是我所要说的士呀!"尹文问曰:"大王若能得到这个人,肯让他担任官职吗?"宣王答曰:"当然愿意,求之不得啊。"尹文又问曰:"如果这个人在大庭广众之下被人肆意侮辱却不敢挺身争斗,大王仍愿意让他担任官职吗?"齐王回答说:"不,大丈夫被人欺侮都不敢回击,这是耻辱,寡人不能让他担任官职。"尹文说:"他虽然受到欺侮,不敢回击,但并没有失掉所以作为士的品行呀。大王认为他不能再担任官吏,难道大王刚才所说的士,便不是士吗?"宣王顿时语塞。尹文又说:"大王有这样一条法令:杀人者处死,伤人者受罚。人们因为畏惧大王的这一法令,受到欺侮时才不敢争斗,这是遵守大王的法令呀。然而大王却不让他担任官职,是在处罚他。况且大王以不敢争斗为耻辱,居然以敢于争斗为光荣。大王所奖赏的对象,正是法官所要处罚的对象;大王认为是对的,正是法律认为是错的。这样,岂不是赏与罚、对与错、互相矛盾吗?"(《尹文子》)宣王被说得无言以对。尹文抓住宣王定义过宽的毛病,通过察辩名类之分析,层层揭示宣王"士"与"非士"、"杀人者死"与"见侮不斗"、"上之所是"与"法之所非"之间的矛盾,使之陷于自相矛盾、无言以对的境地。这次论辩,可谓是名家辩士的骄傲与光荣。

战国末年的名辩新星、名家集大成者公孙龙更被人们称为词胜论的代表。先秦时期的名辩论争有理胜与词胜之分。"夫辩有理胜,有词胜。理胜者正白黑以广论,释微妙而通之。词胜者破正理以求异,求异则正失矣。"(魏·刘劭《人物志·材理》)所谓理胜,即理胜于词,是用确切的事实论证真理,以理服人,以理求胜,简称理胜论。所谓词胜,即词胜于理,是离开正确道理的论证,是追求标新立异的奇词怪说,靠强嘴利舌的巧妙辩说来胜人之口,以词胜人,简称词胜论。公孙龙与邓析、惠施等人一样,都是职业辩论家,他讲究辩论术,擅长对一些奇怪论题作出巧妙论证。认为在辩论中谁的话讲得多,说得巧妙,谁就是辩论中的胜利者。公孙龙最得意的杰作,就是他与孔子的六世孙、鲁国德高望重的贤者孔穿关于拜师和"臧三耳"的那两场辩论。

孔穿与公孙龙相会,孔穿拱手说:"我居住在鲁国,久闻先生的声誉,仰慕先生的才智,赞赏先生的品行,早就想来受教,今日才得见面。只是不敢苟同先生的'白马非马'之论,请放弃这一说法,我就请求当你的弟子。"公孙龙听后哑然一笑便侃侃而谈说:"先生说的话实在混乱。我所以厕身名辩,正是为了'白马非马'之论。你要我放弃它,我就没有什么可以教你了。况且你所以想拜我为师,是认为自己的才智与学力不如我。现在却叫我放弃'白马非马'的学说,这是先教我然后又拜我为师。先教我然后又拜我为师,合乎情理吗?""何况'白马非马'的说法,也是你的先人孔子所赞同的。我听说楚王曾在蛟虺出没的云梦打猎取乐,不小心把弓丢失了。左右侍从要求寻找,楚王说:'不必了,楚人丢失弓,楚人捡得弓,何必去寻找。'孔子听到这件事便议论说:'楚王的仁义之心并不彻底,他应这样说:人丢失弓,人拾得弓,何必局限于楚人?'可见孔子是把'楚人'与'人'区别开的。你肯定孔子把楚人与人加以区别的分析,却否定我把白马与马加以区别的说法,于理不合。先生尊奉儒术,却否定孔子所肯定的观点。想跟我学习,却又让我放弃所要学的东西,则虽有才智百倍于我的人,也难以指导你呀!"孔穿无言可对,退出后跟别人说:"公孙龙之言错误而悖法,表述巧妙但不合情理,因此我不与他答辩。"(《孔丛子·公孙龙篇》)尽管孔穿不同意公孙龙的"白马非马"之论,但也不得不承认公孙龙在辞辩方面的功力。

二 名家在处理政务方面表现的智慧

名家的智慧不仅体现在名辩思潮的论辩中,也体现在议政事、陈国策、化解紧急难题与凶险上。齐威王的小儿子田婴,被封于薛地。他见临淄的城墙高大坚固,便想在薛地也仿建一座,但薛地的人力、物力根本不可能建造像临淄那样的城墙。于是,宾客们纷纷劝阻。薛公十分愠怒,吩咐门卫不许宾客再进见。众人无奈,只好恳请最有辩才且娴于假譬取喻的兒说去劝说薛公。他立即前往,并让门卫传言薛公:"我只要求说三个字,若多一字,甘愿烹死。"薛公只得破例接见。兒说走到薛公面前说了三个字:"海大鱼",转身就走。薛公莫名其妙,连忙喊道:"请留步。"兒说答道:"我可不敢拿性命开玩笑。"薛公笑道:"没这么严重,你继续说吧。"兒说说道:"大鱼在海洋里游动时,渔网挡不住它,鱼钩牵不动它。可是一旦离开了海洋,搁浅在沙滩上,即便是蝼蛄蚂蚁也能围上来饱餐它的血肉。现在薛公就好比大鱼,齐国好比海洋,薛公既然有齐国的庇护,何必再在薛地建筑高大的城墙呢?如果没有齐国,即使把薛地的城墙建筑得高入云天,又有什么用?"(《淮南子·人间训》)薛公点头称是,当即停止了在薛地筑城的计划。兒说得贴切地把大鱼与海洋之间的利害关系,譬喻薛公与齐国之间的利害关系,因而使人一听便能明白信服。兒说还曾"以弗解解之"的方法为宋王巧解连环,而名显于时。有一次,鲁国人献给宋王两副连环,说是只有最聪明灵巧的人才能解开。宋王令左右试解,都一筹莫展。只得向全国发布告,希望有人前来解开这两副连环,以维护国家的尊严。很多应试者也均告失败。兒说来到王宫,解开了其中的一副连环,又对另一副连环端视良久后,一并交宋王说:"两副连环都已经解开了。"并解释说:"这副未解开的连环,并非本可以解开而我不能解,是本不可以解开,所以我不去解。不去解开这副连环,便是我对这副连环的解。"宋王问鲁国人,鲁国人叹服地说:"兒说先生说得对,这副连环本来就不可以解开,我制作这副连环,所以知道它不可以解开。兒说先生不是这副连环的制作者,却也知道这副连环本不可以解开,显然比我更聪明灵巧!"(《淮南子·人间训》)解连环本身是件小事,但牵扯到国家的声誉与羞辱时就成了大事。兒说不负众望,凭着自己的聪明智慧,最终赢得了声誉,维护了国家的尊严。

在政治斗争的重要关头和国家大事的关键时刻,惠施也很善于把握客观事物的发展规律,灵活运用辩证思维的方法,对重大问题提出正确有效的决策意见。最典型的例子,就是前文已经讲过的惠施劝说魏惠王放弃向齐国报仇、尊称齐君为王和他劝说太子更葬魏惠王这两件事。除此,惠施还巧妙地运用假譬取喻的类比推理方法,经常为他人排忧解难。有一位叫田需的人,因受魏惠王的宠信而遭到大臣们的妒忌。惠施便提醒他说:"你一定要与魏王周围的人搞好关系。你看那些杨树,横插能生长,倒插也能生长,折断了再插还能生长。然而虽有十个人栽种,只要有一个人去拔,就不会再有杨树存活下来。以十人之众树易生之树而不胜一人之拔,什么原因呢?就是因为栽树难而拔除容易。先生尽管善于取得魏王的信任,但是想破坏魏王对你信任的人实在很多,所以你的处境必然很危险。"惠施用栽杨、拔杨的难易,来类比为人处世的艰险,进而提醒正受魏王信用的田需务必居安思危。这番类比分析,于平常中寓有深刻的哲理与启示,不仅解除了别人的忧难,而且也成为千古至理名言。还有一个叫田驷的人,很不尊重邹君,邹君便派人刺杀他。田驷得知消息非常恐惧,便去向惠施求救。惠施去见邹君说:"现在有一个人见你,故意闭着一只眼睛,你准备怎么办?"邹君回答说:"我就杀掉他!"惠施又问:"如果是一个瞎子,两只眼睛都闭着,你为什么不杀他?"邹君回答说:"他既是瞎子,双眼不能不闭着。"惠施遂说道:"田驷这个人,去东方时得罪齐侯,去南方时得罪荆王。他欺辱别人已成为习惯,就像瞎子的眼睛不能不闭一样。你又何必怨恨他呢?"于是,邹君便放弃了杀掉田驷的打算。惠施以盲人不能不闭眼睛来类比田驷的欺人成性,用智慧巧妙地替田驷消除了邹君对他的恼怒,避免了被邹君杀掉的危险,从而挽救了他的性命。以上所述表明,名家辩士在名辩思潮的具体实践中,也充分显示了自己的聪明才智,并用实际行动证明了他们对智慧的推崇。

总而言之,战国时期的百家争鸣,造就了一个名辩思潮蓬勃发展的时代。战国中期,名家辩者已俨然成为名辩思潮的中坚。名辩的内容也已从邓析的有厚、无厚的两可之论,发展而成为历尽天下万物的无数命题。名家辩士在激荡三个世纪的悠长而激扬的名辩潮流的论辩中,机智敏锐,机锋百出,精彩纷呈。有许多思想的浪花在撞击、在升华,有许多智慧的火花在迸发、在闪耀。在国家事务与个人命运的最重要关头,议政明理,献计献策,解难扶危。使许多错误得以更正,使许多忧难得以化解,使许多生命得以挽救。他们所表现出来的聪明才智犹如夜空的星斗,繁多璀璨,辉映后人,至今仍能给人以许多智慧的启发。

第七章 墨家的"智"观念

在战国时代的百家争鸣中,墨家是很重要的一家。被西汉司马谈称为先秦六大学术派别之一,(《论六家之要旨》)班固把它列入先秦诸子九家之一,(《汉书·艺文志》)是仅次于儒家的一大学术派别。战国末期的韩非把墨家看做敢与儒家分庭抗礼,又堪与名家比肩而立的两大显学之一,即跟儒家并驾齐驱的著名学派。(《韩非子·显学》)近人胡适在其博士论文中则称《墨子》是当时"真正有价值的唯一著作",墨子也许是中国出现过的最伟大人物,《墨经》作者是"科学的和逻辑的墨家","是伟大的科学家、逻辑学家和哲学家",是"一种高度发展的和科学的方法的创始人","在整个中国思想史上,为中国贡献了逻辑方法的最系统的发达学说。"(胡适《先秦名学史》)就今天来看,墨家仍然是诸子百家中最推崇智慧的一家,也是最富有智慧的一个学派。其创始人墨翟更是一位具有深邃智慧的伟大智者,他在终生热忱向往和执著追求实现兼爱理想的同时,也对智慧的许多问题进行了理论探讨和实践研究。《墨子》则是墨家学者在科学、哲学、逻辑、政治、道德、军事等各方面长期凝聚的智识结晶,饱含着墨家学者的聪明智慧,充分反映了墨家的智观念。

一 墨家对"智"的认识

在知识论与智慧论上,墨者作了一系列的理论性探讨。智慧是人认识客观事物并运用知识解决实际问题的能力。它是在知识的不断积累和实践中产生与发展的，尽管智慧并不完全等同于知识，但二者有着必然的内在联系。因此，在墨者百科全书式的《墨经》中，也可见其对知识与智慧的系列讨论："知，材也。知也者所以知也，而不必知。若明"。"虑，求也。虑也者以其知有求也，而不必得之。若睨"。"知，接也。知也者以其知过物，而能貌之。若见"。"恕，明也。恕也者，以其知论物，而其知之也著，若明"。（《墨子·经说上》）所谓"知，材也"的"知"，是指人的认识能力。材指先天的才能、本性。墨者认为人的认识能力是天生所具有的禀赋，是人用来求得知识的手段。有了这种先天的禀赋，还不等于有知识，有了认识能力，还得"以其知有求"、"过物"、"论物"，即积极求知，接触事物，整理材料，才能获取真知。犹如人有健全的视觉器官，还不等于看见对象。这一思想与古希腊哲学家亚里士多德所说的："求知是人类的天性"的意思是基本相同的。（亚里士多德《形而上学》第1页，商务印书馆1960年版。）

所谓"虑"，是指思考。墨者认为思考就是人用自己天生具有的认识能力去求索。它是探求知识的活动。光有思虑，还不一定能得到知识。就像用眼睛斜视一样，不仔细正面审视，就不一定能看清东西。关于思维的作用与局限性，生活在墨子前后的孔子与孟子、荀子也有同样的看法。孔子说："学而不思则罔，思而不学则殆。"（《论语·为政》）又说："吾尝终日不食、终夜不寝以思，无益，不如学也。"（《论语·卫灵公》）孟子说："心之官则思，思则得之，不思则不得也，此天之所与我者。"（《孟子·告子上》）战国末年的荀子也说："我曾经整天思索，却比不上片刻学习所得到的收获；我曾经踮起脚来观望，却比不上登高处所见到的宽广。"（《荀子·劝学》）看来，学而不思不行，仅思亦不行，只有学而思才能把握规律、获取知识。这一思想从春秋时期的孔子到战国初期的墨子,再到战国中期的孟子和战国末期的荀子都是一一相承的。

所谓"知,接也"的"知",是指认识主体跟外界接触而产生的感性知识。墨者认为,人运用自己的认识能力,跟外界事物接触,而能描述出事物的本来面貌,从而获得"过物而貌之"的感性知识,这犹如人想看东西,就用自己的目光跟外物相遇,而在自己的视网膜上留下外物的形象。可谓是精炼、准确地说出了感性认识的直接性、具体性,形象性和生动性的特点。

所谓"恕,明也"的恕,同"智"。是指认识主体明确把握事物规律而形成的理性知识。它是认识的高级阶段。本来感性知识和理性知识都叫"知",但墨者为了把二者从字形上区分开,采用知下加心的方法复合成会意字"恕",专门来表示理论、科学和智慧。墨者认为,人运用自己的认识能力,分析、整理、把握事物的规律,从而获得深刻著明的理性知识,这就像人想看东西,而看得明明白白、清清楚楚、准确无误。可谓是恰当地讲清了理性认识的间接性、概括性、抽象性和明确性的特点。

就今天来看,上述墨者对人的认识能力、求知活动、感性知识和理性知识等认知理论的基本问题,所作的系列总结和精辟概括,不仅是当时世界思想界居于领先地位的科学成果,而且也是后世思想界的宝贵财富。它对提高人们的知识与智慧有着重要的启发和导向作用。

关于知识的种类,墨者划分为两大类七小种。《墨经》中说:"知其所不知,说在以名、取。""杂所知与所不知而问之,则必曰:'是所知也,是所不知也。'取、去俱能之,是两知之也,"这里显然把知识分为概念认识即名知和实践认识即取知两类。其目的是要求人们在实践中能区分自己已经知道的和自己还不知道的。与孔子的"知之为知之,不知为不知,是知也"颇有些相似。这种实事求是的态度,与以不知为知的虚伪态度形成了鲜明的对比。它有利于在进一步的认识过程中变不知为知。使认识更接近于真理。实际上它也是智者所应具备的道德品格。

《墨经》中又说:"知:闻、说,亲、名、实、合、为。""传受之,闻也。方不㢰,说也。身观焉,亲也。所以谓,名也。所谓,实也。名实耦,合也。志行,为也。"这是根据知识的来源、内容与程度对知识所作的分类。其中亲知就是亲身观察所得来的知识。闻知是听别人传授的知识。说知是推论之知。实知是通过实物得来的知识。名知是关于器物名称的知识。合知是能够把实物跟其名称对合起来,既知其实又知其名的知识。为知是实践之知识。由此不难看出,在墨者的知识论中始终体现并渗透着由实践到理论,再由理论到实践的关于知识发展的观念,也反映了中国认识理论的传统思想特色,对后世有着极为深刻的影响。

墨子还曾引用古语说:"谋而不得,则以往知来,以见知隐,谋若此,可得而知矣。"从过去的经验中预测未来,由表面的现象中察知本质,这是比较深刻的智谋或知识,以此来规划自己的行动,才能少犯或不犯错误。这种认识论上的唯物论观点,其合理性也是很明显的。

二 墨家义利统一、智勇相生的理论

在伦理道德的核心问题上,亦即仁智勇何者为核心的问题上,墨者不同意儒家的伦理思想,主张义利统一、智勇相生。认为智慧和勇敢相辅相成,互生共进。

墨子也很注重培养弟子的勇敢精神。他说:"战虽有阵,而勇为本焉。"(《墨子·修身》)因此,"墨子之门多勇士。"(《新语·思务篇》)"墨子服役者百八十人,皆可使赴火蹈刃,死不旋踵。化之所致也。"(《淮南子·内篇》)弟子的这种勇敢精神都是墨子教化、训练的结果。

墨子所说的勇敢,是跟智慧与道德相结合的勇敢,而不是与智慧、道德相脱离的盲目蛮干。比如在敌我双方生死较量的战争中,优秀的指挥员、战斗员,就在于能巧妙地运用智慧与力量,争取以较少的牺牲来换取较大的胜利。他还说:"勇,志之所以敢也。"(《墨子·经上》)又进一步解释说:"以其敢於是以命之,不以其不敢於彼也害之"。(《墨经·经说下》)即人的意识、思想敢于做此事,就称其为勇,并不因其同时不敢于做彼事,而损害其为勇。如某人敢于为民众利益拼命死战叫作勇,这种勇并不因为他同时不敢做伤害民众利益的事,而受到损害。有一位以好勇著称的青年人屈将子曾向墨者胡非子责难,胡非子对屈将子解释说:"我听说勇敢有五种:身带长剑,走进森林草丛,斩杀虎豹,跟熊罴拼搏,这是打猎人的勇敢;身带长剑,潜入深渊,斩杀蛟龙,跟鼋鼍拼搏,这是打鱼人的勇敢;登梯爬高,直立四望,面不改色心不跳,这是陶工的勇敢;攻击必用尖刀刺,看不顺眼就杀人,这是犯法刑徒的勇敢;过去齐桓公把鲁国当做齐国南部的边境,鲁君忧心,三天吃不下饭,曹刿勇赴国难,抵御齐军,见齐桓公说,我听说国君受辱,臣下不怕死,您退师则可,不退师,我就用剑砍脖子,把血溅到您身上!桓公害怕了,不知道怎么办才好,管仲于是劝说桓公跟鲁国订立盟约,把齐国侵占的土地归还给鲁国。像曹刿这样一个普通百姓,不怒则已,一怒能阻挡万乘之师,保存千乘之国,这叫做君子的勇敢,是勇敢中最贵重的。晏婴老臣,一怒而阻止崔杼之乱,这也是君子的勇敢。"(《墨子·耕柱》、《非儒》)显然,墨者所主张的勇是智勇相结合的勇,是真正的勇,是大智大勇。

三 墨家贤、才统一的学说

在圣贤的理解上,墨子也有自己的标准和看法。在中国古代贤、圣是与智慧密切相关的两个词。贤人、圣人是与智者密切相关的两个词。其含义不同时期则有着不同的理解。一般来说，才能、德行好者谓之贤。有时则专指才能。墨子则认为，贤人亦即"贤良之士"是"厚乎德行、辩乎言谈、博乎道术者"。（《墨子·尚贤上》）又主张贤人的方针是"入守则固，出诛则强。"（《墨子·尚贤中》）强调把品德高尚、能言善辩、知识广博及入守防御要牢固，出讨残暴要强劲彻底作为贤人的标准。墨子还说："圣人以治天下为事者也。"（《墨子·兼爱上》）"圣人为世除害，兴师诛罚。"（《墨子·非儒》）又说："圣人者，事无辞也，物无违也，故能为天下器。"（《墨子·亲士》）强调圣人以治天下为事业，为世兴利除害，诛伐残暴，心胸能包容万事万物。那么，怎样做才能成为圣人呢？墨子说："必去六僻，默则思、言则诲、动则事，使三者代御，必为圣人。必去喜、去怒、去乐、去悲、去爱、去恶，而用仁义。手、足、口、鼻、耳、目从事于义，必为圣人。"（《墨子·贵义》）就是说，一定要去除偏离仁义的喜、怒、哀、乐、爱、恶等个人感情，全身心地投入到实现仁义的事业中，在沉默的时候就认真思考，开口说话就教人以道理，行动做事就致力于实现仁义的事业，要使三者交替起作用，这样就一定可以达到道德修养的最高境界，成为圣人。墨子还主张欲恶中道说，要合理处置理智和欲望的关系，有节制、有分寸地满足人的欲望，反对纵欲和禁欲两种极端的偏见。他说："食必常饱，然后求美。衣必常暖，然后求丽。居必常安，然后求乐。为可长，行可久。先质而后文，此圣人之务。"（汉刘向《说苑·反质》）强调在用理智支配行为的同时，满足人的合理欲望的正当性，把先质而后文作为圣人之务。显然，墨者的欲恶中道说，蕴涵着深刻的哲理智慧和丰富的历史经验。

墨子关于贤圣的标准，实际上也是他一生的行为准则。正是因为这样，墨子不仅具有崇高的道德修养，而且其才能智慧也达到了极高的境界。墨子的巨大影响，尤其是这位贤圣在维护和平、制止战争的活动中，所表现出的伟大人格和精神，更令世人所佩服。所以，墨子在当时就被人们称作"圣人"、"贤人"，青壮年时代，"北方贤圣人"的美名就已经流传四方了。由此我们也可以看出时人对贤圣的理解。墨子本人也自认为自己是贤人。如当楚王赏赐其俸禄时，他就说过："贤人进谏，如果道理不被实行，就不接受赏赐；仁义的学说不被采纳，就不留在朝廷。您既然不准备实行我书中的道理，那就请让我走吧。"（《渚宫旧事》二）这说明战国时期墨子与其同时代的人，对贤圣的看法是一致的。同时，墨子"好学而博"，（《庄子·天下》）曾遍读百国《春秋》。《礼记·中庸》说："好学近乎知（智）。"表明好学、博通即为智，这也是战国时期人们的普遍看法。

在智慧的态度上，墨者主张兼容并包，博采诸家之长。他们深知"千镒之裘，非一狐之白也"、"江河之水，非一源之水"、"溪狭者速涸，流浅者速竭"、"江河不恶小谷之满己也，故能大。圣人者，事无辞也，物无违也，故能为天下器"（《墨子·亲士》）的道理。只有解放思想，开阔精神，博采真理，才能增长智慧。因此，墨子和墨家都有一种综合百家、吸纳百川的气概。墨子本人就是一个由好学而博通的智者。他不仅精通木工技巧，而且也谙熟其他各种工匠技艺。平日谈话、游说、教授弟子，还常常用各种工匠的技艺来打比喻和论证问题。《墨经》当中讲述各门科学知识时，也广泛列举各种工匠的技艺。如为衣（缝纫）、举针（刺绣）、裣履（制鞋）、铄金（冶金）、为甲（造铠甲）、垒石（建筑）、车梯（木工）等。墨子还讲道"贤良之士"的标准之一是"博乎道术。"（《墨子·尚贤上》）他要求墨者谈辩、说书和从事即谈话辩论、解说文化知识和实践各种专业技能三者必须兼长。为此他把"诵先王之道而求其说，通圣人之言而察其辞"作为自己的职分。（《墨子·鲁问》）曾

"学儒者之业，受孔子之术"（《淮南子·要略》），向周王朝的史官史角的后代学习过周礼，淮南王刘安也说："孔、墨皆修先圣之术，通六艺之论，口道其言，身行其志，慕义从风。"（《淮南子·主术训》）墨子还自称曾遍读百国《春秋》，平时说话，也常引用《诗》、《书经》、《春秋》等经典著作以为根据。说明墨子的知识在古代思想家中的确是最广博的。

墨者对其他学派也没有派别门户之偏见，从不采取一概排斥的偏激态度，而是既反对各家的错误谬论，又肯定各家的科学真理。既与各家进行辩论，又从各家中汲取营养。比如战国时期的名辩家曾提出一个"飞鸟之影未尝动也"的论题。用现在的话说，就是飞鸟的影子从来是不动的。因为不论从飞鸟实际运动的轨迹，或是从飞鸟影子运动的轨迹来看，都是连续性和非连续性的统一。同一时间飞鸟及其影子既在一点又不在一点，既在这一点又在另一点。从整体来看，飞鸟的影子是动的。而从局部的、一个极短暂的时间来看，飞鸟的影子又是不动的。后世人们利用摄影像技术拍摄洗印的飞鸟照片，以及作定格处理的飞鸟影片，都直观生动地证明了这一点。但是，由于日常经验恰恰是飞鸟的影子是动的，再加上辩者故意提出一些跟常识经验相反的命题，并作出一些出人意料的合理论证，以图惊世骇俗，引起轰动效应，借以显示自己的机智和辩才，致使辩者的议论，在当时遭到一些人的非议，被斥之为诡辩。而墨者则认为辩者的有些议论，确实是诡辩。但有些议论，在其诡辩的外表之下也蕴藏着启人心智的深刻内涵。墨者反对赤裸裸的诡辩，但对辩者所发现的科学真理则给予肯定，并加以收容采纳。对"飞鸟之影未尝动也"的论题，墨者不仅赞成，而且还根据生产生活中的亲身实践从光学原理上作了补充论证："影不徙，说在改为。光至影亡。若在，尽古息。"（《墨子·墨经》）认为一切影子都不会自行迁徙，影子迁徙不过是由于光源和物体的相对位置有了改变而导致的结果。这就从光学原理上阐明了影子生成与消失的缘故，使名辩家单靠纯粹的抽象思辩所建立和论证的命题，得到了墨者依靠反复的实践研究所作出的科学阐明，从而进一步丰富和发展了这一科学真理。又如，墨子"非儒"，在许多问题上反对孔子的观点，但他认为孔子思想中也有"当而不可易"的成分。(《墨子·公孟》)因此，墨子对孔子学说中的真理成分也是斟酌地汲取的。有一次，墨子与程繁辩论，在论证中他称述引证了孔子的话，程繁敏感地抓住这一点反驳说："你不是批判儒家学说吗？为什么还引证孔子的话？"墨子说："这是因为孔子的话也有恰当而驳不倒的呀！比如鸟儿遇热旱之忧则高飞，鱼儿遇热旱之忧则深游，对这样的真理，即使有夏禹、商汤帮助谋划，也是不能推翻的。鸟儿、鱼儿可算是愚蠢的了，夏禹、商汤也还有听从的，现在我怎么不可以称引孔子的话呢？"(《墨子·公孟》)足见墨子批评儒学并不妨碍他肯定儒学中的真理成分。墨子和墨家既与各家进行辩论，又从各家中汲取精华与营养，所以《墨子》一书中才包含了当时可能取得的各种知识，涉及政治、经济、哲学、伦理、教育、逻辑、自然科学、军事等各个门类。

从上述我们不难看出，墨子的确是个勤奋好学、度量宽宏、兼收并蓄、博古通今的学者，是当时当之无愧的大智者。而墨家也的确是一个人才荟萃、善于综合吸纳众家之长的智者群体。也正是因为这样，墨家在春秋战国时代的百家争鸣中，才成为其重要性和影响是仅次于儒家的一大学术派别。在墨子之后出生的孟子就惊呼"墨翟之言盈天下。"(《孟子·滕文公下》)战国末年的韩非曾称誉说："世之显学，儒墨也。"(《韩非子·显学》)清代的汪中也说："在九流之中，惟儒足与之(即墨家)相抗，其余诸子，皆非其比。"(《述学·墨子序》)《吕氏春秋》还说："孔墨之弟子徒属充满天下。"又说："孔墨子后学，显荣于天下者众矣，不可胜数。"(《吕氏春秋·有度》、《当染》)可以说墨家集团的发展壮大,再次证明了博采兼收、有容乃大之哲理。

四 墨家"学而智"的观念

在智慧的来源上,墨者主张"学而能。"认为学习是智慧的源泉,学习可以益智,贤人智士的"厚乎德行、辩乎言谈、博乎道术",即品德高尚、能言善辩、知识广博,这些都是通过学习、训练而能获得的。要努力探索事物的缘故。反对老庄学派的读书无用论。关于学习的益处,墨者是最有亲身体会的。墨子本人就是学习的成功典范。他一生勤奋好学,刻苦钻研。有一次,墨子在回答弟子弦唐子的提问时说:"昔者周公旦,朝读书百篇,夕见七十士。故周公旦佐相天子,其修至于今。翟上无君上之事,下无耕农之难,吾安敢废此?"(《墨子·贵义》)意思是说周公早上要读100篇书,晚上要接见70个读书人。所以周公能够辅佐天子,其事业的良好影响一直持续到今天。墨子称自己上不承担国君的政事,下不从事耕农的劳作,所以不敢荒废了读书这件事。可见墨子是以周公为榜样,把刻苦读书、钻研学问作为自己的本分的。正因为这样,他才赢得了"好学而博"的美名,从而使他由一个手工工匠上升为知识分子士,并进而创立学说,成为墨家学派的领袖。而且也使他在青壮年时代,就博得了"北方贤圣人"的美誉。庄子曾称赞:"墨子真天下之好也,将求之不得也,虽枯槁不舍也,才士也夫!"(《庄子·天下》)孟子也说他:"摩顶放踵利天下为之"。(《孟子·尽心上》)北宋理学家程颐更称赞:"墨子之德至矣。"要知道贤圣人、才士,是古人专对道德智能极高,才能德行极好的人的尊称。这说明墨子的道德修养确实达到了极高的境界。可以肯定,墨子事业成功的一个重要因素,就是苦读深思,好学而博通。墨子终生还以自己的切身体会,广收门徒,积极劝人向学,培养各种专门人才。

有一次，一位青年偶到墨子教书的学校游玩，墨子见他身体强壮，思维敏捷，就叫他跟自己学习，并对他说："你不学习，人们会笑话你，所以我劝你学习。"（《墨子·公孟》）后来，又有一位青年到墨子的学校游玩，墨子也劝他努力学习。在墨子的劝导下，有许多年轻人都成了墨子的门徒，走上了求学成才的道路。

墨者不赞成老庄学派要人们弃绝学习的观点。老子说："绝学无忧。"庄子也说："吾生也有涯，而知也无涯，以有涯随无涯，殆已。已而为知者，殆而已矣。"（《庄子·养生主》）墨者作为工匠出身的理论家，用实际行动从根本上否定了这一荒唐谬论。针对老庄学派"学无益"的论点，墨者针锋相对提出"学习有益"的论题，并予以辩驳。"学之益也，说在诽者"。"以为不知学之无益也，故告之也，是使知学之无益也，是教也。以学为无益也教，悖。"可谓是机敏地指出了老庄学派"学无益"论点自相矛盾的错误逻辑。使"学有益"、学可益智这一真理得以正本清源，深入人心。

关于教与学的关系，墨者认为：老师教，学生不跟着学，是学生缺少学习的积极性。学生智慧少而不学习，功效一定寡少。学生想学，老师不教，是老师缺少教的积极性。智慧多而不教人，功效恰恰等于零。这是墨者的经验之谈。可以说墨者的智慧正是得益于教和学，因此，必须充分发挥教和学两方面的积极性，才能取得教育的功效，使学生获得知识与智慧。

关于教与学的目的，墨子认为教与学都是为了实现仁义。有道者应该劝以教人，"隐匿良道而不相教诲"是不仁义的。学生学习是为了实现天下大义，不学习是要被人讥笑的，因此对学习要强力而为，有了知识和智慧，才能更好地实现仁义。

墨者还深知探索原因对于认识事物的重要性。明确指出："巧传则求其故。"（《墨子·墨经》）并把它作为对门徒的基本要求。所谓"巧传",就是指世代相传的工匠技巧。墨者认为凡事不仅要知其然,还要知其所以然。对于这些世代相传的工匠技巧,一定要探明其缘故。亚里士多德说:智慧是用来阐释事物的原因和原理的,"智慧就是有关某些原理与原因的知识。"[①] 技术家比经验家更聪明更富于智慧,是因为技术家知道原因,而经验家则不知。技术家既知事物之然又知"物之所以然,"而经验家则只知其然而不知其所以然。大匠师较之一般工匠更聪明更富于智慧,是因为他们不仅敏于动作,而且更懂得原因具有理论。因此,我们说"巧传则求其故,"即墨者阐释工匠技巧的原因和原理的智慧,既是墨者智慧的重要内容,也是墨者用来获取知识、发现真理的手段,更是墨者具有工匠理论家智慧的原因所在。

五 墨家"智者治国"的观念

在国家管理上,墨子主张智者理国。反对老子不主张用智慧治理国家的惧智思想。春秋时期的老子,不但惧怕劳动人民有机智之巧和机智之心,而且还担忧智者用智慧来管理国家。认为用智慧治理国家,是国家的灾害;不用智慧治理国家,是国家的福分。他说:"以智治国,国之贼;不以智治国,国之福。"(《老子》第65章)战国时期的墨子不同意这种观点,他在讲演中论证说:"今王公大人有一衣裳不能制也,必借良工;有一牛羊不能杀也,必借良宰。故当若此二物者,王公大人知以尚贤使能为政也,逮至其国家之乱,社稷之危,则不知尚贤使能以治之,亲戚则使之,无功富贵、面目姣好则使之。夫无功富贵、面目姣好则使之,岂必有智慧哉?若使其治国家,则此使无智慧者治国家也,国家之乱,既可得而知已。"(《墨子·尚贤》)墨子及制衣、

[①] 亚里士多德《形而上学》,商务印书馆1960年版,第2、3页。

杀牛羊等日常小事的譬喻谈起，明确指出在这些小事情上，诸侯、卿大夫知道崇尚贤人，任用能者，但在治理国家的大事情上，却不知道崇尚贤人，任用能者，而任用"骨肉至亲、无功富贵、面目美好者"，这些血统高贵与貌美的人不一定是有智慧者，而任用无智慧的笨蛋治理国家，其政治的昏暗必然无疑，国家的混乱就可想而知了。进而批评了当时诸侯、卿大夫任人唯亲的方针政策。

墨子认为，国家治理的好坏与贤良智士的多寡有直接关系，为了把国家治理得更好，当务之急是要招揽大批有才德的贤人智者。他说："国有贤良之士众，则国家之治厚；贤良之士寡，则国家之治薄。故大人之务，将在于众贤而已。"（《墨子·尚贤》）春秋战国时期，由于社会的变动和发展，确实需要大批德才兼备的人才，其迫切程度，墨子曾引用《诗经》上的话说，就像手拿热东西急于用冷水浇一样。

那么，怎样"众贤"呢？墨子也进行了专门研究，其方法就是运用诽誉赏罚的手段。所谓誉，就是赞誉、表彰好人好事。诽，就是批评、指明坏人坏事。赏，就是奖励、报答下级的功绩。罚，就是惩戒、处分下级的罪责。通过诽誉赏罚表明国家的价值取向，对人才实行奖励和优厚待遇的政策，贤人智士就会涌现出来。试想一下，守卫城池边关，需要大量优秀射手、驭卒，如果谁有优秀的射箭、驾车技术，就大力表扬、奖励谁，"重赏之下，必有勇夫"，优秀的射手、驭卒在赏誉的诱导之下就涌现出来了。而对品德高尚、能言善辩、知识广博的治国良才，也采取表彰、奖励、优厚其待遇的办法，不是同样也会大批涌现出来吗？

墨子还注意到智者理国的统一性与多样性问题。他说智者理国的理想社会是："数千万里之外，有为善者，其室人未遍知，乡里未遍闻，天子得而赏之。数千万里之外，有为不善者，其室人未遍知，乡里未遍闻，太子得而罚之。"理想中的圣王能够

"不往而视，不就而听"，"一视而通见千里之外，一听而通闻千里之外。"（《墨子·尚同》）或国君发现情况，赶紧派人驱车向天子报告，天子能够准确地实行赏罚，不冤枉一个好人，也不放过一个坏人。这是多么美妙的理想社会啊！墨子认为智者理国应做到"上下通情"，上情下达，下情上达，上级是否正确了解下级情况，是智者治理成败的关键。并且，智者理国还必须"尚同"。所谓尚同就是在尚贤的前提下，要求人们与上级同是非，"上之所是必皆是之，上之所非必皆非之"，逐级逐层统一思想，最后使"天下之百姓，皆上同于天子"，（《墨子·尚同》）也就是集中统一到中央。反映了本身经济力量单薄的小生产者希望有一个最贤能者管理政令统一的中央集权，使自己的生活得到相对的稳定。

当然，智者理国还要广开言路，听取不同意见。圣明的君主应该如集腋成裘那样，听取各方面的意见。听取意见时，要看它是否合乎道理，而不是看它与自己的意见是否相合。墨子还特地把能够听取不同意见的圣明君主叫做兼王。《墨子·亲士》篇说："千镒之裘，非一狐之白也。夫恶有同方不取，而取同己者乎？盖非兼王之道也。"该篇又指出："善议障塞，则国危矣。"如果堵塞言路，好的意见不能传达上来，国家就要危险了。可以说是对许多历史教训的精辟总结。

同时，智者理国也要特别注重发挥众人的作用。墨子认为一个人不仅要善于运用自己的双目、双耳、两手，还要充分调动别人的积极性，来弥补自己的不足，这样做是大有好处的。他援引古语说"一目之视，不若二目之视。一耳之听，不若二耳之听。一手之操，不若二手之强。""使人之耳目，助己视听；使人之唇吻，助己言谈；使人之心，助己思虑；使人之股肱，助己动作。"又说："助之视听者众，则其闻见者远矣；助之言谈者众，则其德音之所抚循者博矣；助之思虑者众，则其谋度速得矣；助

之动作者众,则其举事速成矣。"(《墨子·尚同》)

另外,智者理国还要找出社会混乱的根源,对症下药,才能使社会由乱到治,收到良好的功效。墨子说:"圣人以治天下为事者也,必知乱之所自起,焉能治之;不知乱之所自起,则不能治。譬之如医之攻人之疾者然,必知疾之所自起,焉能攻之;不知疾之所自起,则弗能攻。治乱者何独不然?必知乱之所自起,焉能治之;不知乱之所自起,则弗能治。圣人以治天下为事者也,不可不察乱之所自起。"(《墨子·兼爱上》)他还曾对弟子魏越说:"大凡参与一国政治,必须找出主要矛盾,予以解决。如果那个国家上昏下乱,则与他们谈论敬重贤良、统一行为标准的道理;如果那个国家贫穷,则与他们谈论节省费用的好处;如果那个国家的人喜欢听音乐、沉湎于酒,则与他们谈论音乐无益于人、酗酒无益于寿等道理;如果那个国家淫邪无礼仪,则与他们谈论尊重天、敬事鬼神的问题;如果那个国家喜欢侵略欺凌别人,就与他们谈论人与人之间要互相友爱、国家与国家之间不要互相攻伐的道理。"(《墨子·鲁问》)

显然,墨子关于智者理国、众贤之术以及治天下的理论与论证,都是十分合理的,至今对我们仍有很大的启迪意义。他关于智者理国中的统一性和多样性、集中与民主,亦即中央集权、保持统一、信息畅通和发挥众人作用的见解,可以说是墨家思想的精华,从当时社会分裂混乱的现实历史来看,也的确是有积极意义的。他所描绘的智者理国蓝图与方案,实际上,就是对智者——圣明君主的理解与期望,因而也是墨者智观念的重要内容。

墨子主张同异交得,事其所能,兼收并蓄广用人。墨者认为人的能力是有限的。任何一个人有所能,也有所不能,而不会万事皆能。必须用"同异交得"的观点和方法来看待能和不能的关系。《墨经》举例论证说:"不能而不害,说在容,举重不举针，非人之任也。为握者之奇偶，非智之任也。若耳、目。"意思是说人有所不能，不害其所能。这可以拿人的头部器官耳朵和眼睛的功能来打比方。善于举重的大力士不善于举针绣花，因为举针绣花并不是大力士的长处。善于握筹计算的数学家不善于演讲和辩论，因为演讲与辩论并不是数学家的长处。犹如耳朵的作用在于听声音，而不在于看东西，可是耳朵不会看东西并不妨碍它发挥听觉的功能；眼睛的作用在于看东西，而不在于听声音，可是眼睛不会听声音并不妨碍它发挥视觉的功能。墨子教导学生在事业中要人尽其才，各尽所能。"能谈辩者谈辩，能说书者说书，能从事者从事。"(《墨子·耕柱》)就像建筑城墙一样，能力适于垒墙的垒墙，能力适于运土的运土，能力适于打夯的打夯，能力适于测量的测量，分工合作，各用所长，这样，城墙就筑成了。就像守城防御战一样，"收贤大夫及有方技者与工，第之。举屠、酤者置厨给事，第之。百官供财，百工即事。士皆有职。"(《墨子·迎敌祠》)就一定能坚守胜围。因此"凡天下群百工，轮车（车工）、鞼鞄（鞣革工）、陶冶（制陶、冶金工）、梓匠（木工），使各从事其所能。"(《墨子·节用》)充分发挥他们的一技之长或特殊才能。

墨子还主张"尚贤"、有能则举。强烈要求改革现实官僚政治。所谓尚贤就是唯才是举，国君不分等级，举用贤才，反对"骨肉之亲无故富贵"的世卿世禄制，要求向"农与工肆之人"开放政权。春秋战国时期，随着商品手工业经济的不断发展，小手工业生产者的队伍也不断扩大，他们强烈要求走上政治舞台，参与国家政权。作为以小手工业生产者为主体的墨家集团的首领墨子，便代表平民阶层的利益与呼声，提出了尚同，尚贤的政治要求。他说："尚贤，为政之本也。"(《墨子·尚贤》)尚同是尚贤的前提条件。墨子认为人与人，不分贫富贵贱都是平等的。因此人们应该"强不执弱，众不劫寡，富不侮贫，贵不傲贱，诈不欺愚。"大家都是一样的,参与政治的权力也应该是平等的。墨子尚贤思想的根据是古代的选贤制度。他认为古代的天子、三公、诸侯、正长等王公贵族都是从天下平民百姓中选出来的贤可者,那么今天也应该效法古代,以实际才能任命官员,进贤退不肖。墨子指出:"故古者圣王之为政,列德而尚贤,虽在农与工肆之人,有能则举之,高予之爵,重予之禄,任之以事,断予之令。曰:爵位不高,则民弗敬;蓄禄不厚,则民不信;政令不断,则民不畏。举三者授之贤者,非为贤赐也,欲其事之成。""故官无常贵,民无终贱,有能则举之,无能则下之。"(《墨子·尚贤》)说明墨子所尚的贤,不分贵贱,虽是出于农与工肆之人,也应给以高官厚禄。这的确代表了下层小手工业者的心声与要求。墨子还主张国家任用贤能必须不偏不党。他说:"故古者圣王甚尊尚贤,而任使能,不党父兄,不偏贵富,不嬖颜色。贤者举而上之,富而贵之,以为官长;不肖抑而废之,贫而贱之,以为役徒。"(同上)"不辨贫富、贵贱、远迩、亲疏",只考虑智能的高低。然而,"今王公大人,其所富,其所贵,皆王公大人骨肉之亲;无故富贵,面目美好者也。令王公大人骨肉之亲,无故富贵,面目美好者,焉故必知哉。若不知使治其国家,则其国家之乱,可得而知也。"(同上)他对当今任人唯亲、任人唯面目美好的做法非常气愤。并指出这些人无德无才,难胜大任,未必能治理好国家。若把国家大权交给他们肯定是会引起大乱的,因此,必须选拔一批真正有能力的贤者来治理国家。

墨子称赞通过学习而获得知识、智慧和能力的人,认为这些人即使出身农民、手工业者和商人,也应该予以举荐,"任之以事。"打破传统的官民界限,只以智能作为任用标准。这种非常大胆的言论,反映了以小生产者为主体的墨者渴望提高自己的政治地位,参与国家管理的强烈要求。

墨子出身平民,熟悉木工技术,会做木鹰、大车和军事器械，其弟子中也有各种工匠，他们平时从事生产、教学和研究，战时则参加军事器械制造，为守城战斗服务。正是由于墨家学者许多都出身劳动阶层、熟悉各种劳动技能，其生活条件也接近劳动人民，对社会下层比较了解，所以才提出了与世俗不同的看法，充分反映了墨者的人才观和尚贤思想。墨者的主张无疑是对商周以来的世袭世禄制度的极大挑战与冲击，它与儒学创始人孔子及其继承者孟子所说的"劳心者治人，劳力者治于人"相比，无疑也是一大进步。

六　墨家在处理国家政务以及反对侵略战争中表现出的智慧

在智慧的运用上，墨家是战国时期诸子百家中最为突出的一家，墨者的辩论技巧、军事外交谋略、手工技艺和科学探索等更是闪耀着智慧的璀璨光芒。智者善辩，墨家是先秦诸子中最善辩的一个学派，墨家辩者遍及天下。他们有辩论百家的正确态度和丰富经验，并系统总结了辩论技巧，撰写了光照千古的辩论经典《墨辩》。率先揭示了辩有"明是非之分"、"审治乱之纪"、"明同异之处"、"察名实之理"、"处利害"、"决嫌疑"等六个作用，有"或"、"假"、"效"、"辟"、"侔"、"援"、"推"等七种推理方法。墨者坚持真理，遵守辩论法则，主张以事实和真理取胜的辩有胜论，力主辩论能够取得真理，反对淫词诡辩，可以说墨辩是真正的智辩。墨者的辩论命题所涉及的范围非常宽广，既有与名家相同的命题，也有针锋相对的命题，还有许多墨家独创的新命题。其辩说巧妙合理，不乏真知灼见。

墨者的智慧与辩技，在维护和平的军事外交领域中也有非凡的表现。其最典型的成功事例就是墨子在南方劝说公输般、楚王、鲁阳文君，止楚伐宋和止楚伐郑，在北方劝说齐王田和、齐将军项子牛，止齐攻鲁和止齐攻卫。公元前440年，公输般为楚国制造了攻城的云梯，楚王决定用来攻打宋国，墨子听到这个消息，连忙从鲁国出发，走了十天十夜赶到楚国的郢都。公输般见到墨子便问道："先生有什么见教？"墨子说："北方有人侮辱了我，想请你去杀了他。"公输般说："我讲仁义，从来不杀人。"墨子很感动地站起来再拜说："请允许我再说几句。我在北方，听说你造了云梯，要去攻打宋国。宋国有什么罪呢？楚国土地有余，而人口不足，杀不足的，来争有余的，不能算是智慧。宋国没有罪，而去攻打它，不能算是仁义。知晓了这个道理，却不到楚王面前去争辩，不能算是忠诚。到楚王面前争辩了，却不能说服楚王，不能算是能力强。你讲仁义不杀少数人，却要去杀多数人，不能算是知类达理。"公输般被说得理屈词穷，不得不点头表示服输。墨子又见楚王说："现在有这样一个人，不要自己的雕花马车，见到邻居的破牛车，便想去偷；不要自己的锦绣衣服，见到邻居的粗布短衫，便想去偷；不要自己碗里的细粮鲜肉，见邻居的糠糟饭食，便想去偷。这是怎样一种人？"楚王说："那一定是有偷窃病。"墨子又说："楚国方圆五千里，宋国方圆才五百里，这就好比雕花马车与破牛车。楚国有云梦这样物产富饶的好地方，江汉的鱼鳖水产更是富甲天下，宋国却是一片荒凉连野鸡野兔都不去的苦地方，这就好比细粮鲜肉与糠糟饭食。楚国生长有众多的参天大树、栋梁之材，宋国却没有什么大树，这就如同锦绣衣服与粗布短衫。从这三个方面来看，大王攻打宋国实在与患有偷窃病的那个人同类。这样大王就一定会丧失道义，并注定要失败。"楚王说："你说得很对，不过，公输般已帮我做好了攻城的云梯，我是务必要攻取宋国了。"于是墨子只得拿腰带比作城池，用筷子比作攻城器械，在楚王面前跟公输般进行模拟战。公输般一连设计了九种攻城方案，墨子九次挫败他。公输般的攻城之法用尽了，墨子的守城器械还绰绰有余。公输般的攻城器械和技巧比不过墨子，就想用极端的办法。他对墨子说："我知道怎么对付你，但是我不说。"墨子闻言笑道："我知道你怎么对付我，我也不说。"楚王很纳闷，问究竟是怎么回事。墨子说："公输般的意思，不过是想杀掉我。杀掉我，宋国便不能守御，这样就可以进攻了。然而，我的大弟子禽滑厘已经率领三百人，拿了我设计的守城器械，在宋国的城头上等待楚军的进攻。你们虽然能杀掉我，却不可能杀掉他们，宋国也仍旧是攻不下来的。"(《墨子·公输》)楚王这才认输，当即下令停止进攻宋国。墨子凭借着自己良好的口才和出色的辩论技巧，以归谬法指出对方议论中的矛盾，辩输了公输般；又用打比方的论证技巧，以盗窃类比攻国，辩输了楚王。接着墨子又凭借他过硬的军事知识和器械制造技术，通过模拟比试，墨子的防御器械与技巧强于公输般的进攻器械与技巧，这就从根本上压倒了对方，使对方不敢自诩攻城器械的优势。最后墨子又以武备实力作为政治外交的后盾，理直气壮地指出早已安排好禽滑厘等弟子300人，手持他的防御器械在宋城上严阵以待。即使杀了自己，宋国也还是攻不下来。终于说服了楚王。整个过程充分显示了墨子智慧谋略的过人之处。

鲁阳文君是楚惠王时的封君，其封邑跟宋、郑两国为邻，他急欲把宋、郑之间还没有开垦的空地据为己有，以扩大地盘。墨子又多次去劝鲁阳文君停止侵略攻伐。他还对鲁阳文君打比方说："有一个人，家里放着吃不完的牛羊猪狗肉，可看见人家做面饼，就千方百计想偷来吃，认为这可以省着自己家里的食物。不知这个人是由于穷得没有饭吃，或是由于有偷窃病。"鲁阳文君说："是由于有偷窃病。"墨子说："楚国四境之内，有广大还未开垦的土地，可是看见宋、郑之间有空地，就千方百计想去侵占，这与那个偷面饼的人有什么不同呢？"鲁阳文君接受了墨子的意见，说道："没有什么不同，实在也是有偷窃病了。"(《墨子·耕柱》)有一次，鲁阳文君已计划好并决心攻打郑国。墨子又去劝鲁阳文君说："假定在您的封地之内，大都城攻伐小都城，大家族攻伐小家族，肆意杀人，掠夺牛马猪狗布帛粮食等财物，怎么办呢？"鲁阳文君说："在我的封地内，就算是我的属下。如果大都城攻伐小都城，大家族攻伐小家族，掠夺财物，我一定要重重地惩罚那些不义的攻伐者。"墨子说："天领有天下，就像您领有封地。您发兵要去攻打郑国，恐怕要遭受天的诛罚，落得个天诛地灭的结局吧！"鲁阳文君说："先生您何必制止我攻打郑国呢？我攻打郑国，是顺从天的意志。郑人三代杀君，遭到天的诛罚，使郑国三年收成不好。我是帮助上天来行使诛罚的啊！"墨子说："郑人三代杀君，天加以诛罚，使其三年收成不好，天的诛罚已足够了，现在您又发兵攻打郑国，还说什么顺从天意，这分明是寻找借口，干涉别国内政。譬如有一个人，他的儿子强横凶暴不成材，这位做父亲的就用鞭子打儿子。邻居一位做父亲的见状，举起木棍也来打这个儿子，并说：'我打他，是顺从他父亲的意志！'这岂不是很荒谬吗？您去攻打郑国就与那位爱管事的邻人之父是一样的呀！"鲁阳文君无言以对。墨子又启发说："世俗之君子，皆知小物而不知大物。今有人于此，窃一犬一彘，则谓之不仁；窃一国一都，则以为义。譬犹小视白谓之白，大视白则谓之黑。是故世俗之君子，知小物而不知大物者，此若言之谓也。""攻其邻国，杀其人民，取其牛马粟米货财，则书之于竹帛，镂之于金石，以为铭于钟鼎，传遗后世子孙，曰：莫若我多。今贱人也，亦攻其邻家，杀其人民，取其狗豕食粮衣裘，亦书之竹帛，以为铭于席豆，以遗后世子孙，曰：莫若我多。其可乎？"鲁阳文君说："然。吾以子之言观之，则天下之所谓可者，未必然也。"(《墨书·鲁问》)墨子用自己的智慧和辩技，反复打比方，巧词妙语以劝，鲁阳文君终于感悟，放弃了攻伐郑国的打算，一场即将爆发的掠夺战争就这样被再次

145

平息了。

鲁国是墨子的住地，也不断受到齐国的攻掠蚕食。于是墨子又把游说非攻的道理、说服齐国君臣停止对鲁国的攻掠作为自己义不容辞的责任。他拜见齐王田和说："现在有一把刀，用它试着砍人头，猝然落地，可以算是锋利吗？"齐王说："锋利。"墨子又说："砍许多人头，都猝然落地，可以算是锋利吗？"齐王说："锋利。"墨子说："刀是锋利，谁来承担杀人的责任呢？"齐王说："刀是被证明锋利了，试刀的人应该承担杀人的责任。"墨子说："兼并颠覆弱小国家，杀害无辜百姓，谁应该承担不义的责任？"齐王一会儿低头，一会儿抬头想了好半天，不得不承认说："我应该承担责任。"（《墨子·鲁问》）墨子义正词严，用道理说服了齐王。

项子牛是齐国将军，常率齐军攻掠鲁国。墨子曾派人打入内部企图节制他，未能奏效。于是墨子便亲自出马劝项子牛说：齐国攻伐鲁国是犯了大错误。过去吴王自恃强大，向东攻伐越国，向西攻伐楚国，向北攻伐齐国，诸侯群起报仇，百姓疲于奔命，不肯替吴王出力。结果导致国家衰亡，身败名裂；过去晋国有六卿，其中智伯最为强大。他盘算着自己土地广大，人口众多，有条件在诸侯中争当第一，博取战胜之美名。便大肆兴兵攻伐，先攻灭六卿中最弱的中行氏，后又攻灭范氏，把三家地盘合成一家。接着又把赵襄子围困在晋阳。这时韩、魏两家商量说，唇亡则齿寒，赵氏早上亡，我们晚上跟着亡。赵氏晚上亡，我们第二天早上跟着亡。我们跟赵联合抵抗，看智伯有什么办法？结果韩、赵、魏三家，里应外合，内外夹击，大败智伯。提醒项子牛要以历史上吴王和智伯好战而亡的事例作镜子。义理深刻，令人感动。使弱小国家在弱肉强食的形势下避免了兼并战争的攻伐。

墨者还特别擅长城池守御和器械制作。墨者崇尚智慧，反对老子的"绝圣弃智"和"绝巧弃利"的愚人黜智思想，与春秋战国时期道家的智观念形成了鲜明的对比。老子及其学派的人不赞成人们开动脑筋、发现和应用新技术，惧怕心灵手巧。而墨者则与老子及其学派的人恰好相反。墨家集团是由能工巧匠组成的智者群体，平时制作民用器具，战时制作军事器械。既精通各种手工技艺，又善于探究总结自然科学的各种理论与知识。他们不仅赞扬心灵手巧，而且还努力推广新技术，精思其中的奥妙，将其提升为科学知识，写进墨者俱诵的百科全书式的《墨经》，用以教授门徒，使之代代相传。在守御战中，墨者把军事家的谋略与工匠技巧相结合，巧筑城池藏暗机，发明创造了许多御敌擒敌的武备设施与技战术。如暗设竹箭藏机巧以防敌人偷渡护城河的方法；利用城堑栈桥诱诈敌人的引机发梁巧擒敌之法；坚固城门并能防火攻的悬门沉机之法；坑道战中窑灶鼓橐烟熏敌人的方法，城门保卫战中窑灶鼓橐烟熏敌人的方法，鼓橐烟火阻止敌人填塞护城河的方法，用酝化解烟熏的自卫自救方法。很显然，这些设施当是制陶、冶金等手工业技术在军事上的移植和应用。窑灶鼓橐烟熏技术在坑道战、城门保卫战和救埋城池战斗中的作用，类似现代人们施放的催泪弹，以酝解烟类似今天的排毒与消毒，颇有点原始化学战的味道；运用声音在地下媒质中传播的性质而发明的测定声源方向的伏罂探听技术，这种技术是科学知识、工匠技艺和军事谋略的巧妙结合，在后世战争中还有应用，唐宋书籍中就有不少记载，现代地道战中也仍然使用：渠答的综合利用方法，渠是埋在城墙上的立柱，答是柱子上悬挂的草帘，渠答的形状如同船桅和帆。它既可遮护防御，避免或减轻敌方矢石之伤害。又可收罗敌方抛射来的矢石，再用来还击敌方，颇有点"草船借箭"的味道。三国时诸葛亮以草船收曹营箭十万余支，唐将张巡以草人收叛将令狐潮箭数十万支，当都源取于墨者的"以答罗矢"。同时在敌人以密集队形冲城时也可以"烧答覆之"，是"破蚁附城"的重要战法和秘密武器。（《墨子·备高临》）可谓一物多用，尽管制作简陋，但很有效，也很能体现墨者的智慧。由此可见，墨者所发明的各种城池守御的战略战术，不仅可使城池固若金汤，从而保全了弱小同家。而且也充分表现了墨者的能工巧匠兼军事家的智慧特点，显示出墨者智慧和军事才略的过人之处。司马迁称赞墨子"善守御。"可见善于守城和防御，确实是墨子军事生涯的一大特色。

墨者利用自己在自然科学技术方面的优势和娴熟的手工技巧特长，还发明制造了许多城池防御武器。如连弩车，它是利用辘轳、轮轴即杠杆类的简单机械控制发射和回收长箭，以便重复发射使用。小矢一次竟能发射六十枚，要十个人操作。"以弦钩弦，至于大弦"，说明弦也有好几层，足见其威力之强大。目的是为了以威力更加强大的武器对付以优势兵力攻城的敌人。难怪当禽滑厘向墨子请教作战方法时，墨子脱口而出说"强弩射之！"秦始皇东巡琅邪，曾"自以连弩候大鱼出射之。"唐杜佑《通典》和李筌《太白阴经》也说车弩机"牙一发，诸弦齐起，及七百步，所中城垒，无不摧损，楼橹以颠坠。"而追本溯源，连弩机的发明权无疑应属于墨者。在西方，有弩机的弓最早是10世纪才在意大利出现，墨者的发明要比西方早1400年左右；掷车，是大型投掷机械；转射机，是可以灵活旋转发射的小型机械。掷车和转射机都是利用杠杆原理制作的抛掷武器，其抛射的杀伤物有箭、炭火筒、蒺藜等。在守城门、破敌云梯之攻、水攻、筑土台之攻、密集队形冲城等战斗中，二者都可大显神威，是城池防御战的重要武器，为后代抛掷石弹之炮的原型。西晋潘岳《闲居赋》所说的"抛石雷骇"，唐李善注所说的"炮石，今之抛石也"，以及唐宋有数百人挽索拽放的杀伤力更强的巨型发石炮，当都源于墨者发明的掷车与转射机。上述机械，设计巧妙、构思周密、威力巨大，都是当时世界上最先进的城池防御武器。而所有这些机械武器，无不都是科学知识、工匠技艺和军事谋略的巧妙结合，又往往一物多用，更体现了墨者能工巧匠兼军事家的深邃智慧的特点。

尤可称道的是墨者在军事器械制造中，非常善用和巧用机械技术。如把利用杠杆原理制作的汲水工具桔槔用作守城的必备器械和改装成坑道战的武器，把提物工具辘轳用作重兵器连弩车的卷收装置和守城器械木仓的牵引装置，把攀登工具梯子改造成既可作平面运动、又可作斜面运动的车梯，把手工作坊的窑灶鼓橐用作烟熏敌人的设备等，这些发明创造也都渗透了墨者的智慧与机巧，而这些极富墨者智慧的器械也的确都十分机巧灵便，既减轻了自身的体力劳动，又大大提高了工作效率和准确性。

作为工匠理论家的墨子本人也是一个机械制作高人，他精通手工技艺，在手工技术方面的实际能力，与神工巧匠公输般不相上下，甚至在某些方面比公输般还略胜一筹。他设计制造的守城器械比公输般的攻城器械还要完备精良；据说，公输般用竹木材料削制了一只喜鹊，在天上连续飞了三天也不跌落。公输般很高兴，认为自己的技巧已达到了顶峰。而墨子则不以为然，他也做过一只木鹰，在天上盘旋飞翔，三天而不落；他只需花费很少的时间，便可把三寸长的木条子加工而成车辖，负荷600斤重的东西，而且"致远力多，久于岁数。"（《墨子·鲁问》）试想一下，这些发明创造哪一项不是智慧的高含量成果呢！

墨者还非常善于考察精微与揣量曲直，这也是墨子对弟子的一贯教导与要求。战国时期，许多光学现象受到了人们的注意。墨者更是在反复试验的基础上，深入思考了当时生产、生活和学术争论中遇到的本影与半影、豆荚映画与小孔成像、凸面镜与凹面镜成像、飞鸟的影子不动等各种光学问题，对影的生成与消失、光的直线传播与反射、小孔与球面镜的成像原理、影的大小与物体的斜正以及与光源的大小、远近的关系等，都进行了细致探讨，并从光学原理上作了生动具体的阐明和精辟的理论总结，这不仅体现了墨者对智巧的崇尚,也体现了墨者的高度智慧。

墨者多数出身于工匠,与几何有着不解之缘。在长期的亲身实践中,他们还对自己经常打交道的方、圆、点、直线、合、垂直、水平、点与线相交、相切、相离、图形的等值变易、空间的度量,以及点与线、部分与整体、圆与直线的关系等问题,认真考察研究,通过理论性总结,获得了大量的几何学知识。他们从工匠的操作技巧和经验中概括出的许多定义与原理,至今仍被认为是严谨科学的。有人说西方的几何学渊源于测量土地的技术,数学最先兴于埃及修筑金字塔的测量演算技术。① 相传古代埃及的尼罗河每年泛滥,两岸田地地界被淹毁,灾后需要重新测定,于是测量地界的专门技术就应运而生了。古埃及的工匠修建金字塔也需要复杂的数学演算,人们凭借一根竹竿加上数学计算,就可测得金字塔的高度。工匠的经验通过专人整理就产生了数学。那么,《墨经》中的几何学也同样来源于手工业工匠的技巧和经验,它是墨者这些工匠理论家善于思考、勤于总结的结果,是一种实用性很强的理论智慧。

另外,墨者还对什么是宇宙、天是否会倾、世界的本质、时间与空间、有限与无限、古今之变与历史发展、鬼神与算命等许多天人哲理进行了探索,集中体现了墨者认识世界和改造世界的哲学思考,表明墨者不仅具有超群的手工技艺和丰富的自然科学知识,而且也具有哲学方面的深层智慧。墨者舍弃愚昧、破除迷信,饱含新智的宇宙观、世界观、历史观和无神论思想,无疑都是中国古代哲学的精华,至今犹能给人以深刻的启迪。

当然,古人云:目有所不见,智有所不及,聪明人也有愚昧的时候。墨子最突出的缺点,就是狭隘的经验论,以及由提倡节俭、关心民众疾苦,反对横征暴敛、奢侈浪费,走向禁欲、苦

---

① 亚里士多德《形而上学》,商务印书馆1960年版,第3页。

行，否定必要的娱乐。凡此种种，应该都是墨者智慧的缺失，也是墨者陷入的智慧误区。尽管如此，墨者这一智慧群体所创造的智慧文化，仍不失为中华民族传统智慧宝库的精品，具有重要的科学价值和研究价值，它足以也将永远启迪后人，开悟来者。即使是墨者的智慧误区，也能够从反思中引出一些对今人有用的教益与鉴戒。

综上所述，墨者的智慧和见识的确有其独到与过人之处。人生处万类，智识最为贤。在众多的先秦思想家中，墨子无疑是较多具有智慧素质的一位。他对自己的学说有坚守、执著的一面，也常常表现出机智灵活的一面，其思维之敏捷，谋虑之深远，技能之多面，以及口舌之灵巧等，在先秦诸子中都应属于佼佼者，是当世名副其实的大智者。而在墨家集团里则聚集了一大批智能超众的精英之士。他们巧手传艺，慧心究理，既富于工匠经验，熟悉手工技艺，精于科学技术，又善于探求巧传之故和理论总结，这在先秦诸子百家中确是很重要的一家，也是墨家不同于其他学派的一大特色，为我们留下了丰富的智慧财富。与墨者时代大体相当的古希腊哲人亚里士多德曾经说过："有经验的人较之只有些官感的人为富于智慧，技术家又较之经验家、大匠师又较之工匠为富于智慧，而理论部门的知识比之生产部门更应是较高的智慧。"[①] 由此看来，墨者实际上已具备了经验家、技术家、工匠、大匠师和科学理论家的训练、教养和素质，拥有多层次、多方面的真知睿智。其突出表现就是能从生产技艺和日常经验中总结出科学的理论知识。因此我们说，墨家在战国时期的诸子百家中是最崇尚智慧和最富有深邃智慧的一个学派。

总而言之，战国是中国智慧定型的时期，也是中国智慧中道与术定型的时期，从那时开始，就决定了中国智谋文化的特征。

---

① 亚里士多德《形而上学》，商务印书馆1960年版，第2页。

战国时期，人们对智慧的研究，并不像名辩等问题那样，从学术理论上展开条分缕析的探讨，而是以特有的功用主义眼光，认为纯学术的研究都是无用的，强调学术研究的实用性。尽管如此，战国时期的"百家争鸣"、各学派之间的互相撞击，以及劳动生产、政治、军事斗争的实践活动所闪耀的先人智慧的光华，仍足以光照后人。各个学派对智慧问题的态度虽然不同，论述也多少不一，但已充分证明当时人们的智观念，与春秋时期相比已发生了很大的变化。战国时期的智观念是中国思想文化的重要内容，也是以后中国传统智慧的主要源头。战国时期智观念的发展，对中国古代思想文化的转型、科技体系的形成、创造发明的涌现以及当时的社会改革与进步，都起到了重要的促进与推动作用。

第八章　战国时期"士"的"智"观念

战国是社会大变革的时代，也是一个崇尚智慧的时代，更是一个智慧大竞争的时代。这一时期，兼并斗争激烈，社会风气骤变，人才辈出，学术繁荣，出现了一大批文化巨人，并形成了"百家争鸣"的局面，为能人智士提供了施展其聪明才智的广阔空间和种种机会。有人说："一个充满了机会的时代也是一个充满智慧的时代。"（冷成金《智典》先秦卷·代前言，企业管理出版社2002年版）此言甚是。战国时期，无论是智慧的理论性总结，或是智慧的运用实践，都进入到一个崭新的阶段。

一　游学养士风气的盛行

战国时期，游学、收徒讲学、谈辩、养士、好士之风极为盛行。它从一个方面反映了人们对知识的渴望、对人才的重视和对智慧的推崇。

春秋末期，随着社会经济的发展和周天子权力的衰落，出现了文化教育下移、私学建立、民间知识阶层兴起的新现象，孔子率领其弟子周游列国，首开游学之风。战国时期，游学风气更加盛行。游学风气在春秋末期虽起，但养士之风尚无。到了战国时期，列国诸侯之间的兼并争斗日益激烈，外交关系复杂多变，他们不仅想维护自己的既得领地，一些大的诸侯国如齐、楚、燕、赵、韩、魏、秦等，更想兼并别国领土来建立霸王之业。各诸侯国内部国君与权贵之间的矛盾也很尖锐，争权夺利的斗争十分激烈，君臣关系非常微妙。"诸侯并争，厚招游学，"（《史记·秦始皇本纪》）国君和权臣都积极招揽良才智士于身边，除充当武卫、扈从、家臣外，所养文士则主要是用其智力，充当主人的智囊。一方面利用他们机智善辩的头脑和巧舌如簧的辩才，作为应急时的谋士和外交中的帮手。另一方面则借重于他们的活动以及在各诸侯国中的影响，来扩大自己的威望，提高自己在各诸侯国包括在国内的政治地位。他们深知"良才难令，然可以致君见尊。"（《墨子·亲士》）因此，他们对这些人都很尊重，把这些人供养起来，统称为客卿或食客。在生活上给予比较优裕的待遇，或供养其学习交流，或供养其讲学授徒，或供养其著书立说。在政治上给予很高的礼遇和宽松的政策与环境，或授予大夫称号，或给以高官厚禄，或委以重任要职。诚恳欢迎他们参政、议政，虚心采纳他们的建议，如果言论有谬误，也不加罪。当时的士，可以各持一说，在诸侯之间奔走游说，"合则留，不合则去"，有相对的自由。即便是得罪了本国国君，但他仍可以避祸别国继续其游学活动，乃至议政、参政，甚至腰系相国大印。于是，推崇智慧、重视人才，以优厚待遇招徕机智有谋、能言善辩之士便成为上层社会一时之风气。诸侯国国君与贵族权臣的大量养士，不仅为更多的士人提供了相互学习和研讨的机会与场所，而且良好的生活环境和学术环境，也为名士大家提供了招收门徒、扩大学术队伍的机会和条件。

为了博得天下士人的欢心，与其他诸侯国争夺人才，许多诸侯国的国君，如齐桓公、齐威王、宣王、湣王、襄王、燕昭王、魏惠王、楚惠王等，都纷纷表现出礼贤下士、求贤若渴的姿态。各诸侯国的权臣，如齐国的孟尝君、赵国的平原君、魏国的信陵君、楚国的春申君等，为了与国君和其他权贵争夺人才，更是对士人表现出慕而敬之的态度。国君与国君、权臣之间，以及权臣与权臣之间，竞相攀比，都以好士自居，以养士人数多、名人精英多为自豪，以好士之名远扬为光荣。如齐宣王虽然养士上千，但仍不满足，还想网罗各方面的人才。有一次，尹文去见他，他苦恼地感叹说："寡人很喜欢士，然而齐国却没有士"。（《尹文子》）甚至有些权贵竟然出现了好士不好政事的现象。如魏国公子牟，就不喜欢治理国家事务，而专喜欢与学问好的人交游。他曾对名家的后起之秀赵国的公孙龙十分推崇，并表示悦服，为此，还与讥笑他的儒家学者乐正、子舆等人发生了激烈的争论。在当时这样的大气候、大环境下，任何一个诸侯国国君都不可能也不愿意公开得罪这些具有一定影响的良才智士。举个例子，公元前439年，即墨子完成止楚伐宋这一传奇性业绩的次年，恰逢楚惠王在位50周年，墨子兴致勃勃地由鲁国专程去向楚惠王奉献自己的著作。由于书中的内容与楚惠王的思想不合拍，惠王看后不赞成墨子书中所讲的道理。只是客套寒暄说："这是一部好书啊！我虽然不能得到天下，但乐意供养贤人，请您留在我的朝廷做一个顾问，享受百钟的俸禄，这就有点对不住您这位天下有名的贤人了。"并借口年老，让大臣穆贺接待他。墨子看到惠王毫无实行自己学说的意思，便辞别回鲁。楚国的鲁阳文君得知墨子遭受冷遇后，立即向惠王提意见说："墨子是北方的贤圣人，您不亲自接见，又不给予礼遇，如此失礼，这不使天下的士人寒心吗？"（《渚宫旧事》二）吓得以天下大王自居的楚惠王，马上让鲁阳文君去追回墨子，并许诺以方圆500里土地封给墨子，让他留在楚国做封君。又如，有一次，齐宣王召见辩士颜斶入宫，颜斶见宣王傲踞宝座之上，一副国君派头，当即停住脚步，倒背着双手，若无其事地观看起大殿上悬挂的各式灯具。宣王见状生气地直呼其名说："颜斶，到我跟前来！"岂料颜斶也厉声说："大王，到我跟前来！"宣王闻言顿时拉下了脸，周围侍卫更是大惊失色，齐声呵斥。可颜斶却一点也不买账，根本不予理睬。

继续冲着宣王说:"我到大王跟前去,人们便要说我趋炎附势,谋荣取利;若是大王到我跟前来,人们便会称赞大王礼贤下士,求贤若渴。我觉得与其让人嘲讽我,倒不如让人称赞您。"宣王认为颜斶是在狡辩,质问他说:"究竟是国君尊贵,还是士人尊贵?"颜斶脱口而出:"当然是士人尊贵,国君不尊贵!"宣王闻言气得直跳,愤怒地说:"岂有此理!"颜斶则淡然一笑,心平气和地说:"大王不要发怒,且听我讲一个不久前发生的故事。秦国攻打齐国时,秦王曾向他的将士下了一道命令:'有谁敢到柳下惠先生的坟墓周围五十步的地方打柴,格杀勿论!'为什么呢?因为秦王敬重柳下惠是鲁国的贤士。与此同时,秦王还下了一道命令:'有谁能取得齐王的首级,就封他为万户侯,并赏赐黄金万两!'这两件事,不是很清楚地说明,活着的国君的头,远不如死去的贤士的坟墓吗?"齐宣王无言以对,而心里又愤愤不平。群臣见此都说:"颜斶过来!大王有万乘兵车的国土,有铸千石之钟的财力,天下的仁人志士无不争相投奔,智者辩士无不前往出谋划策。东南西北无不风靡响应,各种物资无不齐备。现在像你这样的士人,不过是一介平民而已,田间耕作,徒步而行。下等的士人住穷乡僻壤,只能看守里巷,士人的地位实在是十分下贱的。"颜斶反驳说:"不对。我听说古代大禹之时,有诸侯万户,何以有如此之多的诸侯呢?是因为他们尊重道德风尚,推崇士人的能力,因此,舜出身于田亩之中,被推举为天子。即使到了商汤之时,诸侯也还有三千之多,而如今,称孤道寡者只有二十四人了。这就是是否尊重道德和士人而产生的不同的结果,等到诸侯逐步削弱,以至于国破家亡,即使想看守里巷,又怎么能得到呢?所以,《易经》上说:'处于高位而不务实际、只图虚名的人,必然奢侈傲慢,祸患也必然接踵而至。'因此,不务实际而一味追求虚名的诸侯必然要被削弱。不能积德行善而只求福祉的人就必然要遭到困扰。无功而窃居官位的人恐怕难免羞辱和杀身之祸。尧有九个助手，舜有七个挚友，禹有五个丞相，汤有三个贤佐，从古至今，不靠贤人辅佐帮助而能成就大业者，未有其人！不以礼贤下士为耻，不以虚心求问为辱，甚至以向地位低下的士求教为无上的光荣，像尧、舜、禹、汤等都是。所以说：'无形者是有形者的主宰，无绪者是事物发展的根本！'上能体察事物的本源，下能梳理事物的流变，如此圣明而又有学问的君主，怎么能有不祥的事情发生呢？老子说：'虽然尊贵，必然要立足于卑贱之中。虽然高大，必然要以低下者为基础。'所以，诸侯国君自称孤、寡，难道是因为他们本来身份低贱吗？并非如此，孤、寡本来是低贱的称谓，而侯、王国君以此自称，岂不是自谦和对士人的尊重吗？尧传天下给舜，舜传天下给禹，周成王任用周公，世世代代称其为圣明的君主，这足以证明士人的高贵了。"齐宣王听罢甚感汗颜，他被颜斶折服了，十分客气地点头说道："是啊，对于道德高尚的君子，怎么可以轻视侮慢呢！是我错了。"说着便起身走向颜斶，施礼道歉说："刚才听了先生的教诲，才看穿了那些小人的作为。现在，我希望您接受我为弟子，今后，颜先生与我同游共处，三牲佐餐，出门乘车，夫人及子女衣锦饰玉。"（《战国策·齐策四》）最终使先倨后恭的齐宣王心悦诚服地接受了士人比国君尊贵的观点。这一惊心动魄的论辩，不仅表明颜斶有"士可杀而不可辱"的惊人胆量和辩才、齐王十分敬重贤士，而且还表明齐宣王也不愿落一个慢待贤士的坏名声。因此，礼贤下士，国君与权臣竞相博得好士之美名，也已经成为战国时期上层社会的一种时尚。

总之，战国时期游学、收徒讲学、谈辩、养士、好士风气极为盛行。从历史上看，游学养士之风发轫于春秋末期，鼎盛于战国时期，学者荟萃、思想活跃的地方是齐、赵、魏、楚等诸侯国。这一时期，在社会经济发展、文化教育下移、兼并战争不断、人才竞争激烈等因素所构成的社会环境的滋生孕育下，游学、收徒讲学、谈辩、养士与好士就蔚然成风并日益盛行起来了。战国时期士人的作用非常大。他们奔走诸侯，献计献策，扶危解困，出生入死。外交上胜过国君大臣，军事上胜过千军万马。得一士而国兴，失一士而国亡，这已成为当时人们的共识。战国时期也是士人最为自由的时期。此时的士人既可以自由地发表自己的意见，评论时政，也可以自由地择主而事。更为重要的是他们还可以睥睨王侯，甚至以帝王师自居，正是他们创造的这一传统，才使人们对封建政权不断地起到了积极有效的矫正作用，从而为中国历史的发展提供了一定的保证。当然，我们也应当看到，这种社会风气，实际上，也是重视人才、崇尚智慧的具体体现。它使"士"阶层的人数越来越多，力量越来越大。而且这种社会风气同时又是智慧得以不断丰富与发展的肥沃土壤。

二　智与富贵的关系

　　战国时期，游学、收徒讲学、谈辩与养士、好士风气的盛行，为人才的成长与发展提供了必不可少的物质条件。二者相辅相成，互相联系，互相促进。游学、收徒讲学、谈辩之风为养士、好士之风提供了人才，养士、好士之风使游学收徒讲学、谈辩之风更盛，它为人才提供了良好优裕的学习生活环境和施展其聪明才智的用武之地，为人才走向成功与富贵提供了种种机会和条件。同时，这些游士作为国君或权臣的食客，也都会有食君之禄、忠君之事的考虑，从而也就必然要卷入议政、参政活动中。这样，智与富贵就紧密联系起来了。他们凭借胸中的才华，来往于诸侯国之间，或进行游说，或宣传富国强兵的主张，以博得诸侯国君的欣赏和任用，从而获得荣华富贵。

　　在招揽启用智士方面做得最为出色、养士之风最盛的是齐国。早在齐桓公田午时期，就在都城临淄的稷门之外建造了一座学宫,专门供养游学之士,并设置大夫,以招徕天下贤能的知识分子。对智慧出众的学者,不仅给以大夫、上大夫头衔和俸禄,而且还在城内给他们建造高大宽敞的宅第。鼓励他们高谈阔论、著书立说,对治理国家的方针政策提出自己的看法,也可以对国君的各项方针策略进行赞美或抨击,甚至还可以同国君进行面对面的辩论。这就使齐桓公有了一个高水平的智囊团。

其后,经齐威王而至齐宣王,稷下学宫再次兴盛,规模更为扩大。仅赐为上大夫之禄的智士就有76人,加上这些上大夫的弟子和那些未列名上大夫的游学之士,竟有数千人。在这些人中既有继承邓析学说的名家辩士尹文、兒说、田巴等,有继承孔子学说的儒家辩士孟轲、匡倩、徐劫等,有继承老子学说的道家辩士宋钘等,也有继承鬼谷子学说的阴阳家辩士邹衍、邹奭等,还有学无所主的杂家辩士淳于髡、兵家孙膑、法家慎到等。稷下学宫的创设与扩置,不仅使其成为各学派荟萃的中心,对开展百家争鸣,繁荣当时学术起了重要作用,而且也使齐国拥有了大量人才,从而使国力强大起来。因此,在战国中期,齐国还曾一度代替魏国而再次成为东方诸侯的霸主。

稷下学宫兴盛了一百多年,至齐襄王时代,仍设置有大夫之称号。

数百上千的智士荟萃于稷下学宫,他们借助于国君的威望与权力,从事活动。向国君面陈治国良策,对国君施政弊端当面抨击,在国君遇到困难时出谋划策,或奔走诸侯、或率兵作战。齐国国君花费大量的钱财创设学宫、养士逾千,一个重要目的就是为了听取这些来自四面八方的有识之士对国家政治、经济、军事方面的意见,以加强自己的国家政权,巩固自己在诸侯间的激烈争斗中已获得的霸主地位。因此,从齐桓公到齐威王,再到齐宣王、湣王、襄王,都能礼贤下士,对于胸有良谋、言之成理的智士,都能表现出敬慕、虚心、诚恳的态度。大凡说得对的建议,也都能马上采用,即使言有错谬,也不加罪其身。这种开明态度,颇近今人所谓言者无罪,闻言作戒,有则改之,无则加勉的雅量。从实际情况来看,稷下智士凭借着自己的聪明才智,也确实提出了许多治国安邦图霸的妙计良策,他们屡屡解难救危,化险为夷,保卫了国家,维护了国家的尊严,使齐国成为战国时期威慑四邻的强国。

一般说来,荟萃于稷下学宫的人,大都是通过著书立说、议论国家治乱兴亡之事以帮助国君的学者,他们当中的大多数都不从事具体的国家政务管理,纯属于"不治而议论"的智士。但他们却有"客卿"之尊,享有大夫、上大夫等名誉,并得到了与之相应的种种待遇和实惠。优厚的待遇和良好的环境,也为他们的聪明才智的充分施展创造了条件,使他们荣显当世、名扬后代。如杂家辩士淳于髡,出身低微,曾当过"家奴"。后来不仅名冠稷下,享受上大夫之称,而且出入庙堂深得齐威王、齐宣王等国君的尊宠。他能聪颖而出,成为名辩思潮中的著名人物,在稷下学宫中享有极高的地位,"博闻强记、学无所言",善于运用假譬取喻方式说明道理和表达思想,无疑是重要因素。

所谓假譬取喻,就是借助假譬传达所含之喻义。这种由彼及此的类比论证方法,虽然与西方的"科学类比"不完全相同,但是由于辩者抓住了类比双方所包含的某一个共同之理,同样具有揭示道理,震慑人心的说服力。因而成为稷下学宫的辩士们在名辩活动中所经常运用的重要论证方法,到了战国中期,它已经成为普遍的思维方法。其具体运用方式可分为两种。一种是只言譬例而不明谈所论之事包含的某一共通之理,具有引而不发的特点。故这种譬式推论又称"隐语"。另一种是明白道出譬喻双方,并将存在于两者中的某一共通之理加以明确的揭示。这两种譬喻方法,淳于髡都善于运用,而尤精于隐语。

齐威王主政初期,终日沉迷于享乐之中,不理朝政,并严禁进谏，国家管理十分混乱，韩、赵、魏等邻国都趁机侵略。此时地位还很低微的淳于髡求见齐威王，威王斥责说："我已下了命令，不准任何人进谏，你来干什么？"淳于髡不慌不忙地说："我是一个地位低微的人，岂敢违背大王的命令来规劝你呢？只是因为听说大王喜欢隐语，所以我编了一个献给大王解闷。"威王闻言大喜，急不可待地说："快讲给我听。"淳于髡遂即讲道："我们齐国有一只大鹏鸟，栖息在齐王宫中已有三年，从不伸展一下翅膀，也默默无声不曾鸣叫。大王，你猜猜这大鹏鸟在想些什么？"威王听罢，心头一动，笑道："这只大鹏虽然三年不飞，一旦飞起，便要直冲九霄；虽然三年不叫，一旦鸣叫，定会震惊四方！淳于先生，我已理解你的意思了。"这就是著名的"隐语"、"一鸣惊人"的故事。从此，齐威王便以"一飞冲天"、"一鸣惊人"的精神面貌，励精图治，不仅肃清国内政治，而且亲自领兵收复被韩、赵、魏三国侵占去的土地，三十六年中，无人敢再与齐国为敌。另外，《战国策》中还有一则淳于髡在一日之内连续向齐宣王推荐了七位贤士的故事。由此可见，淳于髡不仅有惊人的胆量，而且还有超人的智慧。齐国的振兴，淳于髡功不可没，他受到齐王的尊宠，被任为大夫，那也就是很自然的事了。

又如孟轲，他是鲁国贵族孟孙氏的后裔，是孔子的孙子子思的再传弟子。他生活的战国中期，正是儒家学说不受欢迎的时期，当时"诸侯放恣，处士横议，扬朱墨翟之言盈天下。天下之言，不归杨则归墨。"（《孟子·滕文公下》）为弘扬孔子的儒家思想，孟轲带着门生公孙丑、万章等人来到稷下学宫，他竭力向齐宣王陈述自己的"王道"、"仁政"治国方案，并希望齐宣王成为圣明君主，因此颇为齐宣王看重，把他视同稷下学宫中那些"著书言治乱之事"，但不参与具体政事的学者，让其享受"客卿"之尊的待遇。

一些稷下学宫的智士,因其才智受到国君的赏识而被任命为要职,直接参与国家政务的管理,成为因议论而治的当权者。比如邹忌,他本来也是稷下学宫的名辩之士,因为运用譬喻的说理方法,以弹琴譬喻政治,而深得齐威王之尊宠,由学宫辩士一跃而被拜为相国,封于下邳(今江苏邳县西南)。离开学宫进入王宫后,他仍然运用这种思维方法,经常向齐王阐述自己的种种建议。有名的邹忌论美就是一例。邹忌身材修长,容貌俊逸,举止潇洒。城北徐公,素有齐国美男子之称。一大早邹忌穿戴整齐,边对镜端详,边问妻子:"我与城北徐公相比谁美?"妻子说:"你太美了,徐公怎么能比得上你呢?"邹忌不信,又问爱妾:"我与徐公相比,究竟谁美?"妾也说:"徐公怎能比得上你!"当天有一客人来访,闲谈间邹忌问客人:"我与徐公究竟谁美?"客人说:"徐公不如你美。"第二天徐公来访。邹忌端视良久,自感不如对方美,又偷偷地在镜子里对照,更觉得远远不如人家。晚上,邹忌躺在床上反复琢磨与徐公比美之事,终于悟出了其中的道理。于是,他朝见齐威王时讲述了自己与徐公比美的经过,然后说道:"我深知自己不如徐公美,可是因为我的妻子偏爱我,我的小妾畏惧我,那位客人有求于我,便都说我比徐公美。如今齐国有千里之大,120 座城市之多,因而后宫的嫔妃,无不偏爱大王;朝廷上的大臣,莫不畏惧大于;四境之内的人,无不有求于大王,由此看来,大王所受的蒙蔽,比我在家里所受的蒙蔽当然就更厉害了!"齐威王听罢邹忌这一番譬喻分析,如梦初醒,连声赞道:"说得对!"当即下了一道命令:"各位大臣以及官吏、百姓,凡能当面指出寡人的过失,均受上等赏赐;凡能上书劝谏寡人者,可受中等赏赐;凡在公共场所指出寡人过失而能让寡人知道的,可受下等赏赐。"齐威王由严禁进谏到奖赏进谏,这一变化无疑与邹忌的巧妙比喻说理的聪明才智是分不开的。这场广开言路的举动,也无疑为振兴齐国起了重要作用。而邹忌的智慧与齐国的强盛则又反过来成为他强有力的政治资本。

据说，邹忌拜为相国后，淳于髡曾对其治国才能颇不放心。有一天，他带着几名弟子，神情傲慢地来到相府，以假譬取喻的谈辩方式，试探邹忌的才能。淳于髡首先发问说："做儿子的不背离父母，做妻子的不背离丈夫，这话对吗？"邹忌答道："对，我做臣下的绝对不会背离君主。"淳于髡又说："车轱轮总是圆的，水总是往下流淌的，这话对吗？"邹忌点头说："对的，方的不能转动，河水不能倒流。我虽然已高居相位，也不敢背离人情，一定要亲近百姓。"淳于髡又问："狐狸皮袄破了，不能用狗皮去补，你说是吗？"邹忌说："是的。邹忌一定秉公理事，唯贤是举，不徇情枉法，不让小人窃居高位。"淳于髡再问："那么，应该怎样造车？"邹忌回答说："必须量准尺寸。"淳于髡又问："弹琴呢？"邹忌答曰："必须定准高低。"淳于髡见邹忌随口便将自己假譬所含的喻义揭示了出来，并且还表明了自己治理国家的态度与才能，顿时变傲慢为恭敬，心悦诚服地向邹忌施礼道歉。邹忌也真心实意地接受了淳于髡的譬喻深意，精心辅助齐王治理好朝政，从而也就确保了他的相国地位。

另外，还有一些智士本已担任国家的要职，却辞职来到稷下学宫。如著名军事家孙膑，曾与庞涓俱学兵法。庞涓事魏后，他由于受庞涓残害，从魏国流亡到齐国，被任为军师。马陵之战后，当齐宣王准备加封他的时候，他却婉辞了爵位，悄然来到稷下学宫，专心研究先人的兵法，并结合自己的军事实践，著书立说，成为稷下学宫中独树一帜的兵家。总之，战国时期，齐国的稷下学宫荟萃了大量的良才智士，优厚的物质待遇和高规格的政治待遇，不仅使他们很快富贵起来，而且也使他们的社会地位迅速攀升，空前提高，并成为国家兴衰和社会历史发展的重要力量。

齐国通过稷下学宫荟萃天下智士，一方面使齐王"好士"之美名远布，另一方面也使齐国受益匪浅，日益强盛起来。这种招揽人才、图谋强国的做法，在其他诸侯国中也引起了强烈反响，并在各诸侯国掀起了不拘一格用人才的人才竞争的浪潮。如燕昭王就仿效齐国，也"卑身厚币以招贤者。"他在易山之旁建造了一座高台建筑，里面堆放着黄金，用来作为招待从各诸侯国投奔而来的有识之士的费用和礼物。因此，这座高台即名之为黄金台。常言道：重金之下，必有勇夫。更何况这是在非战争的情况下而重金奖赏呢？据说，燕昭王为报齐仇，欲招徕人才，还曾向郭隗问计，郭隗说："请先自隗始，"昭王即为其筑宫而敬以为师。于是，已从稷下学宫游学完毕、曾历游魏赵等国、受到诸侯"尊礼"、此时正为赵国平原君座上宾的邹衍，以及剧辛、苏代、屈康、乐毅等人，都纷纷从赵国、东周洛阳、卫国和魏国赶来，成为燕国的客卿，有的还被任命为官职。如剧辛，由赵入燕后，就曾为燕昭王之臣。乐毅则被燕昭王任为亚卿。在他们的辅助下，燕国也曾一度强盛起来，几乎灭掉了齐国。公元前284年，乐毅率军击破齐国，先后攻下七十多城，因功又被封于昌国（今山东淄博市东南），号昌国君；享受着一般人所不能享受的荣华富贵。

国君养士，权臣也不甘落后。齐国贵族公子孟尝君田文，效仿齐王，也大肆养士，门下有食客数千。到了战国后期，其他一些诸侯国中有财力的权贵，也纷纷效法齐国，招贤纳士，供养"食客"，以备大用。他们互相影响，互相攀比，很快便在贵族阶层中掀起了养士的社会风气。如赵国的平原君赵胜、魏国的信陵君无忌、楚国的春申君黄歇，他们都是所在国的贵族公子，门下食客均达三千。战国末年的秦相国、文信侯、被称为"仲父"的吕不韦，门下亦有宾客三千，家僮万人。甚至连秦国宦官、长信侯嫪毐，门下也有食客千余人，家僮几千人。这些权贵所养之士并不局限于文学之士,更多的是有一技之长的游侠、勇士,乃至于鸡鸣狗盗之徒,而被称之为"食客"。当然,其中也有文化素质很高的学者。如战国末年的名家新星公孙龙,他与儒家的后起之秀荀子都是同一国籍、同一时代的名辩弄潮儿。公孙龙率领众门徒,以其诡辩和逻辑才能,长期居住在赵国,充当赵惠文王的弟弟、战国四公子之一的平原君赵胜的客卿近40年,深受赏识、重用和厚待。他一方面帮助执政的平原君出谋划策,析疑解难,另一方面他利用食客三千、游士盈门的平原君相国府倡教名辩学说。一生虽无显官高爵,但他借助相国府的威望与权利,创建了具有名家独特风格的名学理论体系而名满当时,流传千古。另外吕不韦的门下宾客,还汇合先秦各派学说,"兼儒墨,合名法。"编著了《吕氏春秋》一书。因此,从总体上看,他们尽管远不能与稷下学宫及黄金台的贤能智士相比,然而座上宾的礼遇和养尊处优的生活待遇,也远非是一般人可与之相比的。

同时,我们还可以想象,如此众多的食客,其财力应是何等的雄厚。出于养士之多,他们在国内的地位和在各诸侯国的影响力,也就可想而知了。因此,这四位贵族公子不仅都一度出任本国的相国之职,而且齐国的孟尝君还担任过秦国的相国,后来因齐国内乱而出奔魏国时,又担任了魏国的相国。这真是食客因栖身于他们而富贵,而他们则又因供养食客众多、实力强大而拥士自重,权倾朝野,把自己推到了富贵的巅峰。

在重要官职的选任上,一些诸侯国也纷纷起用了智士,并大胆任用"外国"人才。不但给予高官厚禄,而且一人还可兼要职于数国,而数国又都竞相封赏赠予。如墨子派管黔敖推荐高石子到卫国当官从政,卫君看在墨子的学问上,让高石子作卿相,并给予很高的俸禄。后来,墨子又派各方面能力都比较强的耕柱子到楚国做官,楚王也给以高官俸禄。没过多久,他还特地给墨子送来200多两黄金,作为墨学集团的活动经费。墨子还曾派弟子公尚过到越国做官，越王为公尚过准备了五十辆轿车，让他把墨子接到越国，并准备用过去吴国的500里土地封给墨子，让墨子在越国做地方封君，享受特权。魏国起用公叔痤，曾连任武侯、惠王相国。他率军智胜韩赵联军于浍水北岸，擒赵将乐祚。魏惠王赏以田一百万亩，他认为是过去吴起教导有方，部下巴宁、爨襄之功。惠王因赏巴宁、爨襄田各十万亩。吴起后裔田二十万亩，又加赏他田四十万亩。又如善于运用假譬取喻说明道理的惠施，就曾经在魏国当了十二年的相国。惠施本是宋国人，大约生于公元前370年，卒于公元前310年，与孟子同时。由于他生活在名辩思潮蓬勃发展的时代，受到了各种名辩思想的熏陶，继承与发展了邓析的思想，从而成为名家学派中继往开来的代表人物。桂陵之战后，魏国为恢复元气，积极招揽各种人才，于是，惠施便来到了魏国。尽管魏国没有齐国那样的稷下学宫能云集众多智士切磋学问，但是由于惠施的到来，名辩活动也顿时高涨起来。惠施凭借着自己渊博的知识，运用邓析的"两可"分析方法，从天地万物发展的规律中，提炼出许多论辩命题，并把这些辩题公布于众。四面八方的智士纷纷来到魏国与其展开辩论。一时间，惠施的横溢才华与善辩口才便称雄天下。魏惠王十分欣赏惠施的聪明智慧，不仅委以相国之重任，而且还称他为"仲父"，甚至还曾一度表示愿意效法尧、舜，将王位禅让给他，可谓尊贵到了极点。号为"犀首"的魏国人公孙衍，初在秦为大良造，后入魏为将，又为魏相。他凭借自己的聪明才干，奔走诸侯，合纵抗秦，曾先后发起燕、赵、中山、韩、魏"五国相王"和魏、赵、韩、燕、楚"五国伐秦"，一人竟佩五国相印，真是红极当时的大能人。然而，战国时期也是整个中国历史上最大的纵横家苏秦、张仪，则更有过之，而无不及。苏秦是东周洛阳（今河南洛阳东）人，属小康家庭。起初他曾带了一百镒黄金作盘缠，到秦国游说秦王连横。由于时机不成熟，在秦国住了一年多，接连上了十多次书，秦惠王也没有接受他的建议，只是回信说："我倒听说过：毛羽如果不丰满，就不能飞得很远；礼乐制度不成，不能够随便惩罚别人；道德修养不够深厚，也不能教导役使别人；政治法令没有理顺，也不能随便去烦扰大臣。现在先生您不远千里来到秦廷上教导我，还是等秦国具备了条件再听您的意见吧！"结果弄得盘缠钱也花完了，衣服也穿破了，无奈之下，只好回家。他一路上风尘仆仆，回到家时，脚上只穿着草鞋，还用皮子绑缠着，身上背着书，担着行囊，形容枯槁，面目黧黑，满脸羞愧。家里人看到他那副落魄的样子都不理他。妻子连织布机都没有停下来，嫂子也不为他做饭，父母连句安慰的话都不跟他说。如此冷遇使他受到了极大的刺激，他叹息道："妻子不拿我当丈夫看，嫂子不拿我当小叔看，父母不拿我当儿子看，这都是秦王造成的啊！我一定要想法报此被辱之仇。"并告诫自己说："哪里有游说国君而不能获得锦衣美食，不能据有卿相之位的呢？"后来，经过一年的"头悬梁，锥刺股"的苦学和细心揣摩，终于掌握了当时的"国际形势"，转而联合六国，南北合纵，并取得了巨大成功。他先到燕国，燕文公十分同意他对天下形势所作的分析和联合抗秦的具体方案，于是就赠送给他很多车马、金帛和从人，送他来到赵国。赵肃侯也很赞同苏秦的合纵抗秦办法，于是便封苏秦为武安君，并给他一百辆装饰豪华高贵的马车，黄金千镒，白璧百双，锦绣千捆，请他去联合诸侯。在当时的紧迫情势下，苏秦的游说非常顺利，韩、魏、齐、楚四国也都同意合纵抗秦。这样，苏秦便做了六个诸侯国的宰相，佩挂上了六国相印。他从楚国向北返回赵国，一路上前呼后拥，威风凛凛，其场面真是排场阔气、史无前例。在路过洛阳老家时，他也要显示一下自己的威风。其父母亲自来到路旁迎接，他的嫂子扫地三十里，趴在地上不敢抬头，至于他的妻子只能远远地躲在一边竖起耳朵偷听，侧目而视，连正眼都不敢瞧一下。

这与当年他从秦国回来的落魄冷遇情形相比,可谓是巨大的反差。苏秦问他的嫂子说:"嫂嫂为什么先前对我十分倨傲,而现在对我又十分恭敬呢?"其嫂直言不讳地回答说:"因为叔叔您权大位尊而又有很多很多的钱啊!"苏秦听后万分感慨地说:"唉!贫穷的时候连父母都不认你做儿子,富贵以后则亲戚也感到畏惧。人生在世,势力权位以及富贵难道是可以忽视的吗?"(《战国策·秦策一》)周显王36年(公元前333年),燕、韩、齐、魏、楚、赵六国会于赵国的洹水,歃血为盟,结为兄弟,互相支持,共同抗秦,并推举苏秦为"纵约长",佩挂六国相印,专门办理合纵事宜。此时的苏秦,可以说是权倾天下,威震四方,富贵到了顶峰。张仪是战国时期魏国贵族后代,出身十分穷苦。据说他曾同苏秦一起读过书,也是个非常热衷功名利禄的人。在未仕之前,也经历了一个艰苦的漫游过程。他曾做过楚国的下等客卿,有一次,楚令尹昭阳家传看和氏璧时忽来大雨,纷乱中和氏璧丢失,昭阳的家人见张仪衣着褴褛,便一口咬定是他所偷,把他打得几乎死去。后来他听一个叫贾舍人的商人说苏秦在赵国做了相国,就前去拜见,没想到苏秦对他极为傲慢,这使张仪受到极大刺激。就在张仪衣食无着、山穷水尽的时候,又是贾舍人帮他来到秦国,并替他花了大量钱财,打点公门,使他当上了秦国的客卿。正当张仪对贾舍人万分感激的时候,贾舍人则对张仪说:"这一切都是苏相国一手安排的,连我自己也是苏相国的门客。相国怕您在赵国得到了一官半职就满足了,况且相国认为自己的才能不如您,不宜在一国为官。所以才特意激励您的志气,把您安排到秦国来,希望您以后劝说秦王不要攻打赵国。"张仪听后,终于明白了苏秦激将法的良苦用心,他既感动,又佩服,从此再也不认为自己比苏秦更有才能了,并发誓要闯出一条路来。秦惠文王十年(公元前328年)拜张仪为相国,让他办理连横事宜。他辅佐秦惠文王打败了楚等六国联盟的两次进攻，迫使魏国献上郡，秦王派他带着礼物到楚国游说，他采用重宝收买和花言巧语的蛊惑欺骗手段，顺利拆散齐楚联盟，二次战败楚军，并夺取楚黔中之地，使昏聩贪婪的楚怀王接连上当，最后死于从秦国逃回的路途中。由于功劳特大，秦王又封他为武信君，并让他带足钱财，周游诸侯，实行连横计划。张仪满载而归，非常漂亮地完成了外交使命。但此时秦惠文王已死，武王即位，张仪失宠。于是他又说服秦武王派自己去了魏国，张仪又被魏王拜为相国，并靠智谋使魏王更加信任，直到病死。可以说，他从一个被人怀疑侮辱的贫困客卿，而成为权大位尊的秦相和魏相，完全是靠智谋改变自己的命运而富贵终生的。再如秦国贵族樗里子，初任庶长。为人滑稽多智，秦人称之为"智囊"。后因战功封为严君。秦武王时，被任为右丞相。临淄（今山东淄博东北）人田单，初为市吏，后为齐将。燕将乐毅破齐时，他坚守即墨（今山东平度东南）。齐襄王五年（公元前279年）施反间计，使燕惠王改用骑劫为将，他用火牛阵击败燕军，一举收复七十余城，因而被齐襄王任为相国，封安平君。齐王建元年（公元前264年）入赵，又被任为赵相，封平都君。此类列举，不一而足。通观他们的发迹史，这些人也都是靠智谋富贵起来的。

战国时期，在任用外国人才方面做得最突出的是秦国。秦国不仅敢于任用外国人才，大胆给予要职厚禄，而且善于利用外国人才为秦国的发展出谋划策，变法图强。当时秦国的杰出人才几乎全部都是从其他诸侯国投奔而来的外国人。除前文已经讲到的著名纵横家公孙衍、张仪之外，还有政治家商鞅，他本为卫国人，初为魏相公叔痤家臣，后入秦进说秦孝公。孝公六年（公元前356年）任左庶长，实行变法，旋升大良造。孝公二十二年因战功封为商君；名臣范雎，战国时魏人，初为须贾所诬，被魏相魏齐使人笞击折胁。后化名张禄，由别人帮助送入秦国。他游说秦昭王,驱逐专权的秦相魏冉。昭王四十一年(公元前266年)任秦相,封应侯。主张远交近攻的军事策略;蔡泽,战国时燕国人,曾游说各国,秦昭王五十二年(公元前255年)被任为相国,献计秦昭王攻灭西周,封刚成君;政治家李斯,为楚上蔡(今河南上蔡西南)人,初为郡小吏,战国末入秦,先为吕不韦舍人,后被秦王政任为客卿。秦王政十年(公元前237年)上书谏阻逐客,被秦王政采纳。不久官为廷尉。他建议对六国采取各个击破的策略。秦统一六国后,任丞相。历史事实说明,正是这些人的政治、经济主张和军事、外交策略,才为秦国的富强和统一六国奠定了基础,更为后代的谋略家提供了丰富的启示。尽管他们当中的有些人因受诬害而结局不同,但他们在任期间则的确都是权重位尊、颇具影响力的富贵者。

总而言之,战国时期士人求学的主要目的是为了入仕,即"学而优则仕"。"君知夫官不与势期而势自至乎?势不与富期而富自至乎?富不与贵期而贵自至乎?"(《说苑·敬慎》)因此士人中的大多数都是孜孜以求,"仰禄"而生。在众多士人的竞相追逐中,智能竞争已成为进入仕途的重要捷径,而仕途则是获得资产的最主要途径。士人入仕前的经济生活状况与入仕后相比,发生了巨大变化,特别是充任高级官吏之后,更有着天壤之别。许多士人因仕而成为巨富,有的还成为封君,富贵程度达到人臣之极。一句话,智慧成了战国时期士人升官致富的决定性的素质条件。

三 智与审时度势

战国时代,周天子的权力彻底衰微,兼并战争不断发生,诸侯国之间,关系微妙,瞬息万变,中国社会进入到一个极端错综复杂的历史阶段。因此,能否审察时机、忖度形势,就成为决定国家兴衰存亡的关键。一些有识之士，为了挽救国家的命运，审时度势，献计献策，充分表现了惊人超众的智慧。

(一) 惠施审时度势尊齐王

公元前353年和公元前342年，齐、魏桂陵之战和马陵之战，魏国两次遭受兵败之耻，魏惠王十分恼火，打算倾注全国兵力向齐国报仇雪耻。正当这个时候，一贯主张"泛爱万物、天地一体"、平等处世、反对君主独尊的惠施，却因时度势，竭力劝说魏惠王放弃这个念头，与齐国修好，并尊称齐君为王。魏王说："齐国是我们的仇敌，我恨它至死不忘。魏国虽小，我还是经常想出动全部兵力去攻打它，怎么样？"惠施回答说："不行。我听说，实行王道的国君懂得法度，实行霸道的国君知道谋略。刚才大王对我说的，远离了法度和谋略。大王原本是先与赵国结了怨仇，后来又与齐国打仗，结果，如今打了败仗，国家没有能力守备，大王还要动员全部兵力去攻打齐国，这不是我所谓的'法度'和'谋略'。大王若想报齐国之仇，不如换下国君的服装，卑躬屈膝地去朝见齐王，楚国必定因此而恼怒齐国的强暴和狂妄。大王再派人往来于两国，挑起他们的争斗，这样，楚国必定会讨伐齐国。以休养生息的楚军去攻伐已经疲惫的齐军，齐国必定被楚国战胜，这是大王借楚国之兵摧毁齐国。"魏王听罢惠施对当时形势的透彻分析后，便听从了他的建议。于是派人到齐国，表示魏王愿意臣服，朝拜齐王。齐臣张丑识破了这一计策，他对田婴说："不行。假如当初齐国没有打败魏国，齐国得到魏国的朝礼，与魏国和好，去攻打楚国，是可以获得大胜的，但现在我们战胜了魏国，消灭他们十万大军，杀了魏太子申，使万乘大国魏国臣服，这就等于降低了秦、楚两国的地位，这样，齐国就给自己定了个'暴戾'之名。况且，楚君的为人，穷兵黩武，好大喜功，若不听我的话，最终为害齐国的，必是楚国。"但田婴不听。魏国的大将军匡章对尊称齐王这一决策也很不理解，责问惠施说："先生的学说中一贯主张去除独尊，现在却尊齐国国君为王，岂不是言行颠倒？"惠施譬喻道："现在有个人，必须将他爱子的头击碎，有一块石头，却可以代替儿子的头。"匡章仍不理解："难道你能用石头代替，不让他击碎儿子的头吗？"惠施说："当然要用石头取代。儿子的头是很贵重的，石头是很轻贱的。击碎轻贱的石头，以免除贵重的头的破碎，难道不可以？"匡章又问道："齐君用兵不休，攻击别人不止，究竟是什么缘故？"惠施说："大目标称王，小目标称霸。现在我们让齐君一遂称王之愿，以保全魏国贵族和百姓的性命，这就是用石头替代爱子的头，为什么不这样做呢？民众寒冷时希望以火取暖，酷暑时希望以冰驱热，太干燥时希望湿润，太潮湿时又希望干燥。寒、署、燥、湿，性虽相反，却都能有益于民众。所以，有利于民众的道路，不能执一不变，应该因时度势，灵活掌握。"事实说明魏国的惠施和齐国的张丑对当时形势的分析是完全正确的。历史也证明惠施的这一抉择是非常明智的。

据说，魏惠王死后，会葬那天适值雨雪交加，群臣都向太子建议改日再安葬惠王。太子认为葬期既定，不可更改。众人无法，只好请惠施去劝说太子。惠施往见太子说："从前的帝王葬在涡山脚下，栾河里的水侵浸墓地，棺材前面的挡板都露了出来。周文王便说：'哈，先君一定是想见见群臣百姓，所以老天就用栾河水让棺材的前板露了出来。'于是，将棺材发掘出来，让百姓都来朝见，三天以后重新安葬。这是文王处理事情的标准。现在，虽然安葬惠王的日期已定，但是如此高及牛眼的大雪，道路难以通行，乃是先王想稍留几天，才使雪下得这样大。今天太子更改先王的安葬日期，这也是当年文王的处事办法。"太子听罢惠施援引古例的类比分析，便马上同意推迟安葬惠王的日期。一件颇为棘手的事，就这样被惠施给轻松地解决了。由此可见，惠施不仅善于审察时机，揣度形势，把握客观事物的发展规律，而且还善于灵活运用辩证思维的方法，精于譬喻推理和类比推理。其论据或取材于自然事物，或取材于古今名人事迹，信手拈来，毫不费力。这不能不归功于他对自然现象、社会现象的深刻的剖视能力和对推论方法的熟练驾驭能力。正是因为这样，在政治斗争的重要关头和国家大事的关键时刻，对重大问题每每能运用自己的智慧，提出正确有效、切实可行的决策性意见。

（二）苏秦的纵横之术

在中国历史上，苏秦佩六国相印的故事十分著名。有人说苏秦是"纵横有术利为先"，实际上，在他的游说活动中也包含了他对时局即形势的审时度势之分析。

（1）说燕合纵。战国时期各诸侯国惧怕的是秦国，但燕与秦国相隔最远，中间又隔有赵国等国家，本可以不涉及合纵与连横。但苏秦却对燕文侯说："燕国的东边有朝鲜和辽东，北边有楼烦和林胡，西边有中原和云中，南边有易水和呼沱河。土地方圆二千余里，拥兵几十万，战车有七百辆，战马有六千多匹，粮食够十年支用。南边有碣石和雁门的丰饶物产，北边有枣和栗子等丰富的物产。人民虽然不耕作，而枣和栗子足以让人果腹，这真是所谓天府之国啊！国家多年来安乐无事，没有军败将亡的忧心事，这些有利条件，没有哪个国家能比燕国更强的了。大王您知道这平安的原因吗？燕国之所以不受敌寇的侵扰，是因为南边有赵国作屏障。秦国与赵曾发生五次战争，秦国两胜，赵国三胜。秦、赵都疲惫不堪，而大王却保全了燕国，控制着这个大后方，这就是燕国不受侵扰的根本原因。况且秦国如攻打燕国，必须经过云中和九原，在这数千里的路上到处都是燕国的士兵，即使秦得到燕国的城池，也要考虑是否能够守住，秦国十分明白它是无法损害燕国的。但是，如果赵国进攻燕国，只要发出号令，不到十天的功夫就可以进驻东垣。再渡呼沱河,涉过易水,不到四五天就可以进攻燕国的都城了。就是说秦国攻打燕国须在千里之外作战,而赵国只在百里之内作战就可以了。不忧虑百里之内的祸患,却重视千里之外的邦交,没有比这更错误的计谋了。因此希望大王能够与赵国相亲,天下诸侯连为一体,那么,国家就不会有祸患了。"燕王说:"我的国家太小,西边靠着强大的秦国,南边接邻齐国和赵国,齐赵也是两个强国。现在有幸得到您的教诲,号召我们联合起来,使燕国获得安宁,请允许我让全国人民听从您的号召。"于是赠送给苏秦车马金帛,并送他回到赵国。可见,苏秦说服燕王对时势的分析主要抓住了两点。一是燕国根本没有必要像别的国家那样惧怕秦国的进攻。二是燕国必须和赵国联合起来共同对付秦国,否则,赵国灭亡了燕国也不能独存,而且与赵国搞不好关系,赵国一怒之下也可灭亡燕国。

(2)说赵合纵。苏秦从燕国来到赵国,对赵王说:"请允许我谈谈赵国的外患吧。齐国和秦国是赵国的两个最大的敌人,这是人民不得安宁的原因所在,如果依靠秦国进攻齐国,您的人民就得不到安宁;依靠齐国进攻秦国,您的人民也得不到安宁。有的人为了谋算进攻别国,常常想方设法寻找借口,断绝与别国的交往,希望大王千万谨慎,有话不要轻易说出来。""请大王摒退左右的人,让我说明合纵、连横的利弊。您如果能真正听从我的话,那么燕国一定会送上出产毛毡、袭皮和好马的土地,齐国一定会送上产鱼、盐的海边土地,楚国也一定会献上出产橘柚的云梦之地,还有韩国、魏国都可以把国内封地奉送给您。这样大王的宗族和亲戚都可以得到封侯。从别国割取土地,从别的国家得到财物,这是以前王霸之主不惜损兵折将而追求的东西。给亲族封侯,就是商汤、周武也要用争战拼杀才能争取到的。如今大王毫不费力,这两种好处就唾手可得,这是我替大王祝愿的事情啊。""大王如果联合秦国,那么秦国必然会削弱韩国、魏国;

大王如果联合齐国，那么齐国必然会削弱楚国、魏国；魏国被削弱就会割让河外之地，韩国被削弱就会献出宜阳之地。宜阳献出后，上郡的道路就会被阻断，河外之地割让后，就造成道路不通，楚国被削弱后，赵国就会失去援助。因此，对这三项决策，大王的选择不可不十分慎重。""如果秦国沿轵道而下，南阳就会受震动，再进而攻打韩国，威胁周室，赵国自身就会受到挟制。秦国再占据卫国、夺取淇水，齐国就会臣服秦国。秦国的欲望既然已经施行于山东六国，必然会出兵进攻赵国。秦军渡过黄河，跨过漳水，占据番吾，就可以打到赵国的都城邯郸了。这是我替大王忧虑的。""如今，山东各国没有比赵国更强的了。赵国的土地方圆二千余里，有数十万的军队，战车千辆，战马万匹，粮食可供十年。西有常山、黄河、漳河，东有清河，北有燕国。燕国本来就是弱国，不足为惧。在各诸侯国中，秦国最怕的就是赵国。然而，秦国为什么不发兵攻打赵国呢？是因为它怕韩国、魏国从后面攻打。因此韩国和魏国是赵国南面的屏障。秦国要进攻韩国、魏国就不同了，这两个国家没有名山大川作为屏障，秦国完全可以一点点吞食，一直到逼近韩魏两国的都城下，如果韩魏无力对付秦国，必然臣服秦国，而韩、魏臣服了秦国，秦国就扫除了进攻赵国的两个障碍，这样祸患就会直接降临到赵国的头上了。这也是我替大王忧虑的。""所以，圣明的君主，能判断敌国的强弱，也能估量自己将士的多少和才能。这样不等到两军在战场上对阵，就对双方胜败、存亡的可能性有大致的了解，岂能被众人的胡言乱语所蒙蔽而糊里糊涂地决策呢？""我曾认真地研究过天下各国的地图，发现各诸侯的土地之和是秦国的五倍，估计兵力是秦国的十倍。如果六国联合起来，集中兵力，一致向西进攻秦国，秦国必定被攻破。""我为大王着想，不如联合韩、魏、齐、楚、燕、赵六国的力量共同对抗秦国，让各诸侯国的将相一起到洹水举行会盟，互相交换人质，杀白马，结盟誓，共订盟约。共同约定：如果秦攻打楚国，齐、魏各派精兵援助楚国，韩国断绝秦国的后路，赵国渡过黄河、漳水，燕国把守常山之北；如果秦攻打韩国和魏国，那么楚国就断绝秦的后路，齐派精兵援助，赵国渡过黄河、漳水，燕国把守云中；如果秦攻打齐国，那么楚国就切断其后路，韩国防守城皋，魏国堵住午道，赵国渡过黄河、漳水，燕国派精兵援助；如果秦进攻燕国，赵国就防守常山，楚国就驻军武关，齐国渡过渤海，韩、魏派精兵援助；如果秦进攻赵国，那么韩国就驻军宜阳，楚国驻军武关，魏国驻军河外，齐国渡过渤海，燕国派军队支援。诸侯中有首先违背盟约的，其余五国共同讨伐他，如果六国实行合纵联盟对抗秦国，秦国就一定不敢出兵函谷关进攻山东六国了。这样霸业就成功了。"赵王说："我年纪轻，执政时间短，没有听过治理国家的长远大计，现在您有心保卫天下，安定诸侯，我愿意让全国听您的盼咐。"于是封苏秦为武安君，给他一百辆装饰华贵的车子，千镒黄金，白璧百双，锦绣一千捆，请他去用以联合诸侯。

苏秦对赵王的游说之词，即使是今天仔细揣摩起来，我们也不能不佩服他是一位成熟老练的国际关系专家。他谈古论今，纵横千里，审时度势，把当时各诸侯国的优劣形势、国际政治关系、将会发生的各种可能性以及合纵与连横的利弊，都作了深入而又清晰的分析。因此，苏秦的话是极具说服力的，是令人信服的。就当时的情况而论，六国恐怕只有按照苏秦的话去做才有希望，除此之外，似乎也没有更好的出路。这样，苏秦佩六国相印也就不足奇怪了。

(3) 劝齐国缓称帝。战国时期，齐闵王要称帝，苏秦劝止说："我听说喜欢首先挑动战争的那些人是必有后患的，不顾别人的憎恨而缔结盟约的人也是必然孤立的。所以说，后发制人应该有所凭借，躲开憎恨也要把握时势。圣人创立事业，必须注意权变，追求事业发达也要靠时势。权变和凭借是统率万事万物的关键，顺应时势是做任何事情的核心。不靠权变、违背时势却能成就大事的人，实在是太少了。今天即使有干将、莫邪那样的宝剑，如果不靠人力也是不能切割东西的。坚固的箭，锐利的箭头，如果得不到弓弦的力量，也是不能远射的。并不是箭不锐利，也不是剑不锋利，为什么不能起作用呢？就是因为不能不靠人力。怎么才能知道这个道理？从前，赵国袭击卫国，赵国驾车的人不停地前进，卫国的八个城门都用土堵住，结果两个城门被攻下来，这是亡国之兆。消息传来，卫国被迫割地求和。卫国君主也光着脚逃命，派人向魏国求援。魏王身披甲胄，把宝剑磨利，向赵国挑战。邯郸城中战马狂奔，黄河、太行山之间忙成一片。卫国有了这种依靠，也收集残兵向北进攻，摧毁了刚平和中牟的外城。卫国并不比赵国强大，为什么能这样呢？打个比方说，卫国犹如箭，而魏国就犹如弓弦，这是凭借魏国的力量才占有河东之地。赵国反而感到害怕，楚国为救赵才讨伐魏国，在州西作战，经过魏国的都门时，军队驻扎在林中，战马在河里饮水，赵国有了这个依靠，也偷袭魏国，攻陷了黄城。因此，刚平的摧毁，中牟的攻破，棘沟的焚烧等，都不是赵魏原来能想到的，然而两国都能积极进取，这是为什么呢？原因就在于卫国明白凭借时势和权变。而如今的治国者（指国君）都不是这样，兵力弱小却喜欢对抗强敌，国力疲惫却喜欢招惹人怨恨，战事已经败了却偏要打到底，兵力弱小却又不愿意屈居于下，地盘狭小却喜欢对抗大国，战事失败却还要使用诈谋，实行这种办法却想求得霸业，那离霸业就越来越远了。我听说，善于治理国家的人，能够顺从人心，并且有预料战事的能力，只有这样才可以顺从天下大势。所以缔结盟约不会给别国的君主结下仇怨，讨伐敌国不替他人挫败强敌。这样兵力就不会被消耗，权势就不会被别人忽视，土地可以扩大，愿望也可以实现。从前齐国和韩魏一起讨伐秦国，战争并不很激烈，齐国分得的土地也不比韩魏多，但诸侯却偏偏归罪于齐国，为什么呢？因为齐国给韩魏招来了仇怨。再说那时天下诸侯都在打仗，齐国和燕国开战，而赵国又进攻中山，秦楚与韩魏打在一起，宋国与越国也都在调动他们的军队。这十个国家都在相互对抗，却偏偏一致憎恨齐国，为什么呢？因为缔约时齐国喜欢站在仇怨的中心，作战时又好力挫强敌。再说，强者的灾难，常常因把统治别国作为自己的意图而引起的；弱者的祸患，常常是因算计别国为自己谋利而引起的。因此往往是大国危险了，而小国就灭亡了。大国的上策，不如后发制人并讨伐不义之国。后发制人往往容易寻找借口，助战的人就会多，兵力强大，因此形成人多势强对付疲惫弱国的局面，没有不胜的道理。只要不让天下民意受阻，利益不取自至。大国只要这样做，帝王的名自会得到，霸主的事业唾手可得。"

"因此说：施行仁德的可以做王，确立道义的可以称霸，而穷兵黩武的必然灭亡。为什么呢？从前，吴王夫差靠着自己的强大，袭击楚国，吞没了越国，拘禁了越王，身后也跟随了一大批诸侯，结果还是身死国灭，为后人所耻笑。为什么会出现这样的局面呢？就是因为吴王想谋求霸主的地位，并仅靠着自己的强大来首先发动战争。""如今，天下诸侯力量相差无几，谁都难以消灭对方，所以最好的办法是按兵不动，等别国发起战事，把怨恨转嫁给别人再去诛伐不正直的人，少使用军队而又代表正义，那么吞并天下就可跷脚而待了。弄清诸侯间的关系，察明地形的分布，不缔结盟约，不相互用人质作抵押，不用急躁却可以使事情进展迅速。诸侯间相互往来我们不反对，诸侯互相割让土地我们也不嫉恨，两方都强大了我们都设法同他们搞好关系，为什么呢？因为形势上好像是同甘共苦而实际上是为了夺取利益。怎么知道这个道理呢？过去齐、燕两国在桓山交战，燕国被打败，十万大军被消灭，胡人乘机偷袭燕国和楼烦几个县，夺取了燕国的牛马。胡人和齐国从来就不亲近，用兵时又没有缔结盟约，可是却互相配合攻打燕国，为什么呢？这是由于战争的实质都是为了取利。由此看来，与形势相仿的国家结盟，利益就会长远，后发制人就会有诸侯助战。英明的君主和聪明的国相如果真的想把霸业当做自己的目标的话，就决不会首先发动战争。""英明的君主作战，不用出动军队就可以战胜敌国。不使用兵车战船就可降服边城，百姓还没有察觉，霸业就已经成功了。""所以善于成就王业的人，在于使天下人疲劳而自己安逸，使天下大乱而自己保平安。如果能使诸侯国的阴谋无法得逞，那么自己的国家就没有永久的忧患。怎么知道是这样呢？我们生活安逸、社会安定，而诸侯们生活辛劳、社会混乱，这才是成就王业的根本办法。"苦口婆心劝说齐王要审时度势、韬光养晦、积蓄实力、暂缓称王。识时至理，深刻而又尖锐，使人怦然心动。齐闵王当时听从了苏秦的建议，去掉帝号。齐闵王去帝号，灭宋国，使邹、鲁之君皆畏之，齐国走上鼎盛时期。但齐也因此盛极而衰，以致几遭亡国的下场，这是后话。

（三）鲁仲连劝阻尊秦昭王为帝

鲁仲连当为鲁国人，后到齐国。他自幼就很聪明，十二岁时，跟随其老师徐劫在稷下学宫求学。徐劫常在名家辩士田巴面前夸耀他是匹千里驹。有一天，田巴与徐劫在稷下学宫进行公开辩论，听者甚众。注重实际的徐劫向田巴连连发难，均为田巴所驳倒。于是站在徐劫身后的鲁仲连便向田巴提问道："请教田先生，马的鬃毛向上而生，长得很短；马的尾巴向下而生，长得很长，这是什么原因？"田巴见他少不更事的样子，便随口答道："大概是因为马的鬃毛向上逆势而生，所以短；马的尾巴向下顺势而生，所以长。"鲁仲连又问道："如果真像田先生所言，那么，人的头发向上逆势而生，又为什么长得很长？人的胡须向下顺势而生，却又为什么长得很短？"田巴闻言，顿时语寒。鲁仲连又说道:"我曾听说,厅堂上有了粪臭不可以不除净,但郊外的野草可以不锄去;利刃当前,可以暂且不顾流矢。这是因为凡事总有一个缓急轻重。现在,楚国的军队紧逼南阳城,赵国攻伐高唐,燕国十万之众围住聊城,国家危在旦夕,先生以为先救援哪一处为妥?"田巴摇头说:"我不知道。"鲁仲连正言道:"先生面对亡国之危的局面既无转危为安的妙计,又无拯亡图存的良策,还算是什么著名学者呢?先生的高谈阔论,就像猫头鹰的叫声一样,太令人厌恶了。希望先生以后不要再做这种无用的谈辩了。"田巴连连点头向徐劫言道:"你的这位弟子乃是飞兔,岂止是千里驹啊!从今以后,我田巴退出稷下学宫,永远不参加谈辩了。"这就是飞兔折田巴的故事。年仅十二岁的鲁仲连,其聪慧、机智,不仅远胜乃师,也胜于名家辩士田巴,实为稷下学宫的后起之秀。也正是由于他从小就注重务实,所以成年后,善于计谋策划的他,常常周游各国,为人排难解纷。

秦国围困赵国的都城邯郸,魏王派大将晋鄙率兵前往救援,又派客卿辛垣衍潜入邯郸,见到了平原君,并通过他转话给赵王,要赵国主动尊奉秦昭王为帝。其时鲁仲连正在赵国做客,听说魏国使者要赵国尊秦国为帝,深感忧虑,便向平原君要求见辛垣衍。鲁仲连对辛垣衍说:"秦国是一个尚授功而不讲仁义的国家,以权术驱使士人,以酷刑役使人民。如果秦王真的做了皇帝,那就会更加肆无忌惮,以暴虐来统治天下。我宁愿跳东海而死,也决不做秦国的臣民。我所以来见您就是想为赵国出一点力。""从前,齐王曾经施行仁义,率先提出诸侯都要去朝见周朝的天子,那时的周室已经十分贫弱了,诸侯们都不肯去朝见,只有齐王一个人去了。过了一年,周烈王死了,诸侯都去吊唁,齐国的使者因为去得晚了,周朝的大臣就大发其火地在给齐国的讣告里说,'天塌地陷,周朝的天子都罢朝守丧,齐国的田婴却最后才到,应该杀了他。'齐王看后勃然大怒,骂道:'你娘是个丫头.'齐王不仅没有落下仁义的美名,这件事还终于成为天下的笑柄。周天子在世的时候,齐王前去朝拜,死了便破口大骂,实在是因为忍受不了周天子苛求的缘故。不过,天子苛求臣下,本来就是如此,不足为怪。""秦国是有万乘兵车的大国,魏国也是有万乘兵车的大国,两国同样可以称王,只是因为秦国打了一次胜仗,就要尊称秦王为帝,如此看来,韩国、赵国、魏国的一群大臣,是远远不如鲁国、邹国这些侍从国家的仆妾呢!""秦国的贪心是没有止境的,如果真的称帝了,他就要干涉别国的内政,要调换别的国家的大臣,要撤换他认为不行的人,安插他的心腹,他还要把他的女儿和奸佞的小人嫁给诸侯作妻妾,这种人一旦进入魏王的宫中,魏王还能有一天的安静日子吗?而您又靠什么来保住自己的尊贵地位呢?"辛垣衍直听得汗流浃背,站起来拜谢道:"我原以为先生是平常的人,现在才知道先生是天下最有见识的人。请您允许我告辞,从此再也不敢提尊秦王为帝的事了。"秦国的将军听说这件事后,也感到害怕,便退兵五十里。此时恰好魏国公子无忌盗窃了兵符,杀了魏军统帅晋鄙,夺了兵权,亲率大军前来击秦,秦军就解围而去。事实证明,鲁仲连审时度势,以利害进说赵、魏大臣劝阻尊秦昭王为帝的做法,是完全正确的。

(四)孟尝君借兵救魏

孟尝君是齐国的公子,名田文。在齐国受到排斥,曾来到魏国。当时,秦国准备攻打魏国,魏王听到这一消息,就请正在魏国的孟尝君劝说诸侯相救。孟尝君来到赵国向赵王借兵救援魏国,赵王不借。孟尝君说:"我敢来借兵,是为了忠于大王。"因为"赵国的军队并不是比魏国强,魏国军队并不是比赵国弱。然而,赵国的国土不会年年有战争危机,赵国民众不会年年因战争而死亡;魏国的国土却年年有战争危机,民众年年因战争而死亡，这是为什么？是因为魏国在西面做了赵国的屏障。现在赵国若不救援魏国，魏国就与秦国宣誓结盟，这等于赵国与强大的秦国交界了，那么，赵国的国土就会年年有战争危机，民众就会年年死于战祸。这就是我说的忠于大王啊。"赵王答应了，为魏国起兵十万，战车三百辆。

　　孟尝君又北上去见燕王说："从前，公子常邀约魏、燕两国国君交好。现在秦国将要进攻魏国，希望大王援救魏国。"燕王说："我们有两年收成都不好，现在又要行数千里去援助魏国，那怎么办呢？"孟尝君说："要行数千里去援救别人，这是贵国的万幸。现在魏王一出城门就可以看见敌军，虽然他也想行数千里去救助别人，可能吗？""我把有利的计策献给大王，大王若不采纳忠心的计策，那我就走了。只怕天下会发生巨大事变。"赵王说："可以听听您说的巨大事变吗？"孟尝君说："秦国攻打魏国，尚未等到战胜，游观的高台就已经被焚毁了，国君宴乐涉猎的离宫就已经被占据了。燕国如果不救援魏国，魏王就会屈膝称臣，割地求和，把魏国的一半割给秦国，秦兵必然撤退。秦国撤离魏国后，魏王再出动韩、魏两国的全部军队，还借来秦国军队，再联合赵军，用四国的军队进攻燕国，那时大王又有什么好处？是行数千里去援助别人有利，还是一出燕国南门就看得见敌军有利？兵临城下时，您的路也就近了，输送也方便了，这时大王有什么好处？"燕王听后说："您走吧，我听您的就是了。"于是为魏国起兵八万，战车二百辆，随孟尝君而去。秦王十分害怕，就向魏国割地媾和。在秦国攻打魏国的紧急关头，孟尝君能从赵、燕两国借来军队，而且又多又快，其原因，固然是他的威望很高，但更重要的是他审时度势，用利害打动了赵、燕两国。

　　战国时期，在运用审时度势之智慧的同时，人们对历史上智与审时度势问题，也作了理论探讨和总结分析。如尹文在名实之论中就一方面肯定概念名称所反映的对象内容具有确定性，认为普天下之万事万物都有是与非，并且"是"与"非"都有确定性。另一方面他又指出概念名称所反映的对象内容还有变动性。他说："是虽常是，有时而不用；非虽常非，有时而必行。故用是而失有矣；行非而得有矣。"（《尹文子》）尹文认为尧、舜、汤、武之所以成功，就在于他们既能够掌握概念名称的确定性，也能够审时度势、准确把握概念名称的灵活性。其成功在于"得时"。桀、纣、幽、厉之所以失败，是因为他们既不懂得概念名称的确定性，也不能"或是或非"，灵活把握概念名称所反映的对象内容的流动性。其失败在于"失时"。

　　总之，在国无定交、土无定主、一会儿南北联合、一会儿东西联合、诸侯国关系复杂微妙、瞬息万变、攻伐战争频繁不断的战国时期，审时度势尤为显得重要，它小可免去一场灾难，大可挽救一个国家。近可制定正确的应对策略，远则可以制定正确的长远发展目标。因此，战国时期审时度势的范例是非常多的，每一件成功的范例都显示了极高的洞察能力和应对能力。尤其是通过审时度势之分析，用令人信服的道理去打动国君，从而达到"夫贤人在而天下服，一人用而天下从。"或"不费斗粮，未烦一兵，未战一士，未绝一语，未折一矢，诸侯相亲，贤于兄弟"的效果，则更显示了超人的聪明智慧。而且，战国时期这种复杂的国际关系，又差不多完全是由这些智谋之人、舌辩之士左右的。他们或"欲以一人之智，反覆东山之君。"（《战国策·秦策一》）或"一怒而诸侯惧，安居而天下熄。"（《孟子·滕文公下》）通观"六国之时，贤才之臣，入楚楚重，出齐齐轻，为赵赵完，畔魏魏伤"。（《论衡·效力》）审度时势的能力与智谋在竞争中成了决定性的作用。他们把诸侯列国当作一盘任由他们拨弄的棋子，玩弄于股掌之上。这真是中国智慧史上的奇迹，也是人类文明史上的奇迹，在世界历史上恐怕也是绝无仅有的现象。可以说，他们为人们留下了丰富而又令人惊奇的智谋遗产。

第九章 汉代的"智"观念与治国安邦

汉代也是中国历史上一个崇尚智慧的时代和智慧涌现辈出的时代,尤其是西汉王朝不仅靠智慧立国,而且还用智慧治国安邦与从事。因此,有汉一代,不仅造就了一大批智谋型人物,而且还创造了丰富的智慧故事。给后人留下了许多可资人们借鉴的珍贵的智慧宝典。

一 智与西汉王朝的建立

秦朝末年,由于秦二世的腐败与残酷,使得天下百姓揭竿而起,在争夺天下的过程中,智起了决定性的作用。只有运用智,才能战胜对方,得到天下。

公元前 209 年,陈胜、吴广起义。起义军很快占领了大泽乡,接着攻克了蕲县。攻下陈县之后,陈胜召集三老豪杰前来聚会,准备建立农民政权。三老豪杰说:"将军身披坚执锐,伐无道,诛暴秦,……功宜为王。"(《史记·陈涉世家》。以下凡引《史记》,只列篇名)于是在大家拥戴下,陈胜自立为王,国号"张楚"。

"张楚"政权的建立,鼓舞了全国农民的反抗斗争。"方二千里,莫不响应"。(《张耳陈余列传》)"数千人为聚者,不可胜数"。(《陈涉世家》)项梁、项羽响应起义于吴县,二人杀死会稽郡守,得精兵八千,项梁做了会稽郡守,项羽为裨将。后项梁又被召平假称陈胜命令封为上柱国。刘邦在沛县县吏萧何、曾参等人的支持下，杀了地方长官，被立为沛公，聚众二三千人，在沛地起义。当此时，项梁驻于薛地，刘邦率领起义军前去会合。项梁得知陈胜遇害后，乃召集各路起义军到薛计议。范增劝项梁等立楚国后代。他说："秦灭六国，六国中以楚国最为可怜，自从楚王入秦，从此未见返回，天下百姓都怜悯他。所以说'楚国哪怕只剩三户之地了，也依然足以灭掉秦朝'。现在陈胜起义，不立楚国后代，自立为王，其势绝不会长久。您从江东造反，楚地人纷纷归附您，是因为他们认为您家世代是楚将，必将立楚国后代为王。"项梁等采纳了他的建议，在民间找到为人牧羊的前楚怀王的孙子心，拥立为王，仍号怀王。项梁自号武信君，陈婴为上柱国。

项梁的军队在定陶被秦将章邯打败，项梁战死。义军归项羽指挥。楚怀王与诸军集结于彭城。吕臣军驻彭城以东，项羽军驻彭城以西，刘邦军驻砀郡。互相呼应，等待时机。章邯认为楚军不堪一击，于是向北攻打赵地。赵地粮少兵单，危在旦夕，派使者向楚怀王求援。起义军首领在彭城召开紧急军事会议，决定分兵二路：一路楚怀王派宋义为上将军，项羽为次将，范增为末将，后因宋义畏敌被项羽杀死，怀王又封项羽为上将军，率主力北上救赵。另一路楚怀王则派刘邦率军向西挺进，直攻关中，并约定，两路大军谁先攻进咸阳，就立为关中王。

项羽军渡过漳河后，"皆沉船，破釜甑，烧庐舍，持三日粮，以示士卒必死，无一还心"。（《项羽本纪》）他们破釜沉舟，浴血奋战，取得巨鹿之战的胜利，击垮了秦王朝的主力部队，扭转了整个战争的形势，奠定了反秦斗争胜利的基础。于是项羽被推举为"诸侯上将军"。从此，项羽成为反秦斗争中叱咤风云的英雄和领袖。后项羽又分别破秦军于漳水之南和汙水。在项羽的沉重打击下，章邯不得不向项羽投降。逞凶一时的秦军主力被消灭。至此，秦的灭亡已成定局。

与项羽北上救赵的同时，刘邦率领的一支起义军也从砀郡出发，向秦王朝的巢穴咸阳进军。他在途中注意招收陈胜、项羽的散卒，收编、联合各地的反秦武装力量，使起义军队伍日益壮大。并善于听取别人的建议，连连智取智胜。当过高阳时，采纳高阳监门吏郦食其的献策，一举攻克陈留，取得了大量储粮，为西进提供了物质条件。当转军向南攻打宛城时，一时急攻不下。刘邦想舍弃宛城而向西进军。张良进谏说："前有秦兵，后有宛兵，如果此时向西，恐有危难。"劝他先攻下宛城，以免腹背受敌。于是，刘邦继续攻打宛城，乘半夜偃旗息鼓，绕道回军，黎明，围宛城三匝，南阳郡守几欲自杀。郡守手下有一个舍人叫陈恢，逃出城来见沛公说："宛城官吏害怕降服后死路一条，他们才破釜沉舟，坚守顽抗。如果这样攻打下去，将军手下必定死伤无数，恐怕不是良策。如果将军撤退，宛兵就会乘势追击，将军就失掉先进咸阳为王的机会，也是后患无穷。当今之计，不如招降宛城，封赏宛城将领，然后向西入关，其余各城必闻风而降，将军将无所阻拦。"(《高祖本纪》)沛公采纳了这一策略，获得了成功，南阳郡守被迫投降。从此，起义军一路势如破竹，长驱直入武关，插入敌人心脏。所到之处，秦军望风披靡。

起义军的胜利，使秦统治阶级内部矛盾加剧。赵高怕秦二世追究军事失败的罪责，派人杀了秦二世，立二世侄子子婴，去帝号，称秦王。子婴又杀赵高等，派兵驻守峣关，企图阻止起义军西进。张良劝沛公说："秦兵依然很强，切不可轻敌冒进。当今之计，不如一方面多插旗帜于各山上迷惑秦军，一方面派郦食其用贵重的礼物贿赂秦将。"当时，秦朝将领想联合沛公向西攻入咸阳，沛公也想接受这一建议，但张良进谏说："这也许只是秦将领的主意，恐怕士兵们不会服从。士兵不从，势必有危险。不如乘着秦兵疲劳攻打它。"于是，沛公用张良计，设疑兵，威胁秦军，又以重宝引诱守将投降，乘其不备，攻打秦军，攻克扼守咸阳的要塞——峣关。接着乘胜夜攻蓝田，秦军一败涂地。沛公率起义军至灞上，刚刚当了四十六天秦王的子婴，看到起义军已兵临咸阳，大势已去，只好以绳系颈，乘素车白马，捧着御玺符节，在咸阳的轵道旁，向起义军投降。历史宣告了秦王朝的灭亡。

沛公进入咸阳后，他的重要谋臣萧何把秦朝官署的律令图籍接收过来，从而掌握了全国的战略要地、户口和经济状况，为以后支援刘邦的统一战争以及重建封建国家，恢复封建秩序，准备了条件。刘邦进入秦宫后，看到富丽堂皇的宫室、珍奇宝藏和成千的美女，很想留居宫内享乐。一部分将士也争先恐后地去抢夺金帛财物。樊哙直率地进谏说："公欲有天下邪，将欲为富家翁邪？"并说，秦宫的这些珍宝美女导致了秦朝的灭亡，希望你赶快还军灞上，不要留居宫中。张良也进谏说，秦不得人心，才使你能有今天。你为天下除残暴，就应该倡导朴素节俭。现在刚刚进入咸阳，就安于享乐，这是"助桀为虐"。"忠言逆耳利于行，毒药苦口利于病"。(《留侯世家》) 樊哙的话是忠言良药，希望你能听从。沛公接受了樊哙、张良的劝告，退军灞上，封闭了秦朝的珍宝府库，宣布废除秦的苛法，与关中父老"约法三章"，"杀人者死，伤人及盗抵罪。"(《高祖本纪》) 让秦的一些官吏留任原职，以维持社会秩序，并派人会同秦的旧吏到各县、乡、邑去公布这些决定。这些举动使刘邦在政治上获得了明显的益处：一是避免了上层集团的迅速腐化；二是表明了自己不追求财货，赢得了民心；三是在各路军中赢得了声誉。约法三章，一方面是重建封建法制的开始，是保护地主阶级生命财产不受侵犯的政治宣言，另一方面，它也具有稳定社会秩序的积极作用，从而得到了关中各阶层人民的支持。"秦人大喜，争持牛羊酒食，献飨军士"，秦人想交好沛公，进献牛肉美酒，沛公一一拒绝。秦人于是认为沛公有德行。"唯恐沛公不为秦王。"(《高祖本纪》)另外,废除秦朝的一些严刑苛法,也起到了收揽人心的作用。

当时,项羽已在河北消灭了秦军的主力,闻讯沛公已入咸阳,并以重兵坚守武关,想称王关中,即率领大军,冲破函谷关,进驻鸿门,准备与刘邦决一雌雄。当时项羽拥兵40万,号称百万;刘邦有兵十万,号称20万。刘邦自知众寡不敌,为了避免与项羽军交锋,采纳了张良的献策,亲自到鸿门与项羽卑辞言好。项羽设宴招待刘邦,在宴会上谋士范增几次示意要杀掉刘邦,项羽犹豫不决,项庄出面保护,刘邦得以脱险,并在樊哙的保护下乘机逃回灞上。

数日后,项羽率军入咸阳,杀秦王子婴,烧秦宫室,收财宝妇女,然后发号施令,分割天下。他尊怀王为义帝,都于郴。项羽自立为西楚霸王,占梁、楚九郡,都于彭城。封刘邦为汉王,居巴蜀汉中。又三分关中,封秦降将章邯等三人为王,以牵制刘邦。另外又将自己的亲信以及趁农民起义而拥兵割据的旧贵族分封为王,共封了十八个王。项羽搞完分封后洋洋自得,认为"富贵不归故乡,如衣绣夜行,谁知之者!"(《项羽本纪》)于是他便回彭城显示尊荣去了。

项羽的分封引起了一些握有重兵的将领的不满,那些被贬或未封王的,更是怀恨在心。其中尤以刘邦、田荣、彭越、陈余四人最为突出。当初楚怀王与诸侯有约,先入关者王之,刘邦先入关,但项羽凭借自己势大,不让刘邦占据这片富饶险要之地,而把刘邦赶到巴蜀汉中一带去当汉王。刘邦对此心怀不平,不愿去巴蜀,想攻打楚国。部将周勃等纷纷劝阻,萧何更从根本利害上作了分析,希望刘邦能正确估计自己的力量,忍耐一时,先到汉中就王位,然后在汉中争取民众,招纳贤才,运用巴蜀的有利条件,待机还攻三秦,这样,统一天下是完全有可能的。他说:"巴、汉虽然地势险恶,但到底比死要好得多。《诗经》上说

'天汉',这个称呼很吉利。只有像汤武这样的圣人才能屈居一人之下,高居万人之上。希望大王驻守汉中,安抚百姓,结纳有志之士,先平巴蜀,再定三秦,如此即可以取天下了。"(《汉书·萧何传》)沛公采用了萧何的建议。

  沛公到巴蜀就任,韩信觉得项羽不是成大事的人,就从项羽那里跑出来,跟随汉军入巴蜀,当时他尚没有名气。萧何与韩信多次接触后认为他是难得的人才,推荐给汉王。汉王非常隆重地拜韩信为大将军。汉王问:"萧何说将军足智多谋,请问将军,怎么才能让我成就大业?"韩信说:"当今天下,唯项羽足以与大王争天下,在勇敢、骠悍、仁义、强大这几方面,大王自觉与项羽相比怎么样?"刘邦沉默许久说:"不如项羽"。韩信说:"大王所言极是,但凭我对项羽的了解,可以断定,项羽之勇不过是匹夫之勇。他虽然力能举九鼎,且有一夫当关,万夫莫开之勇,但不善用手下有能力的将领;项羽的仁义也不过是妇人之仁,他对普通士兵说话,温和谦恭,士兵生病时,他在一旁哀痛哭泣,把食物分给病人。但是,到真正用人打仗时,应当封赏的时候却不忍封赏。项羽称霸天下,不定都关中,却定都彭城,背弃与义帝的盟约,任人唯亲,诸侯多有不满。项羽还把义帝放逐到江南,这样一来,上行下效,各诸侯也放逐自己的君主,自己在上地富饶的地方称王。项羽军队所过之处,生灵涂炭,怨声载道,老百姓看似归顺,其实早已埋下怨愤叛乱的种子,只是迫于暴力,勉强顺从罢了。所以说,项羽的强大只是表面现象,他已经失去了民心。假如现在大王反其道而行之,任人唯贤,还有什么不可以攻打他!用天下的土地分封给有功的人,谁还会不服从您?让那些想东归的士兵攻打东方的敌人,还有谁打不败?而且三秦之地的诸侯都是秦朝旧部,他们率领秦朝士兵已有多年,手下战死无数。现在他们欺骗部下,投降项羽。到新安,秦兵除邯、欣、翳三人得以逃脱,其余二十多万人全部被项羽用计活理。秦地百姓已对这三人恨之入骨。现在，三人虽被项羽分封为王，但已失民心。大王您一入武关，秋毫无犯，废除秦朝的严刑酷法，与人约法三章。老百姓都想让您做关中王，更何况按照先前的约定，大王称王关中也是理所当然的，这一点老百姓都明白。现在，项羽把大王逼至汉中，秦地人对项羽都怀着抱怨不满之心。只要大王举兵向东，三秦之地就可以通过传檄而定。"（《淮阴侯列传》）刘邦认为有理，便采纳了韩信的向东进攻，再次平定三秦之地的计策与建议。只等有了时机便行之。

刘邦当初到巴蜀上任时，张良送至褒中，就劝说道："大王不如烧掉所有栈道，以向天下表示毫无归还关中之心，以此来迷惑项羽。"（《留侯世家》）汉王听从了张良的计谋，于是，军过之后，刘邦这才派人回去，烧掉了所有栈道。楚王项羽对刘邦也就完全放心了。

分封不久，握有重兵而未得封王的田荣，首先在齐地起兵反抗项羽。他赶走被项羽封为齐王的田都，追杀胶东王田巿，自立为王，项羽十分气愤，就率军灭了齐国。项羽还拜吴地县令郑昌为韩王，攻打汉王，张良送信给项羽说："汉王失掉了关中王的职位，已经到蜀就任，决无二心"。又把齐王谋反的信给项羽看，说："齐想灭楚"，项羽因此向北攻打齐王田荣，却放弃攻打刘邦的计划。不久，项羽派遣英布在郴地杀死义帝。

汉王闻讯后，觉得这是个好机会，就为义帝大办丧事，披麻戴孝，哀吊三天，并把此事遍告诸侯。当时的耆宿董公对刘邦说："顺民心者昌，逆民心者亡。师出无名，事情不成，只有让天下人明白对手是贼寇，人民才有可能归服。项羽先放逐了义帝，而后将其杀害，可谓惨无人道，天下人共恨之。仁义并行，不靠武力，才能让天下人心悦诚服。您把这件事遍告诸侯，再行东伐，实为义举，四海之内莫不称是"。汉王认为他的话很有道理。于是，汉王以韩信为大将，乘机暗渡陈仓，进兵关中，再次平定了三秦之地。从此,刘邦与项羽便展开了近四年的楚汉战争。

在短短几个月中,刘邦不失时机地占领了关中以及关东的河南、河内等战略要地,连同巴、蜀,拥有了一个辽阔富庶的根据地,进可以攻,退可以守。同时,刘邦这次到关中,又施行了大赦罪人和允许人民耕种秦原有的苑、囿、园、池等措施,更进一步取得了群众的支持。

刘邦在关中稳定以后,又继续东进。此时项羽正率大军集中攻齐,无暇西顾,想灭掉田氏后再回兵迎战刘邦。刘邦则抓住战机,一鼓作气,亲率五十六万大军,以迅雷不及掩耳之势东进攻楚,攻破了项羽的都城彭城。项羽闻讯后,即率精兵三万回救,二人在彭城展开了会战。刘邦骄傲轻敌,连遭大败,只好退出彭城。几十万部队溃不成军,伤亡甚众,以致"睢水为之不流",刘邦也几乎当了俘虏,其父及妻子吕雉被项羽抓去,留在楚营当做人质。

刘邦率数十骑逃到荥阳后,项羽也赶到荥阳进击刘邦。刘邦收集诸路败军以应对。这时萧何及时从关中派来增援部队,使汉军重振军威,在荥阳、成皋一带与楚军形成了对峙局面。楚汉对峙使刘邦面临着极其复杂的形势:项羽以彭城为中心,居于刘邦的正面。原来降汉的董翳、司马欣又反汉降楚,魏王豹也据河东反汉投楚,从左侧威胁着刘邦,关中有章邯困守废丘,从后方威胁着刘邦。田荣被项羽打败后被人杀死,但其弟田横乘楚汉之战又全部占领了齐地,与项羽一直处于交战状态。彭越在项羽的心腹地带活动,田横、彭越是刘邦可能利用的两股力量。九江王英布处在项羽南侧,保持中立,是刘、项争取的对象。根据这种形势,刘邦与张良等人划谋定策:争取联合英布、彭越等以扩大反项力量;对魏王豹先礼后兵以消除左侧的威胁;消灭困守废丘的章邯以巩固后方。

于是，刘邦派兵引水灌废丘，章邯自杀。从而解除了后顾之忧。汉王又派韩信攻打魏王。出发前汉王问郦食其说："魏王的大将都有哪些人？"郦生回答说："柏直。"汉王说："此人太年轻，还比不上韩信的骑兵将领冯敬，灌婴的步兵将领项他，也比不上曹参，有他们在，我没有什么好担心的。"韩信进兵，摆开船只要渡江，魏王聚集兵力抵挡。结果韩信命士兵用一种木制的浮器渡过了江，偷袭安邑，俘虏了魏王豹。随后又破代，解除了左侧的威胁。

当刘邦退出彭城，奔出梁地，又退出虞地时，就曾问左右大臣说："谁能够出使淮南王，劝英布举兵叛楚。如此，楚军滞留在齐国，几个月后我就可以成就大业了。"于是他又派大臣随何出使淮南，劝说英布背叛楚王。随何对英布说："汉王派人敬进书信与大王，只是不知大王与楚王是什么关系？"英布说："是我向楚称臣。"随何说："大王您与项羽本同是诸侯，但您对楚王称臣，想必您认为楚王强大，是可以依附的了。楚王攻打齐国，亲自背着版筑，身先士卒，大王您应该倾力出动，亲自为将，做楚王的先头部队，可是您现在才派四千兵士协助楚王，既然对楚王称臣，怎能这样做呢？汉王攻打彭城，当时项羽尚未从齐国撤军，大王就应该倾尽兵力北渡淮河与汉军作战。但实际情况是您却拥兵不动，隔岸观火，楚之臣子能这样做吗？看来大王向楚称臣是假，想从中渔利恐怕是真，我私下为大王担心。大王不背弃楚王，是认为汉王势力弱小。楚兵看似强大，却是不义之师。目前，汉军发展迅猛，兼并诸侯，囤积军粮，加强工事。楚军将士，深入敌国千里之遥，后继无粮，攻城不能克，守土又鞭长莫及，楚军必定失败。即使楚军胜了汉军，诸侯害怕楚国，也必定相互联结起来救助汉王。因此形势显而易见，楚王前途不如汉王。大王您不依附有前途的汉王，却向楚称臣，实在令人百思不得其解。大王的军队虽不能消灭楚军，但大王倘发兵叛楚，项羽不得不停留齐地,几个月后,汉王取天下易如反掌。所以大不如率军归顺汉王,汉王一定大有封赏。希望大王您认真考虑。"英布听了,觉得十分有道理,于是暗地答应叛楚归汉,却不泄露半点风声。此时,楚王的使者也恰好到了淮南,急催英布发兵。随何闻讯,径直当面对楚的使者说:"九江王已归顺了汉王,楚王凭什么命令他发兵救急。"英布听了随何的话,惊恐万分。楚王使者一走,随何就对英布说:"事已至此,不如暗杀了楚王使者。大王立即归顺汉王,与汉王协力,攻打项羽。"英布只好按随何所说的做了,杀掉使者,发兵攻楚。从而又为刘邦解除了右侧的顾虑,使项羽进一步陷入孤立。

  刘邦虽在两翼取得了进展,但正面作战仍然十分艰苦。刘邦深沟壁垒,固守荥阳、成皋,项羽几次切断粮道,使刘邦陷于危机之中。正在刘邦忧思对策的时候,谋士郦食其套用商封桀后,周封纣后的故事,向刘邦提出到各地立六国后为楚树敌的献策,刘邦急求改变局势,同意了这一建议,立即刻印,准备实行。当郦食其正待出发时,张良来见刘邦。张良听到这一拙劣的计谋,就从历史和现实各种情况出发,向刘邦历数了八条不可行的理由。刘邦当时正在吃饭,听了张良的分析,立刻醒悟,急把含在嘴里的饭都吐出来,大骂郦食其是"竖儒",你几乎毁灭了我的事业!当即销毁印信,撤销原议。但是战局仍处于严重不利的形势。荥阳、成皋相继被项羽攻占。刘邦只得退至巩洛一线筑防。汉王又急问陈平说:"你可有什么办法?"陈平说:"项羽手下有能力的大臣寥寥无几。大王不如使用反间计,拿出数万黄金,离间项羽君臣关系,使其内讧,汉军正好乘机攻楚,楚军肯定大败。"汉王采纳了这个计策,于是拿出四万斤黄金给陈平,让他任意使用。

  陈平派人在楚军中散布谣言说:"钟离末为项王立下汗马功劳,却未得任何好处。他们已经起了叛离之心。"项羽心疑起来,就派使者到了汉军。汉军准备了最好的饮食,进献给使者时却假装惊讶地说:"我们以为是亚父派的使者,原来是项王派来的。"说完就把东西换成差的,供给使者使用。使者回楚后,一一向项王作了汇报,项羽对范增也起了疑心,拒绝了范增攻打汉王的建议。范增见项羽对自己起了疑心,长叹着说:"天下大事已定了,大王您好自为之吧。希望让我告老还乡。"项羽竟然答应了。

汉王入武关,集结部队,想再次东征。辕生劝阻说:"大王不如发兵宛、叶,诱使楚军南渡,另派韩信等人聚兵黄河北攻打项王。"汉王听从了建议,事情正如辕生所预料的那样。辕生劝说:"汉楚已相互攻打几个月,汉军遭受了失败,大王您现在派军出武关,项羽一定南渡。大王您再深修军垒以抵抗项王,使荥阳成皋两地士兵换班休息。韩信等人就有机会攻占黄河北的赵地,然后大王再转进荥阳。如此,楚军多方受敌,力量分散,汉军休整后,再与楚军抗战,定会全胜。"(《高祖本纪》)于是,韩信和张耳领兵几万,东下井陉,攻下赵地,张耳请汉王封他为赵王,汉王答应了。

当初赵王与成安君陈余听说汉军到,就聚兵井陉口。广武君李左车劝成安君说:"听说韩信俘魏王,擒获了夏悦,打了不少胜仗。现在帮助张耳攻赵,正是锐气旺盛的时候。但千里行军必然乏粮,战士们都面有饥色。现在,井陉大路上车不能并行,骑兵不成行列,粮食必定拖在后面。希望大王给我精兵三万,偷袭敌军,从小道去截断汉军粮草,您深挖城堑,加高城墙,坚守营地,拒绝交战。这样一来,汉军前不能攻,后不能守,我断绝他们的退路,使其难以找到可以充饥之物。不用十天,必定擒获张耳、韩信。希望您慎重考虑,否则后果不堪设想。"但成安君没有听取这一建议。韩信知道后,大喜过望。于是放心地进兵攻赵,赵军大败。韩信有言在先,活捉广武君者赏黄金一千两。于是广武君被活捉，韩信亲自为他松绑，以军师的礼节相待。并问他说："我欲北攻燕国，东伐齐地，如何取胜？"广武君推辞说："我只不过是败军的一个俘虏罢了，怎么可以商讨大事？"韩信说："百里奚住虞国，虞国灭亡，住秦时，秦则一时之霸。这并不是因为百里奚彼时愚笨，此时聪明，实在是因为君主听不听他的建议的缘故。假使当初成安君听从您的建议，我韩信恐怕已经失败了。我真心讨教您，您不要顾虑，请您直说。"广武君很感动，谦逊地说："我的计策未必有用，但愿您能辨识。现在将军锐不可挡，所向披靡，这正是优势所在。但是将士疲乏，不能再战。此时倘攻打燕国，未必一时就能攻下。日久粮尽，情势危急，恐齐军会乘机犯境。如此一来，形势将对将军十分不利。用兵之道在于用己之长，克彼之短。"韩信说："但闻其详。"广武君说："将军不如按甲休兵，安抚赵地。几百里之内慰劳品自会送来，将军用它犒劳下属。然后，一面派兵据守燕国要冲，一面派人游说燕国，燕国鉴于形势，恐不敢不服。齐国听说，也必望风归顺，如此，天下事可以平定。"韩信听后豁然开朗，点头称是，照此而行，一切正如广武君所料，燕齐两国很快就归顺了。

汉王在成皋与楚军相峙，久未分胜负。郑忠进谏说："大王加固营寨，不要作战，派刘贾、彭越进入楚军，焚烧他们的粮草，可望取胜。"项羽此时正攻打彭越，曹无咎应守成皋。当时，汉军多次被困，正准备放弃成皋。郦生献计，才又得以据守成皋。郦生说："只有懂得百姓是天的道理，才能事业有成。君王以百姓为天，民以食为天，敖仓是楚军的粮运枢纽，楚军却离开荥阳，不坚守敖仓，仅仅命令士兵把守成皋，这真是天赐良机。楚汉长期相争不下，生灵涂炭，时局动荡，人心难定。大王应该尽快用兵，收复荥阳，占据成皋，夺取天下。现在燕赵之地已经平定，只有齐地还未攻下。齐王田广拥有千里之地，田间率二十多万军队屯兵历城，几个田氏的人势力都很强大，人心狡诈。您即使派几十万军队也不能很快攻破。不如让我捧着您的诏令游说齐王，使齐地成为汉的东方屏藩。"汉王同意了他的建议。

郦生去游说齐王说："大王可知天下的归属"？齐王说："不知。"郦生又说："大王若知天下归属，齐尚可保存，倘不知道，齐国难保。"齐王说："天下将归属谁？"郦生说："天下归汉。"齐王又问："您是怎么知道的呢？"郦生说："汉王与项羽有约在先，合力攻秦，先入咸阳者为王。汉王先入咸阳，项羽却背信弃义，不让汉王得关中，却让他就任汉中。项羽放逐并杀害义帝，汉王集合天下义兵攻打三秦，寻找义帝坟墓，称王却在各诸侯之后。汉王封赏有功之臣，好处与人共享，英雄豪杰都愿意效犬马之劳。汉王兵肥马壮，各诸侯望风而降。项王却背信弃义，杀害义帝，赏罚不明，任人唯亲，积怨天下。如今天下人都愿意归附汉王。汉王出兵，势如破竹，接连攻克三十二座城池，此乃天意。现在汉王有敖仓的粮食，成皋的地形，把守住白马渡口，堵塞了太行要道，逆我者亡，顺我者昌。大王若归附汉王，可保全家国，是明智之举。"齐王认为有道理，于是撤掉守兵。而此时韩信已在赵、燕获得胜利正准备攻齐。闻讯后便连夜引兵渡河到平原，偷袭齐国。齐王大怒，烹了郦生，率兵东逃。郦生当初进见沛公时，沛公正坐在床上让两个女子给他洗脚。郦生进来，只作揖不下拜，说："您想帮助秦朝还是攻打秦朝呢？"沛公大骂说："秦苦天下久矣，攻打它理所应当，我怎么还会帮助它呢？"郦生说："您想攻打秦朝，就要集合义兵，而不应该如此傲慢的接见长者。"（《高祖本纪》）沛公闻言停止洗脚，起身道歉。

项羽向东进军之初曾嘱咐曹无咎说："只要阻止汉军东行即可，倘若汉军挑战，千万不要应战。"但曹无咎没有牢记项羽的话，汉王进兵成皋时，曹无咎开始拒绝应战，后受不住汉军的一再侮辱，便引兵应战，当渡汜水至一半时，汉军进攻，楚军大败，他也被战死。项羽闻讯，回师广武。而此时双方力量的对比已开始发生变化。刘邦由于夺回了成皋，并获取了楚的物资、财富，屯军于广武。而项羽粮食供应日见困乏，求战心切。项羽约刘邦决战，刘邦笑着说"我宁斗智不能斗力。"（《项羽本纪》）刘邦一面坚守不出，一面加强了政治攻势，历数项羽残暴行为的十大罪状，使项羽在政治上更加孤立。项羽大怒，伏弩射中汉王胸口，不能直立，为了不使军心动摇，汉王曲身摸脚，说："恶奴射伤我的脚趾。"（《高祖本纪》）汉王病创卧，张良强请汉王起行劳军，以安士卒，毋令楚乘胜于汉。汉王出行军。兵士不知道他受重伤，故没有溃散。

在双方正面相持期间，项羽的后方形势也发生了重大变化，韩信攻齐后，项羽曾派大将龙且率二十万军队往救，结果被韩信、灌婴、曹参打败，龙且被杀，齐地全部为汉军占领。这时，韩信自以为功高权重，欲望也随之增长，他派使者到刘邦处，要求封为"假王"，刘邦大怒。骂道：我被项羽围困，日夜望你来援救，原来想自立为王。谋士张良、陈平知道这时候不该得罪韩信，暗中踢刘邦的脚，并附耳说："现在汉处在不利地位，无力制止韩信称王，不如立他为王，使他在项羽后方攻打项羽，不然，他可能倒戈变乱，于汉不利"。刘邦觉悟，当即随机应变地改口骂道："大丈夫定诸侯，即为真王耳，何以假为！"（《淮阴侯列传》）立即派张良去封韩信为齐王，命他出兵攻楚，刘邦封韩信的目的就是稳住韩信，免其生变，以便集中矛头攻打项羽。

项羽两面受攻，加以粮食断绝，后援不继，处于十分困乏的境地，不敢与刘邦作持久战。乃建了一座高坛，准备烹死刘邦的父亲。后汉王派人去劝说，请求放回父亲，项羽乘此与刘邦讲和，双方约定以鸿沟为界，中分天下，其东属楚，其西属汉。项羽放回了押在楚营中的刘邦之父亲及妻子吕雉。

缔约后，项羽罢兵东归，刘邦也欲引兵向西。张良、陈平献策说："现在汉王已拥有了大半个天下，人心归服，而楚兵疲惫不堪，粮食断绝，这正是灭楚的大好时机。不如趁其撤退之时，率兵攻打。"如果失去这一战机，那正是"养虎自遗患"啊！（《汉书·高帝纪》）汉王听从张良、陈平的劝告，决定乘势追击，使项羽无喘息之机，并约韩信、彭越合击楚军，但二人却未来会合。汉王问张良说："诸侯不听调遣怎么办？"张良说：楚兵将要失败，韩信和彭越还没有明确划分封地，所以他们不肯从约。大王如果表示要同他们共同拥有天下，他们就会马上出兵。韩信虽自立为齐王，却地位不牢，彭越住在梁地，魏豹死后，彭越想得到魏王的位子，大王也没有封他。如果能把睢阳以北至谷城的土地分给彭越，把陈以东近海的土地分给韩信，楚地是韩信的家乡，他想统治故乡的土地，这样一来，二人一定联合出兵攻打项羽。如果用这些土地分封他们二人，他们为了自己作战，楚军就容易被打败。刘邦采纳了这一建议，派使名前往分封，韩、彭终于率兵南下。项羽被刘邦等率领的军队围困在垓下。夜深人静，汉军中高唱楚歌，项羽以为汉军尽占楚地。遂率残部八百余骑向南突围。又被追来的汉军重重包围，项羽觉得大势已去，便自刎于乌江。楚汉战争以刘邦胜利而告结束。

楚汉战争结束后，刘邦于定陶附近的汜水南即皇帝位，是为汉高祖，都洛阳。娄敬劝高祖说："陛下定都洛阳，难道想与周朝比试吗？"高祖说："是"。娄敬说："陛下得天下与周朝不一样，周积德十几代。武王伐纣，诸侯群起呼应，成王即位，周公辅佐。周建都洛阳，洛阳乃天下中央，四方诸侯都接受周朝分封，向周朝进贡。到周朝全盛时，不养兵卒，教化天下，四海融洽，天下大同。周朝的衰微不是因为德行小，而是势力小。现在大王率三千人从沛县起兵，东征西伐，生灵涂炭。百姓死伤无数，哀哭不绝于耳。大王凭什么能与成康盛世相比呢？大王不如迁都长安，控制秦朝旧地，扼住天下的咽喉，才能抓住天下的脊背。加之秦地地势险要，乃天府之地，控制住它可确保坐稳江山。"高祖又问群臣，群臣都认为定都洛阳好。张良说："洛阳土地贫瘠，四面受敌。关中则东有崤山、函谷关、右有陇、蜀群山、南有巴蜀，北有胡宛，三面屏障，得天独厚。正是金城千里，天府之国。娄敬的说法是正确的。"于是高祖迁都长安，西汉王朝建立。

关于力量较小的刘邦能取得胜利的原因，刘邦和他的部下在论功会上还专门作了总结。高祖说："列侯诸将无敢隐朕，皆言其情，吾所以有天下者何？项氏之所以失天下者何？"高起、王陵对曰："陛下慢而侮人，项羽仁而爱人。然陛下使人攻城略地，所降下者因以予之，与天下同利也。项羽妒贤嫉能，有功者害之，贤者疑之，战胜而不予人功，得地而不予人利，此所以失天下也。"高祖曰："公知其一，未知其二。夫运筹策帷帐之中，决胜于千里之外，吾不如子房，镇国家，抚百姓，给馈饷，不绝粮道，吾不如萧何。连百万之军，战必胜，攻必取，吾不如韩信。此三者，皆人杰也，吾能用之，此吾所以取天下也。项羽有一范增而不能用，此其所以为我擒也。"（《高祖本纪》）"刘邦不仅自己多智谋，而且能用别人的智谋。……他是这样机智的人，和项籍斗智不斗力，匹夫之勇的项籍，当然不是刘邦的敌手。"（范文澜《中国通史简编》第二编，第30页）

从西汉王朝建立的整个过程来看，刘邦成功的每一步都与智慧有关，每一着棋，事先大都有比较正确的计谋和对策，可以说他完全是由智慧发迹起来的。特别是每到关键时刻，无不都是由智谋解渡难关、指导迷津、从一个胜利走向另一个胜利的；从人们的总结分析来看，无论是时人或是今人对刘邦的分析，有五点是共同的。其一是能正确运用智慧策略，斗智不斗力。其二是善于用人。其三是有比较稳定的关中作后方。其四是他本人多智多谋，机智敏锐。其五是他有一个以谋士和忠臣所组成的强大的智囊团，时时为他运筹谋划。而这五项中有四项都与智有着直接的关系，都属于智观念的内容。因此，我们完全可以说西汉王朝就是用智慧建立起来的。

二 智与治国安邦

1. 刘邦智削异姓王

西汉王朝建立后，统治者采取了一系列的重大政治、经济、军事等措施。现从智慧论的角度对有关治国安邦之措施作一论述。西汉王朝在翦除异姓诸侯王的斗争中，表现了出色的智慧和谋略。在楚汉战争中，刘邦为了打败项羽，曾分封一些重要将领为王。汉初，刘邦在战争的善后措施中，又分封了七个异姓王。此外，还封143位文武功臣为列侯。侯国民事由朝廷派官吏管理，侯不得干预。侯是大地主不是领主，西汉前期，他们是朝廷的有力支持者，而这些异姓王除了吴芮、无诸、赵佗三人在本封国内起着保境安民的作用外，其余都是统一的障碍，他们的势力比中央集权的力量还大。因此异姓王的存在，对西汉中央政权是一个严重威胁，于是，汉高祖以谋反为借口，翦除了异姓王。

翦除异姓王是刘邦对异姓诸侯王采取削（夺兵权）、迁（徙封国）、贬（黜降级）等措施后所最终采用的一种非常措施。实际上，刘邦对异姓王始终都是保持高度警惕的。早在楚汉战争期间，他就采取措施进行防范了。如对战将韩信，他一方面给以兵权，充分发挥其积极性，同时又不使韩信的权力过大，以便进行控制。"信之下魏破代，汉辄使人收其精兵，诣荥阳以距楚。""项羽已破，高祖袭夺齐王军。"汉王三年（前204年）六月的一天，刘邦甚至与夏侯婴冒充汉使，在清晨冲入韩信军中，趁其睡觉之际即在兵营里夺取军印，调兵遣将。直到韩信起床得知大军都被调走后，才如梦初醒，大惊失色。楚汉战争一结束，刘邦又以迅雷不及掩耳之势夺走韩信的兵权，调离齐地，改封为楚王。然而"信初之国，行县邑，陈兵出入"，（《淮阴侯列传》）

剑拔弩张,大搞军事演习。有人报告说韩信谋反,高祖向诸将问平定之策。诸将纷纷表示要发兵镇压。唯陈平说:"有人上书说韩信造反,还有别人知道吗?"问答说:"没有人知道。"陈平又问:"韩信自己知道吗?"高祖说:"不知道"。陈平问:"陛下的部队与楚军相比怎样?"高祖说:"不如楚军。"陈平又说:"陛下手下的大将有能超过韩信的吗?"高祖说:"没有。"陈平说:"现在我们的士兵和将帅之才都不敌韩信,发兵攻楚真是自讨苦吃。陛下不如假装巡游楚地,会盟诸侯。韩信听说您要巡行游乐,一定会到郊外迎接拜谒您,陛下就趁势捉住他。"高祖认为有理,果然准备甲士,趁韩信迎接之机将他捆绑了。田肯祝贺高祖说:"陛下擒住韩信真是幸事。此地地势便利,发兵攻打别的诸侯如水一泻千里不可挡。像齐这样重要的位置,不是自己的子弟不可以封为齐王。"高祖赐田肯金五百斤。高祖采用陈平计谋,"伪游云梦",械系韩信后,便押送洛阳,贬为淮阴侯。就这样,刘邦通过削夺兵权、迁徙封国、贬黜降级等措施,对韩信进行了一次次的打击,不仅把他的野心及时消灭在萌芽之中,而且也把他的手脚束缚了起来,这就使韩信始终处于高祖的掌握之中。对此,明清之际思想家王夫之曾颇有见地地评价说:"韩信下魏破代,而汉王收其兵;与张耳破赵而汉王又夺其兵。何以使信帖然听命,而抑不解体以扬去哉?此汉王之所以不可及也。"(王夫之《读通鉴论》)其他如徙韩王信王太原,实际上也是一种防范措施。这些措施在一定时间内避免了祸乱的发生,使异姓王在一定时间内能够统笼在刘邦的周围,安心服从其领导,这对汉朝的建立和汉初社会的稳定都是很重要的。陈豨做代地的相国,谋图造反,自立为王,高祖亲自带兵镇压。高祖赦免与陈豨有牵连的人。赵国相国曾上奏请求处死常山的郡守和县尉,高祖念及他们不曾谋反,赦免了他们。高祖问周昌说:"赵地有可以拜为大将的人吗?"周昌引荐了四个。高祖一一见过,不甚满意,但依然拜为大将,左右大臣不解,高祖说:"陈豨谋反,天下诸侯除邯郸以外都不出兵,我如今封赏他们四人,正是嘉奖赵国。"高祖又用重金收买陈豨的大将。并以祝贺打败陈豨为由,趁诸侯祝贺之际,抓住韩信,杀掉了他。

后来异姓王相继发动叛乱,自汉五年(前202年)到十二年(前195年)高祖用智谋进行了七年的翦除异姓王的斗争,并多次亲征,先后又将彭城、英布、臧荼等杀掉,张敖被废为列侯,韩王信逃入匈奴,仅留下一个势力最小的长沙王吴芮,异姓诸侯王基本上都被铲除殆尽。沉重打击了分裂割据势力,维护了国家的统一,巩固了西汉政权。

随着异姓王的翦除,汉高祖"惩戒亡秦孤立之败",(《汉书·诸侯王表》)再加上新起的汉朝廷,实力不能通达到全国,因而大封同姓,实行锄异姓、树同姓的封建亲属政策,又陆续分封了九个刘姓子弟为王。这些王国的重要官吏是汉朝廷派遣去的,法令也是汉朝廷制定的,诸王又大多是幼童,在封地内权力远不如异姓王那样大,这时的同姓王与汉朝廷是相安无事的,对中央政权还是起有屏藩作用的,因此,西汉王朝又暂时相对稳定下来。

2. 汉武帝智削藩王

封国的存在,对中央集权必然是个离心力。削藩就是西汉文、景诸帝对同姓诸侯王所采取的一种防范、削弱措施。

西汉前期,经过汉初数十年的休养生息,到文景之世,"流亡既归,户口亦息。"(《汉书·高惠高后文功臣表序》)粮价大大降低,"谷至石数十钱,上下饶羡。"(《太平御览》卷35引《桓谭新论》)社会生产逐渐得到恢复和发展,史称"文景之治"。随着经济的恢复与发展,同姓诸侯的财富和势力也日渐强大,专恣自为,蔑视中央,到文帝时,已形成尾大不掉的诸侯王割据的局面。汉文帝采纳了贾谊提出的"众建诸侯而少其力"

的建议。其具体办法是，把同姓诸侯王的封地各分为若干国，使诸侯王的子孙依次分享封土，直到土地尽为止；封地广大而子孙少者，则虚建国号，以待其子孙生后分封。文帝取其精核，择其适用者行之。把几个举足轻重的同姓王的封国进行再分封，化大为小，削减封地，以弱其力。如文帝十六年（前164年）分齐为六：封悼惠王子将闾为齐王，章为城阳王，志为济北王，贤为菑川王，雄渠为胶东王，卬为胶西王，辟光为济南王。又分淮南为三：立厉王子安为淮南王，勃为衡山王，赐为庐江王。这样，虽然齐国旧地仍在齐王肥诸子之手里，但是每个王国的地域和力量都已缩小，而且难于一致行动，于是众建而少其力之策稍行，封建遂名存实亡。有力地打击了分裂割据势力，进一步削弱了诸侯王的国力，巩固了中央集权。

汉景帝时，地方的诸侯王，由于掌握了丰富的物资财富和拥有重兵，益为骄纵。于是景帝又采纳了晁错关于逐步削夺同姓诸侯王的封地，以巩固中央集权制度的"削藩"策，借故罚削楚之东海郡。因削吴之豫章郡、会稽郡，引发"吴楚七国之乱"。景帝坚决派兵镇压，一举扫平了叛乱，狠煞了分裂割据势力的嚣张气焰。

汉武帝即位后，仍有一些大国地方千里，连城数十，骄横淫逸，阻众抗命，威胁着中央集权的巩固与加强。时主父偃向武帝上书，主张下令推恩，使诸侯王多分封子弟为侯，进一步削弱割据势力。他认为：汉初，诸侯王由嫡子继承，庶子没有继嗣其爵位的资格，同是诸侯骨肉子弟的庶子无尺地之封，仁孝之道，就得不到扬播，诸侯王理应推私恩分封子弟为侯。这样，名义上是"上以德施，实分其国"，以削弱诸侯王的势力。故"愿陛下令诸侯得推恩分子弟以地侯之"。（《平津侯主父偃列传》）这一建议既迎合了武帝巩固专制主义中央集权的需要，又避免了激起诸侯王武装反抗的可能。名义上是推恩，实际上是削藩，把矛盾的焦点转移到了诸侯国身上，这就从根本上避免了七国之乱教训的发生，可谓是一举两得的高深智谋。因此马上被武帝所采纳，继续对同姓诸侯王实行削弱政策，于元朔二年（前127年）正月即下达"推恩令"。制诏御史曰："诸侯王或欲推私恩分子弟邑者，令各条上，朕且临定其名号。"开始正式分封诸侯王子弟为列侯，以分其势。

推恩令颁行后，诸侯王的支庶大多都得以受封为列侯，诸侯王国被大量肢解析分。如河间被先后分为兹、旁光等11个侯国，淄川被分为剧、怀昌等16个侯国，赵被分为尉文、封斯等13个侯国。此外，城阳、广川、中山、济北及代、鲁、长沙、齐等诸侯王国也都被分成几个或十几个侯国，汉制、侯国隶属于郡，地位与县相当。所以，王国析为侯国，就是王国的缩小、中央直辖土地的扩大。汉高祖的时候，朝廷直接统治的领土仅十五郡，而此时则几乎达于全国。中央不行黜陟，而藩国自析，这的确是一个令诸侯王国守退两难，一一俱伤的特效妙方。从此，王国封地愈来愈小，所辖仅有数县而已。不仅诸侯王国如此，则虽列侯之国，亦多不能自保。汉兴"至太初百年之间，见侯五，余皆坐法殒命亡国，耗矣。罔亦少密焉。然皆身无兢兢于当世之禁云"。"天之所废，固莫能兴之哉！"（《高祖功臣侯表》）关于西汉前期中央政权所长期面临的同姓诸侯王分裂割据问题，由高祖拆小地盘的防范，到历经文帝众建而少其力的削弱、景帝削藩策的进一步削夺和武帝推恩计的再削弱的连续性打击，终于得到了全面彻底的解决。正如《汉书·诸侯王表》所综述的："文帝采贾生之议，分齐、赵，景帝用晁错之计，削吴、楚，武帝施主父之策，下推恩之令，使诸侯王得分户邑以封子弟。……自此以来，齐分为七，赵分为六，梁分为五，淮南分为三。皇子始立者，大国不过十余城。长沙、燕、代，虽有旧名，皆无南北边矣。"同姓诸侯王国已彻底名存实亡了。当年那种"势足以抗中央"的威风已全部荡然无存。历来明目张胆、直截了当的削藩，都会引起叛乱，包括明代朱棣的"靖难"之役，而唯有推恩令乱不能起，且可行有效，实可谓治国安邦之良策、智之深谋大计矣！

三 汉代的"智"观念

汉代不仅统治者"专以智力持世"，有许多皇帝、文武名臣足智多谋，崇尚智慧，而且一般的官吏、文人学者、平民百姓也十分富有智慧和崇扬智慧。同时，有的学者还对智慧的有关问题进行了论述。

汉代崇尚智慧的学者，当以司马迁最为突出。他好奇尚志，欣赏机智善辩之士和谈言微中的滑稽之徒，尤其赞赏善用奇计安邦定国的谋臣良将，如晏婴、孙武、孙膑、蔺相如、张良、陈平等等。司马迁在《史记》中不仅对他们的智谋故事深为陶醉，描述得活灵活现，脍炙人口，而且对他们本人也大加赞颂，他称颂蔺相如"一奋其气，威信敌国，退而让颇，名重太山，其处智勇，可谓兼之矣。"(《廉颇蔺相如列传》）赞扬陈平"常出奇计，救纷纠之难，振国家之患。及吕后时，事多故矣，然平竟自脱，定宗庙，以荣名终，称贤相，岂不善始善终哉！非知谋孰能当此者乎？"(《陈丞相世家》）称赞张良"高祖离困者数矣，而留侯常有功力焉，岂可谓非天乎？……上曰：'夫运筹筴帷帐之中，决胜千里外，吾不如子房'。余以为其人计魁梧奇伟，至见其图，状貌如妇人好女，盖孔子曰：'以貌取人，失之子羽'。留侯亦云。"(《留侯世家》）对那些运用纵横捭阖之术以博取功名富贵的智辩之士，如苏秦、张仪、范雎、蔡泽之辈，于笔中虽深含讥砭，但并未抹杀其智略与辩才。既批评苏秦、张仪之流乃是"倾危之士"又为他们立传，并指出"夫苏秦起闾阎，连六国纵亲,此其智有过人者。"(《苏秦列传》)司马迁评价历史人物,特重"独行之君子",兼取才智之士,能超乎世俗之见,不因德行有亏而摒弃其才智,表现了这位史学巨匠的史德卓识和智观念。

西汉另一位大学者刘向也很重智谋,曾杂采儒、墨、名、法诸家及各种传说,而成《说苑》一书。其中《权谋》一篇不仅汇集了先秦时代的许多智谋故事,而且在本篇及它篇的序中还对智慧的有关问题作了论述。首先,刘向对智慧持积极的态度,从正面肯定了智谋的重要作用,认为"圣王之举事,必先谛之于谋虑"。"夫知者举事也,满则虑谦,平则虑险,安则虑危,曲则虑直,由重其豫,惟恐不及,是以百举而不陷也。"(《说苑·权谋》)其二,在智者的范围上,比春秋战国时期更为扩大。春秋战国时期人们已有了"天下之智"的观念。当时一些思想家、谋略家曾清楚地看到"明主"与"乱主"治国之术截然不同,其结果也大相径庭。因此,明确指出明主能"因天下之智力",故"身逸而福多",乱主"独用其智",故"身劳而祸多"。所谓"天下之智",就是天下所有人的智慧。到了汉代,"天下之智"所指的范围很广,按刘向的看法,不仅指圣人贤相,上流贵族,还包括一般知识分子和平民百姓。他说:"白屋之士皆关其谋,刍荛之役咸尽其心,故万事举而无遗筹失策。"并认为"众人之智,可以测天,兼听独断,惟在一人"。此大谋之术也。(同上)其三,在智慧的类型上,刘向把智谋划分为知命、知事二端。他说:"谋有二端:上谋知命,其次知事。知命者,预见存亡祸福之原,早知盛衰废兴之始;防事之未萌,避难于无形。若此人者,居乱世则不害于其身,在乎太平之世则必得天下之权。彼知事者亦尚矣,见事而知得失成败之分,而究其所终极,故无败业废功。"(同上)在鉴别用智动机的好坏上,刘向提出用为公或为私来区分。他说:"夫权谋有正有邪,君子之权谋正,小人之权谋邪,夫正者其权谋公,故其为百姓尽心也诚;彼邪者好私尚利,故其为百姓也诈。夫诈则乱,诚则平。"刘向主张尊贤。他认为:"人君之欲平治天下而垂荣名者,必尊贤而下士。""夫明王之施德而下下也,将怀远而致近也。夫朝无贤人,犹鸿鹄之无羽翼也,虽千里之望,犹不能致其意之所欲至矣。是故绝江海者托于船,致远道者托于乘,欲霸王者托于贤。"并指出"贤者之厌难折冲也!""国家之任贤而吉,任不肖而凶。""犹豫不用,而大者死亡,小者乱倾,此甚可悲哀也。"(《说苑·尊贤》)把能否用贤使能,提到国家兴亡与否的高度去看待,这在一定程度上也反映了刘向的智观念。

西汉淮南王刘安及其门客苏非、李尚等人编撰的《淮南子》一书,也涉及了一些有关智慧的问题。如在国君的统治之术上,主张无为而治,赏贤罚暴。他们特别强调"少德而多宠者"、"才下而位高者"、"身无大功而有厚禄者",是危天下的三大祸害。因此必须任贤使能,注重培养人才。在智慧的运用上,主张智圆行方、集中众智。《淮南子·主术训》说:"心欲小而志欲大,智欲员(圆)而行欲方。""知员(圆)者,无不知也;行方者,有不为也"。意谓智虑要圆通灵活,行为要方正不苟。《主术训》还说:"众智之所为,无不成也。"认为只要集中众人的智慧来做事情,就一定能够成功。反映了"天下之智"的思想观念。

另外,汉代在智慧的实践与运用上,也取得了一系列的成果。在治理河患方面,西汉主要是治理黄河,堵塞了决口瓠子口。东汉则又创造了水门控制法;在水利工程方面,关中开凿了几条较大的灌溉渠:如与渭水平行的漕渠、采用"井渠法"修建的龙首渠、郑国渠上游的六辅渠、其他还有白渠、成国渠、灵轵渠和湋渠,在今山东有引汶水、在今甘肃有引黄河、在今安徽有引淮水的灌溉工程;在农业生产方面,有赵过创造的代田法与新田器耦犁和耧车；在冶铁方面，发明了黑心可锻铸铁技术，高碳钢、中碳钢技术、球墨铸铁技术和炼钢技术；在天文历法方面，西汉有落下闳造的浑天仪、日晷仪下漏刻、耿寿昌铸的铜天象仪，司马迁等人的《太初历》、刘歆的《三统历》，东汉有张衡的《浑天仪图注》、地动仪；在数学方面，有《周髀算经》、《九章算术》；在医学方面，西汉有《黄帝明堂经》，东汉有《神农本草经》、张仲景的《伤寒杂病论》；西汉还发明了造纸术等。所有这些都充分体现了汉代人们的智观念，也充分证明汉代是一个崇尚智慧的时代和智慧涌发的时代。

四 东汉和帝皇后邓绥以退为进的"智"观念

东汉和帝有一嫔妃邓绥，她因谦恭睿智而博得和帝的宠爱，终于成为皇后。在和帝死后，她临朝称制，登上至尊之位。

邓绥是东汉太傅邓禹的孙女。邓禹佐汉光武帝刘秀起兵，系东汉王朝的开国功臣。父亲邓训，是东汉的护羌校尉。邓禹曾率百万之众，与敌军作战，但没有妄杀过一人。邓训曾为皇帝使者去管理虖沱河、石臼河，以通漕运。在此之前，太原官吏征发大批劳役，因苦役而死者不可胜数。邓训乃奏明朝廷，罢黜此役，每年省费用亿万，使数千人得以活命。时人认为这是积了阴德。邓绥自幼就表现出与众不同的隐忍性。她5岁时，聪明伶俐、美丽温和，老祖母太傅夫人非常疼爱这个小孙女，亲自为她剪发。由于老祖母年迈眼睛昏花，误伤了邓绥的前额。邓绥用手紧捂着前额，忍着疼痛，一直等老祖母把头发剪好。邓绥离开祖母，到母亲的房间，手上已被额上的鲜血染红。母亲问她："不疼吗？怎么不对祖母说一声？"小邓绥说："怎么会不疼呢？太夫人怜爱为我剪发，误伤前额，我怎么能够喊疼，以伤祖母之心，故忍之耳！"

邓绥聪明异常，6岁就能读史书，12岁通《诗经》、《论语》。她的兄长读书时，邓绥就用经书上的问题诘难他们。邓绥志在典籍，不太关心家常事务。母亲不以为然说："女儿家要以绣女红为主，然后读些书就是了，还能读书为博士吗？"从此邓绥听母亲的话，白天绣女红，晚上读经书。父亲认为这个女孩肯定会有大出息。

永元四年（公元92年），邓绥16岁，初入掖庭，封为贵人。而在这一年，邓绥的父亲邓训死去。邓绥昼夜啼哭，号泣三年。在这三年之中，不食盐菜，人变得非常憔悴，近于毁容。连亲人都不认识她了。邓绥身高七尺二寸（约相当于现在的1.66米左右），姿颜殊丽，在众嫔妃中，出类拔萃，亭亭玉立，光彩照人。

当时和帝的阴皇后，是光武皇帝刘秀最宠爱的皇后阴丽华之兄阴识的曾孙女，因门第高贵，又漂亮美丽，被封为皇后。

邓绥对阴皇后恭肃小心，动有法度，处处谦让。阴皇后身材较矮，邓绥个子较高，所以邓绥每与阴皇后站在一起，总是偻着身子，不敢使自己显得挺拔玉立，以衬托着皇后矮小。如果和帝问到什么问题，邓绥熟读经书，当然会问一答十，对答如流，然而邓绥从来不敢首先答话，有时只有阴皇后说完，才说上一两句。每有宴会，诸嫔妃贵人都着意打扮，穿红着绿，环佩叮当，鲜丽照人，希望在宴会上独领风骚，引起皇帝的注意。而邓绥只穿素衣，也不要什么装饰。有一次，宴会时，邓绥发现阴皇后也穿一件与自己相同颜色的衣服，便马上离开宴会，去换了一件色彩素淡的裳裙。和帝看在眼中，不禁暗暗佩服邓绥的修养、谦恭和睿智。

平素邓绥对待其他的嫔妃，包括宫人杂役，都非常有礼貌，从不摆出得宠妃子的架子。有一次，邓绥病了，和帝破例让邓绥的母亲和兄弟入宫探视，并送医药，不限时间。东汉的皇宫是不允许外人随便出入的，只有受宠的后妃，得到皇帝的恩准，才能让家属进入宫院。邓绥深恐如此做会遭到其他嫔妃的嫉妒，于是对和帝说："宫院乃皇家重禁之地，而使外人长时间留在宫中，那么会有人讥笑陛下为私宠而丢掉宫中禁令，也会认为贱妾不知足。请陛下不要为我而坏皇家法纪。"和帝听之一笑，说："大家都以能让家人数出宫禁为荣，而贵人反以为忧，如此约束自己，真是难能可贵啊！"从此，和帝对邓绥更是敬重。

邓绥出身于诗礼世家，知书达理，有很好的教养。她如此谦恭礼让，却更博得皇帝的宠爱。

阴皇后是一个心胸狭窄的女子，她看到和帝对邓绥赞叹再三，称其有"懿德"，心中常怀愤懑。尽管邓绥对其毕恭毕敬，然而她却恨之入骨。阴皇后恨邓绥长得美丽动人，又恨她那种大家闺秀的高贵典雅的气质，更恨她的聪慧和知书达理，博得皇帝的敬重。因此，邓绥愈是谦恭礼让，愈是懂事知礼，阴皇后的妒火愈旺。阴皇后终于无法控制那日益强烈的嫉妒与愤恨，就扎成假人，上面书写"邓绥"的名字，每天诅咒，用钢针刺假人的心窝等。然而天下没有不透风的墙，阴皇后行巫蛊以害邓绥的事很快传出。两汉时期，以巫蛊迷信害人的风气盛行，宫中最忌讳此事。如后宫有巫蛊之事发，必定重罚治罪。和帝闻知大怒，说："以邓贵人如此竭诚尽心奉事皇后，而皇后竟如此狠毒，怎能母仪天下。"和帝于是让中常侍张慎与尚书陈褒于宫庭狱中审理此案。此事涉及阴皇后的两个弟弟和两个舅舅，皆被拷掠打死在狱中。和帝又命司徒鲁恭持节以宣皇帝之命，收去阴皇后的玺绥，将其迁于桐宫。阴皇后被废以后，终日忧郁难过，不久便死去。

阴皇后的父亲阴纲自杀，其家属皆迁至日南比景（今越南境内）。凡阴氏宗亲、外、内昆弟皆免官还乡里。阴皇后的嫉妒、不能容人竟遭到灭族之灾。

阴皇后被废,邓绥曾为之向和帝请求宽恕,和帝不同意。废掉阴皇后,和帝布诏书于天下,曰:"皇后之尊,与朕一体,承宗庙,母天下,岂易哉!唯邓贵人德冠后宫,乃可当之。"(《后汉书·皇后纪》)邓绥辞让再三,然后才即皇后位。她又亲自写成奏表上疏感谢和帝,深愧自己德薄,不足充皇后之选。

邓绥的谦恭、仁和、礼让实际是以退为进,这正是她的聪慧过人之处,她终于成为东汉王朝的皇后。当时,东汉王朝正处强盛时期,特别是自章德皇后打败了匈奴,北匈奴远徙欧洲、南匈奴归汉,东汉王朝西边又派班超大破月氏军、龟兹、姑墨、温宿等归降汉朝以后,汉王朝在此重新设立西域都护府。东汉王朝迫使诸方国每年向朝廷贡献珍奇方物,诛求无已。邓绥被立为皇后,说服和帝,停止方国贡献奇珍之物,只进贡一些纸墨而已。东汉王朝的这一友好政策,深得诸侯方国的爱戴。

由于邓皇后德冠后宫,其所献国策又切中时弊,和帝对皇后的品德常称赞不已。和帝曾多次想给邓绥的兄弟加官封爵,邓皇后总是哀请谦让,她对自己的家族约束很严,终和帝之世,邓绥的兄长邓骘不过是一个虎贲中郎将的官职。

元兴元年(公元105年),和帝崩。邓绥乃以皇太后的身份临朝称制。她的谦恭礼让不仅为她铺平了通向皇后之路,而终于使她登上了至尊之位。谦恭礼让是邓绥博得和帝赞赏的手段,以退为进是她战胜阴皇后的策略,而最终登上至尊之位是她的目的。这些都充分地表现了邓绥的"智"观念。

第十章 晋唐时期的"智"观念

我国自大一统的封建帝国形成以后,皇权的高度专制形式日益巩固加强。汉晋隋唐时期,皇帝之"智"的表现形式是如何加强自己的权力,巩固江山。而作为臣子,则有另外的表现形式,那就是如何不让皇帝猜忌,如何的安分守己,做一忠信之臣。皇家的利益与其集团内部的大臣是一致的,因此朝廷大臣不仅要尽自己的聪明才智去维护封建国家的统治,推动社会的发展,还要考虑取得皇帝的信任,才能使自己与皇家的利益一致。如三国时期诸葛亮、周瑜、唐朝郭子仪等人皆是这样的智者。他们把自己的智规范在对皇帝的忠信之中,寓于对百姓的仁爱之内,他们的"智"观念是在我国封建社会中形成的。他们不愧是封建社会的智者。

一 寓智于仁义忠信的诸葛亮

诸葛亮这个名字在中国人的观念中是智慧的化身。如果有人聪明、有远见,大家都说他智赛诸葛。诸葛亮闻一知百,善于谋略,长于治理,在各种复杂的事务中保持清醒的头脑,知大局、识大体;懂天文地理、阴阳八卦、地形阵法……诸葛亮的智是古代中国智慧的高度表现形式。然而,诸葛亮赢得中国人的喜爱和敬仰,是因为他把自己的智与仁义忠信紧密地联在一起,寓智于仁义,寓智于忠信。

诸葛亮，字孔明，山东琅玡人，东汉司隶校尉诸葛丰之后。其父诸葛珪在东汉末年曾为太山郡丞。诸葛亮很小就失去父亲，随叔父诸葛玄生活。诸葛玄与荆州牧刘表有旧交情，往依刘表，以后诸葛玄死去，诸葛亮于是隐居在南阳（今河南省邓县境），躬耕陇亩，平时爱以《梁父吟》为调，填些词曲。诸葛亮熟读经史，胸藏韬略，精通天文地理，治国定邦之术，每自比作管仲、乐毅，而当时的人皆不能理解；只有博陵崔州平，颍川徐庶与诸葛亮关系特别好，了解孔明的政治才能，非常钦佩。

东汉末年，朝廷失道，民不聊生，天下豪杰并起。当时有一河北涿郡人刘备，本是汉室宗亲，中山靖王刘胜之后。但当时的刘备与汉室亲缘已远，"与母贩履织席为业"。（《三国志·先主传》）然而刘备也不甘寂寞地聚起兵马，加入了纷然并争的豪杰之列。但刘备起于微细，很难与当时拥兵自重的世家大族如袁绍等人相比，所以刘备在群雄并争中没有自己的地盘，他先是受徐州牧陶谦的欢迎，占据徐州，但遭吕布等人攻击，弃徐州，依靠曹操。后又遭到曹操的攻击，转而依靠袁绍；曹操破袁绍，刘备又转而投奔刘表。刘表对刘备并不放心，于是让刘备屯驻新野。是时，刘备已50多岁，然而功业不建，辗转寄人篱下。刘备常自生悲。

刘备屯驻新野之时，有一名士徐庶前来拜见刘备，并向刘备推荐了诸葛亮说："诸葛孔明者，卧龙也，将军岂愿见之乎？"刘备说："君与俱来。"徐庶说："此人可就见，不可屈致也，将军应亲自去见他。"刘备正思贤若渴，于是乃前往拜见诸葛亮。《三国志·诸葛亮传》记载：刘备"凡三往，乃见。"这段记载表现了诸葛亮的高才与高傲。作为一个智者，他不愿意轻易地去阿附世人，也不愿随便为人所用。

刘备三次前往，才见到了诸葛亮。刘备说：今汉室倾颓，奸臣窃命，皇帝蒙尘。自己胸怀大志，欲申大义于天下，但因智术短浅，很难得志，希望诸葛亮能出山相助。

是时刘备已50多岁，而诸葛亮才27岁。诸葛亮认为刘备能礼贤下士又富于仁义之心，是可辅助的明主。在草庐之中，诸葛亮与刘备分析了天下形势。诸葛亮认为，当时曹操已拥有百万之众，又挟天子以令诸侯，是难与之争锋的，孙权占据江东，已历三世，国险而民附，只可为援而不可图也；而荆、益二州，是无府之国，其至刘璋暗弱。"若跨有荆、益，保其岩阻，西和诸戎，南抚夷越，外结好孙权，内修政理。天下有变，则命一上将将荆州之军以向宛、洛，将军自率益州之众出于秦川，百姓孰敢不箪食壶浆以迎将军者乎？诚如是，则霸业可成，汉室可兴矣。"（《三国志·诸葛亮传》）

诸葛亮以明晰的眼光分析了天下形势，向刘备指出努力的方向，指出曹操、孙权皆是刘备之力不能灭掉的，刘备只有夺去西蜀，外结孙吴，以抗曹操，三分天下，才是最终的结局。诸葛亮的分析是有见识的，是智者的见解，而形势也是如诸葛亮所预见而发展的。

诸葛亮对天下局势的分析是其今后戎马生涯为之奋斗的目标。事实证明诸葛亮一生的政治军事活动充满智慧。

首先，诸葛亮认为刘备是一个能成大业的人，是明主。刘备礼贤下士，豁达大度，义气待人，能使广大将士为之效力；他胸怀大志，绝非平庸之辈，这也是诸葛亮愿意辅助的对象，刘备当时虽然没有成大气候，但已有一定的规模，这就为诸葛亮提供了施展才能的条件和基础。

诸葛亮在辅助刘备创建帝业的过程中，始终把联吴抗曹作为外交政策的基石。他认为，孙、刘两家只有联合，才能巩固三国鼎立的局面。孙、刘任何一家被曹操吞并，那么另一家也无法独力抵抗曹操。这正是诸葛亮以大局为重的明智之举。尽管刘备、关羽、张飞等蜀中君臣一再与东吴发生争端，但诸葛亮始终把与孙吴的联盟作为抵抗北方的重要策略。

蜀汉章武三年（公元223年），刘备刚死，南中（今川南地区）少数民族乘机叛乱。诸葛亮率众南征，与在南中少数民族的战争中，诸葛亮每战必捷。当时南中有一夷族酋长孟获，在当时很有威望。在一次战斗中，孟获被诸葛亮军队擒获。诸葛亮领他观看蜀军的营阵，问孟获曰："你以为我大军如何？"孟获说："向者不知虚实，故败。今蒙赐观看营阵，若祇如此，我肯定能胜。"诸葛亮笑曰："好，放你回去，再战如何？"于是放走孟获，再战。《三国志·诸葛亮传》注引《汉晋春秋》记载：诸葛亮对孟获七纵七擒，而诸葛亮仍然又放回孟获。孟获不再回去与蜀军作战了，曰："公，天威也，南人不复反矣。"遂至滇池。南中平定。诸葛亮让其少数民族的首领酋长仍为原职，统辖南中地区。有人谏议，应留人和军队在此镇守。诸葛亮说："若留外人，则当留兵，兵留则无所食，一不易民；加夷新伤破，父兄死丧，留外人而无兵者，必成祸患，二不易也；又夷累有废杀之罪，自嫌衅重，若留外，终不相信，三不易也；今吾欲使不留兵，不运粮，而纲纪粗定，夷、汉粗安故耳。"诸葛亮在平南中的问题上表现异常地冷静与明智。他采取的是对少数民族的怀柔与威服并用的政策。他七擒七纵孟获，正是为使孟获心服口服，达到边境"粗安"的局面，而使他能全力对付北方的曹魏。

诸葛亮受任于败军之际，奉命于危难之间。为了感激报答刘备的三顾茅庐之恩，他跟随先主打天下，联吴抗曹，运用自己超人的智慧，指挥文臣武将，巧布阵法，出谋划策，终于辅助刘备得三分天下。章武元年（公元221年），刘备即位，是为昭烈皇帝，诸葛亮为丞相。因为刘备是汉中山靖王之后裔，即西汉皇帝刘邦的裔孙，故立国号为汉。诸葛亮以自己的聪明才智辅助刘备成就帝业，也可以说，如果没诸葛亮就没有蜀汉政权，没有历史上的三国鼎立局面。

《三国志·诸葛亮传》记载：刘备临终之际，向诸葛亮嘱托后事说："君才十倍曹丕，必能安国，终定大事。若嗣子可辅，辅之；如其不才，君可自取。"诸葛亮涕泣曰："臣敢竭股肱之力，效忠贞之节，继之以死。"刘备又嘱托后主刘禅要对诸葛亮事之如父。

　　诸葛亮不负刘备重托，臣事刘禅，竭尽忠贞。如他在《出师表》中说："侍卫之臣不懈于内，忠志之士忘身于外者，盖追先帝之殊遇，欲报之陛下也。""受命以来，夙夜忧叹，恐托付不效，以伤先帝之明，故五月渡泸，深入不毛。今南方已定，兵甲已足，当奖率三军，北定中原，庶竭驽钝，攘除奸凶，兴复汉室，还于旧都，此臣所以报先帝，而忠陛下之职分也。"

　　诸葛亮解带写诚，辅弼幼主，不负然诺之言。为此，他七擒七纵孟获，平定南中，数出祁山，独出心智，做木牛流马运输粮草；发兵屯田，为久驻之基；推演兵法，作八阵图；竭诚尽智，呕心沥血，为了恢复刘氏政权在中原的帝业，荡平中原，饮马河、洛，诸葛亮鞠躬尽瘁，死而后已。然而因蜀地褊狭，国势弱小，加上时运乘逆，诸葛亮"出师未捷身先死，常使英雄泪沾襟。"诸葛亮死于征途之中，时年54岁。司马懿闻知说："真天下奇才也。"

　　诸葛亮死前曾上疏刘禅说："成都有桑八百株，薄田十五顷，子弟衣食，自有余饶。至于臣在外任，无别调度，随身衣食，悉仰于官，不别治生，以长尺寸。若臣死之日，不使内有余帛，外有赢财，以负陛下。"（《三国志·诸葛亮传》）当诸葛亮死后，一切皆如所言。

　　诸葛亮治蜀，深得蜀汉君臣百姓的忠心拥戴。他抚百姓，示仪轨，约官职，开诚心，布公道；尽忠益时者虽仇必赏，犯法怠慢者虽亲必罚；刑法严峻而国人悦服，用民尽其力而下不怨；军纪严明，征途不扰百姓；其用兵，止如山，进入风，神鬼莫测。

诸葛亮死后数十年，国人仍然作歌追思其功。诸葛亮确为古今天下之奇才。他的智与仁义忠信相融合，他寓智于忠信之中。因此诸葛亮被认为是智慧的化身，至今受到人们的爱戴和尊重。

二 大智大勇的三国名将周瑜

周瑜是我国家喻户晓的三国名将，智勇双全，忠信仁义，然而我国的古典名著《三国演义》为了突出诸葛亮，把周瑜写成一个心胸狭窄、嫉贤妒能，而又在才智上稍逊诸葛亮一筹的大将。他最终被诸葛亮气死。这对周瑜是极不公平的。

历史上真正的周瑜是一个足智多谋，谦恭礼让、重友谊、讲义气，又风流倜傥的年轻的将领，江东人称为"周郎"。他精通音乐，时人说："曲有误，周郎顾。"在豪杰辈出的三国时代，他是一颗灿烂的明星。

周瑜对朋友忠诚仁信，他与东吴政权的关系可谓友谊多于君臣。东汉末年，皇帝昏庸，民不聊生，引起黄巾大起义。动乱中，陇西土豪董卓乘机进入国都洛阳，拥立汉献帝，自任相国，专权跋扈。引起了封建官僚地主阶级的不满，纷纷组织义兵讨伐董卓。当时长沙太守孙坚也参加了讨伐董卓的战争。孙坚在动身之前，将家眷迁往舒（今安徽舒城）。这样孙坚的长子孙策就得以与在舒地的周瑜相识。

周瑜，字公瑾，庐江舒人，他的曾祖父、父亲都曾做过东汉王朝的太尉，父亲周异曾为东汉国都洛阳令。周瑜就生长在这样一个世胄之家。

周瑜与孙策同岁，志趣相同，友善异常，周瑜认为孙策待人敦厚，有大志，非常钦佩；孙策则认为周瑜忠信谦恭，智勇过人；于是二人遂结为莫逆之交。周瑜把自己的一处大宅送给孙策及其母亲等居住，并亲到堂前拜见孙策的母亲，互通有无，情同手足。

孙坚死后，孙策曾依附过袁术，因受不到重用，决定回到江东，招纳父亲旧部。在临渡江之前，他写信告诉正在丹阳（今安徽宜城）看望叔父的周瑜。周瑜的叔父是丹阳太守。周瑜重友谊，讲义气，立即借叔父的一部分部队去江边迎接孙策。孙策见到周瑜高兴地说："吾得卿之力助，万事谐矣。"两人一起渡过长江，并力攻取扬州，赶走了扬州刺史刘繇，孙策从而占领扬州。此时，孙策的军队已发展到几万人。孙策说："多谢卿之全力协助，才有今日，今你可还叔父之兵士，并镇守丹阳，后会有期。"孙策又攻下会稽，自称会稽太守。

江北袁术的势力在继续发展，丹阳成为袁术的地盘。袁术以其堂弟袁胤为丹阳太守，周瑜与叔父居寿春。袁术认为周瑜很有才干，想任周瑜为将。周瑜认为袁术虽然势力很大，但心胸褊狭，而与孙策情同手足，义气相投，为何不助孙策，反助袁术？于是周瑜佯为答应，请求到居巢（今安徽巢县）。袁术答应任周瑜为居巢长官。周瑜到居巢后，马上渡江来投奔孙策。孙策亲自迎接周瑜，授建威中郎将。孙策又为周瑜治馆舍府第，说："周公瑾英俊异才，与孤如同骨肉，如前在丹阳，发军队、赠船粮，以助成大事，论德酬功，未足以报也。"孙策豁达大度，善于用人；周瑜忠友讲义，竭力相辅。当时周瑜才24岁，潇洒英俊，是一位年轻有为的将领。

周瑜辅助孙策攻皖（今安徽潜县）、进浔阳、破袁术的部下刘勋，讨江夏，定豫章（今江西南昌）、庐陵（江西吉水东北）、巴丘（今江西崇仁县境内）。周瑜驻守巴丘。当攻破皖城时，孙策听说城里乔公有二女皆是天生丽质的绝色女子，便派人前去求亲。乔公将长女大乔嫁与孙策，次女小乔嫁与周郎。是时，君臣如同手足，进退攻城，如同一体，甚为相得。

当时，孙策部下有一老将程普，原是孙坚的部将，自以为有功,对周瑜如此少年得志,甚为不满说:"吾随文台(孙坚之字)攻城野战,身被创夷,而今周郎以年轻居我之右,我定辱之。"程普见周瑜时,常常凌侮,出言不逊。而周瑜认为程普老将,当年乃追随孙坚的老部将,虽数受其辱,但都付之一笑。每见程老将军,仍不忘恭敬。特别是众将议事时,周瑜总是温文尔雅,首先征求程普的意见。程普终于由不满转为敬重和佩服,与人说:"与周公瑾交往,若饮醇醪,不觉自醉。"(见《江表传》),江东人士皆佩服周瑜的客人谦让之气量。

建安五年(公元200年),孙策因在作战时受箭伤而死。临死前,孙策嘱咐孙权说:"外事不决问公瑾。"孙权的母亲亦说:"公瑾与伯符同年,小一月耳,我视之如子也,汝当以兄事之。"

孙权承父兄之业,即位为东吴主。当时孙权才18岁,年轻而无威望。东吴很多将领对孙权在礼节上从简。而周瑜乃数立战功,东吴依赖之大将。他认为如果东吴将领对孙权礼节不够,势必影响主公的权威。周瑜对孙权尽礼尽敬,事必恭听,克尽臣节。在周瑜的带动下,东吴将领逐渐开始以臣事君的态度对待孙权。东吴在孙策死后,孙权很快就树立君主的绝对权威,并出现了君明臣忠、上下一致的团结局面。

建安七年(公元202年),曹操破袁绍之后,兵强将广,占据了北方大半个中国。曹操有并吞天下之心,投书孙权,封孙权为侯,但孙权要把自己的儿子送到许昌(当时曹操挟汉帝以许昌为都)为人质。孙权召集众将群臣集议。众人犹豫不决。周瑜坚决反对。他对孙权说:"当年楚国鬻熊居于荆山,筚路蓝缕,以启山林,地不满百里。但历代楚君励精图强,选贤与能,开拓疆土,终于成为横跨江南的泱泱大国。今您承父兄之业,兼六郡之众,兵精粮多,将士用命,铸山为铜,煮海为盐,境内富庶,人不思乱,奈何为质于曹,受制于他人?"周瑜一席话,引古论今,有明晰的、睿智的眼光去分析敌我双方的形势。孙权茅塞顿开，遂不送人质，与曹操分庭抗礼。

曹操见孙权不臣服，大怒，率大军南征江东。建安十三年（公元208年），曹操攻下荆州。荆州令刘琮率众投降。曹操又得其水军、船步兵数十万，以讨伐孙权。东吴将士皆恐惧异常。孙权在大军压境之际，又召群臣计议。有大臣说："东吴可拒曹操者，惟长江天险。但曹操已得荆州，又得数十万水军，是我与曹操共有天险。今曹操水陆俱下，我寡不敌众，不如迎之。"

在这决定东吴命运的关键时刻，周瑜作为东吴的中流砥柱、国家栋梁。他慷慨陈词、力排众议说："不然，曹操虽托名汉相，其实汉贼也。将军以神武雄才，当横行天下，为汉家除残去秽，况曹操自来送死，岂可迎之？今曹操远道而来，背后尚有马超、韩遂之后患，境内未安，则南方争强，此乃兵家之大忌。曹操舍鞍马，仗舟楫，此非北方将士之所长，今大盛寒，马无粮草，士兵不习水土，必生疾病。曹军号称八十万，而其实十五、六万耳。且军已久，所得荆州兵不过七、八万耳。而且新得之众，心怀狐疑，必不竭力以战，故曹军虽多，甚未足畏。瑜（指周瑜本人）愿请得精兵三万，为将军以破曹军。"（《三国志·周瑜传》）周瑜的这一段议论决不是妄发议论，而是在充分了解敌我双方的情况而说的见解。周瑜既不为曹操表面的强大而迷惑吓倒，又充满强烈的自信。这当是一篇多么精彩而充满智慧的战前演说和动员。孙权马上表示赞同支持。

周瑜的这段精彩的议论在《三国演义》中被写在诸葛亮的名下，出自诸葛亮之口。虽然是艺术创作的需要，但对周瑜也有失公平。

孙权命周瑜进驻夏口（今湖北武昌县西黄鹄山上），以抗曹操。公元208年冬，曹、吴双方在赤壁（今湖北蒲圻西北）摆开战场决战。周瑜为东吴主师，他命黄盖诈降曹操，带数十艘战船，蒙以帷幕，实以薪草，用膏油灌其中，直抵曹军。

是时曹操用连环战船阵法，战船首尾相接，如水上陆地一样平稳，适合北方兵不惯水上作战的特点。曹操军队闻知黄盖投降，非常高兴，延颈观望。

黄盖的小船队如同箭一样顺风而行，快到曹军船队时，几十艘小船同时发火。随船水兵跳水而逃。火船如支支火箭射向曹军。曹操的连环战船又不能及时散开逃逸，顷刻曹军战船火焰冲天，又延烧岸上营寨，曹军大营全部被烧尽。周瑜率大军继其后，擂鼓大进。曹军大乱，曹操八十万大军全部被击溃。曹操带几十名亲信逃窜。这就是历史上有名的"赤壁之战"。赤壁之战创造了以少胜多的战例，奠定三国鼎立的基础，成功地阻止了曹操的南进。赤壁之战浸透周瑜的智慧和能力。宋朝大诗人苏东坡诗云：

"大江东去，浪淘尽，千古风流人物。故垒西边，人道是，三国周郎赤壁。乱石穿空，惊涛拍岸，卷起千堆雪。江山如画，一时多少豪杰。

遥想公瑾当年，小乔初嫁了。雄姿英发，羽扇纶巾，谈笑间，樯橹灰飞烟灭。故国神游，多情应笑我，早生华发。人生如梦，一樽还酹江月。"

苏东坡所说的"谈笑间，樯橹灰飞烟灭"，真是把周瑜的智慧写得入木三分，活灵活现。周瑜确是这样一个有智、有勇、又有忠义的将领。周瑜对东吴政权忠心耿耿，谦恭礼让，始终如一；在大敌压境之时，自信而不盲目，勇敢而不莽撞。周瑜在赤壁之战中表现他的智慧和才能。周瑜是孙吴政权最为依赖的柱臣，而他也在忠信礼让中表现了他的才智，实现了他人生的价值。

三　唐代中兴名将郭子仪的"智"观念

唐代中叶有一个中兴名将郭子仪，他可以说是受命于危难之际，扶社稷于败亡之中。但他功高决不震主，谦虚谨慎。唐代史臣裴垍评价郭子仪说："权倾天下而朝不忌，功盖一世而上不疑，侈穷人欲而议者不贬。"（唐书·郭子仪传）

唐王朝曾是中国封建社会的盛世，君主专制已走上极致。在这种君主高度专制主义重压之下，作为臣子，保全自己需要有"智"。郭子仪作为唐朝"安史之乱"后，中兴唐王朝的功臣而不受封建帝王的猜忌。他有非常明确而超人之智。

郭子仪，华州郡县（今陕西华县）人。唐朝天宝年间，郭子仪任天德（今内蒙古五原）使，兼九原（今内蒙古五原境内）太守、朔方（今宁夏灵武）节度右兵马使。郭子仪长期供职在西北边陲，保卫大唐王朝北部的千里疆界。戎马生涯使他积累了丰富的战略经验和斗争艺术。

天宝十四年（公元755年）十一月，"渔阳鼙鼓动地来，惊破霓裳羽衣曲"。镇守范阳（今北京）、平卢（今辽宁朝阳）、河东（今山西太原）的三镇节度使安禄山发动叛乱。安禄山留部将史思明镇守范阳，他自己率军南下。是时，唐王朝承平日久，唐玄宗迷恋杨贵妃，不问政事，朝中权臣杨国忠、李林甫皆庸碌无能之辈。安禄山叛军大举南下，势如破竹，唐军望风瓦解。安禄山很快攻占了洛阳，并在洛阳自称大燕皇帝。

在这种情况下，唐玄宗诏令郭子仪率军讨敌。郭子仪又向玄宗推荐李光弼。郭、李二人迅速地收复了河北诸郡。然而此时，由于玄宗任用非人，潼关失守，接着国都长安失守，唐玄宗率领皇室逃跑到马嵬坡（今陕西兴平县西）前，随军兵士举行兵变，诛杀杨国忠，并逼唐玄宗缢杀杨贵妃。天子播迁入蜀。唐玄宗派太子李亨留下以讨叛军。李亨在灵武即皇帝位，是为肃宗。唐肃宗遥封玄宗为太上皇。

肃宗即位，郭子仪立刻带五万兵马前往灵武，护卫皇帝，军威始盛。肃宗命太子李俶（即李豫，唐代宗）广平王为天下兵马大元帅,郭子仪为天下兵马副元帅,以讨叛军。其实太子只是挂名而已,真正领兵作战的是郭子仪。

郭子仪与李俶率朔方军及回纥兵15万,号称20万,由凤翔出发,攻打长安,唐军驻在长安西的香积寺,与叛军展开一场激战,斩叛军6万人,生擒2万。驻守长安的叛军首领张通儒弃城逃跑,被叛军占领一年零四个月的京城长安被收复。郭子仪乘胜追击,相继克潼关,收复陕州。驻守在洛阳的安庆绪(安禄山的长子)丢掉洛阳,退保邺城(今河南安阳)。洛阳乃唐帝国之东京。至此,郭子仪收复了大唐王朝的东、西二京,并收复了河东、河西、河南诸郡。

长安被收复后,唐肃宗回到长安,亲迎子仪至灞上,慰劳子仪说:"国家再造,卿力也。"唐肃宗的话决非虚谈,郭子仪确实一手扶起亡国的君主,一手夺回失去的江山。唐肃宗任郭子仪为司徒,封代国公,以后又进为中书令。唐肃宗又命郭子仪留守东都洛阳,任为东畿,山南东道、河南诸道的行营元帅。

郭子仪的功劳引起了宦官鱼朝恩的嫉妒。鱼朝恩乘郭子仪在外领兵作战之机,令人发掘了郭子仪父亲的坟墓。挖祖坟,这在封建社会乃人之大忌,是十分了不得的大事。当郭子仪自泾阳入朝时,朝中有人害怕郭子仪会实行报复,发动政变。然而子仪入朝,皇帝惭愧,对他谈起这件事。子仪号啕大哭说:"臣久主兵,对部下管教不严,不能禁士残人之墓,其人今发先臣(指子仪之父)之墓,此乃天遣,非人患也。"

鱼朝恩又对唐肃宗讲述功高盖世的将领不可信任,不能让他到地方上独自将兵等谗言,唐肃宗由于本来虚弱无能,因此对子仪也极不放心,于是立即诏令郭子仪回朝,解去子仪的兵权,以赵王为天下兵马元帅,李光弼为副元帅。子仪得诏令,无丝毫怨言,立即交出兵权,星夜赶回朝廷。子仪被罢官后在京城闲居,但他忠心耿耿,辅助肃宗,一点也没有怨恨的意思。在中国高度专制帝王的统治下，郭子仪只有如此，才能保全自己。这正是他的明智之处。

即使对鱼朝恩，郭子仪也待以诚恳和宽容。有一次鱼朝恩曾约郭子仪去他那里修理器械，朝恩部下向郭子仪送密信说："鱼朝恩有恶意谋害您，请多加小心！"子仪部下皆主张内藏兵甲随从，以备不测。郭子仪说："我以诚心待人，朝恩若有歹意，天将不容！"子仪谢绝部下的好意，只带家僮数人前往。鱼朝恩问："为何车骑来那么少？"郭子仪将众人的话告诉了他。鱼朝恩哭着说："公真乃敦厚长者，若非他人，得无疑乎？愿与公释疑。"

叛军史思明乘郭子仪在京闲居，再次攻陷河、洛地区，而且西部戎狄也攻逼京师。唐肃宗忧虑得连饭都吃不下去。这时有人谏议说："郭子仪于社稷有功，忠于朝廷，如今安史之乱未平，怎么能弃贤臣将帅而不用呢？"唐肃宗于是又起用了郭子仪，以子仪为朔方、河中、北庭、潞仪、泽沁等州节度行营，兼兴平、定国副元帅，晋封为汾阳郡王。子仪已经66岁了，唐肃宗重病在床，对任何朝臣都不接见。郭子仪说："老臣受命，将死于外，不见陛下，目不瞑。"宫人只好禀告唐肃宗，让子仪进去。肃宗说："河东的战事全部委托给爱卿，卿当须尽力！"子仪顿首流涕："定不负陛下之命！"

郭子仪到河东，很快处理了军务，平息了战乱。肃宗已死，代宗李豫即位，宦官程元振又自以为拥立代宗有功，嫉妒功臣边将，于是上疏诬谗子仪。代宗诏回子仪，罢去子仪的副元帅之职，夺去兵权，让郭子仪充任肃宗山陵使之职。子仪闻诏令，立即回朝，但害怕宦官诋毁得逞，把自己多年来与代宗往来的书信全部呈献代宗。代宗当年任天下兵马大元帅，子仪为副元帅，俩人同心协力平复二京，子仪从不争功，谦让有礼。他拱卫代宗，这些书信都是二人军中来往的信件。代宗看着这些书信，仿佛又回到了那些刀光剑影的战场，又看到了郭子仪那浴血奋战的身影，他好像抚摸着一颗对朝廷赤诚滚烫的心。代宗非常惭愧，他下诏说："朕不德，俾大臣忧，朕甚自愧，自今以后，朕再不疑公。"代宗赐子仪以免死铁券，又将其影像画在凌烟阁，作为功臣永享敬仰，但代宗还是夺去了郭子仪的兵权。

代宗因子仪数有大功，晋封为雍王。子仪坚辞不受。他说："昔太宗曾任过此官，故太宗即位后，雍王职一直旷位不置员；皇太子李适也曾为雍王，老臣决不废弃典章而任此位。且自用兵以来，僭赏者多，以至身兼数官，冒进者数，今凶丑略平，乃重整法令审查官吏之时，可从老臣开始。"郭子仪从不计较官职，每次朝廷授官，总是推辞再三，而他越是谦让，朝廷就非要授予其职。其实郭子仪的谦让正是向皇帝表现他根本无有野心，这也正是其聪明之处。

然而，当时史朝义又占领洛阳，仆固怀恩屯汾州以叛，又拉拢回纥、吐蕃军扰乱河西。代宗又起用子仪平叛军仆固怀恩，破吐蕃十万于灵台西原，斩首五万，俘获一万，尽得吐蕃所掠士女牛羊马橐驼不可胜计，保障了边境地区人民的安全。郭子仪治军宽厚，深得部下人心，赏罚有信，部下将士拼死愿为他效力。他威震四方，敌人一听说他率军出战，很多次望风而逃，不战自溃。

大历十四（779年）年，唐代宗死，遗命郭子仪在他治丧三天时代理朝政。德宗李适即位，赐号"尚父"，晋封为太尉、中书令，摄冢宰。当子仪病重时，德宗遗诏省问者不绝。郭子仪死时，享年85岁。大唐德宗皇帝痛悼其逝，废朝五日，及葬，皇帝亲自送到安福门，痛哭，百官皆陪位流涕。

郭子仪戎马生涯，走完了他85年的壮烈历程。他对朝廷赤胆忠心，对部下爱护仁慈，对一切反对他的人都谦让宽恕，因此，他博得了朝野官员的敬重。他历经玄宗、肃宗、代宗、德宗四朝,忠贞如一,握兵在外,朝闻令,夕就到,无纤介怨望情绪,所以任何谗间言语都不能得逞。他得到了历朝皇帝的信任、富贵寿考,哀荣始终。他有八子七婿,皆显贵朝廷。他为人坦荡,居功不傲,所以化险为夷,常保功名与富贵。《新唐书·郭子仪列传》云:"子仪完名高节,灿然独著,福禄永终,虽齐桓、晋文比之为褊。唐史臣裴垍称:'权倾天下而朝不忌,功盖一世而上不疑,侈穷人欲而议者不之贬。'"这正概括了唐王朝的中兴名将郭子仪的戎马一生。郭子仪忠贯日月,以唐朝臣子的无限忠贞匡复了行将倾危的大唐社稷。郭子仪的"智"观念在高度专制的封建王朝得到充分的体现。

第十一章　明清时期"智"观念的发展

明朝是一个崇尚智慧的时代，也是智慧大迸发的时代。当时的文人学者、贤哲智者、仁人志士、能工巧匠、科学家，不仅对中国历史上的智慧成就，包括智慧故事、智慧经典、智慧事典、智慧论见等进行了全面总结与深入思考，而且还新创了大量的文学艺术作品和科学技术成果，大大丰富与发展了中国的智慧宝库与智慧论。明时期智观念的发展，主要表现在明晚期崇智思想的勃兴上，而明晚期崇智思想的勃兴，又集中体现在四大智书的编纂与问世上。因此，现以晚明崇智思想的勃兴为代表，以四大智书的内容为主要根据，谈谈明时期智观念的发展。

一　晚明四大智书的编纂

明代后期，在世界的西方正是文艺复兴时期，与之遥相呼应，在我们这个有着几千年文明历史的东方大国，也出现了许多离经叛道的思想家、艺术家。万历以来，思想文化极富创造性，李贽、汤显祖、袁宏道等一大批文人，以惊世骇俗的见解，鲜明的个性特色，卓绝的艺术成就，写下了我国思想史、文学史上璀璨的篇章。在这一批文人中，樊玉衡、孙能传、俞琳、冯梦龙所编纂的智书类书籍的问世，就是这一时期所独有的一种文化奇特现象。

首创智书体例的是李贽。他编纂的《藏书》，于明万历二十七年（公元1599年）行世，比四大智书的问世早14年。该书是一部纪传体史书，书中特辟"智谋名臣"节目，专为历代智者谋士立传。"其例实为史家之创体，智书之肇始。"① 对晚明学者文人有很大影响，时人曾评价称誉其"声名赫赫赢海内，""学者复耳熟于先生之书"，"且以为衡鉴，且以为蓍龟。"（蕉竑《藏书序》）在《藏书》的启发下，有学者则"专注于智慧一门，博采古今智者事迹，编成专书。所收人物也由智谋大臣扩展到一切智者，上自帝王将相，下至平民百姓，乃至贩夫走卒、引车卖浆者流，凡属智者，皆予收录，"② 更加突出了智慧的地位。并最终成为晚明学者所独创的一种专书体例——智书。晚明这类专书主要是被后世学者誉称的四大智书：

《益智编》。孙能传编撰。初刊于明万历四十一年（公元1613年），清光绪十七年（公元1891年），孙氏后裔又据家藏本翻刊。全书共收上迄先秦，下至明代的智慧故事1834则，以内容共分为12类41卷。其中帝王类收有关全君、定策、翼储、易储、宗藩的智慧故事；宫掖类收有后妃、公主、外戚、阉寺的智慧故事；政事类收有关用人、爵赏、政术、治体、革俗、止讹、弭盗、破妖妄的智慧故事；职官类收有关宰相、台谏、监司、守令、学职、守官、驭胥吏的智慧故事；财赋类收有关理财、赋役、钱钞、盐笑、仓储、漕挽、救荒、抚流移、治理遗弃小儿、捕蝗的智慧故事；兵戎类收有关将帅、节镇、戎伍、筹策、料敌、设间、战略、招抚、攻取、守御、定乱、制叛逆、待降服、安反侧、镇人心的智慧故事；刑狱类收有关刑法、谳议、折狱、迹盗的智慧故事；说词类收有关奉使、对来使、盟会、善说、善谏、谐讽、辩才的智慧故事；人事类收有关知人、料事、早慧、

---

① 夏咸淳主编：《全译四大智书》前言，中州古籍出版社1999年版。
② 同上。

干办、博物、危疑、急难、处权幸的智慧故事；边塞类收有关安边、驭夷的智慧故事；工作类收有关营造、河渠、舟梁、器杖的智慧故事；杂俎类收有关杂事的智慧故事。该书还间附评语，是四大智书中刊布最早的一部，也是收录智慧事典最多的一部。

《智品》。樊玉衡编撰，於伦补辑，樊玉衢校阅、批评。刊于明万历四十二年（公元1614年）。全书共收上迄先秦，下至明代的智慧故事1442则，依内容共分为七品13卷。其中卷一收知来之神品类智慧故事38例；卷二、三收圆应之妙品类智慧故事246例；卷四至卷七收当机之能品类智慧故事492例；卷八、九收雅品类智慧故事276例；卷十收具品类智慧故事118例；卷十一、十二收谲品类故事200例；卷十三受盗品类智慧故事72例。该书亦间有评语。是四大智书中分类最为简明扼要的一部。

《经世奇谋》。俞琳编撰，刊于万历四十四年（公元1616年）。全书共收上自先秦、下至明代的智慧故事673则，共分为8卷19类。其中卷一收备患类、纾祸类智谋故事61则；卷二收知几类、敏悟类、应猝类智慧故事104则；卷三收拯危类、讽谏类智慧故事74则；卷四收锄奸类、御下类、能言类智谋故事84则；卷五收忠谋类、贤使类外交智慧故事44则；卷六收能吏类、智胜类智谋故事96则；卷七收用间类、饵敌类、智女类计谋故事69则；卷八收防诈类、补遗类智谋故事92则；附录一收智谋名臣事迹49人。该书是四大智书中收录智慧事典最少的一部。但分类详细，标题一律四字，对仗工整，简明扼要。各类皆以世代先后为次。且每类都有小序，言简意赅，颇含警策之论。

《智囊》。冯梦龙编撰。初编成书并刊于明天启六年（公元1626年）。以后此书又经冯梦龙略加增补，于崇祯七年（公元1634年）重刊再版，更名《智囊补》，别本亦称《智囊全集》、《增智囊补》、《增广智囊补》等。全书共收上起先秦，下迄明代的历代智慧故事1238则，以内容共分为10部28卷（类）。其中

《上智部》、《胆智部》、《察智部》收历代政治故事,表达了作者的政治见解和明察勤政的为官态度;《明智部》、《术智部》、《捷智部》编选的是各种治理政务手段的故事;《语智部》专收辩才、善言的故事;《兵智部》专集各种出奇制胜的军事谋略;《闺智部》专辑历代女子的智慧故事;《杂智部》收各种黠狡小技以至于种种骗术。该书刊布最晚,与《益智编》、《智品》刊出的时间相隔13年。但其规模最大,分类最详备,评语最多,思想博大精深,堪称集智书之大成。

四大智书,取材于各种正史、稗乘、笔记和传说,以讲述古往今来智慧故事为内容。涉及的范围包括历史上的政事、外交、经济、战争、礼乐、科技、工艺、文学等方面;涉及的历史人物有社会上层的国君、诸侯、文臣、武将一类人,有文人、学者、中小官吏一类人,也有属于社会下层的工匠、农夫、艺人及僧侣等。既丰富新奇,贴近生活,又信而有证、查而有据、真实生动,同时还有警策活泼的评语,字里行间闪耀着智慧的火花,蕴涵着深广的历史感与现实感,以古鉴今,益人神智。

也正是由于晚明智书的独特个性和思想特色,使它在当时就深受人们的欢迎。《益智编》的序者邹鸣雷就讲了他对该书的读后感,"初读之神王,再读之犹河汉而无极,及卒业而乃慨先生之不究用于世,与世所以收益先生者无穷期也。"於伦索《智品》读之,则"反复不能去手"。(《智品序》)《经世奇谋序》中也记述了作序者的读后感,他深有体会地指出:"才展卷,而古人当机之妙,灿然指掌,如涉五都市,百货具陈;如阅波斯船,万珍毕现。令人识为之开,智为之浚,胆为指振,而机为之迎。斯诚筹画之津梁,而善用于家国天下者之司南也。"王受人亦惊叹此书是"宇宙间不可无之书也。""达者益智,其次破愚。"(《经世奇谋·跋》)《智囊补自叙》也曾谈到《智囊》的社会反响。冯梦龙说:此书刚刚刊行面世,即获海内明哲的嘉许,吸引倾倒了许多读者,不久书市告罄。"余坐蒋氏三径斋小楼近两月,辑成《智囊》二十七卷。(今天所见《智囊》诸本皆为28卷,27卷本至今未见。)以请教于海内之明哲,往往滥蒙嘉许,而嗜痂者遂冀余有续刻。"因此,智书在明代不仅赞誉高,而且流布颇广,社会反响很大。

当然,我们也必须认识到,明代后期,仁人志士热衷于智书的编撰,并受到人们的青睐与赞许,这一独特的历史文化现象,无疑反映了它的背后隐藏着一种新的文化思潮,潜伏着一股强烈的充满朝气与活力的崇尚智慧的社会潮流。

二 晚明"智"观念的发展

晚明是一个崇尚智慧的时代,四大智书集中体现了这一时代精神。其时程朱理学日趋衰弱,思想文化出现新变,社会风气大为开化,崇智思想已成为新的时代潮流。智书的作者更是推波助澜,继承和发扬崇尚智慧的文化传统,扬弃轻智黜智的文化心理,积极探究智慧的奥秘,大力弘扬智慧的真谛和功用,热情赞颂智慧,对人生、社会的宝贵价值和重要意义。他们的智观念和对智慧诸问题的深刻而精辟的见解,以及对智慧的尊崇与推扬,已大大超过前人,把中国古代的崇智思想推到了前所未有的历史新高度。

首先,在对待智慧的态度上,明代智书的作者与序者对智慧崇尚备至,坚定不移,从容面对种种责问与非难。如《智囊自叙》说:"或难之曰:智莫大于舜,而困于顽嚚;亦莫大于孔,而厄于陈蔡;西邻之子,六艺娴习,怀璞不售,鹑衣鷇食,东邻之子,纥字未识,坐享素封,仆人盈百,又安在乎愚失而智得?冯子笑曰:子不见夫凿井者乎?冬裸而夏裘,绳以入,畚以出,其平地获泉者,智也,若夫土穷而石现,则变也。有种世衡者,屑石出泉,润及万家。是故愚人见石,智者见泉,变能穷智,智复不穷于变。使智非舜、孔，方且灰于廪、泥于井、俘于陈若蔡，何暇琴于床而弦于野？子且未知圣人之智之妙用，而又何以窥吾囊？或又曰：舜、孔之事则诚然矣。然而智囊者，固大夫错所以膏焚于汉市也，子何取焉？冯子曰：不不！错不死于智，死于愚。方其坐而谈兵，人主动色，迨七国事起，乃欲使天子将而己居守，一为不智，逸兴身灭。虽然，错愚于卫身，而智于筹国。故身死数千年，人犹痛之，列于名臣。……数君子者，迹不一轨，亦多有成功竖勋、身荣道泰。子舍其利而惩，其害，是犹睹一人之溺，而废舟楫之用，夫亦愈不智矣！"针对数问之质疑，冯梦龙一一解惑释疑，不仅说清了世人对数君子的人生遭遇和智愚关系问题上的一些错误认识，而且也充分显示出他崇尚智慧的坚定态度。

《益智编》的序者邬鸣雷对古人的智慧就非常赞赏，而对先儒不许用智的做法极不赞成。他说："迨一旦膺事之变，遘时之纷，纠缠恍惚，睿不及谋，勇不及断，目眙舌拆，付之无可奈何，而后信古人不可及也。则非古人不可及，而古人之智不可及也。""彼先儒之不许用智者，亦恶夫私智小慧，以败乃公事者耳，世之乌之大智沉几，寝处帷墙之为危，而折冲原野之为逸哉？于是大至全君定策，细及器仗琐屑，近若宫廷秘密，远暨徼四夷，罔不括其全而握其络，穷其变而钩其玄，缕析条分，隙披窾导。神而明之，可以守经，可以达权，可以善生，可以善死，始知天下无难为之时，亦无难处之事，妙哉，神智至此乎！"表现了对智慧无比崇扬的喜悦心情。《经世奇谋》的跋者王受人也说："盖事变之突来猝至也，疾如风雨，猛如雷霆，倘谋虑差于毫厘，则利害悬于天壤，非居平熟稽往迹，临事安能悉中机宜。"更是强调了总结前人智慧的重要性，同时也表明了作者对智慧的赞扬。

智书的作者不仅对智慧崇尚备至，而且对智者也倍加赞扬。

如《经世奇谋》各类小序评论说："祸生有胎,惟人自召,然或出于无妄者,智士当之,自能转阴霾为霁景,化风涛为坦途;"(《经世奇谋·纾祸类序》)"事有窒碍而不可行者,忽遇睿灼之士,以一言为启钥,俾万众如梦方觉";(《经世奇谋·敏悟类序》)"事变之来,如迅雷掣电,不及掩耳闭目。苟非涵养有素,鲜不茫然错愕。惟敏捷之才,能运神机于呼吸,故万变之会,无不帖然;"(《经世奇谋·应猝类序》)"盖愚民虚诞百出,即三刺五听。犹有不得其情者,须智如炙辗,术同钩钜,卑丝毫莫能逃吾彀中,虽暧昧之狱,亦迎刃而解矣;"(《经世奇谋·能吏类序》)"汉兴,陈平之谋居多。……由此观之,创业中兴之主,所用所养,皆可知矣。予以谓智谋之士可贵也,若夫惇厚清谨,士之自好者亦能为之,以之保身虽有余,以之待天下国家缓急之用则不足。是亦不足贵矣。是故惇谨之士于斯为下"(《经世奇谋·智谋名臣论》)等。仅此就足可以看出,评论者对智士、睿灼之士、敏捷之士、有智术之人、智谋之士特别崇爱,对他们的重要作用都给予了充分的肯定。上述所有这些对智慧和智者的赞扬,都表明了智书的作者与序者对智慧的崇尚态度。

在探究智慧与汇辑古今用智范例的目的上,明人主张经世致用。实际上,晚明智书也是一种经世之书,其最突出的思想特色就是实用性。这与作者的初衷也是完全一致的,晚明学者编纂智书的目的非常明确,就是济世救民,以为当世之用,经世明鉴,借鉴古今用智经验,启发和激活世人的心智,期望统治者能大胆重用才智之士,充分发挥大家的智能,以济时艰,强国利民。李贽是这一宗旨的最先实践者,他的"论智察人"就带有浓厚的实用功利色彩,其着眼点全都在强国利民、有益于"天下国家缓急之用"上,从而一扫腐儒高谈阔论之陋习。到四大智书编撰时,这一宗旨更是一一贯之。可以说,晚明智书是从用智的角度来讲述经世济民之术的,是以运用谋略为主线,来讲述军国大事的。对此，明朝同时代人也多有评议。如王家振曾评议《益智编》说：此书"本旨"在于"经世"与"实用"，书中所载"自全君、翼储，以迄用人、理财、治兵、弭盗、筹边诸大政"，全是为了"举昔贤之谋猷，作后人之刑范，以庶几乎君上之采听。"（《益智编序》）俞琳把自己的著作径直取名《经世奇谋》，其用意可谓最清楚明白，那就是运用奇谋以达到经世济民之目的。柴寅宾评说《经世奇谋》"为经世之不可少者"。（《经世奇谋序》）王受人也评说该书"集中辅国治民之术，无所不载，纬武经文，略无所不搜。"（《经世奇谋跋》）《智囊》之旨亦在"益智"。其目的是想通过总结"古今成败得失"的原因，以经世济民。其用意可谓之甚远。冯梦龙说："吾忧夫人性之锢于土石。而以纸上言为之畚锸，庶于应世有瘳尔。"（《智囊自叙》）《智囊发凡》亦谓本书"有裨经世"。沈几则谓"犹龙负通方适用之才，佗傺不自得，所阅历世变物情，既殷其繁，乃弇敛旁慧，翕而归之经述；参稽入深，滔滔然识古今来事功作用，为钝儒戈品腐烂太甚，乃取方内外、九流百家，通变成务，卓绝闪铄之观，心所能会，口所不能言，千古可思，一时不可说，莫不发其要眇，挟其幽隐，使微妙玄通之士，超然娱会于意言之外，破大疑，宅大快，新爽而涎欲流，盖入世用世之概，见于此矣。宇宙一活局耳！执方引经之徒，胶一实以御百虚，知形而不知情，知理而不知数，知用而不知机，成败得失，介在呼吸，弗能转也，咨嗟愤惜而善其后，不既晚乎！是书也，于以成天下亹亹，非小补也。"（《智囊·沈几叙》）从以上这些评论来看，足见智书的确不同于荒诞无稽的野史小说，而是真正地道的经世实用之书。

在智慧及其内涵的理解上，明代后期智书的作者已经认识到，智慧是人类独有的一种认知能力。它包含知与行两个方面。"智者知也。"通常多指高品位的认知，具有全面性、深刻性、敏锐性、预见性、创造性等特点，能见微而知著，察萌而见大，量近而图远。樊玉冲的《智品》以"神品"为上，所谓"神品者，机将萌而先知，祸未发而先睹。"(《智品·漫记》)俞琳的《经世奇谋》则将察见隐患而未雨绸缪的"备患类"列于全书之首，以显示地位之重要。冯梦龙也很注重"知微"、"远犹"、"洞彻八海"的智慧。"由是可以知人之所不能知，而断人之所不能断，害以之避，利以之集，名以之成，事以之立"。对明智大加赞赏，认为"水不明则腐，镜不明则锢，人不明则堕于云雾。"(《智囊·明智部总叙》)同时他也认为，智慧的内涵不仅指洞察力、预见力等，还应包括随机而动的应变能力，察见事物的萌芽、先兆，并及时采取有效的措施，而且能应付裕如，立于不败之地。正如他所说的："智无常局，以恰肖其局者为上。……上智无心而合，非千虑所臻也。人取小，我取大；人视近，我视远；人动而愈纷，我静而自正；人束手无策，我游刃有余。夫是故难事遇之而皆易，巨事遇之而皆细。其斡旋入于无声臭之微，而其举动出入意想思索之外。"(《智囊·上智部总叙》)这里的"斡旋"、"举动"均指行动而言。《经世奇谋》中的"纾祸"、"应猝"、"拯危"、"用间"、"饵敌"及《智囊》中的"经务"、"诘奸"、"权奇"、"灵变"、"制胜"之类，都侧重讲智慧的运用。因此，依照明人的见解，智慧的内涵应包括知与行两个方面，而在实践中运用智慧尤其重要。

明朝时期，人们认为智慧是人类的一种天赋潜能，人的智慧是天生就有的，而智慧的发展则取决于后天的学习与磨练。冯梦龙说："人有智犹地有水，地无水则为焦土，人无智则为行尸。智用于人，犹水行于地，地势坳则水满之，人事坳则智满之。"(《智囊自叙》)针对某些人的责问："子之述《智囊》，将令人学智也。智由性生乎，由纸上乎？"冯梦龙回答说："吾向者固言之：智犹水，然藏于地中者性，凿而出之者学。井涧之用，与

235

江河参。吾犹夫人性之锢于土石,而以纸上言为之畚锸,庶于应世有瘳尔。"(《智囊自序》)在他看来,智慧是人类与生俱来的一种灵知性,一种天赋潜质,人有智就同泥土中含有水分一样。智慧虽说是天生就有的,但它的生长发展全靠后天的学习、磨练。只有通过学习,智慧之水才会从性地中汩汩涌流而出。与冯梦龙同时的湖广公安(今属湖北)名士、万历进士、与其兄宗道、宏道齐名、并称三袁的袁中道也认为智慧生长于"淬砺磨练"中,"心机震撼之后,灵机逼极而通,而智慧生焉。"(《珂雪斋集卷十》)其实,早在明朝开国之初,明太祖朱元璋就曾对统帅徐达说过:"更涉世故则智明,久历患难则虑周。"(《续藏书》卷三)这些都是在实践中亲身体会总结出来的经验之谈,意义非常深刻。今天我们大家都知道,强调智慧的发展离不开丰富的社会阅历和艰苦卓绝的实践活动,并重视学习反思,总结历史的经验教训,这是中国智慧论的精髓。由上述来看,这一精髓到明代又大大拓展深化了。

在智者与智慧的范围上,明人主张兼容并收。他们认为智者既有圣人贤相,上流贵族,也包括一般知识分子和地位卑贱的下层平民百姓。甚至还包括鸡鸣狗盗、奸猾邪恶之小人。既有男人大丈夫,也有闺阁娇女子。都应受到重视和称颂。智慧的形态、品类多种多样,虽有大智小智、正智谲智,还有各种杂智之分。但都属于智慧的范畴,都有经世济时之用。只要有益于世,都可并行应用。只要善于运用,就一定会天下人人尽其才,才智尽得其用。从而把春秋战国以来所形成的"天下之智"这一卓越的崇智思想更加发扬光大,并增添了许多光辉异彩。

众所周知,晚明智书的作者,大多为下层官吏和落魄寒士,生活中与平民百姓和市井才人艺匠接触较多,对社会民情比较熟悉,他们深知智慧并非属于少数高贵者的专利品,在卑贱者中绝不乏聪明才智之人,小智亦有济时大用。因而毅然向传统权威观点公开挑战，提出了许多惊世骇俗的观点。《智品》的作者樊玉冲即不以孔圣人的话为然，他认为斗筲之才也不可弃，他说："斗也必有斗之用，""筲也必有筲之用，""故尺寸之长，袜线之伎，皆得致用，而后天下无弃才，""然则斗筲之人不足算也，而足收也，岂可忽诸？"(《智品》卷十)《智囊》的作者冯梦龙也公然向"上智下愚"的传统观点开战，发出"下下人有上上智"之新论。并批评"俗儒"讥笑孟尝君田文搜罗鸡鸣狗盗之徒，殊不知"尔时舍鸡鸣狗盗都用不着也"，"鸡鸣狗盗，卒免孟尝，为薛上客，顾用之何如耳。吾又安知古人之所谓正且大者，不反为不善用智者之贼乎？"(《智囊·杂智部总序》)关键是善用不善用，"因材任能，盗皆作使"，使"天下无弃才"，"天下无废人"，有何不可？(《智囊·上智部》评语)经过樊玉冲、冯梦龙等人的细心搜检，使许多出身微贱而被历史偏见所埋没的聪明人，终得以显露于世，为人们所认知。

　　智书的作者还从智慧的角度出发，对一向被人唾弃的奸邪小人作了比较客观的评定。认为他们也有某种才智，历史上的大奸巨猾如赵高、李林甫、秦桧、贾似道、严嵩之流，都深具权智。如樊玉衡说："夫世之能为小人者，皆其才大过人者也。"(《智品》卷七)冯梦龙也说："然小人无才，亦不能为小人。"并称奸雄秦桧"亦尽有应变之才，可喜。"(《智囊·术智部》评语)"奸桧此举，却胜韩、范远甚，所谓'下下人有上上智'"。(《智囊·上智部》评语)又评说贾似道"贾虽权奸，而威令必行，其才亦有快人处。"(《智囊·捷智部》评语)通过智书作者对奸猾小人智慧的评析，也使人们对这些人有了另一面的新认识。

　　尤其难能可贵的是智书的作者还公然向歧视妇女的传统观点开战。一扫封建社会的"三从四德"、"从一而终"、"女子无才便是德"的各种陈腐观念，不仅对历代智女才媛的材料非常注意搜集，并单独立目编排，使妇女在智者行列中赫然占有一席之地。而且对妇女的聪明才智大唱赞歌。具有鲜明的反封建的人民性。《惊世奇谋·智女类》小序称赞"杰出闺阁者，临机应变，算无遗策"，乃是"女中丈夫"，"其名馨彤管，而与天壤相敝。"《智囊》一书的作者冯梦龙则以日月为喻说"男，日也，女，月也；日光而月借，妻所以齐也；日殁而月代，妇所以辅也，此亦日月之智、日月之才也。"并感叹到："若夫孝义节烈，彤管传馨，则亦闺阃中之麟祥凤文，而品智者未之及也。"（《智囊·闺智部总叙》）因此在《智囊·闺智部》专辑了许多有才智、有勇谋、有远见卓识的妇女，赞美妇女之词处处可见。如称"姜后、樊姬、徐惠妃一流。"齐襄王后"分明女中蔺相如矣。"刘太妃"其勇可及，其智不可及也。""括母不独知人，其论将处亦高。"王陵母"死生之际，能断决如此，女子中伟丈夫哉！"冼氏"智勇俱足，女中大将。"崔简妻"不唯自全，又能全人，此妇有胆有识"。陈子仲、王霸之妻"乃能广其夫志，使炎心顿冷，优游无患，丈夫远不逮矣"。崔敬之女、周顗之母"绝无一毫巾帼气，生男勿喜女无悲。"僖负羁"独其妻能识人，能料事，有不可泯没者。"给韩信饭吃的漂母"独识拔于邂逅憔悴之中，真古今第一具眼矣！""世间不少奇男子，千古从无此妇人。"何无忌母"既识大义，又能知人。""谚云'智妇胜男'。即不胜，亦无不及。所以经国祚家、相夫勖子，其效亦可睹已！"在封建社会妇女本身地位就低，其智慧从来就不被统治阶级重视，智书作者能这样赞扬，确实难得。然而还有更难得的是，他们对不同阶层的妇女一视同仁，对下层妇女的聪明才智也同样大加赞誉。如称赞柳氏之婢"胸中志气，殆不可测，愧杀王浚仲一辈人。"邹仆之妻"生于下贱，何曾读书知礼仪，而临变不乱，处分绰如，世之自命，读书知礼仪者，吾不知有此手段乎否也？"又称赞某商人之女谢小娥"其智勇或有之，其坚忍处，万万难及！"（《智囊·闺智部》）如此热情洋溢的赞美之词直令须眉为之汗颜，天下妇女扬眉吐气。

除智书作者之外，当时一些文坛名士对妇女的聪明才智也大唱颂歌，热情赞扬，如思想家李贽，戏曲作家屠隆、汤显祖，文学家袁宏道、潘之恒、钟惺、谭元春、张岱等，他们在其小说和戏曲中塑造了一系列聪颖过人的妇女形象。这些小说、戏曲与智书，不仅反映了作者对智慧博采兼收的态度，使智者的范围由原来的专指圣贤贵族，扩及到一般知识分子和出身低微卑贱的平民百姓，由原来的男人伟丈夫扩及到妇女和斗筲之人，甚至于奸猾小人。而且也集中体现了晚明时代所特有的崇智精神。

晚明学者，还以海纳百川的广阔胸怀和宝爱人间一切智慧的殷切心情提出智有大小之分，既有政治、军事、外交等方面的大谋略，也有士卒、漂妇、仆奴、僧道、农夫、画工等小人物日常生活中的机敏奇智，这些谋略与杂智故事才共同汇成了中华民族古代智慧的海洋。并呼吁全社会既重视大智大慧，也不弃小智小慧。智慧无论大小，只要对社会有益，都应开怀接纳。如《智书》一书，就首推"神品"，继以"妙品"，但也不轻视品第靠后的"具品"。对此，该书作者樊玉衡曾评论说："具者备也，言备一时之用，不可少也。"（《智品》卷十）具品不算大智大慧，或许微不足道，但到急用时却能发挥作用，因此，小智慧也有小智慧的用处。不可弃之，而应当收之以备用。其时人好友於伦在《智品序》中也肯定"具品"不可弃，虽至贱如瓦砾也有一定用处，"夫取瓦砾窒穴，取狸狌捕鼠，斯亦世之不可少者。"在特定场合和关键时刻则小智短才兴许能派上大用场，起到大作用。於伦《智品序》还认为，大智之所以为大智，是因为能"合众小以成其大。"冯梦龙也说，君子之所以为君子，是因为"君子不弃小人之长。"（《智囊·术智部》评语）正是在这种智观念的支配下，晚明智书虽取材侧重政术、治体、兵戎、刑狱、奉使、财赋、营造等军国大事中的大智大慧，但也兼收如灯谜、拆字、巧对、笑谈、谐谑等琐细之事中的杂智小慧，并在书中给以一定的篇幅，如《制品》有"具品"，《益智编》有"博物类"，《惊世奇谋》有"补遗类"，《智囊》有"杂智部"，张岱的《快园道古》也有"小慧部"、"博物部"，都广收军国大事以外的各种杂智小慧，这与俗儒蔑视"雕虫小技""奇技淫巧"，鄙弃小智小慧的做法，形成十分鲜明的对比。冯梦龙曾说："智何以名杂也？以其黠而狡、慧而小也。……杂智具而天下无余智矣。"（《智囊·杂智部总叙》）他还把小智小慧形象地比喻为隙光、萤火。认为隙光、萤火虽微弱之极，当仍可用以照明，故亦可珍。他赞论说："熠熠隙光，分于全曜。萤火难嘘，囊之亦照。战怀海若，取喻行潦。"（《智囊·小慧分叙》）明末文学家张岱对此则作了进一步的发挥，他说："虽知星星爝火，不足与日月争光，而若当阴翳暝暝，腐草流萤，掩映其际。亦自灼灼可人，断难泯灭矣。"（《快园道古》卷一二）字里行间充分显露了晚明学者珍爱天下一切智慧的真情实意！

晚明智书的作者，还提出智不仅有大小之分，而且还有正谲之别。所谓谲智，就是以伪装、诱骗、欺诳、诡诈、计谋、狡猾多变为主要手段的智术。他们认为虽然谲智带有诡秘莫测、伪装狡诈的特点，又多被小人用来祸国殃民而演变成邪智、狡智、盗智，常常为正人君子所拒斥，但实际上这些也是不能废弃的。在现实生活中，究竟运用何种智谋，是正智或是谲智，需要依据对象、时机、场合等不同情况来作出相应的选择。该用谲智，就不能用正智，反之亦然，这是由当时的具体形势所决定的，即便是圣人也不能违背。正智谲智并用互出，才能满足处世应变之需，而不至穷于用。大量的历史事实证明，在政治、军事、外交、经济等一切对敌斗争中，都离不开谲智，如果排斥抛弃谲智，就等于自取失败，是十分愚蠢可笑的。冯梦龙说："兵不厌诡，实虚虚实，疑神疑鬼。彼暗我明，我生彼死。出奇无穷，莫知所以。"又说："兵不厌诈，儒者不可言兵。""儒者之言兵恶诈；智者之言兵政恐不能诈。夫唯能诈者能战；能战者，斯能为不诈者乎？"（《智囊·兵智部叙》）因此，在特定的条件下，谲智也是人们必须运用的重要智慧。

对于邪智、狡智、盗智，也必须承认它也是一种智术，不能因为它出自奸猾邪恶之徒就否认其为智。晚明智书的作者认为，智慧与道德的关系有一致的地方和互相影响的方面，同时二者也有不一致的地方和互相矛盾的方面。智非德，德非智，有德者未必都有大智，亏于德者或许颇有才智，因此不能因为品节德行有缺陷便抹杀其才智。"虽人品未醇，何可废也。"（《智囊·术智部》评语）一方面狡智可作为反面教材来提醒世人的认识觉悟。人们只要认真研究它，就一定能识破它、预防它、战胜它。相传大禹将魑魅图形绘铸于鼎，供人们识别提防。智书作者深得大禹铸鼎象物以垂鉴戒之用意，特置部类品目，广收邪智狡智，以警示世人。如樊玉冲在《智品》中设有"盗品"类，专收盗智。俞琳在《惊世奇谋》一书中设"防诈"类，专收狡智。其他几部智书也都收有神奸巨猾乃至鼠窃狗偷之辈的欺世害人之术。并且还加按语评析，意在使善良的人们提高警惕性和识别能力。如俞琳在小序中提醒人们说："人或忠厚太过，几无亿逆之念，又无先觉之明，卒堕于口蜜腹剑，而至于颠隮者有之。观此可以勃然省矣。"（《经世奇谋》卷八）冯梦龙释狡黠之智说："英雄欺人，盗亦有道。智日以深，奸日以老。象物为备，禹鼎在兹。"（《智囊》卷二七）另一方面，狡智也不是都一概不可取，在对敌斗争中，有些可用来以毒攻毒，以牙还牙，以其人之道还治其人之身。有些经过改造，化毒为宝，变害为利，也可为我所用。对于有些人的指责："子之品智，神奸巨猾，或登上乘，鸡鸣狗盗，亦备奇闻，囊且秽矣，何以训世？"冯梦龙针锋相对地说：

"吾品智，非品人也。不唯其人唯其事，不唯其事唯其智。虽奸猾盗贼，谁非吾药笼中硝、戟？吾一以为蛛网而推之可渔，一以为蚕茧而推之可室。譬之谷王，众水同归，岂其择流而受！"（《智囊自叙》）

总而言之，在明代人看来，无论大智小智、正智谲智，乃至邪智、狡智、盗智，都是人类智慧的范畴，只要是有利于国家，为了造福于人民，都可以为我所用。这些观念不仅极大地丰富了中国智慧论的思想内容，还充分体现了明人的气魄和胆识。也正是由于他们对智慧博采兼收的态度和胆识，才使明代智书形成了又一重要特色——兼容性。可以说明代把"天下之智"这一崇智思想推到了一个新的历史高度。

在智慧的人生价值与社会功用上，晚明智书的作者对这方面的论述，可谓透彻充分，推崇之至。他们认为，人为万物之灵，灵智是人类区别于动物的显著特性，蠢蠢然无智无识则与动物无异。人如果无智就失去生命的光辉，有如行尸走肉，在天壤间寸步难行，甚至陷于灭顶之灾。冯梦龙的友人张明弼作《智囊叙》时，曾把智慧比作照耀万物的日光、月光、火光，人无智光烛照就只能在黑暗中探索，非常危险。他形象地比喻说："天地黝黑，谁为照之？日月火也。人事黝黑，谁为照之？智也。天地之智曰日月火，人心之日月火曰智。……是故有智之人，游行世间，如白日、满月、万炬火之下，见重泉，得其水骨，见砂石，达其本际；盛神法五龙，实意法螣蛇，散势法鸷鸟；察人心之理，明变化之朕，而谨司其门户，以筹策万类之终始，罔不给焉。无智之士，如走落日、死月、息炬之下，摘埴索涂，或触其颡，或蹶其踵，不戒而堕于深堑，则毕其命而已矣！"（《智囊·张明弼序》）可见，在晚明智书作者的心目中，智慧在人们的一生中具有重要的宝贵价值。

他们在推扬智慧的人生价值的同时，也大力弘扬智慧的社会功用与意义。明确指出智慧对社会有用，能造福于民，造福于国，并特别强调智慧对于国家民族的命运至关重要。智书的选材、论评也都侧重于此，而这正是被一般儒者所忽略轻视的。《藏书》的作者李贽曾敏锐地察见到，正统的政治观、历史观大都取重"节义"、"惇谨"之士，而轻"智谋"之士。他的看法却恰恰相反，认为智谋之士最可贵，然后才是节义之士，惇谨之士为下。对这三种人的社会历史作用也应当作这样的评价。因为国家的兴盛是由于重用了智谋之士。比如：秦之兴，"六国之谋臣尽走咸阳"；汉之兴，"陈平之谋居多，平非唯有定天下之勋，亦且有安社稷之烈。"可见"创业中兴之主所用所养"都注重智谋之士。国家败亡则由于智谋之士不获重用，"而后正直之臣见，节义之行始显耳。"但到这时，国家已经败亡，节义之士对于国家又有"何益"、"奚赖"？"若夫惇厚清谨，士之自好者亦能为之，以之保身虽有余，以之待天下国家缓急之用则不足，是亦不足贵矣。"（《藏书·智谋名臣论》）基于此作者对战国至元朝约800名历史人物，作出了与传统见解不同的评价，同时也表达了他对现实的大胆批判。很显然，李贽是把智慧放到国家兴盛的高度来看待的。《智品》的作者樊玉衡的观点与李贽一样，也认为统治阶层的智和愚关系着国家的兴盛和衰亡。时人于伦在《智品序》中申述其本旨说："以为天下事无不济于智者。智之用，在天如日月，在人如目，无学无术，而以人之国侥幸，何异瞽者终夜有求于幽室之中乎？"这一新颖独到的历史观、政治观，冯梦龙在《智囊自叙》中更作了精辟的概括："周览古今成败得失之林，蔑不由此，何以明之？昔者桀、纣愚而汤、武智；六国愚而秦智；楚愚而汉智；隋愚而唐智；宋愚而元智；元愚而圣祖智。"纵观历朝历代，智则兴，愚则亡，智则盛，愚则衰，国家兴亡、民族盛衰皆系于智或愚。这些石破天惊之论评，的确是中国学术思想史和政治学说史上崭新的远见卓识，它充分体现了晚明人对智慧的重大意义的高度重视和极度推崇。

晚明智书的作者非常器重人才,而各种人才中又最重智者,在人才素质与条件中则以智为最贵。《藏书》的作者李贽曾把人才分为八类,并以八种事物相比拟。八物之中以日月比附智者,认为日月亦即智者为最可贵。因为智者能包容、发挥八物之所长,"夫智如日月,皎若星辰,照见大地,物物赋成,""此一物,实用八物,要以此物为最也。"李贽分析、评价历史人物的各种素质,也以智为贵,以智为先。这些见解与传统的儒家思想是根本不同的。而李贽则赋予智仁勇以新的含意,认为智即识,仁即才,勇即胆。三者当中,智识是根本,也最为可贵。他说:"是才与胆皆因识而后充者也,""盖才胆实由识而济,故天下唯识为难。"(《焚书》卷四)

《智囊》的作者冯梦龙也提出了与传统的将才观根本不同的看法。他说"夫才者,智而已矣,不智则惷。"(《智囊·闺智部总叙》)中国历代兵家对将才曾提出过各种素质条件,如宋代名将岳飞就标示出五项,即仁、智、信、勇、严,以仁居先。而冯梦龙则认为,应当把智放到首位。他说:"岳忠武论兵曰:'仁、智、信、勇、严,缺一不可。'愚以为'智'尤甚焉。智者,知也。知者,知仁、知信、知勇、知严也。为将者,患不知耳。诚知,差之暴骨,不如践之问孤;楚之坑降,不如晋之释原;偃之迁延,不如莒之斩嬖;季之负载,不如孟之焚舟,——虽欲不仁、不信、不严、不勇,而不可得也。又况夫泓水之襄败于仁,鄢陵之共败于信,阆中之飞败于严,邲河之縠败于勇;赵公委千人以尝敌,马服须后令以济功,李广罢刁斗之警,淮阴忍胯下之羞,——以仁、信、勇、严而若彼,以不仁、不信、不严、不勇而若此,其故何哉?智与不智之异耳。"唯智者具有真知远识,能透彻理解区分仁与不仁、信与不信等,能真正在战争中贯彻仁信勇严,从而赢得胜利。反之,无知无识,不善变通,拘泥于仁信勇严,都可能错失战机,导致失败。如宋襄公与楚人交战,只顾片面地讲究愚蠢的仁义,结果宋师大败。其他死守仁信勇严而遭到失败的战例,也都说明了这样一个道理:"愚遇智,智胜;智遇尤智,尤智胜。故或不战而胜,或百战百胜。或正胜,或谲胜,或出新意而胜,或仿古兵法而胜。天异时,地异利,敌异情,我亦异势。用势者,因之以取胜焉。"(《智囊·兵智部总叙》)两军对垒,交战相争,成败的关键在于智或愚、知或不知。将才最重要的素质是智,为将之道首重善于用智。毋庸置疑,智书的作者是以智为根本,把智置于主导的中心地位的。

在智慧的特性与运用上,明人主张圆活善转,求变求新。他们认为智慧运转无穷,无固定模式,不要执持一端,不能止于一点,要顺应各种形势随时随地作出相应的变化,采取相应的对策与举措。这一思想在晚明智书中,无论是论述智慧问题,或是列举用智范例,都始终是贯穿如一的。

智书的作者与评者观察、论述智慧的各种问题,可以说是既灵活圆融,又多含辩证因素。如论智慧的特性,常把智慧比作流动不息、变化常新的流水和圆转滚动的车轮。随时随地都在流动、运转之中,不用则腐、停则固滞。如论智愚关系,认为智者有愚、愚者有智,并非纯而又纯,绝对不能相容。秦始皇与汉武帝都具有深谋雄才大略,但又迷信神仙方术,这正是愚蠢的表现,所以冯梦龙评说道:"方知秦皇、汉武之愚。"(《智囊·上智部》评语)又说:"君子之智,亦有一短;小人之智,亦有一长。小人每拾君子之短,所以为小人。君子不弃小人之长,所以为君子。"(《智囊·术智部》评语)智书的作者还深深懂得智慧与愚蠢、正智与谲智、大智与小智的关系在一定条件下可以相互转化的道理。"谲可正,正可谲;""大可小,小可大;""正智无取于谲,而正智或反为谲者困;大智无取于小,而大智或反为小者欺。破其谲,则正者胜矣;识其小,则大者又胜矣。况谲而归

245

之于正,未始非正;小而充之于大,未始不大乎?""是故狡可正,而正可狡也。……是故大可小,而小可大也。"(《智囊·杂智部总叙》)可谓直截点明了这些杂智的认识价值和互转关系。因此要向有利方面转化,就必须善于识别和处置。

晚明智书的作者对自己所列举的用智范例,也积极提倡人们灵活对待,创造性地运用。他们分门别类汇集古今用智范例的目的虽然很明确,是为当世之用,经世明鉴。但是作者并不要求人们把这些经验范例当做一成不变的定本去照抄照搬,而要人们去灵活善用,活学活用,认为守株待兔、胶柱鼓瑟、刻舟求剑都难于适变,是非常愚蠢的做法,于事非但无益,反而有害。如《益智编》序者邬鸣雷就提示读者:"大智常虚,原能应变,"对昔日"成案"不可"字模句仿","师其成法","以古束我",而要"以我用古",如此则"局局皆新,着着皆当"。《惊世奇谋》的序者孟楠则提醒说:"如比执已试以测将来,铢两而拟之,以蕲与某合而后可,不亦鼓瑟于胶柱,觅剑于刻舟乎?《易》曰:神而明之,存乎其人。"冯梦龙在《智囊补自序》中也高扬主体创造精神,强调对待古人的经验要灵活运用,"善用之,鸣吠之长,可以逃死;不善用之,则马服之书,无以求败。"对前人成法贵在充分发挥主体的能动性、创造性,运用之妙,在乎一心。对智慧创新范例尤加赞赏,他说:"孙膑减灶,虞诩增之;段秀实延更,冯瓒促之。事反功同,用之不穷。"又说:"势取不得,以惠取之,我不加费而人反诵德。游于其术而不知也,妙矣哉。"(《智囊·术智部》评语)"(齐公子)小白不僵而僵,汉王伤而不伤,一时之计,俱造百世之业。"(《智囊·捷智部》评语)

由此不难看出,晚明智书的作者与评者总是以灵活圆转的思想方法来观察各种智慧问题,审视古今用智的经验,始终反对僵化凝固的观点和照抄照搬的做法,更难能可贵的是,他们还用这样的思想方法来让人们去看待自己的著述。总而言之，一句话，圆活善转，这不仅是智者思维和行动方式的一大特点，也是智书作者与评者智观念的一个重要特点。

在用智动机和效果上，晚明学者主张以贤载智，以公运智，造福国民。他们认为，智慧作为人类所独具的天赋潜能，本身并无善恶之分，但用智之人却有良莠之别，抱着不同的动机目的运用智慧，或有益于世，或有害于世。产生的社会效果是大不一样的。仁人志士用智，为国为民，就会使国家富强，人民安康。乱臣贼子用智，包藏奸心，心怀鬼胎，总想算计别人，耍阴谋，施诡计，千方百计，以达到不可告人的罪恶目的。一旦得逞，则会祸国殃民。就此而言，智又犹如两面利刃，它既能断物利人，也能杀生害人。因此道德家张明弼在《智囊序》中形象地把智慧比作名剑干将莫邪。并片面地说："智者，人之干、莫，能杀人，亦能自杀，晁家令其已事也。故古之至人，畏智如畏刃。"对此冯梦龙则说："夫干将、莫邪，圣人以之断物，豪士以之立懂，贼夫以之抉人眼、屠人腹。贼夫手中之干、莫，即圣人手中之干、莫也。神人护身之智，即纤人杀身之智也。复仇者不咎干、莫，则杀身者亦不当咎智矣。"干将莫邪乃天下利器，传世之宝，被强盗拿去杀人，这能怪罪干将莫邪吗？当然不能，"此用智者之最，非智罪也。"应当把智与用智者区分开来，不能混为一谈。

过去，贤哲之人看到奸猾小人常用谲智，尤其是邪智、狡智、盗智，以阴谋诡计祸世害人，遂误将智慧与阴谋诡计画上等号，"以用智为戒，"甚至畏忌、排斥智慧。智书的作者与评者把智与用智、贤者为益世而用智与奸人为害世而用智严格区别开，显然有助于消除历史上长期以来积淀的忌智畏智的社会心理，有利于发挥智慧之潜能。同时也告诫人们不可滥用智慧，一切要以造福国家民众为指归。另外，还要提高警惕，善于识破恶人的阴谋伎俩。

那么，如何区分用智动机的好坏呢？我国古代学者很早就已经提出，要鉴别用智动机的好坏，最重要的是看他为公或是为私。为公就是为国为民谋利益，为私就是追逐个人贪欲。而且还认识到，公心与私心会影响人的认识能力，决定智的明暗。大公无私者胸怀远大、眼界开阔、见多识广，可以成为大智大慧之人。自私小人则为贪欲私利所蒙蔽，往往变成实足的愚蠢之人。注重以贤载智，以公运智，这是中国智慧论的又一精要。明代学者对此也多有阐发。李贽说："吾又以知谲之无益，而奸之受祸也。"（《续焚书》卷二）冯梦龙也明确告示人们，用智的宗旨即在"造福于民"，"造福于国"。又告诫说："无奸不破，无伪不穷"。出于损人利己之心，玩弄阴谋诡计，终究要败露，必定会黔驴技穷，无好下场。这些警世箴言，可以说是对企图以权术诡诈达到卑鄙目的之人的有力棒喝。明人对心之公私与智之明暗的关系也有精辟的见解。冯梦龙指出，那些"老成远虑"的贤明大臣之所以能机智妥善地处理各种棘手的政务，一个很重要的原因，就是"由中无寸私，不贪权势故也。"（《智囊·上智部》卷二《辞连署辞密揭》评语）而贪鄙之人，权势金钱欲熏心的官吏，干出各种蠢事，以至于身败名裂为天下所笑，则是由于"为贪心所蔽，利令智昏"所致。可谓一语中的，一针见血。正是他们博览群书，认真探讨古今成败得失之经验教训，同时又十分关注现实，目击了种种社会现状，心有所感，这才发出了如此深刻切要的议论。

在察与智关系问题上，明人主张察智并举，方能神通广大，出奇胜制。所谓察，就是详审明察。

在胆与智问题上，明人认为智慧能够去胆，亦能炼胆、生胆、壮胆。智还能生识。所谓"胆"，就是胆气、胆量。犹言勇也。冯梦龙说："凡任天下事，皆胆也；其济，则智也。知水溺，故不陷；知火灼，故不犯。其不入不犯，非无胆也，智也。若自信入水必不溺，入火必不灼，何惮而不入耶？智藏于心，心君而胆臣，君令则臣随。令而不往，与夫不令而横逞者，其君弱。故胆不足则以智炼之，胆有余则以智裁之。智能生胆，胆不能生智。刚之克也，勇之断也，智也。""必也取他人之智，以益己之智，智益老而胆益壮。"（《智囊·胆智部总叙》）他还说："智生识，识生断。当断不断，反受其乱。"（《智囊·胆智部·识断分叙》）

在术与智问题上，明人主张智是术产生的源泉，术是由智转化来的。所谓"术"，就是技术手段和策略方法。他们认为，只讲术不讲智，无智而言术，就如同表演傀儡百戏；只讲智不讲术，无术而言智，就如同车手船夫遇羊肠小道和险滩恶浪而束手无策。冯梦龙说："智者，术所以生也；术者，智所以转也。不智而言术，如傀儡百变，徒资嬉笑，而无益于事。无术而言智，如御人舟子，自炫执辔如组，运楫如风，原隰关津，若在其掌，一遇羊肠太行、危滩骇浪，辄束手而呼天，其不至巅且覆者几希矣。"（《智囊·术智部总叙》）这些对智与察、胆、术的关系的论述，也都是十分精辟的见解。

综上所述，明代人对许多智慧问题，诸如探究智慧的目的、智慧的内涵与特性、智慧的来源与发展源泉、智慧的形态与品类、智慧的范围、智慧的人生价值与社会功用、智慧在人才观中的地位、智慧的运用与智愚关系、用智动机和效果等等，都作了广泛而深入细致的探讨，其精思妙论、随处可见，其中也不乏真知灼见，代表了明代乃至整个中国古代对于人的智性认识的最高水平，大大丰富和深化了中国古代的智慧论。尽管由于历史的局限性，晚明智慧论还远远没有达到现代科学精神与科学方法的水平，智书的内容还存在许多缺陷，如对科技、医术、农工商、文艺等方面的智慧搜集还较少，甚至不辨精华与糟粕地收录了一些带有迷信色彩的材料，但是在17世纪我国明代能提出如此深邃精彩的看法，还确实是令人惊叹的。

我们应当看到，仁与智齐同发展，是古代先哲所追求的理想人格。但是长期以来居于学术统治地位的儒家学派，采取以仁包智、以德赅知的思想取向，因此一般学人都注重对仁的研究，有关著述富若五车，对智慧的探索则一向不受重视，有关这方面的著述非常少。而晚明智书的出现和晚明学者对智慧的高度推崇与精辟见解，正好弥补了中国学术思想史上的这一缺陷。

我们还应看到，晚明智书的作者对智慧的阐扬，意义尤为深远。他们对智慧诸多问题的阐释，不仅集中体现了明代智观念的发展，也表现出晚明有识之士对国家与民族命运的关注以及对世事关心的暖世心肠。同时作者通过大力阐扬智慧的真谛、人生价值、社会功用与意义，以及智慧在人才素质中的重要地位，还使世人明白了智慧非但不可怕，而且可贵可用。这就极大地有助于驱散畏忌智慧的社会心理迷雾，从根本上消除历史上统治阶级所惯用的愚民政策与措施。在当时可以说是起到了破愚导智的思想启蒙作用，意义是非常深远的。就是今天我们讲提高国民素质，实际上亦不离仁智或德智二端。无非是赋予现时代的新内容，务使社会道德水平和智力资源得到普遍提高和充分开发而已。仁智、德智一并发扬光大，即标志着国民素质的普遍提高。因此，晚明智书与晚明智慧论对现代人们仍然具有启发作用和现实意义。对我们今天学习历史，增强民族自信心和自豪感也是十分有益的。

三　明朝时期智慧的实践与运用

明人是富有智慧的人们。他们不仅认识到智慧是人类独有的一种认知能力，它包含知与行两个方面，而且特别重视行。明代尤其是明后期,是一个充满智慧的时代,是一个观念更新、世风开化、智火迸发、奇巧百出的时代。人们不仅在理论和思想文化上对智慧进行了深入的探究和总括,而且在政治、军事、科技、农业生产等实践活动中,更是充分运用了自己的聪明智慧,创造了许多智慧精品。

在军事上,总兵刘荣在辽东望海埚的大败倭寇之战、大将军刘江在江南讨伐倭寇所用的"真武破阵"法、戚继光的海上抗倭、袁崇焕的宁远大捷与宁锦大捷等,都是运用军事智慧而取得胜利的著名战例。

在哲学上,王守仁的心学;王艮和泰州学派的思想学说;李贽的反理学与社会批判思想等,都是充满睿智的领导明代思想潮流的学术观点。

在史学上,永乐年间,明政府组织学者编纂了《永乐大典》。全书共22937卷,约3.7亿字,装成11095册,是我国最大的一部类书。该书共动员了三千名学者,花费了五年时间,集中了古书七、八千种,才完成了编辑工作。这一浩繁的巨大工程,没有超人的智慧是很难实施的。而这一鸿篇巨制,更是成千上万人聪明智慧的结晶。

在文学艺术上,明代的小说已达到很高的艺术境界,出现了大量以历史、神怪、公案、言情和市民日常生活为题材的长篇章回小说和短篇的话本和拟话本。如《封神演义》、《列国志传》、《北宋志传》、《英烈传》、《海刚峰先生居官公案传》、《石点头》、《西湖二集》、《喻世明言》、《警世通言》、《醒世恒言》、《初刻拍案惊奇》、《二刻拍案惊奇》、《醉醒石》等。特别是《三国演义》、《水浒传》、《西游记》、《金瓶梅》四大名著,堪称不朽巨著,至今仍深受人们的青睐;明代的戏曲有康海的《中山狼》、李开先的《宝剑记》、王世贞的《鸣凤记》、梁辰鱼的《浣纱记》等,其中魏良辅的昆曲和汤显祖的《牡丹亭》,都是当时深受欢迎的名曲名戏；明代的绘画艺术除院派的山水人物画外，民间画家根据当时的政治事件所作的《太平抗倭图》，是一幅政治与艺术相结合的杰出历史画。画面极为壮观，所画人物多达150人左右。显示了极高的绘画天才，无疑也是不朽之画作。

在科学技术上，明代，中国古典科学技术进入总结阶段，并且从西方输入了近代科学及其思维方法，出现了一批著名的探索新兴自然科学的学者和划时代的科学巨著，如李时珍的《本草纲目》；朱载堉的《乐律全书》；徐光启的《量算河工及测验地势法》、《测量异同》、《甘薯疏》、《芜菁疏》、《农遗杂疏》、《农政全书》、《治历疏稿》，合译的《几何原本》、《同文算指》、《泰西水法》；宋应星的《天工开物》；徐弘祖的《徐霞客游记》；王锡阐的《晓庵新法》；梅文鼎的天算之学；刘献廷的舆地之学；方以智的"质测"、"通几"之学等，都是对前人，时人和自己的科学技术研究成果的总结。

在建筑上，明代的代表作有北京皇宫、南京孝陵和北京十三陵、江南的园林构景、各地的佛塔等。其中北京故宫，是我国现存最大最完整的建筑群，是中国古代建筑的典型代表。其整齐的布局，复杂的木结构，精致的石雕、木雕和彩绘，金碧辉煌的琉璃瓦，集中体现了我国古代建筑艺术的优秀传统和独特风格。在当时的社会条件下，能建造如此宏伟壮丽的建筑群，充分反映了我国古代劳动人民的高度智慧和创造才能，在建筑史上占有十分重要的地位；京城南郊的天坛，是皇帝祭祀天地神祇的场所。天坛中的"回音壁"、三音石、圜丘中心的回音石，这几项建筑中声学原理的利用，说明明代的能工巧匠，是十分聪明能干的。这些宝贵的发明创造，至今仍为世界人民所称道；北京的十三陵，不仅寝殿构造都很壮观，而且还使自然环境与人工建筑达到了完美的结合，堪称中国传统建筑的杰作。

在远洋航海上，明代有郑和七次下西洋。仅第一次远航就有船62艘，乘员二万七千多人，船长44丈，宽18长，每船可容千余人，是当时海上最大的船只。船上还配置有当时世界上先进的导航设备航海图、罗盘针等。七次航海历时20余年，共经历亚非30多个国家，是公认的世界航海史上的盛举，是明人在航海实践活动中，对智慧的最集中的运用，是人类智慧对大自然的严峻挑战。总之，上述每一桩，每一件，无不都是明代的人们在各种实践活动中，运用智慧所获得的杰出成果和伟大壮举。由此也再次证明了这样一条规律：凡是崇尚智慧的时代，都是热爱发明创新的时代，也是智慧涌现的时代，成果辈出的时代，社会大发展的时代。

四 晚明崇智思想兴起的原因

晚明智书是崇智思想兴起的产物，而崇智思想的兴起则与当时的社会历史和思想文化背景有着密切的关系。

明嘉靖以来社会经济发展很快，农业、手工业、商业贸易都有了长足的进步，城市集镇商品经济空前繁荣，封建宗法人身依附关系有所松懈，从而使人身自由程度大为提高。在思想文化领域，传统儒学偶像和程朱理学的统治权威骤然跌落。而高扬主体精神的阳明心学得到广泛传播，并逐渐成为学术思想的主流。以颜山农、何心隐和李贽为代表的"敢倡乱道，惑世诬民"的"异端之学"，也公然向名教礼法、圣贤经传挑战，对封建传统教条和假道学进行了大胆的揭露和抨击。与此同时，日趋衰败的明王朝则礼崩乐坏，不得不放松了对思想文化的控制，从而使文网政策也比较宽松。这种社会历史文化环境不仅促进了人们的思想解放和个性意识的觉醒，也为人们聪明才智的释放，提供了有利条件。因此，这一时期，智者奇才层出迭见。不但精英文化成就辉煌,在科学技术和文学艺术诸领域产生了许多具有开创性、终结性的文化硕果。如《天工开物》、《本草纲目》、《农政全书》、《三国演义》、《水浒传》、《西游记》、《金瓶梅》等。而且通俗文化也大放异彩,如精美奇妙的工艺品、富有灵性的戏曲等,直把中国历史推进到了一个民族智慧大迸发的时代。

明代后期既是经济文化大发展的时代,也是明朝统治走向衰亡的时代。当时统治集团从皇帝到文武显贵,大多腐败无能,颠顶愚蠢。万历、天启、崇祯各帝,或荒淫佚乐,晏居深宫,不理朝政,或暗弱昏聩,宠信宦官,或疑忌恣睢,刚愎自用。宰执大臣也多无能之辈,自张居正死后,内阁再也找不到能够整饬朝政、扶危政倾的辅臣了。熹宗天启年间,宦官魏忠贤被任为司礼秉笔太监,后又兼掌特务机关东厂,专断国政,大兴冤狱,政治日益腐败,是中国封建社会最黑暗的时期之一。崇祯在位17年,辅相像走马灯一样,多至五十余人。虽然,其中也有几位杰出人才,如徐光启等,但一傅众咻,也无能为力。其余辅臣则多为忌刻、暗弩、阿谀、阴鸷之人,难为国事。

明朝后期封建取士选官制度也日益败坏,科场弊端越来越多,仕途狭隘肮脏,致使大批才智之士报国无门,赍志以没,长怀无已。晚明智书的作者大多怀才不遇,经历坎坷,或沉埋为下僚,或终老为布衣,这些负才抱智而备受压抑的志士,对科场仕途的败坏都有很深切的体察和切中要害的批评。如《益智编》的作者孙能传一生仅得小吏,"不究于用","又不永年以殁"。为该书作序的邬鸣雷对其遭际深感不平。《经世奇谋》的作者俞琳,到白头尤为一介穷书生,郁郁不得志,自我感叹道:"世际文明,独扈于数奇,雌伏衡门,无以自见。"(《经世奇谋跋语》)《智囊》的作者冯梦龙对科举制度所发的牢骚也和他一生的经历密不可分。冯氏出身名门世家,"童年受经,逢人问道,四方之秘笈,尽得疏观;二十载之苦心,亦多研悟。"(《鳞经指月·发凡》)其忘年交王挺也说他:"上下数千年,澜翻二十一史。"可谓志趣广泛,知识渊博,才华出众。然而他的科举道路却十分坎坷,由于他不愿受封建道德的约束,对李贽倍加推崇,而被理学家们认为是品行有亏、狂放不羁,而难以容忍。只得长期沉沦下层,或做馆塾先生授徒糊口,或为书商编书以养家。直到他57岁时才补为贡生,年逾花甲,61岁时才得寿宁县令,四年以后回到家乡。在亲历了天下动荡,女真蹂躏的局势中郁郁而死,因此在政治上始终未能大展其才能。正是那些质性黜劣、大权在握的重臣,不识才,不爱惜人才,还嫉才、黜才、糟蹋人才,才造成了"奇才策士郁郁不得志,而狼藉以死者,比比矣"的历史悲剧。(《智囊》卷一五)仅粗略统计,在冯梦龙去世的前后,就有凌濛初、侯峒曾、黄淳耀、黄道周、吴应箕、夏允彝、祁彪佳、刘宗周、阮大铖、王思任、杨廷枢、陈子龙、夏完淳等许多颇有成就的文学家,在郁闷不得志和战乱中死去。一场具有资本主义萌芽状态的封建社会结构的变动和中国式的文艺复兴,就这样在明朝统治的日益腐败中和异族入侵的铁蹄下夭折了。

明代后期,仁人志士鉴于江河日下的衰颓形势,忧心如焚,用心寻求救世方略,总结治世经验,于是以"经世"冠名的政书类著作纷纷问世,如万廷言的《经世要略》、冯应京的《经世实用编》、陈仁锡的《经世八编类纂》、张燧的《经世挈要》等,明末陈子龙的《明经世文编》集其大成,也最有名。与此同时,另一种经世之书,即从用智的角度讲述经世济民之术、以运用谋略为主线讲述军国大事的智书也陆续问世了。可见,明代后期历史的悖反现象竟是如此突出。一方面,知识阶层和市民阶层的文化精英们创造了丰富灿烂的文化财富,闪现出时代智慧的奇光异彩;另一方面,统治阶层治国无能,攘夺有术,从上到下贪冒奢侈成风,表现出极端的腐败和愚蠢。社会中下层文化精英的聪慧和处在没落阶段的统治集团的愚蠢形成巨大的反差。一方面,才智之士大量涌现，他们胸怀经世治国之志，渴望为国为民尽力；另一方面，他们又被统治阶级成批遗弃，处于报国无门的境地。智愚之间出现巨大反差，扬才崇智与弃才黜智发生激烈碰撞。这种社会现实使有识之士日益领悟到智慧之可贵，愚昧之可鄙，他们勇敢地冲破禁区，用心寻求救世方略和治世经验，高歌人类的智慧。于是逐渐地便形成了一种破愚开智的社会共识和文化思潮。

明代后期随着人身自由程度的提高和自我个性意识的觉醒，还促进了文人学者对人的本性问题探究的拓展深化。人的本性是哲学的基本问题之一，也是古今中外哲学家普遍关注、穷究不舍的一个问题。由于人类自身的复杂性和历史可变性，不同时代对人性问题会从不同的角度、不同的层面进行探讨，从而提出了各自不同的观点。我国明代以前，对人性的探讨都偏重伦理方面，虽然也有学者从人的物质欲求方面来探讨人性的，然而其观点却长期受到儒家学派的排斥和诋毁，并未能得到发展。或有人试图从灵智的角度探讨人性，但都是比较零散的只言片语，没有充分展开，更无系统的理论。明代初叶，基本上承袭宋儒天理人欲之说，没有什么创见。明中叶以来，随着程朱理学的衰弱，阳明心学的日益崛起和世风学风的丕变，学者从多方面对人性问题进行了较为深入的探讨，取得了突破性进展，并有许多新意和创见。如从伦理方面探讨人性：明哲学家、姚江学派（亦称阳明学派）创始人王守仁的良知学说，把封建伦理道德说成是人生而具有的"良知"，他提出"知行合一"和"知行并进"，摒弃宋儒支离割裂的烦琐方法，直指当下求善作圣之路，进一步发展了孟子的性善论，被黄宗羲评价为："自姚江指点出良知人人现在，一反观而自得，便人人有个作圣之路，故无姚江，则古来之学脉绝矣。"（《明儒学案》卷十）又如从物欲方面探讨人性：明思想家李贽等人的"异端之学"，敢于向学术"禁区"发难，大胆冲破宋儒"存天理灭人欲"的禁锢，力辩人的物质欲求是自然合理的。宣称"穿衣吃饭即是人伦物理,"以至"好货"、"好色"。可以说,从战国时期告子提出"食色性也"的观点以来,为自然人性申辩还从未有如此大胆张扬过。再如从灵智方面探讨人性:明代后期时人普遍喜好谈论"灵"字,如"灵性"、"灵根"、"灵气"、"灵巧"、"灵窍"、"灵明"、"灵知"、"灵妙"、"灵觉"、"灵机"等等。在阳明学派看来,"灵性"一般是指良知的属性与作用。而所谓的"灵知"、"灵妙",其意则是指人的心智活动。王守仁说:"良知是天植灵根。"王畿与罗汝芳则说:"良知是天然之灵窍。"(《明儒学案》卷一二)良知有此性能,所以能"自见天则,"发现天理,不须假借,不用安排。王守仁及其门人还认为灵明、灵性是心灵、头脑的妙用。罗汝芳说:"灵知宰身而为心,""应事接物,还是用着天生灵妙浑沦的心。"可见,他们虽然仍以"德性"为核心,主要还是从伦理的角度来谈灵性的,但有直指当下的特点,同时,也掺入了某些认知的成分,强调主体自觉自悟,与宋儒天理之说大相异趣,并把王守仁的"良知"学说进一步引向禅学。明戏曲作家、文学家汤显祖也爱谈论"灵性",并十分推崇"灵气",如说:"其人心灵,能出入于微妙","心灵则能飞动","独有灵性者自为龙耳。"(《汤显祖诗文集》卷三二)明文学家袁宏道在小说戏曲和民歌等文学创作上,也特别强调抒写"灵性"。他们所讲的灵性是指超常的智慧、艺术天才和创作灵感。由此来看,它已大大超出伦理的范围,而进入觉性、知性、慧性的研究领域。晚明智书的作者对智慧的许多问题都作了深入细致的研究,提出了一系列精辟深刻的见解,大大丰富了中国古代的人性论思想。他们甚至还提出了具有今天智力开发意义的"凿而出之"的观点,主张通过学习的手段把潜藏在性底的智能引发出来。总之,明中期以来,对人的本性的认识拓展深化了。学者在人性问题上,既宣称"穿衣吃饭即是人伦物理",又高赞人的智慧有如烛照万物的日月之光。既见欲性之被张扬,又见智性之受尊宠,既讲"欲性",又讲"智性"。这两点是晚明学者对中国人性论的一大贡献。他们对人的欲性和智性的阐扬,充分反映了当时"尊生贵人"的思想文化潮流,同时也表明对人的本性与价值的认识已经进入到一个新的历史阶段。而所有这些对人性的拓展深化性认识,尤其是从物欲和灵智方面提出的新见解,无疑为晚明崇智思潮的兴起,起到了推波助澜的作用。

综上所述,晚明崇智思想兴起的原因主要有三个。一是社会中下层文化精英的聪明智慧和处在没落阶段的统治集团的愚蠢无知所形成的巨大反差和强烈碰撞。二是明代后期对人的本性的认识拓展深化了。三是明代后期有识之士对智慧的讴歌阐扬。在这三种原因和其他因素的合力作用下,崇尚智慧的思想潮流就蔚然兴起了。

五 清代的"智"观念

明末清初,社会进入了一个变化比较剧烈的历史阶段,资本主义萌芽在某些地区有了一定的发展;西方传教士的东来,为自然科学领域增添了新的内容;各地农民起义高潮迭起,冲击着明朝封建政权的统治;满族贵族势力迅速膨胀,入主中原建立了新的封建王朝。一些具有朴素唯物主义和民主启蒙色彩的思想家,如黄宗羲、顾炎武、王夫之等。他们在治学方面,提倡"经世致用,反对空言。"主张学术要切实、有用。不承认在经学之外存在的所谓理学。对儒家经典的理解和认识,强调从小学入手,用训古名物的方法达其真义。他们的经世致用主张,是对明朝覆亡的反思,也有复明返清的功用在内。正是在这样的历史背景与特定的历史条件下,他们把晚明以来的实学思潮推向了新的高峰,使清初成为实学发展的鼎盛时期。

清初易代之际,文史奇才张岱也主张反对空疏,注重实践,躬身致用。他仰承晚明智书的流风余韵,于清康熙十九年(公元1680年)编撰了《瑯嬛乞巧录》一书,专收明人用智之事典。然因家境贫寒而未付刻刊行,现存手稿一册,已成为鲜为人知的孤本秘籍。张岱在该书中,对智慧的有关问题进行了探讨。如他在用智动机与效果上,就作了很明晰的分辨。他说:"帝王之睿虑哲谋,与奸雄狡狯之机械变诈,实与同源,第视人用之何如耳。一饴也,伯夷见之,谓可以养老,盗跖见之,谓可以脂户枢。发念虽殊,其以应用自不同也。"(《瑯嬛乞巧录自序》)指出贤君之智谋与奸雄之变诈同出一源,均属智谋的范畴,但用途各异。饴糖的比喻,与晚明《智囊序》的作者张明弼"干将莫邪"的比喻,有异曲同工之妙。与张岱同时的文学家李渔亦指出:"今世所尚者诈也,非智也。智由性出,诈以习成。诈能庇身而亦能杀身,智能善世,而其利又不止于善世。智不可无,诈不可有。"(李渔《笠翁一家言全集》卷一《智囊序》)其目的也都是在于把智与用智、贤哲与奸雄、智慧与阴谋危计区分开来,以使人类能在社会发展中充分发挥自己的聪明智慧。反映了清初易代之际士人崇尚智慧的思想观念。

但是入清以后,明代智书渐趋湮没,流传越来越少。有清300年,并未见到能够追踪明代智书作者而另创新编的人。智书的衰竭当与清代学术风气的转变有着密切的关系。当时,出于政治需要,清初统治者实行"崇儒重道"的思想文化政策。从顺治到乾隆前期,清朝统治者均执行"表章经学,尊重儒先,""一以孔孟程朱之道之训迪磨厉"的思想文化方针,采取各种措施,提倡理学,并因袭元、明制度,继续以程朱理学作为科举考试的内容,由于清朝统治者的大力提倡,程朱理学便占据了统治地位。随着清政权的巩固和政治统治的相对稳定,政府一方面大力提倡学术文化,实行重文政策,组织学者整理、考订古典文献以转移人们的反清视线。另一方面则大兴文字狱，罗织文网，加强思想钳制。凡是在文章中稍微流露出对清王朝专制统治的不满情绪，便遭到残酷镇压，在专制主义文化政策的威压之下，造成了思想文化界的沉闷局面。而且在这一背景下，提倡重视现实社会问题研究的精神也遭到阉割。许多学者心理上笼罩着沉重的阴影，"避席畏闻文字狱，著书却为稻粱谋"。广大知识分子钳口不言，讳谈政事，文人士子全都钻进故纸堆中，迷恋于名物训诂。但他们重视读书，反对空谈的学风对后来的学者却产生了深远的影响。同时，随着社会经济的恢复、繁荣以及学术自身的发展，清代的汉学兴盛起来，逐渐形成一种脱离社会现实、一反宋明崇尚义理而重视训诂考据的风气。这种为考据而考据的学风，到乾隆、嘉庆时期更加盛行起来，形成了所谓的"乾嘉学派"。并使考据学几乎独占学界，呈现出一种"古典考证学独盛的局面"。（梁启超《中国近三百年学术史》）清朝"一代之治"逐渐酿成了"一代学风"。于是，思想文化界出现了从"为致用而学术"转变成"为学术而学术"，从清初的以考据为手段，演变为以考据为目的，从"经世"转为"避世"的退化倾向。这种状况同明清之际的经世致用为宗旨的活泼、犀利、富于社会批判精神的思想相比，的确是一种大倒退。它不仅使以考据为目的的乾嘉汉学自身已陷入"万马齐喑"的困境而无力自拔，而且还严重禁锢了人们的崇智思想，阻碍了智慧论的研究与发展。

　　这一时期，清儒大都以儒家正统自居，以复兴古学自命，推崇考据之学，而鄙弃术智之事。对明代特别是晚明学术每每持以偏见，将那些新鲜活泼、离经叛道的思想学说视为异端邪说，不屑一顾，竭力排斥与诋毁。把晚明智书评价为纯属小道不经之谈，卑卑不足道。他们说《智品》"尤乖剌矣"，谓《益智编》"其书不足据"，又谓《智囊》是"佻薄殊甚"（《四库全书总目》卷一三二）甚至抓住智书考证上的某些疏漏，便将其书一笔抹杀。清儒的这些学术批评如同一层厚厚的芜草尘垢覆盖着明代智书的真正价值，遂使这些精品宝籍尘封了300年之久，大大影响了世人的解读与评价。更严重影响了人们对智慧问题的涉足。

继乾嘉两朝训诂考据学之后，于道咸同光四朝，又逐渐复兴了今文经学的社会学术思潮。今文经学推崇西汉十四博士所立今文经传，并用其中的一些"微言"来讥切时弊，倡导社会变革，以图拯救社会与民族危机。尤其是"咸丰、同治二十多年间，算是清代最大的厄运"，"到处风声鹤唳，惨目伤心"。（梁启超《中国近代三百年的学术史》四）第二次鸦片战争后，清王朝陷入了严重的困境。一些先进知识分子，又倡导西学。他们纷纷走出国门，学习和传播西方的天文、地理、数学、历史、地质、生物等科学知识及其社会伦理、政治法权、宗教哲学等思想文化。"海禁既开，西学东渐，始则炮舰，继则工艺，再则政制，步步日进。"（梁启超《清代学术概论》二十）于是一些有识官僚则掀起了洋务运动。随着洋务运动的兴起，中国出现了一批民族资本企业，也产生了一批依附于它的知识分子。他们主张在更广阔的领域里向西方学习，实行"商战"、"以工商立国"，设议院、开民主，进行社会政治方面的变革，从而又形成了以"中本西末"、"中体西用"为纲领的早期资产阶级改良主义思潮。

因此，综观有清一代，研究智慧之学问始终未能也不可能齐身于各种社会思潮中，像晚明那种以编撰智书为特色的、全面论述智慧的崇智思想始终未能见到。而至于其他零星的涉及，也就更不足以为论了。

第十二章 不仁之智引起的惨案

智、明皆是儒家伦理学说的重要内容。儒家认为，智是对是非的判断辨别能力，智是在仁约束规范下的才能。孟子说："不仁不智"。智慧如果离开了仁义，那么就会变成奸诈。智慧如果没有对是非的明辨和审视，陷入盲目之中，那么就会给自己带来无穷的恶果。

更有甚者，有些人在纷纭复杂的社会事务中不会处理，不通过大脑的分析；换言之就是不会用"智"，没有正确的"智"观念的指导，为了个人意志，做出了傻事和蠢事，最后竟然引起了杀身丧生之惨，亡国破家之痛。

本章将以历史上处事不智，或脱离了仁义之"智"，引起了惨烈下场，来证明"智"在社会生活中的重要意义。

一　斗鸡引起的灭族与失国

春秋时期，诸侯各国的一些贵族士大夫侈靡成风，斗鸡玩狗，灯红酒绿，然而在相互的玩耍中，如果不以明、智去处理问题，将会引起杀身之祸。

《左传·昭公二十五年》记载了鲁国两家世袭大族因斗鸡而引起的灾祸。鲁昭公因此而失国被赶到国外（诸侯国外），郈氏因此而被灭族。这是春秋史上一个非常有名的因小失大的政治事件。公元前517年，鲁国国都奄的斗鸡场上，围了许多人。他们在观看季氏和郈氏斗鸡的比赛。季氏和郈氏都是鲁国的大族。季氏拉拢叔孙氏、孟孙氏三家执政已经好几代了，而郈氏也是鲁国有名的世袭豪族。季氏和郈氏都有一只雄壮善战的斗鸡。郈氏的鸡在鲁国可以说打遍天下无敌手，季氏的鸡也从来没败过。季氏和郈氏两家互不服气，就选定了这天下午在泮宫广场上决一胜负。

战斗开始，两只雄鸡抖起羽毛，双眼圆睁，扑向对方，开始厮杀。忽然，季氏的鸡翅膀一扑，飞起一些灰褐色的烟雾。原来季氏在鸡翅膀上洒了一些用芥子捣成的粉末，人闻到这种芥子味还有些呛的不能出气，季氏想以此粉末去迷郈氏鸡的眼睛。谁知鸡与人不一样，嗅觉不像人一样灵敏，眼睛也比人更有野性，不怕芥子粉末。只见郈氏的鸡稍退一步，扑上去用嘴啄住季氏鸡的冠，两只爪子踩在季氏鸡背上，季氏的鸡"咕咕"大叫。季氏心痛地轰开了郈氏的鸡，抱起自己的鸡一看，鸡背被郈氏的鸡抓伤好几处，已经流血。季氏气愤地去抓起郈氏的鸡一看，原来郈氏在鸡爪上加上一层薄金属，其战斗力和杀伤力当然大大增强。

季平子见此大怒。季氏在鲁是最强大的家族，又是执政。郈昭子竟敢欺负到季氏的头上。季平子斗鸡后愈想愈气。他想怎样才能出这口恶气呢？！刚好季平子想修自己的宅子，又与郈氏为邻，于是季平子扩建自己的宅院而侵占郈昭伯大片的宅邑。

郈昭伯见此，大怒，认为季氏真是欺人太甚。他一气之下到鲁昭公那里去说季平子的坏话，对昭公说："国君您在禘祭先君襄公时才用二人跳舞，而季氏把跳舞者都召到家中去。季氏这种越礼僭上的行为，已经很久了，如果不去诛伐必危社稷。"鲁昭公很早就对季氏的专权不满，这次听了郈昭伯的话，就命郈昭伯率领士卒去攻伐季氏。

郈昭伯率兵包围了季氏之宅。季氏在猝不及防的情况，请求放弃鲁国之政，回到封邑去。季氏在鲁国执政已达到百年之久，季氏和孟孙氏、叔孙氏是鲁国的三大家族，都是鲁桓公之后裔，号称"鲁氏三桓"，在鲁国有极大的势力。特别是季氏，世代执政，爪牙遍布全鲁国。当时鲁大夫子家劝鲁昭公应同意季平子的条件，说："君其许之！政自之出久矣，隐民多取食焉。为之徒者众矣。日入慝作，弗可知也。众怒不可蓄也，蓄而弗治，将薀。薀蓄，民将生心。生心，同求将合，居必悔之。"君弗听。郈孙曰："必杀之！"（《左传·昭公二十五年》）

孟孙氏和叔孙氏听到这件事，非常吃惊。因为他们两家的命运与季孙氏休戚相关。叔孙氏家的司马鬷戾对大家说："怎么办呢？然而季氏一旦被灭，那么叔孙氏也就灭之。"于是鬷戾帅徒前去帮助季孙氏攻打国君。

国君的士卒皆无战心。因为鲁昭公平时不掌实权。士卒们从国君那里得不到什么好处，此次作战也不抱什么希望，皆释甲，手捧箭筒盖坐在地上饮水休息。叔孙氏士卒遂赶跑了国君的士卒。

鲁昭公又让郈孙伯去迎孟孙氏来帮助自己，但孟孙氏看到叔孙氏去为季氏助战，马上倒戈，绑住郈孙伯，杀之，并率师以伐国君。鲁昭公兵败而逃到齐国，驻在平阴（今山东平阴县东北三十五里）。自此，鲁昭公在齐国居住 12 年之久，一直死在乾侯（今河北成安县东南），不得返回鲁国。

这场你死我活的冲突是由斗鸡引起的。季氏和郈氏在斗鸡游戏中互不谦让，并使用一些小花招，使游戏转变为仇恨。季氏首先发难，侵占了郈孙氏的宅院，使冲突升级；郈孙氏又进一步挑拨国君，从而引起了这样一场生与死的较量。季氏假使没有叔孙氏、孟孙氏的搭救，也几乎丢掉性命，小者也是丢掉政权；郈孙氏却是被迫赴黄泉，鲁昭公也播迁在外，至死不得回到鲁国。这种因斗鸡而引起的灭族之祸，可以说既不仁，也不智。如果人们当时稍有点理智，是不至于发展如此地步的。

二 争桑叶引起的灭国大战

春秋时期,我国的蚕桑事业已经有了长足的发展。东南地区水网密布、温暖湿润,是植桑养蚕的重要地区。这里有两个古老的国家吴国和楚国。因两个蚕女争夺桑叶而引起了一场灭国大战。

楚国边邑卑梁的一个蚕女与吴边邑钟离的一个蚕女争采桑叶,互不相让。《史记·吴太伯世家》云:"公子光伐楚,拔居巢、钟离。初,楚边邑卑梁氏之处女与吴边邑之女争桑,二女家怒相灭;两边邑长闻之,怒而相攻,灭吴之边邑。吴王怒,故遂伐楚,取两都而去。"

关于吴楚之间的战争,《吕氏春秋·察微》云:"楚之边邑曰卑梁,其处女与吴之边邑处女桑于境上,戏而伤卑梁之处女。卑梁人操其伤子以让吴人。吴人应之不恭,怒杀而去之。吴人往报之,尽屠其家。卑梁公怒,曰:'吴人焉敢攻吾邑?'举兵反攻之,老弱尽杀之矣。吴王夷昧闻之怒,使人举兵侵楚之边邑,克夷而后去之,吴、楚以此大隆。"

吴、楚两国相交界,边邑之女为争桑叶而引起了祸患。首先是卑梁之蚕女受伤,然后是吴人被杀;吴人又到卑梁之蚕女家中,"尽屠其家"及其族人。这件事至此已经升级,两蚕女之家皆因争桑的小事而被杀、被屠。然而事态又进一步扩大。楚国卑梁县公认为吴人来自己管辖的地域,屠杀人口,是明目张胆地进攻卑梁,于是举全县邑之兵,攻打吴国边邑,并将其老弱百姓尽杀之。

边境报急!消息传到吴国都城,吴王夷昧大怒,举兵伐楚,攻楚国的边邑,攻克了楚国的夷邑(今安徽亳县境)而去。

吴、楚边境从此日益紧张,大规模吴楚战争从此拉开了帷幕。

吴公子光帅师与楚战于鸡父（今河南固始县东南）大败楚师，俘获其帅潘子臣、小惟子、陈夏啮等；紧接着吴师偷袭楚国郢都，取走了在楚国失势的楚太子建之母（即楚平王夫人），并掠走了许多宝器。楚国司马蘧越帅军追赶，没有赶上。楚国有法："败军之将皆被诛死。"蘧越因在鸡父之战中失败，如今又失去了君夫人，自知罪过难免，于是自缢而死。

吴、楚从此成为世仇之国。在楚国受到迫害的大臣伍子胥、伯嚭相继逃到吴国，谋求报复楚国；受楚欺凌的小诸侯国，如蔡国、唐国，纷纷去拉拢投靠吴国，以求伐楚，以求报仇雪耻。于是乎吴国成为谋楚、攻楚的轴心。

公元前504年，反楚势力云集吴国，终于酿成了一场征伐楚国的大战。吴、蔡、唐三国军队联合，在楚亡臣伍子胥的率领下，大举进伐楚国。

吴、楚战于柏举（今湖北麻城），吴军大败楚师。吴人五战五胜，攻进楚国郢都。楚昭王在慌乱中，派人将火燧系于大象的尾巴上，然后点燃火燧。火燧"哔哔剥剥"地燃烧，大象受惊狂奔，直冲吴师。吴师一时大乱，楚昭王在混乱中与其妹逃出郢都。

吴人进入郢都，大肆掠抢，并占据了楚国的后宫，以辱楚国君臣。伍子胥令人掘开了已经死去的楚平王的墓，拉出了楚平王的尸体，鞭打三百，楚平王枯干的尸骨被碎尸万段，伍子胥以报父兄之仇。

楚昭王从郢都逃走，逃进了云梦泽中。这里当时是一块大的沼泽地。楚昭王一脚水一脚泥在沼泽地中艰难地向前行进，楚国宫殿的楼台亭榭，豪华壮丽，远远离开了他。他与吴国是怎么结下怨仇，为什么边境冲突日骇，为什么被他赶跑的大臣都要跑到吴国，为什么，……他实在不明白他与吴国的怨仇是怎么结下的。是啊,他怎么会知道,是当年两个蚕女争桑叶而酿成这亡国的大祸。

在云梦泽中,楚昭王与随从迷失了道路,他们遭到了大泽中一伙"强盗"的进攻。一伙彪形大汉手执坚甲利兵,前来进攻。其中一人看准楚昭王,一刀砍去,楚国大夫王孙由于迅速地护住楚昭王,而这一刀却砍在王孙由于的背上。楚昭王在随从大臣的护卫下逃到随(今湖北随州)避难。楚国在吴国的沉重打击下,楚昭王出逃,国都沦亡,楚国遭受了亡国的苦难。

楚国大臣申包胥,从楚国的申、息跋山涉水,出武关,来到秦国都城雍(今陕西凤翔县)请求秦国出兵救楚。秦是楚国的盟国,楚昭王的母亲是秦女,故秦又是楚的母舅之国。申包胥对秦王说:"吴为封豕,长蛇,以荐食上国,虐始于楚。寡君失守社稷,越在草莽,使下臣告急,……若楚之遂亡,君之土也。若以君灵抚之,世以事君。"(《左传·定公四年》)秦王让申包胥在馆舍中歇息,但申包胥救国之难心切,依秦宫墙而哭,日夜不绝声,勺饮不入口七日。秦国君乃派子子蒲、子虎率兵车千乘,步卒七万,以救楚国。刚好这时吴国发生内乱,吴王之弟夫槩潜号称王,吴王阖庐只好回兵攻夫槩王。秦军乘机打败了吴国。

楚昭王在逃郢都七个月之后,又回到郢都,几遭灭国之灾。这又是一个不理智而酿成惨祸的事件。当然吴楚之争还有更深刻的原因,但是不能理智的处理,并制止事态的恶化,这是一个重要的原因。

三 食鼋肉引起的惨案

春秋时期,郑国(今河南省新郑县)国君郑灵公的侍卫们上报说楚国庄王令人送来大鼋(即大鳖,又名团鱼)。郑灵公立即来到朝廷与楚国使者见了面,果然见楚使者送来的一些大鼋鲜活可爱。郑灵公大喜,吩咐臣下叫来宰夫(厨师)把这些鼋进行屠宰烹饪,他要用这些美味佳肴宴请他的朝中大臣。

厨师们忙忙碌碌,宰烹大鼋。

这时,郑国的两个大夫子公与子家来上朝,与国君商议国政。走在路上,子公的食指忽然不自觉地动了一下。这其实是常人生活中很平常的事。子公让子家看看说:"过去凡我的食指这样动,就一定能尝到异味。"子家笑着说:"那么今天亦有美味等你了。"两人一路说笑来到朝廷。刚好看见正在忙碌的宰夫膳夫在收拾大鼋。两人相视而笑,子公说:"怎么样,我的食指还算有灵感吧!"子家说:"真是灵验啊!"

郑灵公望着这说笑的二位大臣,问道:"你们说的话是什么意思?"子家就把刚才子公的食指动,以及必尝异味的话说一遍,又说:"真灵,子公的食指动,就碰见您用大鼋宴请我们。"郑灵公是个很昏庸的国君,他望着子公戏谑地说:"怎么,你的食指动就该尝异味了。我如果不宰烹大鼋,不宴请你们,那么你的食指再动,也就不灵验了。"子公碍于他是国君,也只好忍气吞声不再说什么。

郑灵公与诸大臣在朝堂上讨论着国政。议事完毕。膳夫将烹调好的鼋放在金灿灿的铜鼎中端上来,浓郁的肉香充满朝堂。膳夫们又送上美酒,大臣们喜气洋洋,准备享用这美味佳肴,朝堂上充满着和谐愉快。忽然,郑灵公站起来大声说:"刚才我们的子公在上朝时,食指动一下,他说他过去只要食指动,必尝异味。刚好逢上我用楚国使者献来大鼋宴请众位,这也正巧应了他的灵感。但主动权在我,为了破子公的灵感,我今天宴请诸位大臣,但就不让子公吃,看他的灵感算数,还是我的话算数?"

朝堂上的气氛好像一下子被冻结了,大臣们面面相觑,不知所以;亦有个别人在小声叹气,郑灵公笑着说:"子公,你的指动就必尝异味还灵验吗?"又对大臣们说:"诸位请入席,让我们共同品尝这美味的鼋肉!"子公憋得满脸通红,双手颤抖,气得说不出话来。子公由羞惭转为愤怒,他用手指着郑灵公说:"我的食指动就是要尝异味!"子公一边说,一边用手指在铜鼎里鼋汁中蘸一下,尝之愤愤而出。

郑灵公见此,大怒。他不认为自己轻辱了大臣,反而认为对他是大不敬,对他无礼。《左传·宣公四年》云:"公怒,欲杀子公。"郑灵公非要杀死子公。但是,郑灵公这个昏君行动晚了一步。子公出来,愈想愈气,你国君还不是依靠大臣的保护拥戴,而你竟如此欺凌大臣。后来又听说郑灵公要杀他。他想:与其我让你杀掉,还不如我杀掉你,于是一个弑杀灵公的计划在他心中形成。

子公找到子家,与子家相谋,要求子家与他一起弑杀郑灵公。子家说:"畜老,犹惮杀之,而况君乎?"(同上)子公说,如果你不愿意,我将到国君那里去告你谋害君主。子家害怕,因为子公已包围了他的家,于是就与子公盟誓,助他弑灵公。是年夏天,子公与子家共弑郑灵公,可怜郑灵公执政不到一年,就被弑身亡。

《韩非子·难四》云:"明君不悬怒,悬怒则臣惧罪,轻举以行计,则人主危。……食鼋之羹,郑君怒而不诛,故子公弑君。"又《说苑·复恩》云:"《春秋》记君不君,臣不臣,父不父,子不子,此非一日之事也,有渐以至焉。"

在这里,《韩非子》与《说苑》皆是站在国君的立场上,替国君出谋划策。他们认为,当子公染指鼋羹汁而尝时,郑灵公就应该将其杀掉。但如果站在一个客观的立场上,子公弑君固然过分,而郑灵公做为一个国君怎么能如此侮辱大臣呢。孔子说:"君待臣以礼,臣事君以忠。"在君臣的相互关系中,必须互相尊重,互谅互让,谦虚谨慎,才能使臣以忠。如郑灵公这种以轻辱大臣而取乐的国君,是极端的不智,因此他也遭到杀身之祸。

四 羊羹导致战争的失败

春秋时期,宋国发生了一个与郑国相类似的事,即宋国的执政大夫华元轻辱其御(即为华元驾车的人),身遭俘获,国遭败辱的故事。

华元是宋国执政的上卿,他有一个专门为他驾车的人叫羊斟,即他的御者。赶车的御者犹如今日的司机,平时上卿出门,要为长官驾车;战争时期更是如此,几乎与长官为一体,他们乘同一辆战车与敌人奋战等等。但华元对他的御者非常不满意,因为有一次华元出使晋国,羊斟为他驾车。羊斟因没有注意,马在路上受惊,车撞在一棵大树上,华元虽然没有被撞伤,但亦受到了惊吓。从此,华元就不喜欢羊斟,总想找个机会给羊斟一个脸色看看,好教训一下这个御者。

春秋时期,诸侯列国中有两个大国楚国和晋国。晋、楚二国争当霸主,一些小国或服从于楚,或臣服于晋。当时,郑国曾被楚攻败,因此服从于楚;宋国却是一个臣服于晋的小国。公元前607年,郑国受命于楚,大举伐宋。宋国派华元帅师进行抵御。

战斗之前,华元进行战争动员,并杀了很多羊,做成鲜美的肉和肉羹让将士们吃,以鼓舞士气。忽然他看见羊斟也在将士的行列中准备吃羊肉,华元把羊斟叫到一边说:"上一次你让车子撞在树上,今天为了惩罚你的过失,罚你不吃羊肉,希望你切记教训,在今后的战斗中提高警惕,不出问题!"羊斟看着别人吃香喷喷的羊肉和肉羹,他认为,华元侮辱了他,大大刺伤了他的自尊心。他下决心,一定要报复华元。

激烈的战斗开始了。战场上刀光剑影,旌旗翻动,战鼓齐鸣,华元坐在车子上擂着战鼓指挥战斗。羊斟认真驾着车子,注视前方。华元的战车是统帅宋军的核心,华元的指挥战车应在宋军的中心地位,然而羊斟驾着战车飞驰向前,华元还未来得及考虑,战车已驰到郑军跟前。羊斟对华元说:"畴昔之羊,子为政;今日之事,我为政。"郑玄注曰:"畴昔,犹前日也。"羊斟驾车子直冲入郑国军中,华元被俘。(《左传·宣公二年》)《史记·宋微子世家》云:"(昭公)四年春,(楚)命(郑)伐宋。宋使华元将,郑败宋,囚华元。华元之将战,杀羊以食士,其御羊羹不及,故怨,驰入郑军,故宋师败,得囚华元。"主将华元陷入重围被俘,宋师大乱,并且大败。

羊斟因没有得到羊羹,在战争中对主将进行报复,固然可恶。如《左传·宣公二年》云:"君子谓羊斟'非人也,以其私憾,败国殄民,于是刑孰大焉?'《诗》所谓'人之无良'者,其羊斟之谓乎!残民以逞。"羊斟的做法当然是一种犯罪行为,应得到刑法的制裁。但羊斟的报复行为是华元对将士的轻辱造成的。作为主将的华元有不可推卸的责任。《吕氏春秋·察微》云:"夫弩机差以米则不发。战,大机也。飨士而忘其御也,将以此败而为虏,岂不宜哉?故凡战必悉熟徧备,知彼知己,然后可也。"

华元被俘以后,宋国以"兵车百乘、文马百驷以赎华元于郑"。(《左传·宣公二年》)当所赎之物送到郑国一半时,华元逃归宋国。

华元逃回宋国以后,曾受到宋人的耻笑。华元又主监宋国一个筑城的任务。筑城的役人编歌以刺华元,曰:"睅其目,皤其腹,弃甲而復,于思于思,弃甲復来!"

华元让他的新御者回唱:"牛则有皮,犀兕尚多,弃甲则那?"

役人又唱:"纵有其皮,丹漆若何?"

这些诗歌的意思是:役人曰:

"你的眼睛鼓得大大，你的肚子挺得高高；
战败弃甲而逃，有何面目来巡功?!"
华元的新御者对唱曰：
"是牛都有皮，犀咒那么多，
虽丢掉兵甲，又算了什么？"
役人接唱：
"你虽有牛皮，可制做成甲，
涂甲的丹漆难给，你又将如何？"

从郑国逃归的华元，羞得再也不敢去城上来回巡走，赶快躺进营房中。

这次战争，华元由于忌恨过去、轻慢部下，战斗中不仅他自己被俘获，而且导致了宋国的惨败。《淮南子·缪称篇》云："鲁酒薄而邯郸围，羊羹不斟而宋国危。"其中"羊羹不斟而宋国危"指的就是这次事件。这个战争告诉我们，在任何事情上，都要正确地对待部下，尊重他们的人格，爱护他们的自尊心，平等待人，以仁爱之心待人，才使自己得到别人的爱护和尊重。长官切不可以势压人，否则将会产生严重的后果。从这件事中，可看出华元的愚蠢与不智，一杯羊羹不仅使国家在战争中失败，国家败亡，华元本人也做了俘虏，几乎丧生。

五　脱离"仁"的王莽之"智"

王莽是西汉孝元皇帝的皇后王政君的侄子。西汉末年，他以外戚的身份显贵朝廷。由于王莽的贪婪、不知足、不智最终使其走上灭亡。

王政君是战国国君齐王建的直系后裔，因出身齐国王室，故以"王"为姓。王政君之父王禁在西汉时期已沦为下级官吏。王政君共有八个兄弟，四个姐妹。政君是次女。她与两个弟弟王凤、王崇是同一母所生。王政君18岁进入汉朝掖庭，成为宫女。她初进宫时侍奉皇后，偶然一个机会，皇后将王政君赐给太子刘奭。王政君怀胎十月，生下一子，取名刘骜。他就是太子的长子，这就从根本上奠定了王政君的地位。公元前49年，刘奭即位，是为孝元皇帝。王政君的儿子被立为太子，王政君被立为皇后。

王政君虽然贵为皇后，但并不受宠。元帝宠爱的是傅昭仪。所以此时的王氏家族也没有十分显贵。一直到元帝死后，刘骜即位，是为成帝。王政君成为皇太后，王氏家族骤然显贵。

王政君让儿子成帝对其舅父厚厚封赏。王凤被封为大司马、大将军、领尚书事。成帝又把王政君所有的同父异母弟皆封为侯。王谭为平阿侯，王商为成都侯，王立为红阳侯，王根为曲阳侯，王逢为平阳侯。成帝的这五个舅父同日受封，称为"五侯"。在王政君的策划下，王氏子弟皆封为卿、大夫、侍中、诸曹军官，布满朝廷。王家共有十侯、五大司马。

王氏兄弟皆列卿相，然而王莽的父亲王曼因死的早，却没有封侯。因此当王莽的堂兄弟们皆因为王侯贵胄，而声色犬马、穷奢极欲之时，王莽却非常孤贫。王莽勤奋读书、温良恭俭，孝顺母亲和寡嫂，抚养哥哥的遗孤；待人接物礼敬谦和。有一次，伯父王凤病了。王莽亲守在床边，煎药侍奉，蓬头垢面，衣不解带者数月。王凤死时，托太后及成帝一定要提携照顾王莽，认为王莽是一栋梁之材。于是王莽初被封为黄门郎，又升为射声校尉。不久，王莽的叔父王商上疏，愿分户邑以封王莽。成帝封王莽为新都侯；继而又升为骑都尉光禄大夫侍中；继而又封为大司马。王莽代替他的伯、叔父们成为西汉王朝的执政。

王莽心怀狡诈，外显谦恭。在西汉王朝大司马的显贵位置上，他散施家财，收赡名士，赈济宾客，广交卿相诸大夫。王莽的母亲病了，卿大夫皆去探望。王莽的妻子出迎，衣不曳地，布衣荆钗，宾客皆以为僮仆；后闻知是夫人，皆大惊。公卿纷纷上疏，请求朝廷表彰王莽高尚的道德。王莽声誉日高。王莽为了赢得美誉，真可谓做到了极致。

就在王莽官高爵显之时，汉成帝刘骜，也就是王莽的表兄因放纵酒色，猝然死去。刘骜无子，汉元帝原来宠爱的傅昭仪的孙子刘欣即位，是为汉哀帝。

王政君与傅昭仪原来皆是汉元帝的嫔妃。王政君虽为皇后，得宠的却是傅昭仪。如今傅昭仪的孙子即位为皇帝，王政君被尊为太皇太后，傅昭仪被尊为皇太太后。哀帝又把自己的母亲丁姬封为帝太后。

汉哀帝即位后，傅太后和丁太后的家族开始显贵，时人称为"傅、丁新贵"。汉哀帝对王氏家族采取打击的措施。王政君见状，害怕王氏家族有灭族之灾，赶快令王莽上疏乞退，交出权力，回到自己的封地宛，离开京师。这在当时确实是保全自己的最佳选择。王氏家族的势力大大削弱。

王氏家族遭贬后，又一反往昔的骄纵之态，采取了谦卑忍让的态度。王氏家族的成员如果在道路上见到傅太后、丁太后家中的贵宠，赶快回避，以示恭敬谦卑。朝中大臣多有替王氏不平者，如谏议大夫杨宣上疏哀帝说："孝成皇帝以社稷为重，让陛下承继大统，而太皇太后春秋已高，年过七十，每每下令让王氏在路上回避傅、丁，连路上的行人都为之垂泪，难道陛下忍心吗？"

王莽表现得更为谦卑，杜门谢客，凡有客来，极尽恭敬；他的二儿子王获杀死奴才，王莽迫令其自杀。王莽在封地三年，上疏给哀帝，强烈自责。当时朝中为王莽叫冤的大臣有一百多人。哀帝只好又把王莽召回京师。

哀帝不幸，即位四年而崩。王政君以太皇太后的身份收去时任大司马董贤的印绶，派使者速召王莽进宫，把印绶交给王莽。

王莽遂掌握了发兵的大权,及总管尚书、中黄门、期门兵的大权。王政君与王莽派王舜为车骑将军迎9岁的中山王即位,是为孝平帝。太皇太后王政君临朝称制。王政君把国家政治全部委托大司马王莽管理。

王氏家族以谦卑忍让不仅得以保全,而且又重新掌握了政权。王莽更是如此,他苦心劳身,骗取了时人的拥戴,而如今终于如愿以偿。9岁的孩子做皇帝,70多岁的太皇太后临朝称制,这些皆可谓摆设。至此,西汉王朝的大权完全落入王莽的手中。

王莽见政局已定,大权在握,于是称病不朝,指使爪牙上疏:"圣王之法,凡臣有大功者宜有美号。西周时期,周公旦有大功于周室,故称之周公。今王莽有安汉朝,定社稷之大功,应赐号安汉公,增加爵位封邑,这样才能顺人心民意。"太皇太后王政君就赐号"安汉公"给王莽,并食采二万八千户。但王莽仍不出朝,太皇太后又以王莽为太傅之职。

当拿到了"安汉公"之位后,王莽又暗使爪牙上疏说:"二千石以下的官员,有很多不称职,请太后让安汉公重新衡定官员,这些小事太后可以省心不管,太后只处理封爵以上的高级官吏之事。安汉公可考故官、定新职,以决其称职与否。"太后下诏同意。从此,国中大小官吏皆由王莽任命,顺者则昌,逆者则亡,对于异己,轻者丢官,重者丧命。王莽权侔人主。

平帝即位四年,已经13岁,王莽把自己的女儿纳为皇后,以增加自己的权力。王莽又使人奏请太后:"王莽功劳空前,应该有九命上公之尊,九赐登等之宠。"九命,即赐车马、衣服、乐悬、朱户、纳陛、武贲、铁钺、弓矢、秬鬯等。这些车马、衣服在等级上仅次于皇帝,高于朝中百官。王莽还为自己起府第、建宗庙,权势炙人。

公元前34年,孝平帝死。王莽又立一个二岁的孺子婴为帝,说是经占卜,其相最吉。王莽其实贪其权力。

王莽手中大权在握，然而对于四辅三公之职，并不满意，他在觊觎着最高的至尊之位。他让人在井中投一上圆下方的白石，上有丹书，曰："先安汉公莽为皇帝。"然后再让人打井时得到，上奏太后，要求摄政。王政君此时倒是很清醒，她说："这简直是欺罔天下，不可施行！"王莽让王舜又请求太后说："事已至此，阻止也阻不住，而且王莽也不敢有其他动机，只是想居摄以重其权。"王舜是太后平素喜爱的侄子，于是太后只好说："就这样吧"。下诏令："由安汉公王莽居摄行皇帝之事，如同西周时期的周公一样摄政。"

王莽摄政后，还不满意，又让群臣奏太后："臣等请安汉公居摄践祚，应穿天子的衣服和冠冕，也应坐于朝廷之上，南而接受群臣的朝拜，以听政事，出入应乘天子之辇。民臣上疏要自称臣妾，一切如天子之制。安汉公应象天子一样，带领群臣，郊祀天地，宗祀明堂宗庙，享祭群神。在祭祀中自称'假皇帝'（即代理皇帝）。群臣称安汉公为'摄皇帝'。安汉公下达的命令亦应称诏书。安汉公只有在朝见太后时才恢复臣节。这样才能奉顺皇天之心，隆治平之化。"

至此，王莽要当皇帝的野心已经朝野皆见。但太皇太后王政君已经年近八十，而小皇帝才2岁多。汉家皇室皆老迈孤弱，已对王莽无能为力。太后无可奈何地诏曰："可"。于是，王莽改年号为"居摄"。

王莽居摄以后，刘氏宗室的安众侯刘崇曾起而反对，说："安汉公专制朝政，必危刘氏，但大家皆敢怒不敢言，此宗室之耻也。我帅宗族为先，以攻王莽。"刘崇帅百余人攻王莽，犹如以卵投石，很快失败。这样又给王莽一个口实，说："刘崇之所以谋逆，以王莽权太轻，应再加重'摄皇帝'之权"，太后只好下诏令，让王莽在朝见太后时也自称"假皇帝"。

太皇太后王政君成为王莽手中的工具。王莽的野心皆以太后的诏令实现。

王莽居摄第二年，东郡太守翟义聚集人马，立刘氏宗室的严乡侯刘信为天子，传檄郡国，以讨王莽。檄文云："汉贼王莽，毒杀平帝，摄天子位，欲绝汉室，今共行天罚，以诛王莽。"天下起而应者十万人。王莽惶恐，吃不下饭，日夜抱孺子婴告祷宗庙。王莽费很大力气，派大军前去镇压，经过3个月之久，才把翟义镇压下去。

王莽镇压了翟义以后，大喜。他不仅不从刘崇和翟义起兵中得到教训，知天下并不服王莽，而是认为天下已经稳定，就上书太后说："齐郡临淄县昌兴亭长辛当做一个梦，有一人对他说：'我乃天公之使臣，今应使摄皇帝当为其'。"太后只好下诏令，令后王莽不再用"摄皇帝"下令，而直接自称皇帝。

梓潼（今四川梓潼县）人哀章，见王莽篡汉，时机成熟，为了讨好王莽，自做铜印两枚。一枚铜印上有字："赤帝刘邦传玺予黄帝金策书"；另一枚铜印是"天帝行玺金匮图"，上面还有王莽八大臣的图像。哀章把这两枚铜印丢在井下，令人打井，得之。哀章亲自献给王莽，王莽封以官爵。

王莽得到铜印后，于是改正朔，易服色，即天子位，改国号为"新"。王莽代汉后，才去告诉太皇太后。王政君虽不同意，但也无力挽回，听任王莽。王莽又逼太后交出传国玉玺。王莽彻底篡汉。

王莽践天子位，封其妻王氏为皇后，其子王临为太子，把孺子婴封为安定公。王莽又把原来西汉皇室所封的诸侯王全部改封为"公"。王莽就这样一步步篡夺了汉家江山，成为皇帝。

王莽取得汉朝，自立为帝，首先引起太皇太后王政君的不满。当王莽向太后索要传国玉玺时，太后大惊，骂道："王氏父子兄弟世代受朝廷重恩，富贵累世，而乘皇帝幼孤，乘机取人江山，不顾恩义，猪狗不如！你们为什么要汉朝的亡国玉玺呢？何

277

不再做一个,我是汉家一老妇,至死也不会承认你王莽的!王家兄弟迟早会被灭族的!"太后愈说愈气,将传国玉玺狠狠摔在地下。

原来跟随王莽的一些大臣,如甄丰、刘歆、王舜等,只不过想让王莽权重一些,自己也从中捞些利益,如今看见王莽"假皇帝"变成真皇帝,他们好像看见王莽早晚有被诛伐的一天,于是不敢继续支持王莽,便故意疏远皇帝,想激流而退。但王莽不能满意,派兵追捕了逃在华山之中的王寻,甄丰自杀。王莽篡汉引起了他亲信的一次大分裂。

王莽即位为帝后,为了表现自己至高无上的皇权,增苛刻刑法,百姓动辄得咎,因犯法而被罚徙边做苦役的成千上万。当时汉朝百姓皆使用五铢钱,王莽改铸大钱。规定:如果有再用五铢钱者,敢有买卖田宅者,投诸四裔。结果商贾失业,食货俱废,犯罪不可胜数。

为了表现皇帝的威风,王莽把"匈奴单于",改为"降奴单于";把"高勾丽"改为"下勾丽",从而引起边衅不止。

王莽把自己打扮成中国古代黄帝、尧、舜一样的帝王君主。其官吏的设置、祭祀的规模皆依《周礼》。按照《周礼》记载,皇帝每年要行四巡狩:东、南、西、北四巡。每次巡狩都要征发徭役、赋税,耗费民力,使百姓不堪重负。其实《周礼》是战国知识分子为了树君主的绝对权威而编写的一种理想化的模式。王莽在国家制度方面处处模仿《周礼》,是一种生搬硬套,完全脱离西汉社会现实的作法。

王莽又大兴土木,修建黄帝、尧、舜、大禹等九个帝王庙。庙宇饰以金银,雕以花纹,奢侈豪华,穷极百工之巧,功费数百万之巨。结果役徒死者数千万,农时荒废,灾荒连年,流民四起,如暴风雨般的农民起义席卷全国。

当农民起义的接天巨浪动摇着王莽统治的基石时,王莽还在征选天下美女以充其后宫。他聚敛的黄金近百柜,每柜万斤,金银珠宝钱帛无数。当起义者逼近京都时,王莽舍不得出黄金以募死士来保护他,仅对守卫宫廷的"九虎士人",每人赏赐四千钱。众人皆无斗志,一战而溃。王莽在黄金堆中被肢解。

王莽以假的谦恭礼让博得了叔父王凤,太后王政君以及朝臣的拥戴,从而获得国家执政的显贵地位,成为一人之下,万人之上的宰辅。而当他权力不断膨胀时,其野心和贪欲也在增长。他冒天下之大不韪,以外戚夺得政权。王莽脱离了"仁"的"智",将他引向地狱。

六 贪得无厌走向灭亡的和珅

清朝乾隆时期的和珅,是历史上有名的贪官。然而纵观和珅的历史,他并不蠢笨,而是一个非常"聪明"的人。在他奉迎乾隆皇帝向上攀升之时,也可以说是一个"智"者。然而,当他用自己的"聪明"和谄媚取得皇帝的信任而受宠时,便开始利用手中的权力,贪得无厌,攫取国家财富,满足他的贪欲。而他最终受到历史的审判,走向灭亡。

和珅,姓钮祜禄氏,满洲正黄旗人。和珅少年时非常贫苦,刻苦用功,承袭其父亲的三等轻车都尉,这是替皇帝管理车子的小官职。后来,被授予三等侍卫,即守候在宫门之外的侍卫兵。有一次,和珅在乾清门值班。和珅身材魁梧,相貌英俊,值班时站得笔直,手持武器,犹如威武的天神。刚好乾隆皇帝打此经过,见和珅如此,非常喜爱,于是提拔和珅为御前侍卫,兼副都统。就这样,和珅成为皇帝的侍卫官。从此,和珅平步青云,扶摇直上。和珅善于巴结逢迎,深得皇帝的欢心。次年,和珅被授予户部侍郎,并任命为军机大臣、兼内务府大臣的显要官职,接着,和珅又成为步军统领,任管理崇文门的税务监督等。

乾隆四十五年（公元 1780 年），皇帝派和珅为钦差大臣去查办云南总督李侍尧贪污一案。李侍尧很有才气，也是乾隆皇帝的宠臣。和珅到云南后，先把李侍尧的仆人叫来审讯，很快弄清此案，并查清了云南吏治废弛、府州县亏损的情况。和珅精明能干，深得乾隆皇帝的赞赏。当和珅回朝后，又向皇帝汇报云南的盐务、钱法、边境军事等事务；提出建议，皆符合皇帝的想法。于是，乾隆皇帝提拔和珅为户部尚书、议政大臣、御前大臣兼都统；将和孝公主嫁与其子丰绅殷德为妻；又授予和珅侍卫内大臣、充四库全书馆正总裁，兼理藩院尚书等。

和珅善于察言观色，见机行事，故深得乾隆皇帝的信任。和珅又和乾隆皇帝结为亲家，故成为皇帝最宠贵的大臣。

和珅利用乾隆皇帝的宠爱，掌握朝廷财政大权，他不知恩图报，以理国事，反而怙权作威，欺上瞒下，成为一个贪婪受贿，渎职弄权，敲诈勒索的大蠹虫和奸臣。

对于那些不讨好巴结自己的人，和珅看准机会，等乾隆皇帝不高兴时，激怒皇帝，再行谗害；而对于那些向他行贿巴结的人，和珅则为之周旋。各地方官纷纷搜刮百姓，勒索盘剥，以进献和珅。盐政、河政本来都是国家赖以赢利的部门，然而因为和珅的殊求无厌，使得盐政、河政也连年亏空。

外国宾客及各地方官员进贡皇帝，和珅会吞十之六、七。和珅家中珍珠手串二百多，比乾隆皇帝宫廷中的珍珠手串还多好几倍；和珅整块的大宝石多得不计其数，也多于宫廷。和珅利用手中权力，把国库中的黄金、白银盗回家中。和珅家客厅的夹墙中藏黄金二万六千多两，私库中藏黄金六千多两，地窖中埋白银三百多万两。

和珅家中的房屋是清一色楠木结构，其规模式样全部仿照乾隆皇帝宁寿宫建成，所建的花园亭台楼阁，与圆明园中的蓬岛、瑶台相同。和珅在苏州建造的祖坟，仿照皇陵规模，建亨殿、置隧道。当地居民称为和陵。在封建社会中，大臣的府第、坟茔，假如建造得像皇家一样，则视为逾制，有谋反篡位之图，所犯的是不赦之罪，理当杀头。

和珅在通州、苏州等地开银庄42座，当铺75座，古玩铺15个，拥有土地八千余顷。和珅的家产可折白银十亿两。当时清政府的每年收入才七千万两银子。和珅当政二十年，其财产超过国家二十年收入总和的一半以上。

和珅在朝，凡正直敢谏之臣皆被排斥在外，如阿桂、曹锡宝、王杰等。当时太子的太傅朱珪在两广任总督。乾隆皇帝想把朱珪召到朝廷，任为大学士，以议朝政。朱珪直正有谋，聪明干达，和珅害怕乾隆皇帝信任他，重用他，他自己不能再一手遮天，于是密使人偷取了太子在其太傅朱珪生日时所赠贺诗，拿给乾隆皇帝，指责贺诗为"市恩"。皇帝大怒，准备对太子及其太傅一起治罪。太子赖大臣董浩苦谏方免，但把朱珪降为安徽巡抚，永不内召。朱珪差点丢掉了性命。

和珅执政的二十年，正是乾隆皇帝的晚年。乾隆已七、八十岁，进入耄耋之年。这就给和珅贪污私饱、为非作歹、贪赃卖法、私树党羽大开了方便之门。和珅权倾朝野，大臣稍有得罪，就被其诣谗，或被籍设，或被贬斥，所以大臣皆敢怒不敢言，连当时的太子也谦让三分。和珅执政时期，清王朝由盛而衰，日益腐败。

乾隆帝即位六十年时，说："皇祖（指康熙）执政六十一年，朕不敢超过皇祖。"乾隆帝退位，禅位给太子颙琰，他就是嘉庆皇帝。

嘉庆皇帝即位后，和珅赶快跪进皇帝献上玉如意；并向嘉庆皇帝表示，是他和珅在乾隆帝面前说了他的好话，才被立太子，以表示自己的拥戴之功。嘉庆皇帝在做太子时，就素知和珅的为人，并深受其害。但是由于父皇还在，他也不敢轻举妄动，仍然优礼以待和珅，对和珅从不敢直呼其名，而呼之为"相公"，还把和珅晋封为公爵。

嘉庆四年（公元1799年）正月初三，太上皇乾隆帝归西。和珅的靠山崩塌了，积压在朝野群臣以及百姓中的愤恨像火山一样喷发出来，给事中王念孙首劾和珅之罪，嘉庆皇帝以太上皇遗诏传旨速治，马上逮捕了和珅。嘉庆皇帝令人抄没了和珅所有的堆积如山的金银财宝，衣服财帛，没收了和珅的当铺和钱庄，上疏弹劾者皆把和珅比喻王莽，论其当治大辟杀头之罪。嘉庆碍于父皇的情面，不忍心让和珅弃市，只赐之自尽。从乾隆帝死到和珅被处死，前后共经过16天。

可怜和珅一生怙宠弄智，侵吞国库，敲诈勒索，投机钻营，费尽心血所积居的可达天文数字的家私全部化为乌有。和珅赐死，魂魄悠悠，贪婪的灵魂可曾有所醒悟?!和珅的一生给世人的启示是背离仁义道德的"智"，不能算智，这只能给自己带来灭亡。孔子在《论语·里仁》中说："富与贵，是人之所欲也；不以其道得之，不处也。贫与贱，是人之所恶也，不以其道得之，不去也。"儒家学说，要人们正直、廉洁、勤劳地做人，取得富贵，而以不仁贪婪取得富贵和财物，是肮脏的，迟早难逃法网。

第十三章 近代的"智"观念

一 西方文化的传入对中国思想界的震动

智是人们与大自然的斗争中发展起来的。中华五千年的文明和灿烂的文化是古代中国人民勤劳、勇敢、智慧的结晶。中国人民为世界文化的发展作出了世人瞩目的贡献。

中国古代的"智"观念表现出民本主义的光辉。如孟子所说:"不仁,是不智也。不仁不智。"儒家把仁与智相联系,认为"智"必须在"仁"的约束下才有积极的意义。这是古代中国人民对"智"的正确理解,也是中国古代的"智"观念。

然而,秦汉以后,中国大一统的封建专制帝国形成。封建帝王视天下为私有,他们所有的活动、政策都是围绕着如何维护自己的江山而进行的。封建国家的各级贵族、大臣官员为了保住他们的既得利益,其实他们也是附在这个巨大的国家政权集团的受益者,于是中国知识分子殚精竭虑地为巩固帝王的专制权力而出谋划策,贡献自己的才能。"学得文武艺,货与帝王家。"中国知识分子的一切活动都是为帝王们一家一户的江山服务。这极大地限制了中国知识分子的聪明才智。

清兵入关后,为了镇压汉族人民的反抗,实行文化专制的高压政策。绝大多数知识分子畏祸不敢议论时政,把精力转向古代典章的文字训诂考据上。清朝政府闭关锁国,自认为天朝上国。为了巩固自己的统治,他们仍然采取以儒学治国的政策,把人们束缚在纲常名教之下,并以此钳制人们的思想。而他们对外面的世界根本不了解。总之,鸦片战争之前的中国,思想界是一片万马齐喑的沉寂局面。

在这种万马齐喑的局面下,世界中心意识还占据着我们民族的头脑。所以,我国不可能对自己有清醒的认识。在对待传统文化问题上,中国人有一种中心感觉,以为自己是世界的中心。在利马窦给明朝皇帝献出世界地图之前,我国当时还不知道地球有东半球和西半球,认为世界只是一个中国和它周围的一些弹丸小国。直到清末,一些朝廷皇臣对世界还一无所知。鲁迅在《在现代中国的孔夫子》一文中,讽刺当时的一些官僚说:"这些千篇一律的儒者们,倘是四方的大地,那是很知道的,但一到圆形的地球,却什么也不知道,于是和《四书》上并无记载的法兰西和英吉利打仗而失败了"(《鲁迅全集》第 6 卷,第 314 页,人民文学出版社 1981 年版)。由于长期的闭关锁国,绝大多数中国人并不了解世界,所以,急需以近代的社会科学知识和自然科学知识开启民智。

在鸦片战争中,英国侵略者用鸦片和大炮轰开了清王朝紧闭的国门,随之而来的是西方列强对中国一次次武装入侵和一个个不平等条约的签订,中国门户洞开。这些文明程度(包括物质文明和精神文明)高于中华民族的异族,在侵略中国的过程中,同时也带来了一种陌生的新文明——西方资本主义文明。于是,西方文化夹杂着商品、鸦片和坚船利炮一同传入中国。

鸦片战争的失败和西方文化的传入,惊醒了一部分官僚和知识分子。他们开始睁眼看世界。一个巨大的西方政治、经济、文化参照系统开始若明若暗地展现在他们眼前。获得这个参照系统,也就等于具备了自我参照的时代镜子,获得了自我参照的文化条件。具备了这个条件,中华民族就在新的层面上开始认识自己,中国思想界先进的知识分子在震动之余,开始了对前辈文化的审视和向西方文化的学习。首先,先进的知识分子开始认识到中国不是一个强国,自己也不是位居世界中心的"中央大国"(发现自己不是强国,这是中国近代思想史的第一大发现)。这时候,中国知识分子才意识到应当摈弃世界中心意识,应当对自己民族的弱点进行反省,应当正视自己已经落后,应当改造自身,自强自救,以免被世界所淘汰。于是,便有了林则徐的"睁眼看世界",第一个意识到坚船利炮的威力;有了魏源提出的"师夷长技以制夷"的思想;有了洋务派"中学为体,西学为用"的主张,并以实际行动学习西方的科学技术、坚船利炮的洋务运动。这样,中国思想界在震动中,民族意识随着民族自尊心受到严重挫折反而高扬起来。

其次,随着甲午战争的失败,西方文化的进一步传播,民族危机的加深,在中国人民中引起了巨大的震动,特别是在思想界,在当时进步的知识分子心中,更引起了极大的悲愤和忧思。《马关条约》签订后,康有为便直言不讳地说自己"目击国耻,忧思愤盈",甚至感到自己"有靦面目,安能与共此大宇"。于是,康、梁等人开始意识到中国政治制度的落后,鼓动、发起了1300余举子上折,反对签约求和的公车上书,呼吁光绪帝"下诏鼓天下之气,迁都定天下之本,练兵强天下之势,变法成天下之治"。不久,在全国范围内轰轰烈烈的维新变法运动,要求实行君主立宪,变革君主专制制度。维新运动虽然淹没在血泊之中,但维新志士的鲜血惊醒了更多先进的中国人,召唤着辛亥革命的到来。

最后,战争的屡败和西方文化传入的不断深入,在中国思想界的震撼愈来愈大,先进的中国知识分子不仅意识到了中国科学技术、政治制度的落后,而且认识到文化观念和思维方式的落后。于是,先进的中国人开始正视和承受中国文化落后的现实,勇敢地面对自己曾经陶醉过的文化建筑,痛苦地对前辈文化进行一次全面的自我审视，以谋求超越自我，以争取自己的祖国以崭新强大的姿态自立于世界之林。

鸦片战争前，中国与世界各国的文化关系，主要是中国文化对其他国家的影响，唯一重要的事件是佛教的传入。但中国文化对佛教文化是以和平的方式加以接受的，又以自己强大的文化传统把它同化了，或者说中国化了。因此，佛教虽然在中国流行，甚至形成很大的文化势力，但中国传统文化的优势地位并未改变，更确切地说，中国仍保持着文化优势。即传统文化仍是中国的主导文化，中国人对于本位文化的优越感毫不动摇。但是，鸦片战争之后，包括枪炮战舰在内的西方文化，却给中国文化带来巨大冲击。这是佛教文化无法比拟的。中国不可能再以和平的方式和欣然的情感接受西方文化，而且，西方文化涌入中国后，中国本位文化已不可能将其同化，这种文化上的被动状况，加上政治、经济方面的失败，便产生了文化心理的巨大倾斜。这样，中国文化便发生了一次深重的危机。中华民族的自卑感和落后感产生了。为了使民族文化心理获得平衡，为重新寻找本位文化在世界文化格局中的主导位置，中国知识分子从自己的民族利益出发，进行了一次历史性的反省。这是具有重大变革意义的反省。

尽管近代中国文化心理发生了巨大变化，唯我独尊的意识和盲目的优越感瓦解了，尽管先进的中国知识分子面对传统文化的弱点进行了历史性的反思，但是，反思的开始阶段（直到康、梁等人的反思），仍然是顺向性的反思，即仍然企图在自身的文化体系中克服缺点，以谋求传统文化体系在现代世界环境中的自我完善。五四新文化思潮是更深刻、更彻底的革命思潮，它完成了中国近代思想史上的第二个重大发现，他们认为，要把国家推向现代化，除了必须改变国家的政治制度，还必须改变人的精神素质，疗治和重新塑造人的灵魂，五四新文化运动的反省，超过了任何时期，五四新文化运动对当时人的震动和启蒙，也超过了以前任何一次启蒙运动。

在新文化运动中,陈独秀、李大钊、鲁迅、胡适等通过对辛亥革命以来的经验教训进行总结,认为思想革命不彻底,广大人民普遍缺乏民主主义觉悟,中国文化的落后是造成民主共和徒具虚名的主要原因。于是,他们在思想文化领域展开了对封建旧思想、旧文化的一场大激战。其中,鲁迅对封建旧思想、旧文化的揭露最具代表性。

鲁迅用他那锋利之笔,揭露了封建宗法制度的虚伪、凶暴、丑恶等吃人的本质,揭露了封建文化观念吞食中国国民灵魂的罪恶,而且以其他文化先驱者难以企及的深度,揭露了封建文化在中国人心灵中造成的巨大创伤,把被封建文化体系所扭曲的变态的悲惨灵魂展现在世人面前,让人们观看。他希望中国人看了之后,能够惊醒、觉悟,正视自己的落后面与黑暗面,不再那么麻木、不争。于是,他发现了阿Q,他所展示的阿Q的灵魂正是一个需要治疗、需要更新的悲惨而丑陋的灵魂。他告诉人们,祖国的自强、自立,走向现代化的起点,是抛弃阿Q式的灵魂,改造形成阿Q灵魂的文化——封建的和小生产的落后的文化,然后在一个崭新的环境中获得民族生命的更新。

正是这样,五四运动的文化先驱者都以空前激烈的思想和情感攻击封建文化的人格代表孔子,他们以一种彻底的逆向思维方法对他所代表的文化观念展开批判。陈独秀在《宪法与孔教》一文中指出:"伦理问题不解决,则政治学术皆枝叶问题,纵一时舍旧谋新,而根本思想未尝变更",即使政治上偶然胜利了,终必蹈失败之覆辙,一语道破了道德革命的迫切性。对封建旧道德的揭露,鲁迅的作品可谓入木三分。他在著名的《狂人日记》中总结了两千多年的历史,深痛、愤怒、深刻地写道:"我翻开历史一查,这历史没有年代,歪歪斜斜的每页上都写着'仁义道德'几个字。我横竖睡不着,仔细看了半夜,才从字缝里看出字来,满本都写着两个字'吃人'!"与此同时,激进民主主义者还提出了"打倒孔家店"和文学革命的口号,对封建伦理纲常乃至语言文字展开猛烈抨击和改造。所以,与辛亥革命时期对旧道德的批判,新文化运动显得更为全面、彻底和系统。

总之,西方文化的传入,在中国思想界引起了强烈的震动,先进的中国人在震动之余,对中西文化进行了理性的思考和认真的审视,最终使他们认识到中国欲独立富强,必须抛弃旧道德、旧思想、旧文化,建立新道德、新思想、新文化。于是,他们开始了对中国传统思想文化的批判和对西方文化传播的漫长历程。他们的宣传和行动,为中国民智的开发和中国人民反侵略战争的胜利创造了条件。

二 近代为开发民智所进行的改革

中国步入近代的大门之前,在历代思想家看来,中国先哲圣贤制造的道德规范是神圣不可侵犯的,人们只有义务尽其毕生的精力领悟它,就范它,而没有权利去怀疑它,改变它。在他们看来,一切错误都是违背"古训"的结果,一切社会弊病都出自"人心不古",而古训是没有错误的。所以,每次社会动荡之后,他们总结经验教训,又总是把动荡原因归结为违背古训,结果愈是反省,原来的一套价值模式、道德规范反而愈加巩固。久而久之,便成了神圣不可变易的教条,这些教条既禁锢了国民的智慧,也窒息了民族的生机,从而导致了整个民族性的退化。另外,中国人民受教育水平极低,90%以上是目不识丁的文盲,也是国民素质低下的重要原因。由于民智的低下,中国逐步落后于世界。当中国磕磕碰碰地步入近代的大门,先进的中国人探索富国强兵的过程中,已意识到民智开发的重要。他们在探索开发民智的变革中,首先意识到开发民智的前提,在于解除套在国民头上的封建伦理思想的桎梏,即开民智,首在新民德。其次是发展近代教育,充实国民之知识文化。严复认为鼓民力、开民智、新民智三者,为自强之本(《严复集》第一册,第27页,中华书局1986年版)。梁启超指出,开发民智之关键在培养"新民"的独立品格,他说:"凡一国之强弱兴废,全系乎国民之智识与能力;而智识能力之进退增减,全系乎国民之思想;思想之高下通塞,全系乎国民这习惯与所信仰"(《饮冰室合集》文集第二册,之三,第55页)。鲁迅在《摩罗诗力说》、《科学史教篇》、《文化偏至论》等早期论文中,也认为富国之基,在于立人,立人根本,在于人的精神的培养。

此外,关于如何开发民智及民智开发到何种程度,智民之师张元济的论述也颇有参考价值:"今中国民智过卑,无论如何措施,终难骤臻上理。国民教育之旨,即是尽人皆学。所学亦无须高深,但求能知处今世界所不可不知之事,便可立于地球之上,否则未有不为人奴,不就消灭者也。今日世运已由力争而进于智争。力争之世,不必开民智,取其用力而已足也。智争之世,则不得不集全国之人之智以为智,而后其智始充。中国号称四万万人者,其受教育者不过40万人,是才得千分之一耳。且此40万人者,亦不过能背诵四书五经,能写几句八股八韵而已,于今世界所应知之事茫然无所知也。……今设学堂者,动曰造就人才。无济则以为此尚非要。要者在使人能稍稍明白耳。人果明白,令充兵役则知为求独立也;令纳租、税,则知为谋公益也,则无不欣然乐从矣。盖如是而后善政,乃可行也"①。这里的一处统计数字是否精当,暂且勿论,张元济开民智的论述已相当透彻。一是民智开发不是培养专门人才,而是普及教育,让人们懂得应该懂得的道

---

① 转引自张人凤《智民之师——张元济》,山东画报出版社2001年版,第39页。

理，如张所举为何当兵，为何纳税。二是所学内容不应全是四书五经，而应是自然科学知识及一般科学道理。为实现上述所言开发民智的梦想，先进的中国人孜孜以求，作出了不懈的努力。

(一) 鸦片战争后先进中国人对开发民智的认识

鸦片战争正式揭开了中国近代史的帷幕。有着"十全武功"的大清帝国竟然屈膝于"么尔小夷"的英国，这在当时不能不算大事。战争的教训刺激着清醒的爱国者去考虑御敌之道。于是林则徐、魏源等在学习西方的先进技术，提出"师夷长技以制夷"之主张的同时，开始了开发民智的探索。林则徐在编译《四国志》时，向国人介绍了西方近代议会制度，认为议会民主制度是开发民智的重要手段。魏源在《海国图志》百卷本里，则将这种启迪民智的近代中国开先河之举，予以发扬光大。他用钦羡的口吻写道："公举一大酋总摄之，匪唯不世及，且不四载即受代，一变古今官家之局，而人心翕然，可不谓公乎！议事听讼，选官奉贤，皆自下始，众可可之，众否否之，众好好之，众恶恶之，三占从二，余独徇同，即在下预议之人，亦先由公举，可不谓周乎！"①魏源认为民众参加所有国家大事，肯定与否，皆出自民，长期以往，民智自然大开，国家肯定富强。魏源还认为，中国人固有智慧，无所不及，"历算则日月薄食，闰余消息，不爽秒毫；仪器则钟表晷刻，不亚西土；至罗针壶漏，则创自中国，而后西行"（同上，第375页）。所以，西方先进技术，对勤劳智慧的中国人来说，只要尽力学习，定能在不久的将来，"风气日开，智慧日出，方见东海之民优西海之民"（同上）。魏源明确指出，学习西方是开民智的主要方法。

洋务派承启林、魏等人的思想传统，在不遗余力地实践"师

---

① 转引自屈小强《林则徐传》，四川人民出版社1995年版，第376页。

夷长技"的同时，一些洋务派思想家如郑观应、冯桂芬、马建忠等开始意识到开发民智的重要性。郑观应在《盛世危言·自序》中说，一个国家的"治乱之源，富强之本，不尽在船坚炮利，而在议院上下同心，教养得法；兴学校，广书院，重技艺，别考课，使人尽其才；讲农学，利水道，化瘠土为良，使地尽其利；造铁路，设电线，薄税敛，保商务，使物畅其流。……育才于学校，论政于议院，君民一体，上下同心……此其体也；轮船、火炮、洋枪、水雷、铁路、电线，此其用也"。在《学校》一文中说："学校者，造就人才之地，治天下之大本也"。① 郑观应把"育才于学校"，开发民智看作富国强兵的根本，既是对中国科举制度的否定，对西方科学文化的认可，也是对开发民智的高度重视。

在洋务运动的过程中，为使国家早日富强，郑观应适时提出了开发民智的措施。

1. 仿德国小学堂章程，在中国遍设小学堂。为了普及教育，开发民智，郑观应主张国家筹款与个人捐款相结合，在各县遍设小学堂。而小学堂的建立宜仿德国小学堂章程进行。首先"教分七班，每年历一班"。即分七年把小学课程学完。其次是"学分十课"，除中国的经学外，中国的古典文化、中外历史、地理、数学、物理、美术、生物、体育等皆为所学的主要内容。（郑观应《学校》（下），丁守和编《中国近代启蒙思潮》（上），第96页）通过教育，把年轻的一代培养为懂礼貌，讲仁爱，通中西文化及自然科学知识的新人，郑观应的此项主张与张元济所提开民智的设想有颇多相似之处，成为中国人开发民智的先声。

2. 加强师范院校建设，培养社会上急需的师资。有无近代化的师资队伍，是能否普及教育、开发民智的关键。郑观应认为

---

① 郑观应《学校》（上），丁守和《中国近代启蒙思潮》（上），社会科学文献出版社1999年版，第93页。

中国之所以"师道日衰,教术日坏",主要是没有大批的师范学校培养的博古通今、学贯中西的人才。有的只是"迂儒老生,终身从事于章句之学,帖括之艺"的腐儒。欲使中国教育普及,民智得到开发,首要任务是大力发展师范教育,培养育人的人才(《学校》(下),《中国近代启蒙思潮》(上),第94—95页)。

3. 参酌中外成法,建立大、中、小学教育体系。国家振兴,依靠人才,人才培养,依靠教育。郑观应认为在教育普及的同时,必须建立完善的大、中、小学教育体系,以为国家培养不同学科的专门人才。建校之资,一方面由中央"通饬疆吏督同地方绅商就地筹款",另一方面号召各地富商巨贾"慨捐巨资",并对捐资建学者给予奖励。"务使各州、县遍设小学、中学,各省设高等大学",建立完善的大、中、小学体系。为国家培养出通晓中西文明、掌握理、工、矿、医等专门知识的有用之才(《学校》(上),《中国近代启蒙思潮》(上),第93—94页)。

除郑观应外,冯桂芬、王韬、薛福成等洋务派思想家也都对民智开发进行了论述。洋务派思想家开发民智的思想和主张,虽有论述不够全面、理解不够深刻、措施不够周全等缺点,但他们开发民智的主张和呼吁,在中国近代民智开发的历史上起到了筚路开山的作用,召唤着维新志士民智开发运动的到来。

(二) 维新派开发民智的主张与实践

洋务派思想家开发民智的论述及其洋务运动的失败,使维新派更进一步地意识到民智未开是阻碍民族独立、国家富强的重要原因。为此,他们为开发民智进行了不懈的努力。维新派提出开发民智、培养新民的主要措施如下:

1. 确立新的道德观念和价值标准,通过教育,使国民养成良好的公民道德。维新派认为国民道德应分为公德和私德两个方面,梁启超写道:"人人独善其身者谓之私德,人人相善其群者谓之公德",二者缺一不可。实际上,私德是指个人的修养,而公德则是个人与群体、社会、国家之间的关系,一个人所做之事只有对他人、社会、国家有利,才符合公德的标准。梁启超认为公德、私德并没有明显的界限,"公德者,私德之推也"。梁启超一再提倡公德,主张以公德为准绳,培养关心国家、民族,关爱他人的新民。他指出:"公德者,诸德之源也,有益于群者为善,无益于群者为恶。公德之大目的,既在利群",可见,梁启超认为公德当以利群作为准绳。这里的"群"可以是家族、朋友一类的"小群",更是民族、国家一类的"大群",群体观念是公德的前提。梁启超把国民是否具有公德当作新民的标准,抓住了中国人的一盘散沙、缺乏公德的特点,指出以合群为价值的准绳,培养国民的良好公德,以利民智的开发,具有很强的时代性和民族性,为民智的开发找到了一条必由之路。

2. 改革科举,开设学堂,提高国民的知识水平。严复认为民智是国家富强的根本。但如何开发民智,他认为首先应废除八股取士和宋学、汉学等无用之学。严复指出,汉学和宋学是禁锢人民智慧的精神枷锁,必须予以否定。他揭露说,那些汉学家们,"此追秦汉,彼尚八家",终日搞什么"东汉石刻,北齐写经",然而"一言以蔽之,曰,无用"。那些宋学家们"侈陈礼条,广说性理",终日"褒衣大袖,尧行舜趋",然而"一言以蔽之,曰,无实"。他主张汉学也好,宋学也罢,这些无用、无实的东西都应"束之高阁",予以摒弃(《救亡决论》,见丁守和《中国近代启蒙思潮》(上),第79页)。至于八股,更是有百害而无一利,严复指出八股有三大害:一曰锢智慧;二曰坏心术;三曰滋游手。八股取士只会使天下读书人消磨岁月于无用之地,堕坏志节于冥昧之中,长人虚弱,昏人神智,上不足以辅国家,下不足以资事畜。故必废之方可把读书人解救出来,使其成为真正的智者。

严复认为"欲开民智,非讲西学不可"(严复《原强》,丁守和《中国近代启蒙思潮》（上））。即学习西方自然科学和社会科学知识，培养社会有用人才。而欲讲西学，首在建学校。学校立，课程当以自然科学为主，并应大力提倡和普及之。学校的建立，既可招收大量学生，又可让学生学到有用的知识，如此，民智焉有不开，国家焉有不富之理。

如何开发民智？梁启超提出两项措施："一曰朝廷大变科举，一曰州县遍设学堂。"他宣称："斯二者行"，就能"顷刻全变"了（《论湖南应办之事》，丁守和《中国近代启蒙思潮》（上），第215—216页）。梁启超认为变科举，兴学校，就能培养有思想、有知识、懂技术的有用人才，使"愚民"变为"智民"，使无用之人变成有用之人。康有为在公车上书时，提出"教民"之法，就是设立新式书院，学习科技知识，广译西书，普及教育。再次把开发民智当作变法图强的前提。

在维新派的大力推动下，1898年6月11日至9月21日的"百日维新"，光绪帝对中国的文化教育进行了大刀阔斧的变改：改革科举制度，废除八股文，改试策论；开设经济特科；提倡西学，改各地的旧式书院为新式学堂或专门学堂；北京设立京师大学堂，地方设立高等和中、小学堂；上海设编译学堂，培养翻译人才，翻译外国新书；允许自由创立报馆、学会；各省选派留学生出国留学；奖励科学著作和发明等。

维新派在推动光绪帝变法维新，颁布废科举、设学堂诏书的同时，也在地方进行了建立学校、开发民智的尝试。康有为在广州建万木草堂，培养维新人才，开了维新派办新式教育之先河。梁启超自拜康有为为师后，即决然舍弃八股旧学，退书学海堂。梁说，生平知有学问，从此开始，"一生学问之得力，皆在此年"。就连少年中举，在当地颇有名气的梁启超都说出一生学问，"皆在此年"的话，可见新式教育对开发民智的巨大作用。1897年，梁启超任教于湖南时务学堂，"采西人政治学院之意"，为时务学堂制订新的教学方针，提出培养人才和改进学习方法的具体措施，在课堂上对学生大肆鼓吹维新变法理论和反对封建专制，提倡民主政治的思想。在梁启超的努力下，时务学堂成为我国近代第一所以宣传改革、民主、民权为中心内容的学校，培养出来的学生如蔡锷、秦力山、林锡圭、范源濂等日后成为著名的改革家。时务学堂的学生回到家乡或奔赴全国各地，成为传播民主思想、开发民智的种子，对中国的民智开发起到了一定的促进作用。

3. 提高国民的民权意识，培养有参政议政能力的国民。梁启超认为，"新民"即民智已开之民，必须是有近代权利、义务思想的国民。如何加强国民权利思想，梁启超提出了以下几条措施：(1) 批判中国的仁义道德及存天理、灭人欲的思想，扫除国民心理积淀之奴性。(2) 制定法律，给国民权利以法律保障。梁启超认为权利需要法律的保障，"故有权利思想者"，必以争立法权为第一要义。"强于权利思想之国民，其法律必屡屡变更，而日进于善。"统治者总是固守维护其自身权利的法律，不会自动给人民权利。所以，近代维护国民权利的法律无不"自血风肉雨中熏浴而来"。这种看法是深刻而切合中国国情的。(3) 培养国民关心国家的意识。中国人向以私德为重，对国家兴衰关心不够，认为那是"肉食者"所为。梁启超认为国民不仅要有纳租税、服兵役之意识，而且还要有参政、议政、关心国事民瘼的思想。通过教育，铸就国民的爱国思想。

4. 养成国民自由之德性和自尊之品格。中国人在封建专制的压制下，三纲五常封建伦理道德的桎梏下，总认为"自由"为统治者的"恩赐"，一切有君上、官僚作主，见君主山呼万岁，见高官下跪喊老爷，奴性十足，自尊不够，严重影响了民智的开发。针对这种情况，梁启超认为欲救治中国国民精神，开发国民之民智，必须大力提倡自由。在中国国情的约束下，梁启超引导人们追求的自由目标更为集中。他认为中国等级制度、宗教问题都不突出，又没有殖民地，所以最急迫的还是公民参政和民主建国问题。所以，他阐释的自由不像西方那样凸显个人主义特征，而是强调集体主义性质。显然，他主张的自由思想已经中国化了。他认为如欲求真自由者，必须做到以下几点："勿为古人之奴隶"，对久受推崇的儒经不能深信不疑；"勿为世俗之奴隶"，一犬吠影，百犬吠声的事情是很可悲的；"勿为境遇之奴隶"，要破除天命思想，与天争胜；"勿为情欲之奴隶"，要发扬传统圣贤励志克己的精神。梁氏培养自由之人的观点，与西方自由主义有一定距离，是改造了的中国式的自由观，但即便如此，按照梁启超自由观培养出来的自由之人，也是符合近代"新民"标准的有近代民主意识的国民，是一个民智已开的国民。

　　自尊是近代国民不可或缺的品格，这恰恰是中国国民性所缺少的。梁启超指出，国家由人民组成。国民不能自尊，则不能自尊其国，民智亦不能开发。一国不能自尊，不能立足于世界。如何养成国民的自尊人格？他认为必须做到以下几点："凡自尊者必自爱"，不能妄自菲薄；"凡自尊者必自立"，不能凡事依赖他人。这就必须做到经济上自劳自活，学问上自修自进，尽可能发挥自己的潜能；"凡自尊者必自牧"，懂得尊重别人，接人待物，具有温良恭俭让的品德；"凡自尊者必自任"，具有拯救国家、民族的社会责任感。梁启超培养国民自尊品格的思想，不同于顽固派的狂妄自大，内部却渗透了中华民族优良传统美德和西方的哲学思想。国民自尊品格的培养，是开发民智的基础。

　　此外，梁启超等人还提出了培养国民自治能力，进取、冒险精神和坚韧不拔毅力的主张。如果说维新派废科举、办学校，学习西方科学文化知识是从知识结构上开发民智的话，那么，培养国民的自由、平等、进取、冒险、竞争、毅力、自尊、自治、自信、权利、义务、进步、爱国等高尚德性和品格，则是从思想意识上塑造"新民"。因为把国民培养成具有高尚德性的人,是使他们具有智慧的前提条件,否则他们只能在封建统治的奴役下生活,根本谈不上民智的开发。维新派开发民智的主张和实践,对民智的开发起到了巨大的积极作用。毛泽东等人嗜读《新民丛报》,后曾组织新民学会,新民说对他影响颇大。胡适认为《新民说》等文章是使人"感激奋发的文章",为他的思想"开辟了一个新世界"(胡适《四十年自述》,载《胡适散文》,第4集,第360—362页,中国广播电视出版社1992年版)。鲁迅虽对梁启超有不少批评,但梁启超强调国民性问题对其具有明显影响(全宏达《鲁迅文化思想探索》,第136页,北京师范大学出版社1986年版)。陈独秀在《青年杂志》创刊号上发表的《敬告青年》一文,亦明显留有梁启超思想的印迹。以上诸人,在维新派新民思想的影响下,无不是近代历史上叱咤风云、大智大勇的人物。可见,维新派开发民智的主张和实践,是培养新民、开发民智的良好教材。

(三)革命党人为开发民智的努力

维新变法的失败,谭嗣同等人的鲜血,尤其是唐才常所领导的自立军的惨遭屠戮,使先进的中国人更加清醒地认识到清王朝已不足恃,用改良的循序渐进的方法开发民智已不可能,于是,革命党人抛弃了以变革启迪民智的方法,举起革命的大旗,决定以革命的方法实现民智的开发。

邹容是主张以革命手段开发民智的急先锋。他的《革命军》有如一声春雷,以震耳欲聋的气势,响彻千年专制古国的上空。他明确宣告:"革命者,国民之天职也,其根柢原于国民,因于国民,而非一二人所得而私也。"也就是说国民是革命的根本。如何使国民认识到清王朝的反动,积极参加革命,邹容主张以革命教育的手段来完成。第一,教育国民"当知中国者中国人之中国也"。即树立强烈的民族主义意识，认识到中国人才是中国的主人。凡侵略中国者，吾同胞当不惜生命共逐之。第二，"人人当知平等、自由之大义"。即树立资产阶级民主主义观念，认识到国家是国民的国家，国民是国家的主人，不允许"民贼独夫"以国家"为一家一姓之私产"。为此，必须清除国民脑海中根深蒂固的奴隶思想、忠君观念。"以砥以砺，拔去奴隶之根性，以进为中国之国民"。第三，人人"当有法律政治之观念"。以便在推翻清政府后建立起文明之政权。（以上所有资料皆出自《革命军》，丁守和《中国近代启蒙思潮》（上），第375—387页）

综观邹容的革命教育思想，虽只字未提民智的开发，实际上他道出了民智开发的前提条件，道出了民智未开，以革命开之这一触及开发民智的实质问题。

如果说邹容未明说以革命开发民智的话，那么，章太炎在和康有为争论如何开发民智时，则明确提出了"革命开民智"的观点。他说："人心之智慧，自竞争而后发生，今日之民智，不必恃他事以开之，而但恃革命以开之。"他举中国古今革命斗争史为例说："李自成者，迫于饥寒，揭竿而起，固无革命观念，……然自声势稍增革命之念起。革命之念起而剿兵、救民、赈饥、济困之事兴。……征之今日，义和团初起时，惟言扶清灭洋，而景廷宾之师，则知扫清灭洋矣。"也就是说，中国的民智通过革命实践是能迅速提高的，而且也只有通过革命实践才能迅速提高。章太炎以"革命开民智"的思想，在哲学史上具有重要意义，同时他也道出了只有推翻反动的封建统治，才能开发民智的根本问题。

章太炎以"革命开民智"的思想，孙中山、黄兴、宋教仁等资产阶级革命派用革命的行动得到了证明，辛亥革命的影响，使民主共和的观念深入人心，以后的袁世凯称帝、张勋复辟无不在很短的时间失败,这与民智的开发不无关系。革命固为开发民智的捷径,但占最大多数的底层工农大众民智的开发,仍须持久的宣传教育方法来进行。故此,革命刚刚成功,开发民智便被提上议事日程。从1912年1月1日,孙中山就任中华民国临时大总统到辞去临时大总统的短短91天时间里,孙中山及中华民国政府为开发民智倾注了极大的努力。

1912年3月19日,孙中山曾以急迫的心情,亲自下令教育部,让其通告学校"从速开学",以育人才而培国脉。与此同时,他还亲自提名著名教育家蔡元培任教育总长,并指示教育部制订了一系列教育方面的法规条例,在学校废除了尊孔读经制,以大量的自然科学和社会科学知识代替了以前的四书五经,为民智的开发开创了广阔的前景。但由于孙中山的很快辞职和辛亥革命的失败,孙中山及初建的中华民国政府开发民智的计划和设想未能继续贯彻下去。

1924年1月,国民党"一大"召开,第一次国共合作建立,孙中山及其领导的广东国民政府又为民智的开发倾注了极大的心血。孙中山把发展教育事业列为国内革命事业的"具体目的"之一和开发民智的重要措施。孙中山在一些著述中,经常论及教育和民智开发问题,例如《民生主义有四大纲》、《民国教育家之任务》、《社会主义派别与方法》等文章、讲演,都对教育问题表现出极大关心和重视。

孙中山开发民智的思想主要包括以下几个方面。

1. 大力发展中小学校,注重普及国民教育。民智开发与否,主要看普及程度,如果占人口绝大多数的一般群众90%以上是文盲,那就谈不上民智的开发。孙中山把教育着眼点放在普及国民教育上,抓住了问题的关键。他认为:"惟教育主义,首贵普及,作人之道,尤重蒙童,中小学校急应开办。"他认为,受教育的对象不应当是少数人,而应当是全体国民。只有全体国民而不只是少数人的教育程度提高了,整个民族素质才能提高。整个国家国民的民智才能得到开发,整个民族才能兴旺,整个国家才能富强。旧中国之所以贫弱,教育不普及是一个重要原因。他说:"吾国虽自号文物之邦,男子教育不及十分之六,女子教育不及十分之三,其有志无力者,颇不乏人。其故何在?国家教育不能普及也"(《民生主义有四大纲》,胡汉民编《总理全集》第2集,第140页,上海民智书局1930年版)。

孙中山对"贫贱者"得不到受教育机会非常不满。他说:"圆颅方趾,同为社会之人,生于富贵之家,即能受教育,生于贫贱之家,即不能受教育,此不平之甚也。"(《社会主义派别与方法》,胡汉民《总理全集》第2集,第121页)孙中山这一看法,在一定程度上揭示了不合理教育制度是由不合理的社会制度造成的这个真理。1912年1月,他担任中华民国临时大总统时,指令教育部制订了《普及教育暂行办法》,并且付诸实行。他强调,每一乡村都应建立"蒙学校",相当于小学校,在此普及基础上,逐渐建立中等、高等学校体系。另外,要真正普及教育必须要有一定的教育经费。孙中山对这一点有充分认识,他在任临时政府大总统时,南京政府经费十分拮据,即使在这样的情况下,他还是想方设法"提高教育经费",给学校以经济上的支持。1924年4月,国民党改组后,他在重新解释和宣传新三民主义的讲演中,关于增拨教育经费,确保教育普及更是进一步作了详细描绘:"到了那时候,国家究竟是做一些什么事呢?就是要办教育。国家有了钱,便移作教育经费。……要由国家拨十几万万,专作教育经费。有了这样多的教育经费,中国人便不怕没有书读,做小孩的都可以读书。"为了让儿童都能读书,光是办"平民学校",不收费还不行,"还要那些读书的小孩有饭吃、有衣穿、有屋住",那些穷孩子"如果能够读书",也"可以成圣贤",可以"造就成很好的人才"(《在广东第一女子师范学校校庆纪念会的演讲》,《孙中山选集》,第 895—896 页,人民出版社 1981 年版)。孙中山的这些美好愿望和憧憬,由于他很快离去大总统位置和战乱频仍,虽然都没能实现,但从这里我们可以充分看到孙中山为普及教育、开发民智倾注了许多心血。

2. 改革旧有教育体制,建设新教育体制,培养有真才实学的人才。封建的、半殖民地的教育,培养不出真正有用的人才,也不可能真正实现民智的开发。孙中山对旧教育制度,主张进行彻底的改革。新教育制度主张在德育上实施主义教育,力图通过教育把三民主义灌输到学生的脑海里,使学生养成为国献身之"大志",替众人服务,为社会服务的精神,废除旧学校那些尊孔的教育和经书教育,去人之奴性。在智育方面,他主张改革旧的教育内容,注入西方物质文明和精神文明有关的知识。在他就任中华民国临时大总统期间,临时政府下令取消普通中学文科和实科的分科制,教育部明文反对"忠君"、"尊孔"、"读经"这一套,指示各校把大学的经科合并到文科中去,使经科丧失其传统的重要地位,让学生腾出精力与时间,学习现代科学技术知识,增加理、工、农、医等实用学科的比重,使学生增长真才实学。几千年的封建教育,总是培养所谓"仕子",所学内容尽是陈旧的教条与八股,把所谓的"经"当正统,把科学技术当"淫技奇巧"加以排斥或贬低,孙中山和临时国民政府把这一套颠倒过来,并在破坏的同时注意立新,使中国教育开始了新的阶段,使民智得到了前所未有的开发。

3. 大力开展短期培训教育,注重国民的社会教育,迅速提高国民之民智。孙中山非常注重成人智力的开发,面对旧中国文盲占全体国民人数 90% 左右的局面,而从小学到大学教育又时间漫长这一中国特殊情况,孙中山及其为首的革命政权提出了对成年人实施短期教育和培训的主张。1924 年国民党改组后,孙中山在苏俄和共产党帮助下,创建了黄埔军校。接着在孙中山和广东国民政府支持下,开办了许多短期干部学校、训练班、农民运动讲习所、工人运动讲习所、妇女运动讲习所等。它把已经参加到革命队伍中的一些文化理论水平不高的青年人,吸收到里面来,给以继续学习、深造的机会,这对于提高革命队伍素质,改变干部队伍的智力结构起到了巨大作用。

如果说短期培训教育是针对有识青年的话,那么,国民的社会教育,则是针对所有国民素质的提高而开办,这既是孙中山和国民政府在教育方法上的创建,也有利于民智的普遍开发。孙中山认为:"教育少年之外,当设公共讲堂、书库、夜校,当年长者养育知识之所"(《地方自治开始实行法》,胡汉民编《总理全集》第1集,第863页)。孙中山把受教育对象从适龄学生范围,扩大到一般社会成员(包括女子),甚至"年长者",并主张以政府力量推行之,这反映了他具有一种崭新的"国民教育"思想和"终生教育"思想,反映了他对民智迅速提高的渴望。虽然这一思想由于孙中山1925年的过早逝世没能认真实行,但他为开发民智的努力,至今仍值得我们敬佩。

和梁启超、严复等人一样,孙中山等革命党人在开发民智时,亦十分注重封建旧俗的废除。他在就任临时大总统后,先后下令一律剪除那条作为清王朝象征的辫子;禁止吸食鸦片;主张男女一律平等;废除清朝官场上"大人"、"老爷"的称呼等。以上命令和措施,不仅是去除旧俗,同时也是对封建伦理道德、三纲五常和等级制度的否定。中国国民在辛亥革命党人和国民政府的宣传、教育下,在潜移默化中,逐步树立起新思想、新观念,养成新风俗、新习惯,使中国国民的民智开发向前大大跨出了一步。

(四)新文化运动倡导者为中国国民个性解放进行的不懈战斗

从龚自珍、魏源到康有为、梁启超再到孙中山,他们都为开发民智进行了不懈的努力,但效果并不明显。鲁迅笔下的阿Q、华老栓就是当时大多数中国人思想的写照。因此,改造人的精神素质,重塑国民灵魂的重任就历史地落在了陈独秀、李大钊、胡适、鲁迅等时代知识精英的肩上。于是,他们针对国民思想的不觉悟,在五四新文化运动时期掀起了个性解放思潮,以去掉人的奴性,培养人的个性,为开发民智解决根本问题。

新文化运动的倡导者认为批判封建旧道德、培养承认和尊重独立自主人格的新国民,是开发民智的前提,国家富强的根本。陈独秀说:"举一切伦理、道德、政治、法律、社会之所向往,国家之所祈求,拥护个人自由权利与幸福而已。思想言论之自由,谋个性之发展也,法律之前,个人平等也。个人之自由权利,载诸宪章,国法不得而剥夺之,所谓人权是也,……此纯粹个人主义之大精神也。……欲转善因,是在以个人本位主义易家族本位主义"(陈独秀《东西民族根本思想之差异》,《青年》第1卷4号)。即"以个人本位主义易家族本位主义",是个性解放的根本,民智开发的前提。他认为,中国封建道德的根本弊病就在于它"损坏个人独立自主之人格",让人们"以己属人",变为尊长的奴隶,从而禁锢了人们的智慧,钳制了人民的思想,久而久之,造成国民民智的低下。

基于要培养有独立自主人格的新国民,开发民智,根本在于破除迷信、思想自由这一认识,新文化运动的倡导者对封建伦理道德、封建迷信的实质进行了无情的揭露,展开了猛烈的抨击。陈独秀指出,"儒者三纲之说"乃是中国两千多年封建社会"一切道德"。"君为臣纲,则臣于君为附属品,而无独立自主之人格矣;父为子纲,则子于父为附属品,而无独立自主之人格矣。夫为妻纲,则妻于夫为附属品,而无独立自主之人格矣。率天下之男女,为臣、为子、为妻,而不见有一独立自主之人格者,三纲之说为之也。"(《一九一六年》,《青年杂志》第1卷第6号)

父母子女不必有尊卑观念，而应相互扶助、互相尊重各自人格，"大家都向'人'的道路上迈进"，建立父母子女新型的道德标准。

通过对封建伦理道德的揭露和批判，新文化运动的倡导者得出一个结论，封建时期的旧道德、旧文化等，虽符合过去的传统，但今天看来，却是十足的反人道和非人道的。例如，郭巨埋儿可以解释为孝，张巡杀妾可以解释为忠，女子裹脚可以说顺，寡妇再嫁可以视为淫，把对人的压迫说成尽本分，把对人的残酷剥夺可以说成教化帮助。然而隐藏于背后的却是对人性的贬低，不尊重，对个人权利的剥夺，对独立人格的戕贼，对人民智慧的抹杀，对国民性灵的泯灭。道德君子们干着惨无人道的行为时，很可能觉得他们自己就是道德的，一面残害生灵还一面以为自己为民族做了一件丰功伟业。自己没有独立人格，别人也当然不是人，一律没有人，当然也更谈不上有民智已开的国民，所以，对此封建伦理道德必须坚决扫荡荡尽。

在对封建伦理道德、封建迷信展开抨击的同时，新文化运动的倡导者为国民灵魂的塑造、个性的发展做出了不懈的努力。他们认为人作为主体得到承认和确立，首先表现在个人取得独立的资格，摆脱自己的奴性，即他的生命属于他自己。在五四时代，这种理解最先萌蘖，主张个人应该根据主体的内在尺度进行选择。陈独秀说："第一人也，各有自主之权，绝无奴隶他人之权利，亦绝无以奴自处之义务。""解放云者，脱离夫奴隶之羁绊，以完其自主自由之人格之谓也。我有手足，自谋温饱；我有口舌，自陈好恶；我有心思，自崇所信；绝不认他人之越俎，亦不认主我而奴他人；盖自认为独立自主人格以上，一切操行，一切权利，一切信仰，唯有听命各自固有之智能，断无音从奴属他人之理"（《敬告青年》，《独秀文存》卷一）。陈独秀主张一切言行、信仰、权利皆"听命各自固有之智能"等言论，既是对个人人格的承认和尊重，又含有承认和尊重他人人格之意旨，同时也是对发展个性有利于民智开发的肯定。

五四时期流行尼采一句名言，"上帝已经死去"。数千年来压抑人、限制人的那堵高墙已开始坍塌。勇敢的人必须求诸自我，对自己的生命负责。世上没有上帝的指引，只有你自己。此名言之流行，标志着人的主体意识的萌生和发展，对人的重新发现，为国民的个性解放准备了条件，开辟了道路。

五四以后的年轻一代，开始勇猛地做这种改变。其中最为常见的是，个体从旧传统家庭中出走。其原因并非经济或政治，多数是婚姻自主问题，特别是女青年反抗"父母之命媒妁之言"、追求恋爱自由而抗婚而自杀而出走。充满在当时新闻、论说、文学中的，便经常是这一主题。1920年5月出版的《威克烈》第19期，载有小燕女士所写的《我剪发的经过》。摘录如下：

"第二天，我母亲已经把舅父请来了，把这件事情同他商量。他是满清一个举人，当然照着本人所见的道理，先就大骂我一阵，然后同我母亲一路到我房里，质问我。他们的话，我记不清了，不过本诸孔孟之道罢了。我也不让他，一一地把他驳了。后来他道理穷了，只好站起发作道：又不是我的女儿，我管你做什么？说了一抽身走了。我母亲又骂了我一会，最终还说：无论如何我不准。……

我回家，我母亲见我剪了发，果然大哭大闹，并且辞别神主，要去自杀。

这时成都首先突破剪发禁关的，是益州女学、蓉城女学、女子实业学校的几个学生，接着响应的人渐渐多了。封建地主阶级不让女子有剪发的自由，认为这是女子造反，用尽了百般手段来威胁禁止。1921年，军阀刘存厚手下的省会警察厅竟然张贴皇皇布告，禁止剪发。《半月报》曾对警察厅的布告提出反对，警察厅竟把《半月报》查封了。这是五四运动中第一次查封的报馆，而罪状竟是为了反对禁止剪发。"

五四时期，青年女子不顾封建家庭、社会的反对，走上叛逆之路，从一个侧面反映了青年一代的个性得到了张扬，民智得到了启迪。

除了个体反抗之外，当时另一颇具特色的行为模式，是青年一代自发地相互联系，通过构成团体、组织来追求真理和实践某种理想。当时各种"同声相应，同气相求"的小团体纷纷成立，如毛泽东的"新民学会"（1918年4月）、周恩来等组织的"觉悟社"、王光祈等于1919年7月成立的"少年中国学会"，以及"新潮社"、"国民社"、"工学社"、"共学社"等等。这些小组织、小团体"宗旨"不一，但他们都有一个共同的倾向，那就是对新的理想社会或社会理想的一种实践性的向往和追求。他们通过探索，或组织工读互助团体，或组建新村；他们敢于斗争，或反对封建迷信，或驱逐封建军阀（如湖南毛泽东领导的新民学会驱逐军阀张敬尧的斗争等）；他们冲破封建伦理的束缚，大胆呼吁个性解放，思想自由，并为实现他们理想中的社会而奋斗。青年一代小组织、小团体的建立和与封建势力的斗争，表明新文化运动倡导者宣传的个性解放思想和重塑国民灵魂的努力取得了巨大的成功，并在开发民智方面结出了丰硕的成果。

（五）中国共产党人开发民智的实践和效果

共产党人的民智开发与以前的最大不同，就是教育与广大工农群众紧密结合，知识教育和革命道理的传播同时进行，在开发民智的同时，为中国革命斗争培养了人数众多的个性鲜明、敢想、敢干、勇于实践的新型革命群众，取得了较为可观的民智开发之效果。

中国共产党成立前后，李大钊、陈独秀、毛泽东就在北京、上海、长沙等地建立工人识字学校，以充实工人的知识，并为工人灌输革命道理，走上了开发民智与革命运动相结合的正确道路。随后，中国共产党领导和发动了工人运动和农民运动，以实际行动投入反帝反封建的革命斗争，使工农群众在斗争中懂得了革命道理，实现了思想教育和民智开发的质的飞跃，正如毛泽东指出："农民运动发展的结果，农民的文化程度迅速地提高了"，"普及教育"已不再是一句空话（《毛泽东选集》第1卷，第40页，人民出版社1991年版）。以革命开发民智的目标得到了真正的实现。

大革命时期，中国共产党与当时先进的政党国民党合作，开办了许多工人、农民、妇女运动培训班及工人夜校、农民夜校，对已有文化基础的工农群众和没有任何文化功底的工农大众进行全方位的培训和教育。这样，既使他们学到了科学文化知识，又懂得了革命的道理。对中国国民民智的开发起到了前所未有的作用。

大革命失败，中国共产党领导工农群众建立十余块革命根据地，实现了工农武装割据。中国共产党人面对根据地内90%文盲的劳苦大众，他们在进行军事建设和经济建设的同时，进行了大规模的文化建设。如在中央根据地，根据宪法大纲的规定，中华苏维埃中央临时政府以保证工农劳苦民众有受教育权利为目的，在进行国内革命战争许可的范围内，开始施行全面免费的普及教育，并首先在青年劳动群众中施行，以提高广大民众的政治和文化水平，实现民智的全面开发。

根据规定，在中央政府的领导下，中央根据地广泛建立了中、小学校及一些大学。在根据地内，小学教育最为发达。从村到区、乡都设有列宁小学，区里还设有义务劳动学校，6—14岁的儿童入列宁小学，14岁以上入义务劳动学校。据1933年统计，中央区的江西、福建、粤赣三个地区2932个乡中，有小学3052所，学生89710人。列宁小学在教学时，除学习文化和科学知识外，还注重政治思想教育，使儿童能分清敌我，拥护土地革命和革命战争。同时还对学生进行劳动教育，在儿童团中成立劳动互助组，帮助各个家庭进行生产和开展协助军属、烈属活动。

对于超过适龄上学机会的广大民众，中国共产党采取了社会教育的办法，设立夜校（补习学校）和识字组。夜校招收 16 岁以上的青年或成年人。由于农民生活的改善，无论男女都自动要求学习文化，16—45 岁的青年或成年人大多数人了夜校。据 1933 年统计，在中央区江西、福建、粤赣三个地区的 2932 个乡中，共有夜校 6462 所，学生 94517 人，其中女生占很大比例。年龄太大或其他原因不能上夜校的则编为识字组，由 3—10 人编成一组，选举一人为组长，每隔五天，由夜校教员发 5 个新字，使农民学过后马上就可以用。这些识字组也很普及，据 1933 年统计，在江西、粤赣两个地区就有 32388 组，组员 155371 人。抗日战争和解放战争时期，各革命根据地也都开展了类似的文化教育运动。

任何一个个人、团体、组织、政党在政治思想、理论、方针、政策等方面的创新，都是在吸取前人思想、经验的基础上的创造。中国共产党人普及教育、开发民智的理论和措施，也是在吸取前人启迪民智经验、特别是孙中山先生教育思想的基础上制定的，由于共产党人在根据地坚定不移地执行民智开发的政策，使中国历来没有文化的农民，从 6—45 岁乃至年逾古稀的老者，都不同程度地学到了科学文化知识，懂得了革命道理，完成了中国近代几代人梦寐以求的民智开发的夙愿，孙中山就任中华民国临时大总统时发展教育的设想在根据地大都得到实现。

三　中华民族在反侵略战争中智慧的升华

矗立于天安门广场的人民英雄纪念碑碑文这样写道："三年

以来,在人民解放战争和人民革命中牺牲的人民英雄们永垂不朽!三十年以来,在人民解放战争和人民革命中牺牲的人民英雄们永垂不朽!由此上溯到一千八百四十年,从那时起,为了反对内外敌人,争取民族独立和人民自由幸福,在历次斗争中牺牲的人民英雄们永垂不朽!"碑文用凝练之笔描述了中国人民反帝反封建斗争的历史,其中第一次反帝斗争就爆发于1840年鸦片战争时的虎门销烟。这是中华民族在近代面对西方侵略者的首次较量,是以林则徐、邓廷桢等代表中华民族利益的正义的一方与英国侵略者进行的智与勇的斗争,它展示了中华民族的智慧,并以禁烟的胜利永远彪炳史册。

(一)林则徐虎门销烟与中国人民智慧的展现

历史跨进19世纪的门槛,西方列强尤其是最为强大的英国已把侵略的目标指向了老大而衰落的中华帝国。他们在用大量白银进口中国茶叶、丝绸、药材等货物日感不堪入超重负的情况下,找到了一种伤天害理的产品——鸦片。30年代以后,大量鸦片涌入中国,1838年底,外国鸦片输入已高达40200箱,吸食人数约400万人,占中国总人口的1/100。鸦片的大量输入,在损害中国人身心健康的同时,又造成白银大量外流,并出现银贵钱贱的现象。正如林则徐对当时最高统治者发出的警告:如果清王朝仍对此视而不见的话,那么,"数十年后",中原将出现"几无可御敌之兵,且无可以充饷之银"的局面。于是,从1838年12月至1839年1月8日,道光帝在13天时间里8次召见林则徐,商讨禁烟措施,并任命林则徐为钦差大臣,赴广东禁烟。一场与英国展开的没有硝烟的禁烟与反禁烟之战开始了。

林则徐于1839年3月抵穗,立即会同两广总督邓廷桢、广东巡抚怡良及关天培等研究广州鸦片走私状况和外夷情况。针对当时"夷情",林则徐等制定了较为可行的措施:1. 责令鸦片贩子缴出骗人钱财、害人性的鸦片,并签名出具永不夹带鸦片的甘结,声明以后来船永不夹带鸦片,如有带来,一经查出,货尽没官,人即正法,情甘服罪。2.利用外商到广州通商,意在获厚利之心理,要求他们进行合法贸易。如进行正当贸易,给予便利。3.对于"良夷"、"奸夷"采取分别对待政策,对于仍进行鸦片贸易的外国商人,严惩不贷;对于愿签交出鸦片首先具结者,给予嘉奖。4.表明中国人严禁鸦片,反抗外来侵略的决心,若鸦片一日未绝,本大臣一日不回,誓与此事相始终。此四项措施,表明林则徐等人注重调查研究,了解夷情,在禁烟的复杂形势下,迅速抓住事物本质,对敌斗争甚为得法,展示了中国人首次与侵略者较量时的智慧和勇气。

  对于林则徐等要求烟贩交出鸦片的命令,大鸦片贩子颠地认为这只不过是钦差大臣虚张声势,不会认真执行,于是采取不缴出鸦片,也不给林则徐以明确答复的拖延的办法。颠地的办法得到大多数鸦片贩子的赞同。林则徐不为其所迷。告诫鸦片贩子必须按时交烟,并拒绝了他们要求的推迟7天交烟的计谋。

  一计不成,又使一计,鸦片贩子看到不交不行,于是在3月21日答应交出1036箱鸦片,想敷衍过去。林则徐洞悉其奸,答复说:"这只是些零头,还有好几万箱呢!"3月24日,面对义律准备带颠地逃跑的阴谋,林则徐下令把停泊在黄埔的各国船舰暂行封舰,停止贸易,挫败了义律带领颠地逃跑的计划。鉴于义律煽动烟贩的对抗行为,林则徐于24日下令封锁商馆,把义律和320名鸦片贩子一起软禁在里面,撤回商馆外商所雇华工,加紧防守要隘,并向鸦片贩子下谕,责令交烟,刻日取结禀办。当时翻译的西报馆曾有详细报道说:"地方官谋事甚能干,办这些事务甚是敏捷,约数刻之间,我等全被囚禁了,以致夷人不能逃走"(转引自来新夏《林则徐年谱》,第202—203页)。但林则徐等人却给予被围之烟贩足够的生活补给,体现了传统的礼仪之邦及其熏陶下的中国士大夫不卑不亢和有理有节的磊落气概。面对有200年殖民地经验的侵略老手及狡猾的义律，正义的中国人与之斗智斗勇，终于迫使烟贩交出所藏鸦片19187箱和2119袋，交烟与禁烟之争以中国人的胜利而结束。

对于收缴来的鸦片的销毁，再次显示出中国人的智慧。当时一些外国人认为，官员们不会销毁鸦片，一些中国人也表示怀疑。按以往的方法，是把桐油和鸦片拌和，然后用火焚烧。但这样烧不彻底，因为焚烧后部分鸦片渗入地下，如果掘土取泥，再行煎熬，照旧可以获得相当数量的鸦片。为了彻底销毁鸦片，林则徐等多方采访考察，终从印度叭达拿等地"开池制造"鸦片的工艺流程中，悟出"开池化烟"之法。又因鸦片最忌烟和石灰，于是，他决定开挖"化烟池"，并结合盐卤与石灰浸化鸦片，可不住涓滴留余（陈胜粦《林则徐与鸦片战争论稿》（增订本），第439—440页）。

1839年6月3日，在虎门海滩，随着林则徐一声令下，一箱箱鸦片被投入坚固的化烟池，经过盐卤浸泡后，再抛下石灰，不久，鸦片即被销毁殆尽。经过21天奋战，终于将2376254斤鸦片全部销毁。美国传教士埃利萨·裨治文参观虎门销烟后赞叹道："他们在整个工作进行时的细心和忠实的程度，远远超过他们的预料。我想不起有哪件事比这完成得更忠实"（转引自隗瀛涛主编，屈小强著《林则徐传》，第212页，四川人民出版社1995年版）。

虎门销烟，是中华民族有清一代禁烟运动最为辉煌的壮举，它表明了中国人民反侵略斗争的坚强意志。在与外国人正式交锋中，表现了先进中国人的智慧和勇气，揭开了中国人民反侵略斗争的序幕。

（二）三元里人民用智慧首次取得抗英斗争的胜利

鸦片战争虽因清王朝的腐败无能而屡战屡败，但广大人民群众却不畏强敌，充分发挥其智慧，纷纷自发地组织反侵略斗争，给侵略者以沉重打击。其中广州三元里人民的抗英斗争，是当时中国人民反侵略斗争的一面旗帜。

广东最早蒙受西方殖民者侵略的祸害，鸦片战争又首先在此开展。1841年5月《广州和约》订立后，清军偃旗息鼓撤出广州城，英国侵略军在广州附近肆无忌惮地奸淫掳掠，烧杀抢劫。1841年5月29日晨，一小股英军窜到广州城北郊五里的三元里一带奸淫抢劫，韦绍光等群起抗击，打死英军数人。为抵抗英军的报复寻衅，全村男女在村北三元里北帝庙集会，决定以庙中黑底白边的三星旗为"令旗"，"旗进人进，旗退人退"。爱国士绅何玉成"柬传东北、南海、番禺、增城、连路诸村，各备丁壮出护"（中国近代史资料丛刊《鸦片战争》（六），第43页）。当天下午附近103乡的代表在城北约12里的牛栏岗会商战斗部署，他们根据敌人武器精良、火力猛、射程远及训练有素的特点，决定采取诱敌深入至丘陵起伏的牛栏岗，集中103乡民众的优势，聚而歼之。这是近代中国人民面对强敌，毫不畏惧，采取诱敌深入，集中优势兵力歼灭敌人的开端，是中国人民在反侵略斗争中的创新，也是中华民族反侵略斗争智慧的升华。这样，一支以贫苦农民为主体，包括打石工、丝织工、渔民、盐民，还有爱国士绅参加和领导的抗英武装组成了。

5月30日晨，三元里及城北各乡义勇5000人，向英军盘踞的四方炮台佯攻，英军司令卧乌古率领1000多名侵略军冲下炮台。三元里群众武装且战且退，诱敌至牛栏岗。一声锣响，埋伏的七、八千武装群众从四面八方一齐冲杀出来。正是"三元里前声若雷，千众万众同时来。因义生愤愤生勇，乡民合力强徒摧"（中国近代史资料丛刊《鸦片战争》（四），第712页）。他们手持刀枪棍棒、铁锹、锄头，把敌军团团围困，展开了英勇的近距离搏斗。敌人火器无法施展，各乡民众愈来愈多，达数万之人。再加上午时雷雨倾盆，侵略军枪炮经雨淋失灵，士气低落，被困在田间小路，寸步难行。三元里人民愈战愈勇，乘势猛攻，刀矛齐刺，"杀敌如切瓜"，敌人胆战心惊，有的往瓜棚里钻，有的往稻田里爬，直到晚9点敌人丢掉50余具尸体后才陆续返回四方炮台。5月31日，三元里人民又乘胜追击，包围四方炮台，心惊肉跳的英军在广州知府的解围下方才逃出四方炮台。

三元里人民的抗英斗争，是近代中国人民自发反侵略斗争的第一次战斗，在近代中华民族革命斗争史上写下了光辉的一页。它给英国侵略者以沉重打击，大长了中国人民反侵略斗争的志气，表现了中国人民面对强敌，冷静处之的大智大勇。它向全世界昭示：侵略者不足怕，中国人民不可征服。

（三）左宗棠收复新疆的胆魄和智慧

中国近代史即是世界列强侵略中国，中华民族反抗外来侵略的历史。1865年，中亚浩罕汗国统治者乘新疆纷争混乱之机，派高级军官阿古柏率兵入侵新疆南部，并不断扩充势力，于1867年成立"哲德沙尔"国。俄、英先后表示支持阿古柏，承认"哲德沙尔"国，妄图把新疆从我国领土中分割出去。于此时的新疆有从中国脱离出去的危险。

在西北告急，东南亦发生海防危机的情况下，清政府内部出现了"海防"与"塞防"之争。直隶总督李鸿章借口"海防西征，力难兼顾"（《李文忠公全书·朋僚函稿》卷16，第17页），主张放弃新疆，"移西饷以助海防"，甚至认为新疆是可有可无的包袱。陕甘总督左宗棠则主张"塞防"、"海防"并重，认为"宜以全力注重西征，俄不能逞志于西北，各国必不致构衅于东南"（《左文襄公全集·奏稿》卷46，第36页）。并特别强调"重新疆，所以保蒙古，保蒙古，所以卫京师"（同上，第37页），力主收复新疆。左宗棠在东南、西北同时出现危急，国内外形势复杂的情况下，抓住收复新疆、保卫国土的实质，既表现了左宗棠的高瞻远瞩，大智大勇，又得到了国内爱国舆论的广泛支持。最终清政府权衡利弊，在加强海防的同时，于1875年任命左宗棠为钦差大臣督办新疆军务，进剿阿古柏。左宗棠上任以后，先了解敌情、地形、新疆民情等情况。他根据英、俄有矛盾，阿枯柏倾向英国而沙俄不满的情况，与沙俄建立联系，从俄国手中购买了一些急需粮草。根据新疆人民对阿古柏的痛恨这一情况，他要求军队不扰民害民，纪律严明，团结新疆人民共同抗敌。根据新疆地域广阔、人口稀少等特点以及北疆粮草丰足等情况，制定了符合敌情、地形的"先北后南，缓进速战"的战略战术。因为北疆早已开发，粮草充裕，如占领之，则能得到源源不断的粮草供给，可使战争立于不败之地；因为新疆地广人稀，进军时须不惊动敌人，故须缓进，待对敌形成包围后速战速决，给敌以歼灭性打击，使敌人闻风丧胆，我军士气高昂，以便迅速取得胜利，以免夜长梦多。面对英、俄插手新疆的复杂局面，左宗棠根据实际情况，制定切实可行的战略战术，不畏英、美的恫吓，大胆进剿侵略者，再次表现了中国人的胆魄和智慧。

1876年，年近七旬的左宗棠威风凛凛，抬棺西征，迅速平定了阿古柏叛乱，并挫败了英、俄企图让阿古柏占据南疆，成为中国属国的阴谋。左宗棠督军收复新疆，不仅粉碎了俄、英侵略者利用阿古柏分裂中国领土的阴谋，维护了祖国的统一，而且为中国收复伊犁的外交活动增添了后盾力量。

面对西方列强和日本的侵略，中国人民没有屈服，中华民族的智慧得到了充分的发挥，在太平军战胜华尔常胜军、中法战争、甲午中日战争、义和团运动等与侵略者的战斗中，尽管由于清王朝的腐败都未能最终取得胜利，但中华民族的勇气和智慧使外国侵略者清醒地意识到中国"地土广阔，民气坚劲，含有无限蓬勃的生气"（《义和团》第4册，第245页；第3册，第86

页),"无论欧、美、日本各国,皆无此脑力与兵力,可以统治此天下生灵四分之一也"(《义和团》第3册,第244页)。这也是中国没有被侵略者瓜分或直接占领的主要原因。

(四)中国人民的智慧在反侵略战争中的全面升华

历史跨入20世纪20年代的大门以后,由于中国共产党的诞生,中华民族的反帝斗争揭开了新的篇章。无论是在理论上或是实践上,中国人民的反帝斗争都有所突破,中华民族的聪明才智得到了充分发挥。

1924年,为驱逐帝国主义出中国,打败帝国主义支持的军阀政权,孙中山在中国共产党和苏俄的帮助下,根据国内外政治形势,重新解释三民主义,提出联俄、联共、扶助农工三大政策,中国共产党员以个人身份加入国民党,第一次国共合作建立。从此以后,国共联合,创办黄埔军校,发动工农运动,先后取得了省港罢工、收回汉口、九江租界等反帝斗争的胜利和创建两广根据地、北伐战争等对帝国主义支持下的封建军阀的战争的胜利。在这一时期,无论是孙中山对三民主义的重新解释,提出联俄、联共、扶助农工的三大政策或是中国共产党员、共青团员以个人身份加入国民党,都是对马列主义统一战线理论的丰富和发展,都是前所未有的理论创新和实践创新,无不浸透着先进中国人的心血,充满着中华民族的智慧。

莎士比亚说过:"智慧出于急难,巧计生于临危。"(刘乃季、刘忠信等《人生格言大全》,吉林人民出版社2001年版,第129页)也就是说一个人的智慧往往产生于危难之时。中国人民反抗外来侵略的历史告诉我们,愈是中华民族危亡之时,愈是在亡国灭种的紧要关头,愈能表现出中华民族不畏艰难、不怕牺牲的精神,愈能体现出中国人民的冷静、理性和智慧。抗日战争时期中华民族智慧的全面升华是最好的证明。

九·一八事变后，面对日本帝国主义灭亡中国的企图，中国最大的两个政党国民党和共产党重新携手，建立了由其他抗日团体参加的最广泛的抗日民族统一战线。在抗日民族统一战线建立的过程中，中国共产党以民族利益为重，不失时机地于1935年国内战争正酣之时，在瓦窑堡会议上，正式提出建立抗日民族统一战线的策略总方针，在分析国际国内形势的情况下，认为蒋介石肯定会走向抗日。1936年西安事变后，中国共产党又及时提出和平解决西安事变的方针，支持张、杨抗日救亡、和平解决事变的主张。周恩来为团长的中共代表团以共产党特有的勇气和智慧，促成了西安事变的和平解决，成为建立抗日民族统一战线的关键。1937年9月，在国共两党的共同努力下，抗日民族统一战线正式建立。统一战线的建立，不仅体现了国共两党的智慧和勇气，而且为以后抗日战争的胜利奠定了坚实的根基。

1. 国民党的抗战理论

抗战爆发后，国力强盛，装备精良的日军，长驱直入，妄图3个月至6个月灭亡中国，以便速战速决，迅速解决中国问题。面对强敌，国民党、蒋介石提出了持久消耗战的思想。在1937年8月7日的国防会议上，国民政府决定开展"全面抗战"，"采取持久消耗战略"。蒋介石也认为"倭寇要求速战速决，我们就要持久战、消耗战"（《敌人战略政略的实况和我军抗战获胜的要道》，《先总统蒋公全集》第1册，第1073页）。南京失陷后，国民党、蒋介石总结以前经验教训，于1938年1月中旬在开封召开军事会议，蒋在会议上说："战事的胜败，一是决于兵力，一是决于智谋；兵力的使用，尤其靠我们高级将领有超越的智力和谋略，才能发扬无上的威力"（《抗战检讨与必胜要诀》（上）（1938年1月11日），《先总统蒋公全集》第1册，第1091页）。在此思想指导下，国民党在持久抗战策略不变的情况下，适时提出了积极防御的作战思想，采取诱敌深入，正面抵抗，外线牵制，侧翼攻击，集中优势兵力歼灭敌人的战术,并要求将士们在战斗中不要计较一城一地之得失,以消灭敌人,保护自己的有生力量。以前,大陆史学界对国民党蒋介石的持久消耗战多持否定态度,对其实行的节节抵抗,战略退却,保存有生力量的方针更是大加鞭挞,认为中国半壁河山的沦丧,全是蒋介石的退却路线和不抵抗或假抵抗政策所造成。其实,这种评价是有失公允的。国民党、蒋介石面对敌强我弱的局面,实行持久消耗战等战略战术,是建立在对中日两国实力的客观分析基础上的较好选择,沉重打击了日本侵略者的嚣张气焰,打破了日本速战速决解决中国问题的美梦,对中国抗战最终胜利起到了巨大作用。虽不能说国民党的战略战术有什么重大创造,但它起码是国民党人集体智慧的结晶,中国人战胜敌人智谋的体现,是适合中国实际的战略战术。

上述战略战术在战场的运用,曾一度扭转了国民党军队被动挨打的局面,取得了对日作战的一些胜利,其中以台儿庄战役和万家岭战役最具代表性。两战共歼敌3万余人,获得抗战以来空前之胜利,迟滞了日军的正面进攻,大大增强了全国人民抗日的信心。

2. 中国共产党在抗战理论方面的创新

创新是一个人、一个民族、一个国家智慧的最好体现和标志。在抗日战争中,中国共产党人代表全国人民的利益,集中华民族之智慧,创造性地提出了许多战略战术,使中华民族的智慧得到了全面升华。

全面抗战爆发后,针对敌强我弱之形势,中国共产党人首先提出了持久抗战,陷日寇于人民群众的汪洋大海之中的策略总方针。毛泽东分析当时中国的四个特点:①敌强我弱;②敌小我大;③敌退步我进步;④敌寡助我多助。运用辩证唯物主义的观点指出这四个特点在运动中不断变化,敌强我弱决定了日寇可以在中国横行一时,占领中国大片领土,但经过中国人民的长期抗战,日本将出现兵力不足、国力不济之局面，故敌强我弱会在不知不觉中发生变化，敌强之成分逐渐减少，我弱会因人民发动起来、地大物博、人口众多而变强，故敌强我弱随着时间推移将变为敌弱我强。另外，敌小我大；敌退步我进步；敌寡助我多助三个特点，会在战争的发展中表现得更为突出，会越来越有利于中国方面的发展。这样，战争的结果就明确地摆在了人们面前，抗日战争是持久的，最后胜利是中国的。与此同时，毛泽东还提出了"兵民是胜利之本"，陷敌人于人民群众的汪洋大海之中的主张。中国共产党人分析国际国内形势，创造性地提出持久抗战，陷敌人于人民群众汪洋大海之中的策略方针，它不同于国民党的持久消耗战的片面抗战路线，是动员全国各族人民共同抗日的全面抗战路线，是中国人民智慧的真正体系，是战胜日本侵略者的根本。

在中共提出持久抗战的同时，面对抗战爆发后日军对中国侵略的长驱直入，中国半壁河山的丢失，国民党军队撤出华北、华中，全国人民空前的抗战爱国热情，尤其是华北国民党旧政权垮台，新政权尚未建立的复杂局面，中国共产党于1937年8月召开中央政治局扩大会议，及时提出了独立自主的山地游击战，但不放弃有利条件下的运动战的战略方针。实现了中国共产党从十年内战的正规战争到抗日游击战争的伟大转变。

所谓独立自主主要是对国民党的独立自主。即使在配合国民党正规战争问题上，八路军、新四军也主要是以分散的游击战争在战略上的配合，不是以集中兵力的正规战在战役和战术上的直接协同，不受国民党的指挥。所谓游击战，即中国共产党领导的抗战以游击战为主，运动战主要是配合游击战，游击战的目的除消灭敌人外，主要是发动群众，组织抗日武装，陷敌人于人民抗战的大海之中。把游击战提升到战略高度，国对国作战的主要形式，这是中外军事史上从未有过的创新。根据中共中央、毛泽东制定的游击战的战略战术，中国共产党人率八路军主动出击，配合友军正面作战,先后取得了1937年9月平型关战役、10月阳明堡战斗等重大胜利。为此,蒋介石曾致电朱德、彭德怀:"贵部林师及张旅,屡建奇功,强寇迭遭重创,深堪嘉慰"(转引自刘济昆《毛泽东兵法》,第88页,巴蜀书社1992年版)。平型关战役是日寇发动"七七"事变以来对日军的首次胜利,打破了皇军不可战胜的神话,坚定了中国人民抗战到底的信心。

1937年11月太原失守后,华北战局发生重大变化。在华北,以国民党为主体的正规战争已经结束,以共产党为主体的游击战进入主要地位。为此,毛泽东总结以前游击战的经验,于1938年1月写出了《论抗日游击战争的基本战术——袭击》,并将此军法传授给各级将领,提出了袭击和伏击日寇的具体方法。如袭击堡垒的方法,袭击寨子、土围子的方法和袭击城市的方法,伏击单个或少数敌人的方法,伏击骑兵的方法,伏击汽车、火车、船舶的方法,伏击敌人征发队、运输队和急袭之方法等等(《毛泽东军事文集》第2卷,第145页,军事科学出版社1993年版)。这篇文章,如数家珍,简直是集游击战之大全。但是毛泽东没有忘记战争胜利的根本在人民群众,他指出:"游击战争不能一刻离开民众,这是最基本的原则"(《毛泽东军事文集》,第2卷,第138页)。他告诉人们没有群众支持的游击战是没有基础的游击战,只有陷日寇于人民游击战的汪洋大海之中的游击战才是真正的游击战。这种新型的游击战形式,又是中国人民的一大创新,是前无古人的创举。

武汉失陷以后,面对日寇对抗日根据地军民的疯狂"扫荡",根据地军民在中共领导下,充分发挥自己的聪明才智,创造了许多具体形式的游击战术:有以地雷为主要武器的地雷战战法;有依托地道的平原地道战战法;有造成敌人心理紧张,分散敌人兵力注意力,造成敌人失误以配合其他作战的麻雀战战法;一方受敌,八方支援,专门指向敌通信、交通运输,活跃于敌人铁路线上的铁道游击战,有利用河湖港汊的水上游击战,有沿海地区进行的海上游击战及开赴敌后武工队进行的敌后游击战等等。毛泽东的游击战思想大大激发了中国人民反侵略的巨大创造力,造成了陷敌人于灭顶之灾中的人民游击战。

由于游击战的迅猛发展,敌后抗日根据地的不断扩大,八路军、新四军的日益壮大,根据地人民和中国共产党领导的八路军、新四军成为抗日战争的中流砥柱。中国战场吸引了日寇陆军的60%以上,而抗日根据地则吸引了侵华日军的60%和几乎全部伪军。陈毅在1939年指出:"中国的游击运动以近十年来最为丰富,尤以现在的抗日游击运动,如果发展下去更是集今古中外之伟观"(陈毅《论游击战争》(1939年9月15日))。面对中国共产党领导的游击战,日本侵略者不断惊呼,称我敌后军民的游击战争和战法是"没有战线的战场"和"新型的总力战"(《华北治安战》(日文版)第2卷,第567页)。哀叹日军的作战是"真正的掉在泥潭中的浴血苦战,是不分昼夜连续不断的、长期的、没有结果的战斗"(同上,前言)。在日本的惊呼和哀叹中,中华民族取得了百年来反对外来侵略的首次全面胜利。

爱默生曾经这样说:"拉斐尔画智慧;韩德尔唱智慧;菲狄亚斯雕智慧;莎士比亚写智慧;雷恩造智慧;哥伦布驾驶智慧;路德宣讲智慧;华盛顿武装智慧;瓦特使智慧机械化"(爱默生《社交与孤独·论艺术》,刘乃季《人生格言大全》,第131页)。纵观整个抗日战争,中国人民根据国际国内情势,充分发挥其智慧和创造力,谱写了中华民族反抗外来侵略的新篇章。

四 中华民族在富国强兵运动中智慧的升华

(一) 中国人实现富国强兵梦的滥觞

实现富国强兵是先进中国人梦寐以求的目标,为此先进的中国人殚精竭虑，孜孜以求，不懈奋斗，付出了毕生心血。在中国近代史上，人们往往把富国强兵运动的滥觞归之于19世纪洋务运动时期的"求强"、"求富"，实际上早在鸦片战争前后，林则徐、魏源等就为国家的富强倾注了心血，最早踏上了学习西方之路。

林则徐是力图使中国强大的最早实践者。历史进入19世纪30年代，16世纪以来从西欧一角涌起的世界资本主义浪潮终于拍打到大洋彼岸拥有铜关铁锁的古老的中华帝国的壁垒前，而且来势凶猛，风吼云骤，强烈地撞击着中华国门，强烈地摇撼着中华社会的根基。在空前严重的民族危机面前，天朝上国的大部分臣子们仍然墨守成规，食古不化，闭眼不去感受外来世界的变化冲击，始终抱着固执而又狂热的鸵鸟立场与阿Q精神，"以不变应万变"。而以林则徐、魏源为首的经世致用的实践家、思想家们，则在民族忧患意识和以天下为己任的责任感的驱使下勇开风气之先。他们敏感地感受到西方坚船利炮以及随之吹来的充满生气与诱惑力的欧风美雨，已不是"夷夏之防"所能抵挡得住。于是，他们开始了了解西方、学习西方的路程。

林则徐的"强国之梦"大致可分为三个方面：

1. 翻译西书，了解西方实情

林则徐的可贵之处，就在于他不像一般士大夫那样，认为外国的事情一概与中国无涉，而是采取积极主动的态度去弥补自己的贫乏知识。他认识世界的主要渠道是组织翻译英文书籍。为此，林则徐于1839年设立广州译馆，网罗懂英文、了解西事的专门人才亚孟、袁德辉、亚林、梁进德等翻译西书。译书内容包括史地、兵器、法律等诸方面，但现在多已失传。比较完整的代表性译作，仅有《澳门新闻纸》和《四国志》两种。林则徐以"筚路蓝缕，以启山林"的精神，提出"凡以海洋事进者，无不纳之；所得夷书，就地翻译"的方针，放眼世界，上下求索，不拘一格，尝试新鲜事物，不仅使广州在1839年至1840年间疾现出一个"海外图书毕集"的可喜局面，而且开启了中国人学习西方，开眼看世界的思想解放的闸门。魏源、姚莹、梁廷枏等学西方长技的著述无不与此有关，使经受鸦片战争悲风烈雨冲刷后的中国大地，蒸腾起缕缕希望的生机。

2. 以夷器制夷

在与侵略者的较量中，林则徐总结敌强我弱的教训，开始了购西炮、师夷技的实践。为改变虎门各炮台中国火炮落后局面，林则徐曾设法密购西洋大铜炮及他夷精制之生铁大炮。更难能可贵的是，林则徐借鉴西方制炮的经验，合同嘉光县丞龚振林及闽浙炮匠，于1841年首创铁模铸炮法，早于西方30年。同年6月，他们又铸出8000斤大炮和下面装有四轮子，犹如磨盘之转动，比西炮更灵活轻便的磨盘架四轮炮车，充分展现了中国人的智慧。遗憾的是清政府宥于此奇技淫巧，不利国家安定的观念，未能将此先进技术推广。

3. 主张开矿致富

林则徐在1847年就任云贵总督任上，曾整顿云南矿政，拟计划开采云南的银矿和铜矿。以开矿富民强国，但由于林则徐体弱多病，计划未能实现。

在中华民族面临第一次严重民族危机之时，林则徐能大踏步地从老祖宗的"四大发明"光环的笼罩下走出来，勇敢地突破"夷夏大防"之壁垒，从民族的生存和长远利益出发以学习西方长技为主要内容的军事工业，成为国防事业的开拓者，确实难能可贵。但由于清王朝的腐败和风气未开，林则徐的"强国之梦"未能实现，他的师夷长技的事业为魏源所继承。

魏源根据林则徐的嘱托，在《四国志》的基础上，最终写出了100卷的巨著《海国图志》。他总结与西方列强交往的经验教训，提出"师夷长技以制夷"的理论，并为后来者描绘了一幅富国强兵的壮丽长卷和制定出具体可行的学习西方的措施：①中国自己创办造船厂、火器局，发展官办军事工业。②聘任外国技术人员，引进西方造船、制炮、行船、演炮的先进技术。③从有实践经验的工人、士兵中培养、选拔人才，以培养中国技术力量。④建设一支拥有战船百艘、火轮船10艘、水兵3万的新式海军。⑤按照西方养兵、练兵的方法改革中国军队，改革军政制度。⑥改革经济制度，在办好军事工业的基础上发展官办民用企业，制造民用商船、望远镜、蒸汽磨等，凡有益民用者，皆可制造。⑦鼓励沿海商民设立厂局，制造轮船、机械等，产品可自行销售。更难能可贵之处，是魏源在学习西方具体方案中还提到了在广东虎门外大角、沙角处，建立类似今天经济特区的构想，即在大角、沙角二地先建军事工业基地，引进法国、美国等西方国家的人才和技术，建立工厂，制造船械，一、二年间，中国能工巧匠即能掌握此技术。20余年中国人就能自己制造枪炮轮船。在此基础上，建立商办民用企业，不出十数年，中国富强可期矣（以上资料见屈小强《林则徐传》，第394—395页）。

魏源富国强兵的理想和计划，实为发展中国资本主义新式企业和编练新式陆海军的大胆想象，它不仅渗透了魏源的心血，充满了他学习西方的热情，而且它还是中国人聪明才智的体现。尤其是他建立"特区"的设想，终为后人所实现，使中国走上了富国强兵之路。

（二）洋务运动，富国强兵运动在中国大规模的实践

林则徐、魏源等人的富国强兵之梦虽未实现，但他们的设想昭示后来者去完成其未竟的事业。于是，在两次鸦片战争失败，太平天国运动勃兴，清王朝内外交困的形势下，一批与外国接触较多的有识之士奕䜣、李鸿章、曾国藩、左宗棠等，为镇压各地农民起义和抵御外来侵略的需要，掀起了一场有声有色的"求

强"、"求富"运动,欲圆中国人富国强兵之梦。

19世纪60年代初,以弈䜣、曾国藩、李鸿章、左宗棠等人为首的洋务派的"自强"活动开始。奕䜣奏称:"查治国之道,在乎自强,而审时度势,则自强以练兵为要,练兵又以制器为先。"(《筹办夷务始末》(同治朝)卷25,第1页)李鸿章也说:"中国欲自强,则莫如学习外国利器,欲学习外国利器,则莫如觅制器之器"(同上,第10页)。于是,洋务派的自强以"练兵"、"制器"为中心展开。曾国藩是中国近代化的发轫者,最先开始师夷长技的实践。1861年,他率先在中国筹办了第一家近代军事工厂——安庆军械所,网罗了徐寿、华蘅芳等一批科学家,并在他们的努力下,制造出了中国第一艘名曰"黄鹄号"的轮船。尽管"黄鹄"试之长江,行驶迟钝,但它宣告中国江河上第一次有了中国自造的轮船行驶。从此,开始了中国颇有声望的自强运动。

在洋务的努力下,从1865—1890年,他们在全国共创办21个军工局厂,规模较大的有江南制造局、金陵机器局、福州船政局、天津机器局、湖北枪炮厂5个。在创办军事工业的同时,曾国藩、李鸿章、左宗棠等人还先后创办了南洋水师、福建水师和北洋水师,即海军。尤其是北洋水师,在19世纪90年代以前,是亚洲最大的海军舰队。另外,李鸿章等还先后创建了拥有洋枪洋炮有别于绿营、八旗的新式陆军。中国人似乎看到了"强兵"的希望。

在洋务派创办军事工业,编练近代陆军、海军的艰难岁月里,遇到了经费紧缺、原料匮乏、运输不畅等一系列困难,他们开始觉察到,在西方船坚炮利的背后,还有雄厚的经济实力作后盾,即要想"强兵",必首先"富国"。于是,他们主张在继续学习西方国家坚船利炮的同时,把一些近代化的经济设施移植过来,以便化弱为强,变贫为富。强调强兵与富国并重,提出了

"寓强于富"的口号,从19世纪70年代开始,在兴办军事工业,编练近代陆、海军的同时,他们又开始经营以"求富"为目的民用企业。洋务派创办民用企业的目的有二:一是为军事工业提供煤、铁、铜等原料,并达到国家富裕的目的,二是为争洋人之利,与洋人进行商战,具有反对外国侵略的意思。从70—90年代,洋务派共创办民用企业20多个,其中较大者有,中国第一家近代轮船运输公司——轮船招商局,中国最早采用机器挖掘的大型煤矿——开平矿务局,中国最早的电报公司和第一个近代棉纺织厂——上海机器织布局。除此之外,洋务派还创办了译书局和一些近代化的学校,如京师同文馆和福州船政学堂等。

洋务运动,除在镇压农民起义中发挥了巨大的反动作用外,也确实部分地实现了富国强兵的目的。由于中国军事的逐步近代化,才使中国在30余年内免除了像鸦片战争一样使用大刀长矛的败绩,才出现了左宗棠收复新疆、镇南关大捷、甲午海战那样壮烈的场面。有的人只看重邓世昌等人的爱国主义精神,殊不知光有爱国主义精神,没有几十年洋务运动的成就——军事近代化,岂能出现如此海战的场面。水师的帆船能打出这种场面吗?洋务派官僚的"求富"运动,不正是那些主张"师夷长技以制夷"的人的爱国主义精神的物质表现吗?古希腊诗人荷马曾说:"智慧的标志是审时度势之后再择机行事。"洋务运动不正是洋务派对中外形势审时度势后的择机行事吗?

(三)戊戌变法,淹没在血泊中的富国强兵运动

尽管洋务运动在一定程度上实现了前人富国强兵的梦想,推动了历史年轮向前大大前进了一步,在实践上为后来者起到了筚路开山之功效,但终因中国古老的政治体制对中国近代化阻力太大,使洋务运动在甲午战争的硝烟中破产。于是,康有为、梁启超等后来者,在前人变革的基础上,又掀起了以改革封建专制制

度为目的，发展中国经济、军事、教育的使中国走向富强的维新变法运动。

"真正的智慧不仅在于能明察眼前，而且还能预见未来"（忒壬斯《失乐园》，见刘乃季等《人生格言大全》，第 132 页）。康有为、梁启超等维新派明察洋务运动失败的原因，清醒地意识到要实现富国强兵的理想，必须首先改变封建专制制度，建立有利于资本主义发展的君主立宪制国家，而要建立君主立宪制的国家，关键是要有新的理论体系，改变人们头脑中的"天不变，道亦不变"和"中体西用"的思想观念，于是，康有为带领他的得意弟子梁启超等人，开始了他们颇具影响的理论创新。

为了深入批判为官方所认可的中世纪哲学思想体系，康有为在他的学生的帮助下撰写了一系列著作。从 1890—1897 年间，其主要著作有：《婆罗门教考》、《新学伪经考》、《孔子改制考》、《孟子大义考》、《孟子公羊学考》、《春秋董氏考》等 10 余部著作和文章，从而形成了他的比较完整的思想体系，其中《新学伪经考》和《孔子改制考》两书尤为重要。

康有为在《新学伪经考》中着力批判了当时社会制度和国家制度的理论基础，运用历史考证的方法，广引古书，对古文经学，首先对《左传》进行分析，力辩从东汉末年以后知识分子所耗其一生精力，孜孜以求的古文经学全是刘歆伪造，是"新学"，是应该推翻的。康有为非常激昂地指出：刘歆伪经不除，孔子之道不兴，因而自己虽然孤微，但仍然要"不量绵薄，摧廓伪说，犁庭扫穴"。"雪先圣之沉冤，出诸儒于云雾者"。此书影响有二，一是清学正统之立足点——古文经学，根本动摇；二是一切古书，皆须重新检索估计。《新学伪经考》于 1891 年在广州刊行后，在知识界引起极大震动，很快在全国一些大城市发现各种刻本，销售一空，风靡一时，成为当时的畅销书。其大胆新颖之观点为越来越多的人所接受，康也很快成为青年士子的精神领袖。还有人将它赠送给英、美、日等国图书馆,从而在海外流行。

《孔子改制考》成书于1892年底。长期以来,孔子被认为是信而好古的守旧者,是顽固守旧派反对改革的护身符。康有为的《孔子改制考》却充满惊世骇俗的新颖议论,其基本观点认为孔子的学说主要是他关于改革国家制度的理论,关心政治和政治改革是孔子学说的主旨,此书就是为阐述这种理论和恢复孔子学说的微言大义而写作,并从诸方面力证孔子"托古改制"。经过多方论证,最后,康有为把孔子打扮成托古改制的先驱,进一步把资产阶级的民权、议院、选举、民主、平等等都附会于孔子身上,称这些都是孔子所创造,孔子在春秋时就是君主立宪的拥护者,是争取民主的斗士。这正如马克思所说:"人们自己创造自己的历史,但是他们并不是随心所欲的创造,并不是在他们自己选定的条件下创造,而是在直接碰到的、既定的,从过去继承下来的条件下创造。一切已死的先辈们的传统,像梦魇一样纠缠着活人的头脑。当人们只是在忙于改造自己和周围事物并创造前所未闻的事物时,恰好在这种革命危机时代,他们战战兢兢地请出亡灵来给他们以帮助,借用他们的名字、战斗口号和衣服,以便穿着这种久受崇敬的服装,用这种借来的语言,演出世界历史的新场面"(马克思:《路易·波拿巴的雾月十八日》,《马克思恩格斯选集》第1册,第603页)。这样,他们就打着孔子的旗帜,演奏出维新变法、富国强兵的英雄交响曲。《新学伪经考》、《孔子改制考》既是康有为等人的大胆理论创新,也是中华民族智慧的升华。

维新派为中国设计了更加切合实际的富国强兵方案。

1. 编练新式军队,以便垒固兵强。维新派对清朝军制和军队予以严厉批评:"老将富贵已足,无所愿望,或声色销铄,精气衰竭,暮气已深,万不能战,既或效忠,一死而已,丧师辱国,不可救矣"(转引自何一民《维新之梦——康有为传》,第

124 页，四川人民出版社 1995 年版）。因此，他们提出了选拔将领"贵新不贵陈，用贱不用贵"的原则。即大力提拔年轻忠勇、出身平民的将领，不拘一格选拔人才。另外，他们还提出了建立军校，培养掌握新式技术，有新思想的新式军官的主张。然后以新军官为基础，组建一支 5 万人的京畿部队，外可抵抗列强侵略，内足以平定人民起义。尤其难能可贵的是，康有为等人还提出了利用东南亚国家的爱国侨民及其经济实力，不用清朝之饷银，组建一支华侨部队，令其联通外国，助攻日本，以建奇功。后来，康有为在《上清帝第三书》中又提出了六种强兵措施：①汰沉兵而合营勇；②起民兵而立团练；③练旗兵而振满蒙；④募新制以精器械；⑤广学堂而练将才；⑥厚海军以威海外。

2. 实行君主立宪制，以为富国强兵之基础。维新派认为立国之本、强国之基在于国家富足，经济实力雄厚。而国家富裕之策首先在设立变法机构，实行君主立宪，即效法日俄，明定国是：进行更法改制。康有为在第五次上书中提出，"自兹国事付国会议行"，"采万国律例，定宪法公私之分"（《戊戌变法》第 2 册，第 189—197 页）。即政治上设议院，开国会，定宪法，实行君主立宪政体等。维新派认为设议院，实行君主立宪，可使上下情通，民间疾苦无不上闻，朝廷之德意无不下达，事事皆于众议，上下合心，治理国家，如此国家怎能不富强。

维新派认为实行君主立宪的关键一点是设制度局于宫中，选天下通才 10 余人入制度局，其地位与王公卿士平等。制度局为变法改革主脑机关，以总其纲，制度局下设 12 分局作为新的国家行政职能机构，主管法律、财政、学校、农工商、工农业、铁路、邮电、矿务、旅游和陆、海军。另外，康有为等还主张在各省设一民政局，选才督办，地位与督抚平等，以便督促地方维新事务，因为地方督抚绝大多数反对变法。实际是设想设 12 分局夺六部之权，设民政局夺督抚之权，以便把维新人才提拔上去，完成其富国强兵的维新变法大业。

3. 废除科举，设立学校，培养有用人才，奖励发明。维新派认为科举制度禁锢人的智慧，滋人游手，坏人心志，有百害而无一利。他们认为西方国家富强的重要原因，在于立科技以励智学，人人学有用之学。故他们主张废除科举考试，成立新式学校，以培养懂科学、有技术之人才。对于著述新书、发从古未创之说者，制有新器、创从古未有之巧者，皆给予精神和物质奖励，并保护其专利权，使人人各竭心思，各创新法，从而使中国科技日益发达，走向富强。虽然当时维新派未必知道科技是生产力的道理，但他们主张走的却是科技兴国之路。

4. 修筑铁路，发展交通，收回利权；制造机器、轮船，保护和发展民营工业和水上运输业；运用机器在勘测、开采矿藏；在全国设立邮政系统；设立国家银行，发行纸币，扩充商务；引进外国先进农业技术，帮助农民和地主运用新的农艺方法，奖励农业改良和发明，发展农业等。

维新派的富国强兵方案，尤其是实行君主立宪制，推动维新变法，以实现国富兵强的设想，不仅是对时局的明察，同时也抓住了问题的实质，如果历史能按照维新派的设想发展，中国或许早已走上了富强之路。但遗憾的是由于种种原因和慈禧太后发动政变，使维新变法淹没在血泊之中。正如当时西方报纸所说，紫禁城上空的希望之星陨落了。中国人富国强兵的梦想再次破灭，这不仅是光绪皇帝的悲哀，也是中华民族的悲哀。

（四）辛亥革命党人对富国强兵的探索与努力

英国在华创办的《字林西报》周刊评论说："在北京有六个青年的改革家为那位残忍暴虐的老太后（迟几天就是她的生日，上海各界还准备在道台衙门举行舞会来庆祝）所杀害，但他们个个都具有舍身成仁的意义。我们常常对中国表示灰心和绝望。'殉道者的血是教会的种子'，同样地，这六个青年的鲜血也将是新中国的种子"（转引自何一民《康有为传》，第290页）。维新派的鲜血没有白流，它召唤了辛亥革命的到来，孙中山、黄兴、宋教仁等革命党人于1912年推翻了清王朝的反动统治，建立了中华民国。辛亥革命党人在维新派富国强兵蓝图的基础上，描绘了更加详尽而美丽的富国强兵图案，并在其能力所及的范围努力实施。

无论是反满和反帝或其他斗争，孙中山等革命派的目标都是为了建设一个独立富强的中国。在反满反帝方面，革命派和维新派不同，主要承接了从太平天国到义和团下层社会的火种，把它在全民族范围内（包括中上层社会）点燃起来，明确指出："欲免瓜分，非先倒满洲政府，则无挽救方法也。"于是，他们以武装斗争为己任，终于在无数次武装斗争失败的血的基础上，于1911年武昌起义后，推翻清政府，建立了中华民国。在建设祖国方面，孙中山等人则主要承接了19世纪70—90年代改良派的要求和理想，把它向全民族提了出来。政治上获得独立后，必须有经济上的富强独立，必须以经济建设为中心。

在1894年《上李鸿章书》中，孙中山提出："人能尽其才，地能尽其利，物能尽其用，货能畅其流"的著名纲领。"所谓人能尽其才者，在教养有道，鼓励有方，任使得法也"；"所谓地能尽其利者，在农政有官，农务有学，耕耨有器也"；"所谓物能尽其用者，在穷理日精，机器日巧，不作无益以害有益也"；"所谓货能畅其流者，在关卡之无阻难，保商之有善法，多轮船铁道之载运也"。"此四者，富强之大经，治国之大本也"。这当然不出改良派主张之范围，但孙中山以后摈弃了改良主义，搞革命斗争，并未忘记建设祖国的艰巨任务，并认为革命的目的是建设祖国，这比革命派中好些人认为革命本身即是目的，辛亥以后即认为大功告成等等，要高明得多。

南京临时政府成立后，孙中山为建设富强、民主的资产阶级共和国，付出了极大心血。在短短的三个多月时间里，颁布了30多件有利于民主政治和发展资本主义的法律和政令。如根据资产阶级民主的原则，颁布了保障人民权利的法律和政令，宣布人民具有选举权、参政权等"公权"，给人民以居住、言论、出版、结社之"私权"等。在吏治方面，改革官制，唯能是举，严惩贪官污吏。在发展工商业方面，鼓励人们开办工商业、农垦业，废除一些苛捐杂税，鼓励华侨在国内投资，等等。在文化教育方面，提倡普及教育，取消学校的祭孔读经，注重自然科学教育等，以便为经济建设培养更多的有用人才。中华民国颁布的诸项治国方略，对发展中国资本主义，实现国家的富强给予极大关注，对人民权利的实现给予了极大的努力，各地相继出现了各种实业团体，使神州大地蒸腾出缕缕生机。但是，由于袁世凯的窃国和以后的军阀混战，革命派强国之梦未能实现。

在军阀混战连绵不断的岁月里，革命党人并未放弃实现富国强兵的追求，他们为祖国的强大描绘了一幅又一幅蓝图，而在这些蓝图中，以孙中山的富国强兵计划最具有代表性。

1. 大胆的强兵计划及实施

经过护国运动、护法运动等斗争的失败，孙中山已觉悟到南北军阀如一丘之貉，要想革命成功，必须建立一支完全不同于旧军队的革命军。这不仅是革命成功的基础，也是中国强兵的开始。于是在苏俄和中国共产党的帮助下，孙中山根据中国革命实际，于1924年5月成立黄埔军校，并很快建立起一支以黄埔军校学生军为主的以苏联红军为榜样的有理想有目标的新式党军。一个资产阶级政党的领袖，建立一支以布尔什维克军队为榜样的革命队伍，且让共产党员充当军队中的党代表和下级军官，这不仅在中国历史上是空前的，在世界历史上也是罕见的，它不仅是中国人强兵的最好设想，也是中华民族智慧的集中体现。以后数年两广根据地的建立和北伐战争的胜利，充分证明建立一支革命军队是中国走向富国强兵的开始。

2. 建立权能分开的政治制度的设想

孙中山认为要想建设强大国家，必须建设一个真正的人民政权，于是，他提出了建立主权在民、权能分开的政府的主张。孙中山认为他的权能分开的政府的论断，是世界上前所未有的发明。他所说的权，即"集合众人之事的大力量，便叫做政权；政权就可以说是民权。"他所讲的能，即是"管理众人之事，集合管理众人之事的大力量，便叫做治权，治权就可以说是政府权"（《民权主义》，《孙中山选集》，第791页，人民出版社1981年版）。政权和治权必须分开。孙中山指出，政权，要完全交到人民手中；治权要完全交到政府手中。他还把治权比作一台机器，把掌握政权的人民比作操纵机器的工程师。人民这个工程师握有选举、罢免、创制、复决四权，对于不合适的法律，不合民意的政府和官员，有权"发出"和"收回"。这样，政府才是真正的人民政府，才能做到主权在民。在提出"主权在民"的主张的同时，孙中山还指出政府权要实行五权分立，即行政、司法、立法、考试、监督五权分治，在欧美三权鼎立的基础上，选拔干部由考试院负责，任人唯贤，以杜绝中国的裙带风气，选拔有才德，尤其是专门家来治理国家。此点在当时可谓一创造，用专门家治国，将使国家政策、管理更加科学，更有利于国家的发展，至今仍为许多国家运用，实为国家强盛的基石。

3. 平均地权，实现共同富裕

孙中山曾周游欧美，看到欧美国家虽然强盛，但贫富悬殊。为改变这种局面，实现国家的富强和人人幸福，提出了平均地权的主张。平均地权，开始主要指土地国有，照价纳税。所谓土地国有，就是不承认土地的私有权，而归国家所有，国指中华民国。所谓照价纳税，即让地主报地价，由国家赎回土地，但无论地价高低，地主均要给国家纳税。然后，国家再把从地主手中购得的土地，分给无地少地的农民，实行平权地权。分得土地的农民再不用给地主交租，只给国家交清税收，其他苛捐杂税尽数免除，这样不仅人民日渐富足，国家财政也会日益增加。另外，数十年后随着地价的上涨，土地的增值部分亦归国家，国家富强就指日可待。1924年国民党"一大"后，平均地权增加了"耕者有其田"的新内容，认为这是实现共同富裕的最佳办法。

4. 节制私人和外国资本，发达国家资本，实现国家的真正富强

孙中山所指的节制私人资本，指凡关乎国计民生的银行、铁路等归国家所有，但只要不垄断、操纵国计民生者，支持私人资本发展。孙中山之所以提出节制私人资本的主张，是因为他透过欧美社会的繁华现象，看到了一幅幅血泪斑斑的悲惨画面。他既要发展实业，发展资本主义大工业，实现中国的富强，又想防止资本家对国计民生的操纵，让中国老百姓人人都有饭吃，以实现共同富裕，达到改造中国、建设中国的目的。所谓节制外国资本，是指把中国的主权、利益放在首位，即引进外资或借外债不能以损害国家主权、利益为代价。所谓发达国家资本，即发展国家实业。孙中山认为中国富强之本，不在节制资本，重在发达国家资本。他在1924年4月的一次演讲中说："在一个国家之内，只有少数人有钱是假富，要多数人有钱才是真富。我们现在没有大富人，多数都是穷人。要革命成功以后，不受英国、美国现在的毛病，多数人都有钱，把全国的财富分得很均匀，便要实行民生主义，把全国大矿业、大工业、大商业、大交通都由国家经营。国家办理那些大实业，发了财之后，所得的利益让全国都可以均分"（《孙中山选集》，第894—895页）。由此可知，孙中山所言之国家资本，即凡大的实业，都归国有，由国家经办，且所得利益平均分配，以便实现人人富裕，改变国家贫富悬殊的现状。此真乃民富国强。

5. 宏伟的"实业计划"

孙中山在40年的革命生涯中，始终以振兴实业、建设中国为己任。从1917—1919年间，他呕心沥血，全力以赴地亲手制订了规模宏伟而又十分具体的《实业计划》。在这个计划中，他把交通运输业放在首位，在交通中他把铁路事业放在首位，计划中豪迈地提出10年之内修筑30万里铁路，以中央铁路系统为主，再配以东南、东北、西南、西北和高原铁路系统，把全国沟通联系起来。孙中山共拟建铁路107条，今天我们所建之铁路，多在孙的设想之中。

在《实业计划》中，孙中山对农矿业高度重视。认为农业是民生之首，衣、食、住、行皆离不开农业，主张以政权的力量和法律的手段保护农业，如测量农地，摸清全国土地底细，做出合理农业规划；兴办农场，开发边远地区；建设农校，培养农业人才；派遣留学，引进外国农业技术，实行科学种田等，皆在孙中山的扶农计划中。孙中山对中国农业前途感到乐观，他认为凭中国人的勤劳和土地广袤，如果政府加以正确指导和支持，"我们中国至少也可以养八万万人"。孙中山的计划和预见，正为今天我们所提倡和实现。关于矿业，孙中山把它视为"实业之母"、"工业之根"。他认为矿业中以钢铁工业最重。他指出："今日为钢铁世界，欲立国于地球之上，非讲求制造不可。"而无论哪一项建设事业，都离不开钢铁的需求。他主张对已建立起来的直隶、山西、湖北、辽宁等省的钢铁工业要继续发展，在铁矿储量较丰的广东、四川、云南诸省，要新开钢铁工厂，以期使钢铁工业布局更加合理。此外，对于煤矿、铜矿、石油及特种矿，也有许多论述和筹划。

在《实业计划》中，孙中山对机器制造业、轻工业等，也都有规划和论述。特别是预先考虑到，利用第一次世界大战后充分闲置下来的"宏大规模之机器"，使军用工业及时转向为民用服务，即实现军转民的设想，更具有远见卓识。

孙中山的富国强兵方略和计划,以其宏伟的革命气魄,怀着爱国主义激情所制定,里面既有主观主义的成分,又有一个资产阶级革命家理性的思索,既是资产阶级对未来中国的大胆想象,又是对富国强兵的科学规划,同时也具有一定实践意义。孙中山就任临时大总统后,曾颁布法令保护私有财产,鼓励和支持民办实业,上海的"中华工学会"、"中华民国商学会",南京的"中华民国实业协会"等纷纷成立。与此同时,各地工商界的有识之士,纷纷投资,兴办实业。社会上许多经济实体相继诞生,中国的民族资本主义得到一定程度的发展。如1911年全国仅有工厂82家,1912年则骤增至2001家,年增长相对值达243.73%,许多行业都呈现了一股"办厂热"。有感于中国民族工业的初步发展,孙中山兴奋地说:"中国处在大规模的工业发展的前夜,商业也将大规模地发展起来,再过50年我们将有许多上海,要能预见未来,我们必须是有远见的人"(孙中山《中国革命的社会意义》)。忒壬斯说:"真正的智慧不仅在于能明察眼前,而且还能预见未来"(忒壬斯《失乐园》第八卷)。作为中华民族优秀代表的孙中山,不仅明察当时,而且对中国的未来给予正确的预见。孙中山先生未竟的事业,后来者正在实现。

纵观中国近代的富国强兵运动,从林则徐、康有为到孙中山,都进行了不懈的努力和探索,但由于政局动荡、政府腐败、外国入侵及孙中山的早逝等种种原因,均未获得成功。它以失败告诉我们,国家富强必先独立,没有祖国的独立不可能有国家的富强;另外,欲实现国家富强,还必须有稳定的社会环境,在动荡的社会里不可能建立起富强的国家。从林则徐到孙中山,他们是中国革命的先行者,在中国近代富国强兵运动中表现了他们的"智"。这种"智"观念是中华五千年文明古国智慧与西方现代文化的结合融汇,他们的努力向世界表明,中华民族有能力自立于世界强国之林。

第十四章　智在现代社会中的意义

在人类历史长河中，对智的认识，从来没有像现代社会这样明确、深刻、全面。人类之智在思考一切、创造一切、改变一切。

人类之智决定着现代社会发展的现实和结果；现代文明表征着人类日益发展着的智慧水平。整个现代世界都在重视智、普及智，甚至于把提高民族之智当作根系民族生死存亡的大事来对待。

智，对于现代社会，已经具有非同寻常的意义。

本章节将从"现代社会智的发展及其影响、智在现代人际关系中的意义、智在现代商战中的意义和智圆行方与现代法制的关系"等几个方面，探讨智在现代社会中的意义。

一　现代社会"智"观念的发展及其影响

1. 关于智与知识的现代认识

"知"和"识"在古汉语中，"知"主要有"知道、了解、主持（知县）"等义；"识"主要有"知、认、记、心"等义。"知"在古汉语中，常与"智"通假运用。

"智、知、识"这三个古代词汇的含义，向我们提供了人智发展的理论依据。

"智、知、识"，在现代社会是两个词汇，即"智、知识"。

智又被分解为智商、智力、智能等概念性词汇，这是现代人深入研究智的含义及其功用的结果。通常泛指智时所通用的词汇是"智慧"。

在现代汉语中，智的含义有三层，一是指人在遗传因素中所禀赋的聪明程度。例如智商的概念中，就包含着遗传因素。优生优育提法中的"优生"，也是指遗传因素。遗传因素，对于一个人智能系统的发展，确实具有某种重要意义。二是认为智作为能力素质，是可以通过后天的教育培养而提高的。例如，受过系统教育的绝大部分人，智能素质明显高于没受过系统教育的人。三是认为智作为能力素质，是关系到一个人或一个群体，在社会实践活动中，创新能力强不强的关键性因素，因而需要抓紧培养，素质教育就是基于此点而提出的。

"知识"在现代汉语中，是一个固定词汇，其含义是指人类一切社会活动的思想和认识，都可称作知识。知识的作用主要有三点：一是指导人们的社会实践；二是作为教育后人的经验材料；三是知识积累。

智和知识的关系。

如果要问人类是先有智慧，还是先有知识？不会像俗语所云"先有鸡还是先有蛋"那样难以确定。人是智慧生命，在没有知识积累的拓荒年代，人类照样依靠智慧生存：群居狩猎、钻木取火、发明石器、播种收获等等。在几千年的人类文明史中，人类智慧创造出越来越多的知识。

人的智慧创造着知识，知识体现着智慧，知识通过传播而促进智慧的普及、提高与发展。发展的智慧又在创造着新的知识。在知识与智慧相互促进，相互普及、相互提高发展的现实中，知识更新加快、知识爆炸般产生便成为一种必然。

智与知识的区别。

智，作为综合能力素质，内隐于人的个体身心之中；知识则作为认识成果,外显为系统理论或经验、方法。

智的功能具体表现为掌握知识、操纵知识、创造知识。

知识的功能具体表现为体现智慧、体现方法、提供知识。

智与知识的发展。

人类所有可用以实践的智慧,已经表征为现代知识成果;人类尚待实践的智慧,正在创造中发展为新的知识。站在现代知识的基础上发展,就是站在人类几千年的智慧积淀上发展。离开知识,人类智慧就会陷入拓荒年代的茫然中;同样,离开了人的智慧,知识的创造便失去了源泉。

智和知识,一路迈进现代社会,其丰富与发展的高度,已经难分伯仲。谁拥有丰富的知识,谁就可能具有高水平的智能;谁具有高水平的智能,谁就可能创造出更新的知识,谁就可能最先找到解决难题的方法。这,似乎已经成为现代社会智与知识发展的一个普遍规律。

现代人智和现代知识,相互作用,正在使现代社会的生产力水平、科学技术、物质文明和精神文明等方面,发生巨变。

2. 智的发展,促进了现代社会经济形态的变化

智的发展,以知识发展为标志。知识发展的走向,是从低级到高级。按照知识发展的表现状态,可以大致分为"自然传承阶段、知识意识加强阶段和知识主导阶段"。这三个阶段与现代社会经济发展的三大形态相联系,或者说,现代社会知识发展的状态,改变了社会经济形态的模式。

知识发展的低级阶段,缺少发展创新意识,知识发展表现为"自然传承",例如农业的耕种收获,对四季天气变化的认识等。人的思想比较封闭,传统知识占主导地位,农产品占社会经济的主导地位,这一阶段社会经济形态被称之为"农业经济"时期。

知识发展的中级阶段,工业机器的出现,使人们发现,技术革新对于节约能源、节约人力、物力,具有立竿见影的现实意

义,技术革新意识明显增强,新技术、新机器代表着新知识的产生。工业产品开始取代农产品的经济地位,新知识的产生成为人们为之欢呼雀跃的大事情。农业发展在某种程度,已经依赖于工业产品的普及与技术创新。例如机器播种、兴修水利、收割机与肥料等。工业技术的不断革新,使城市率先实现了电气化,广大农村逐步实现了机械化生产,社会生产力得到极大解放。工业产品占据了社会经济的主导地位。人们称这一时期的经济形态为工业经济。

知识发展的高级阶段,知识普及推动着知识创新,教育功能得到完全施放,人们思想比较解放,新技术催生了信息技术革命,信息技术的广泛运用大大方便了人们的交流,同时从根本上革新了传统的农业和工业技术。

新知识爆炸般涌现,人们的价值观开始变得多元,知识密集型企业正在取代劳动力密集型企业,知识的含量决定着一个企业,一个产品的发展前景,知识被社会承认为"资源",并享有分配权。谁的知识多,谁得的利益多,已经成为一种现实观念。这一时期的经济形态,人们称之为"市场经济",或者叫做"知识经济"。

显然,社会经济形态的转变,是以知识发展为动力的,智与知识的发展,推动着社会经济的发展。

3. 智在现代社会的发展精彩纷呈

智与知识发展所给予现代社会的一条深刻启示是:"知识就是力量";"科学技术是第一生产力"。这些对知识的深刻认识,在现代社会各个领域,创造出一个个智慧奇迹。

现代政治领域,邓小平以其卓越的政治智慧,从历史与现实出发,创造性地提出了"一国两制",和平统一祖国的基本方针,成功地收回了香港和澳门,为和平解决台湾问题打下了智慧的基础。同时,也给全世界范围解决同样问题,提供了用智力解决问题，而不是用武力解决问题的范式。"一国两制"模式，是现代社会"和平与发展"主题下政治智慧的杰出典范。

现代军事领域，数字信息管理系统、卫星探测定位系统、核动力、核武器、红外线技术、空对空、地对空制导系统等高科技手段，已经广泛运用在现代军事的各个领域。在知识发展作用下，现代军队的装备日益现代化，体现出减员增效、速度更快、定位更准、威力更大的发展特点。

现代工业领域，知识成为导引社会经济发展的主要资源，知识型企业成为社会经济发展的支柱。例如计算机、手机、数字彩电、DVD、微波炉、太阳能产品、智能型轿车等等，知识在不断提升着现代商品的知识含量，同时其附加值也带动了其他行业的勃兴。

现代农业领域，科学种田成为时尚。立体种植、交叉种植、无籽种植、温室栽培、食用菌栽培、一年两熟、三熟等先进技术，广泛运用在大江南北，创造了连续十几年大丰收的佳绩，极大地提高了农民的收入，改善了广大农民的生活现状。

现代医学领域，超声波仪器、磁共振技术、造影技术、内窥技术、血液分析、透析技术等诊断技术，已经广泛应用在临床实践中。在治疗方面，像光子刀、微创手术、冷冻技术、激光技术、靶向疗法、粘贴技术、无痛技术等先进手段的广泛应用，大大减轻了病人的痛苦，提高了治疗效果。

现代教育领域，充分认识到知识对智能素质的培养作用，全面释放了教育的政治功能、经济功能、文化功能和教育功能，提出了科教兴国的战略和素质教育的导向，现代教育责无旁贷的肩负起培养素质全面、创新能力较强的智慧型人才的历史责任。

4. 从知识的两面性，透视知识缺憾

什么是知识的两面性？正面效应和负面效应并存于知识之中，就是知识的两面性。知识的正面效应是指知识推动社会文明健康发展的一面；知识的负面效应是指由知识不足或缺憾而产生的负面效应的一面。科学家们常说一句话："科学是把双刃剑。"其实就是指知识的两面性而言。知识的不足就是知识的缺憾。知识缺憾表征着知识不足是一种暂时难以克服的状态。明确这一认识，将有助于在知识创造和应用过程中，自觉地把知识的负效应降到最低，减少其危害；明确这一认识，会使我们对知识创造和应用，保持更加清醒冷静的态度。

那么，现代社会有哪些值得我们冷静思考的知识缺憾呢？

从社会学和人类学两方面看，腐败丛生和道德滑坡是现代社会知识亟待解决的重大问题。腐败屡禁不止，反而花样越来越多，级别越来越高，"一窝儿贪"越来越多。腐败是造成不正当竞争、民心不稳、党风不正的祸根。腐败更是人们信仰迷失，大量产生自私自利因素的催化剂。

道德滑坡同样是举世公认的现实问题。在利与义、个人与集体、个人与他人等利益关系面前，发生着越来越多的道德缺失事件。据报载：2003年重庆开县井喷事故发生后，遗留下30多个孤儿，围绕着每个孩子可以拥有四十余万元赔偿金的"利益"，在确定谁为孩子的监护时，有几家因争抢监护权的"斗争"几乎发生到了吵架打骂的程度。

从知识缺憾角度看，腐败和道德下滑问题是被有些人当作另类"知识"的。是社会文化在人的个体或者群体思想中异化为"新"的"知识观念"造成的结果。虽然这种"新"的"知识观念"背离了公正和利他的传统道德，但它们不是空穴来风，而是在一定的社会氛围和适合生长的"土壤"中"相互学习"，滋生蔓延，以至于成为"风气"的。

从这里，我们至少可以看到两个方面的问题：一方面，现代社会在管理制度、监督机制、政策法规和舆论导向等方面，存在着种种不足，给腐败丛生和道德失衡以较大的负面影响，正像有些有识之士指出的那样：政策和机制方面的漏洞，给不法分子提供了滋生腐败的"温床"；另一方面，在完善政策法规和监督机制的情况下，现代社会并未创造出杜绝腐败的知识系统和导引百姓心悦诚服的符合时代特征的道德体系。尽管全社会都在为此而努力，但是，我们应该看到这一不足和知识创造的联系，从知识创造方面多一些理性思考，或许对产生解决问题的新知识有更大的帮助。

科学技术和社会经济，是现代社会最引人注目、首当其冲的重要领域。知识的各种表现在这一领域更为突出，也更容易发现知识缺憾。例如有关调查资料显示：从 2003 年开始，我国每年至少有 500 万台电视机、400 万台冰箱、600 万台洗衣机、上千万部手机、几百万台电脑要进入淘汰期。这些电子垃圾如果处理不当，就会给自然环境造成严重污染，实际上这种污染已经开始存在——有相当的电子垃圾被埋掉，给土壤异化埋下了祸根；有相当多的过期产品，被不法奸商拆解后，重新以次充好，卖给了顾客，过期的电子元件在悄无声息中，损害着使用者的健康。据有关专家称，我国目前尚未建立起有关如何处理电子垃圾的法规，这更是产生大量电子垃圾污染的知识缺憾。我们希望这方面的法规及早面世，把电子垃圾对环境、对人的身体的负面影响降到最低。

美国航天局太空研究所最近发表惊人消息：人类活动不仅导致全球气候变暖，还使地球变得更加黑暗。根据他们掌握的大量资料表明，最近两年照到地球的太阳光减少了 20%，其原因是积聚在大气层中的尘埃使阳光产生折射，阳光不能全部照射到地球表面。大气层中的尘埃不能使阳光正常的反射，加剧了温室效应。这种情况会极大地影响各种植物的正常生长，也大大降低了太阳能的功效。

目前，全世界的科学家都不会否认这样一个现实：现代科学的负面效应正在不断地、普遍地表现出来，现代人类社会在充分享受着科学的"福利"时，同样要无可避免地承受其危害。当前，全世界的科学家已经把解决重大负面效应问题摆在极其重要的位置。我们仍有责任借此呼吁，在任何一种科学知识的创造过程中，如果能把道德因素和环境因素放在同人的生命同等重要的位置多加思考，科学的负面效应一定会离我们很远很远。

知识不足是一种缺憾，正因为有缺憾，人们才会在努力中寻找弥补缺憾的新知识，这是人的"欲望无止境"的天性造成的自然现象。从这个意义上讲，十全十美的知识是没有的。一种知识一经产生，便伴随着它的不足来到这个社会，影响着这个社会。面对这一"自然规律"现象，值得我们警惕的是：知识不足如果是工具性的，大不了影响到使用操作的烦琐和不便；但知识的不足如果是对物质有异化影响的，那种影响将是深远而不易纠正的。因此，在知识创造方面，只有把开拓创新、想到未来、为人类的长远利益负责结合起来，才是知识创造应有的正确态度，才能把知识缺憾所可能带来的负面效应降到最低。

知识对现代社会的重大影响。

知识对现代社会的影响可以用一句话来概括："知识已经并继续改变着整个世界。"知识改变了人们的传统观念；改变了人们的生活方式；改变了教育手段；改变了经济发展模式；也改变了世界局势……

知识爆炸般增长使社会生产力获得飞速发展。在知识发挥着巨大作用的现实面前，传统的生产力要素地位发生着革命性变化，传统观念认为，劳动力是生产力的决定因素，现实却越来越表现出知识主导一切的倾向。邓小平说过一句名言："科学技术是第一生产力"。从现实看，确是如此。生产力的每一次跃进发展，都是知识发展的结果，例如从人力化到机械化，从机械化到电气化，从电气化到信息化等等。虽然掌握知识、创造知识的依旧是人，但知识作为一种要素、一种资源因素，已经成为新的主导并决定生产力发展的重要因素。

现代知识让人们的生活方式发生了翻天覆地的变化。有一首歌谣这样表述："现代生活变化大，住房住高楼，家家有电话，出门就'打的'，手机腰里挂，煮饭用'微波'，喝水商品化，出门带张卡，游遍全天下。"知识使现代社会人们的生活朝着更便捷、更轻松、更讲究的方向飞快地发展着。

知识改变了传统的工业经济发展模式。重工业和轻工业是传统的工业经济发展支柱，以占用资源多而且人数多（即劳动力密集）为特征。知识发展很快使计算机、手机、彩电、DVD、微波炉、冰箱、洗衣机等知识密集型企业雄霸天下，成为现代经济社会的主导型企业。体积更小，功能更多，占用资源更少、知识含量更高的消费品生产，已经成为未来社会经济发展的主要方向。

知识发展使现代管理思想发生重大变革。现代知识认为："天生我材必有用"。人人皆有创造能力，但人的创造能力的充分施放，必须建立在理解、沟通、支持、关心等富有人性化的管理基础之上。于是"以人为本"的现代管理思想成为全球普遍认同的新观念。"以人为本"的管理理念促使各行各业的管理朝着更民主、更和谐的方向发展，并产生了丰富的"以人为本"的系统管理知识。

知识发展改变了世界格局。

知识对于世界局势的改变，最突出的表现是人们在冷战时期越来越明确地看到一个关键问题——即发展经济，壮大国力才是最根本的发展道路。在这种认识下，全世界一直高举和平与发展的旗帜。在知识推动下，经济发展使得国力渐强成为可能，综合国力的强大不再是美国、苏联等国家的"专利"，中国同样强大起来。过去是谁的钢铁、飞机、大炮多，谁就敢指东说西；现在是谁的经济增长速度快，谁的腰板就最硬。现代知识，已经撬动了世界局势，并成为衡量一个国家和民族发展快慢、发达与否的新标志和新标准。

知识改变了传统的教育观念。

这一点主要表现在两个方面：一是传统教育观念，是把学生培养成专业系统知识的掌握者，现实社会发现，只有单一专业系统知识的人才很难胜任学科知识纵横交错的工作岗位，造成人才拥挤，效率低下的浪费现象。于是乎，"宽口径、厚基础、高素质"便成为新的历史时期的人才观。新的人才观促使教育在人才培养方面发生了根本性改变。二是知识发展的显著特征——创新，让人们重新认识了教育的社会功能。现代知识把教育功能界定为四大项：即政治功能、经济功能、文化功能和培养功能。对教育功能的新认识，使人们对教育的发展方向产生了新的思考：即教育怎样发展才能完全施放其功能的全部意义？我们国家把教育的发展方向锁定在"素质教育"上，换言之，教育要以提高全民族整体素质为己任、为目标。教育要培养适应时代发展要求的，全面发展的高素质人才。我国实施素质教育的最终目标，是将人口大国、"包袱"过重的劣势局面，改变成为人口资源优势明显的局面。现代教育为此而须付出的努力，十分艰巨但充满着希望。

二 "智"在现代人际关系中的意义

人际关系是各种社会关系中最重要、最核心的关系，历来深受人们重视。我们的祖先就曾经用自己的智慧，在人际关系方面创造出诸多垂范后世的行为规范。如"以礼待人、和睦相处、童叟无欺、宾至如归、先人后己、舍利取义、和蔼共济"等等。因之，我国素以礼仪之邦闻名于世。

当历史的车轮驶进现代社会,人口猛增、社会分工纷繁细密,工作生活节奏愈来愈快等因素使得现代人际关系远比过去复杂了许多,人际关系以它的重要已经发展成一门现代社会学科——"人际关系学"。智在现代人际关系中的重要作用表现在以下几个方面。

1. 智指导着现代社会各种组织建立起协调发展的人际关系

现代社会的每个人,都会依从于某个社会组织,大到各级政府及其归属行业,小到街道办和村小组,就连街上乞丐,也要临时接受社会福利救济中心的管理。组织内部的成员关系就成为现代人际关系中最常见、最基本的关系。怎样处理组织内部人际关系,关系到组织的稳定和发展。

那么,现代人的智慧将怎样解决这一现实问题呢?一是建设企业文明制度,包括"职业道德规范、企业价值观和经营理念、奖惩制度、企业工会活动、企业品牌与形象的树立"等内容。企业文化建设的目的,在于最大限度地把组织成员的思想认识和行为统一起来,形成一荣俱荣,一损俱损,与组织同呼吸、共命运的紧密联系。为组织内部人际关系在团结协调,目标一致的基础上推动组织平稳发展,打下坚实的思想基础。二是建立完善的岗位目标责任制度,所谓"千斤重担大家挑,人人头上有目标",是现代社会组织管理人际关系所总结出的一条宝贵经验。明确的岗位目标责任避免了人浮于事的弊端,同时明确规定了每个组织成员应该怎样工作,才符合组织要求,一个组织成员在纵横交错的组织关系中该如何做,才能协调好相互关系,完成自己的工作目标。岗位目标责任制是现代组织处理人际关系的一条重要原则。

从现实经验看,企业文化建设主要管人的思想,岗位目标责任主要管人的行动,双管齐下,才能真正使组织人际关系协调发展。一般说来,在工作中表现出色的员工,都是自觉接受并认真履行这两条原则的人。现代社会组织中的人际关系，就是依靠企业文化建设和岗位目标责任制度这两条，把素不相识，性格迥异的人们团结在一起，从而产生强大的组织凝聚力，推动组织健康发展的。

2. 智提升了现代社会对人际关系的理性认识

西方大哲学家亚里士多德曾说过："城郭，是人类企求使生活过的好的合伙关系。"由此可见，城市是人类合伙群居以求生活更好的产物，在群居的生活环境中，相互合作是人际关系的最佳选择。这一智慧认识，历经千百年，经久愈明，到了现代社会，人们对人际关系的认识，已经提升到更全面、更深刻的层面，如果用一句话来概括这一认识，即现代社会人际关系需要"理解、尊重、沟通与合作"。缺少任一环节都不是最好的现代人际关系。

"行为科学"是现代社会最早揭示现代人际关系规律的学说。20世纪30年代初，美国著名管理学家马斯洛等人，在芝加哥西方电气公司霍桑工厂进行了一次大约有二万名职工参加的试验，此次试验历时六个月，目的是探索物质条件、工作环境和人际关系与生产效率之间的关系。这就是闻名于世的"霍桑试验"。试验证明：凡是上级能善待下属，并能使用激励的方法鼓舞工人，工人的安全感强的试验车间，生产效率明显提高；相反，上级总是强制命令下属，甚至常常以处罚、开除工人来管理试验车间人际关系的，生产效率明显降低，试验结果证明人都需要尊重和理解。

受此启发，马斯洛提出了对现代人际关系有划时代意义的"需要理论"。即：人们都有"生理需要、安全需要、社会需要、尊重与归属需要、自我实现的需要"。马斯洛的"需要理论"揭示了这样一个有关人际关系的本质性问题——好的人际关系可以满足人们的这些需要，能满足人们这些需要的人际关系，对于促进组织发展，提高效率具有十分重要的意义。马斯洛的需要理论成为后来《行为科学》系统理论的理论基石，《行为科学》的系统理论至今仍然是指导现代各种组织人际关系的重要理论。

举世闻名的"卡耐基丛书"，在《如何赢得朋友和影响他人》一书中，也提出了关于现代社会人际关系的四点建议：一、真诚感谢、表扬别人的工作；二、尽量给别人良好的第一印象，增加信任感；三、让别人多说，表示同情理解；四、多看别人的优点，给别人面子。可以明显看到，这四点建议的核心，仍旧是理解、尊重和沟通。

理解、尊重别人，可以赢得别人与你的良好沟通。美国福特汽车公司曾发生过这样一件事：总裁彼得森有一次前往一个碎石厂参观，一位人高马大的工人走上前来对彼得森说："我想告诉您一件事，我以前很讨厌上班，但最近主管经常征求我的一些意见，让我觉得自己还是蛮重要的。我以前从来没有觉得公司把我们当人看。现在我很喜欢来上班。"这件事让人们看到尊重、理解一个人是多么重要。

在现代社会，人们为了更理智地处理人际关系，有关专家、学者已编著出版了诸如《人际关系大全》、《怎样与他人相处》、《为人处世××问》、《怎样与对手谈判》、《怎样与上级相处》等书籍，用以传播处理现代人际关系的最优方式，指导人们提高处理现代人际关系的能力。

3. 智发展了现代人处理多元人际关系的智慧和能力

现代社会是多元发展的社会，人际关系也不例外。多元的人际关系自然促使人们要思考该如何应对这一发展现实。现代人当前要经常面对的多元人际关系有：上下级关系、同级关系、同事关系、亲友关系、公众关系、公共关系等等。

智使现代上下级关系淡化了专制，注重了平等。传统的上下级关系，命令多于协商，专制多于民主，唯上级是尊，下级只是唯唯诺诺听命指派，毫无个人民主可言，这种专制式上下级关系带来的直接恶果是：下级出工不出力，工作缺乏创造热情和积极性，事不关己，高高挂起；间接恶果是组织内隐患暗流增多，熟视无睹，给组织发展埋下危机种因。现代人际关系对上下级关系的普遍认识是：社会分工可以有不同，但在精神上应该是平等合作的关系，那种传统的雇佣用人，权力用人等专制方式已经一去不复返了。只有平等待人，才能愉快合作，而愉快合作是对组织和个人都有益无害的理想结果，何乐而不为呢？美国前国务卿基辛格曾说过一段发人深省的话："最好的管理者就是让大家感受不到他的存在，让下属觉得这些工作都是他们自己完成的。"显然，这种管理能赢得下属对上司的极大信任，从而焕发出应有的工作热情和创造性。

关心下级是现代社会上下级关系普遍奉行的一条原则。上级关心下级，会让下级感到安全与温暖，也可使下级体会到自己的重要和价值。关心传递着无声鼓励的信息，会使下级更加发奋有为，作出成绩。

放权（也称授权）也是现代社会组织中，上级对待下级关系的明智之举。传统的上下级关系，上级一般会揽住权力不放，事实证明这样并不利于组织事业的发展。而适宜的下放那些该下放的权力给下级，下级反而做得很出色，有了工作成绩，上级不仅脸上有光，而且因为权力下放，还落了个省心、省时、省力的舒畅，这就是授权的奥妙所在。那些死抱住权力不肯下放的上级，必然导致上下级关系冷漠，甚至出现下级炒上级鱿鱼的不愉快结果。

智慧的现代人深刻认识到，同级同事之间，只有相互尊重理解，才能相互支持，共同发展。在K县曾发生这样一件事，在乡政府所在地有一县管单位，县管单位一把手认为，我和你乡里没啥关系，两单位用不着什么来往；乡政府也认为你一个县管单位，有啥了不起，你不来我这地方政府拜访，我还能倒巴结你，再怎么说我也是地方一级政府啊。县管单位有一次失盗，去乡政府报案，结果乡政府反应冷漠，很让县管单位失望。如果县管单位一把手能认识到搞好地方政府关系，自然对自己单位有利无害；如果乡政府领导能认识到同县管单位搞好关系，对树立乡政府形象又多了一扇窗口。如果双方都摒弃级别观念，主动与对方沟通，情况就会大不相同。

俗语云："同行是冤家"。其实不然。同行是否真的是冤家，要看一个人的修养和品行是否高尚。高尚者凡事能与人为善，乐于助人，甚至舍己为人，同行自然构不成冤家因素；卑下者一事当前，先替自己打算，生怕别人得到的利益比自己多，同行有难，非但不帮，反暗自窃喜自己可以独得其利，在这样的人眼里，同行才是冤家。中国民族交响乐团去维也纳金色大厅举行新年音乐会，在国内事先排好有乐团二胡首席演奏家的二胡独奏节目，到了演出开始前，团长发现现场氛围非常有利于充分展示随团女板胡演奏家姜克美的多才多艺，姜克美是我国著名"胡琴司令"（美称）刘明源大师的得意门生，板胡、京胡、二胡等弓弦乐器都演奏的出神入化，因此，团长临时决定让姜克美一人表演中国民族弓弦乐器，一展我国青年女演奏家的高超技艺，为祖国争光。决定传达给姜克美时，她却说，我事先不知会让我拉二胡，没带称心的乐器，乐团二胡首席演奏家听到后，立刻把自己价值不菲的高级胡琴送到了姜克美手中，使得姜克美非常感动，演出大获成功。乐团二胡首席演奏家是我国著名青年演奏家，如果出演二胡独奏，其高超的演奏技术也同样会赢得满堂喝彩，但是他没有一丝埋怨，当别人问他是否感到遗憾时，他说："祖国荣誉高于一切，我个人名利算不了什么。"他虽然因节目变动而失去了一次名扬海外的机会，但他送琴救场的高尚品质却传遍了国内音乐界。他的高尚行为促进了乐团的人际关系更加团结，更加和谐。

在现在的商品市场中，常常可以看到这种情形，一个店铺紧俏货卖脱销了，又有顾客前来购买，临近的店主闻讯后不是抢拉顾客，而是赶快把同样货品送过去，救了同行的脱销之急。这种"同行是朋友，相互来帮助"的关系，是现代社会人际关系的新认识，是现代人际关系发展的主流。

现代社会家庭亲友关系也发生了新的变化。我国传统的家庭亲友关系一直是家长制、一言堂、晚辈不得给长辈提意见，否则便是大逆不道。现代社会的信息交流使得家庭亲友间的关系发生了变化。例如不少家长感到严肃的一言堂教育方式，非但不能达到理想结果，反而常常发生孩子出走，家长打伤、打残、打死孩子的事也偶有发生。许多家庭开始试着建立一种朋友式的亲情关系。从中央电视台《神州大舞台》栏目可以发现，那些关系融洽、欢声笑语、身怀佳艺的家庭成员后面，实质上有一种相互信任、相互沟通、相互平等的新型关系，正是这种新的家庭亲友关系，才让一个个家庭和家族成员得以和睦相处，互相学习，充分发展自我的。

公众关系是现代社会最广泛，最能代表现代人际关系修养的一种关系。车站、广场、大街小巷、商店剧场等等。公众关系的现代行为规范一般有：尊老爱幼、礼貌待人、礼让三先、助人为乐、仗义执言、举止文明等。公众关系实质是人人为我，我为人人的互利关系。例如，在同一剧场看演出的人，如果都不注意环境卫生，随意乱扔果皮纸屑，乱吐一气，那么人人都将置身在不洁净的环境；相反，如果人人都能自觉约束自己，不做有损环境卫生的事，那么人人都会感到自己处在一个干净卫生的环境中。公众关系的行为规范一般都有明显的标志提示，但处理好公众关系的根本，却在于个人的文明修养水平。每个人自觉地以文明行为与公众相处，实际上是营造着对所有人，包括自己在内的良好关系氛围。这是我们每个人应该以文明举止身处公众关系中的根本着眼点。

公共关系是一种客观存在,是指社会组织之间的关系,公共关系学是现代社会新兴的一门学科和科学。现在许多高等院校开设有《公共关系学》课程,公共关系的著述更是随处可见、比比皆是,足见公共关系已经成为现代社会的一种以组织形式进行沟通交流的人际关系。

公共关系的表现是组织之间的关系交往,但实际上仍然是人与人的交流,只不过这种人际关系是以树立组织形象为前提的,而组织形象的本质是人赋予组织发展的理想的展现,人仍然是组织的主宰,组织间的交流与发展都是人为的结果。所以,公共关系的主旨是"外树形象,内求团结"。公共关系与一般的人际交往所不同的是:公共关系更重视交往间的理性和交流性。例如公共关系一旦决定要进行必要的宣传、沟通等活动时,都要拟定系统的实施方案,每一个环节的活动都有专人在既定的时间内完成,事后还要收集反馈信息,以制订新的活动计划。公共关系的实施需要相当丰富的专业知识,一般应由具备公共关系执业资格的专业人士来实施,我国现在已经培养出自己的公共关系硕士和博士。我国现有相当数量的公共关系协会,这些民间社团组织为公共关系学的迅速发展,作出了宝贵的贡献。

4. 现代社会的道德建设与法制建设从根本上体现着现代人的"智"观念

人与人之间的关系构成复杂多元的社会关系,一个人的思想行为是好是坏,不仅影响着人与人的关系,而且影响到整个社会关系。因此,道德建设从人的个体看,是自律提高;从整个社会看,是形成社会稳定因素的必需,是和谐团结的必需。现代人所必须接受并养成风气的道德规范有:集体主义道德、职业道德、社会公共道德、传统美德等。著名的河南临颖县南街村党委,在最醒目的楼山墙面，用几平方米大的字体，工整鲜明地写出了南街村党委对村民提出的做人标准："大公无私是圣人，先公后私是贤人，公私分明是好人，先私后公是小人。"毫无疑问，这种道德建设对于促进南街村的个人和南街村的人际关系起到了极其关键的作用。

现代社会的法制是从相对于道德建设的角度提起并实施的。众生芸芸，质地各不相同，难保不出顽劣之辈，古人有句话总结得好："国法昭彰，莫绝凶顽之辈；刑法严酷，难除奸狡之心"。正因为此，法制建设一刻也没停止其发展的脚步。法制建设从限制与制裁两个方面弥补着道德无法提升的缺失：给有错误者以教育；给犯罪者以惩处；给社会公众以警戒。法律要传达给人的信息是：要严格自律、与他人协调发展、和谐相处，可保无忧。法制从强制的角度，约束人与人要保持良好关系，否则，将会受到惩治。

事实证明，无论什么人，都要自觉地接受道德规范的自律，都要敬畏法制，不生歹意，果能如此，就一定能融入现代社会好的人际关系中，发展自我。俗语云："你敬我一尺，我敬你一丈。"这应是正确对待人际关系的根本之意，能敬人者，自当能获人敬。一个敬字概括了现代人际关系中尊重、理解、沟通和合作这八个字的核心意义。在现代社会，谁能在人际关系中自觉运用这八个字对待别人，谁就一定能收获比别人多得多的愉快和成功。

三 "智"在现代商战中的意义

1. 智促进现代商业发展走向空前繁荣

我国现代商业发展经历了两个大的发展阶段：计划经济阶段和市场经济阶段。从这两个发展阶段可以明显看到智慧在商业发展中所起到的重大作用。

　　计划经济一般说来，几乎不显现竞争的智慧和快速发展的智慧。智慧的最大作用就是在商品匮乏的情况下，怎样计划调剂生产和供应。如果把商业市场比作网络，那么在计划经济体制约束下的市场上，只有单调的三条线在运动：国有企业和集体企业是所有商品产业的两条经线，计划供销则是市场上唯一的纬线，根本就形不成网的状态，在这种状态下，市场就像无风的水面，波澜不兴、平静异常。

　　市场经济是实行改革开放的成果。搞改革开放，必然首先牵扯到市场要不要开放的问题。但是，开放市场是否意味着搞资本主义？市场经济是姓资还是姓社？一时间众说纷纭，疑雾重重。邓小平讲了句："计划经济不等于社会主义，资本主义也有计划；市场经济不等于资本主义，社会主义也有市场。"这句简明而富有辩证法智慧的著名论断，一下子使人们的议论豁然开朗，看清了发展的方向。改革开放的大手笔首先拉开了从计划经济转向市场经济的帷幕，邓小平的政治智慧为商业智慧的全面绽放解开了束缚，为商业繁荣带来了希望。

　　智慧绽放，促使现代商场网线密布，发展迅速，繁荣异常。市场经济条件下，市场表面不再是计划经济条件下的三条线运动，而是一下子变成了由国有企业、集体企业、乡镇企业、私有企业、合资企业、外资企业等组成的竞争激烈、布局丰富的生产经线，再由繁星般的各类商家组成无所不在的营销纬线，现代商场因此而成为经线丰富，纬线密布的商业网。在这种纵横交织的商网中，所有的商家无时无刻不在把握市场的脉搏，以期抢占先机，占有主动。市场现在需要什么，将来需要什么？商家心中早已成竹在胸，竞相研发推出新产品，市场往往会出现这种现象——某种商品刚上市不久，很受欢迎，说不定哪天突然又有更新潮的同名产品面市，把顾客撩拨得眼花缭乱，不知该选哪种产品才好，商品市场显示出空前的繁荣景象。

2. 商业智慧建立起新的产供销商业格局

市场开放初期，经商热成为一种时尚意识。市场开放带给国人的首先是理解、刺激和穷则思变的跃跃欲试。一夜之间，许多人想由穷变富的思想急剧膨胀，纷纷下海，想在商海一展身手。一时间，大街小巷、车站、码头、广场，到处都是小本生意的摊位；大街上，有资金做支持的人，谁都可以申请开张店铺，经营商品。国人戏称这一时期经商热道："十亿人民九亿'倒'（指经营商品），还有一亿在思考。"此戏言虽为夸张，但客观上反映出国人在开放的市场中，思想得到了彻底的解放。思想解放意味着智慧的绽放。

现代商业智慧建立起现代商业格局。国人对于商业营销的极大热情，为新的商业格局形成，提供了丰富的经验。例如商家多必然有竞争，竞争必然引发商家让利销售，在让利销售后，商家为了降低成本，纷纷避开原来的二三级批发商，直接到厂家进货，这样便可在让利销售的情况下，保证商家的利益，但原有的二三级批发商自然被挤出局外，现在商场中的中间批发商几乎全部在激烈的竞争中销声匿迹。

开放的商业智慧使新的商业格局具有如下两大特征：特征一是全国各地，特别是发达地区，涌现出千军万马般的家庭式工厂，这些家庭式工厂往往采取前门开店，后院生产的"前店后厂"形式，这些小型工厂以生产服装、小百货商品为主，批发零售兼营，以批发为主。特征二是为了进一步规范市场，方便客商，以政府部门牵头组建大型的商品集散批发市场。有了这种大型批发市场，厂家直接把店设在批发市场内，商家直接到批发市场看货订物，还可以货比三家，择优而取，很是方便。这种大型批发市场还能起到质量互比、价格透明、信息灵通等积极作用。这种大型批发市场一般按商品类别而建，例如：服装批发、百货批发、家电批发、计算机耗材市场、五金电料批发等等。新的商品供销格局正以其巨大的影响力推进着现代商业的发展。

3. 商战智慧与品牌大战

现代企业引进 CI 战略，点燃了品牌形象大战的烈火。在千军万马般的企业中，在繁星密布的商店里，广大消费者怎样才能知道谁最优最好，既是广大消费者要考虑的问题，也是企业和商家共同关注的焦点。毫无疑问，谁的品牌响，顾客就认谁。怎么做才能让社会公众了解自己的品牌？聪明的企业和商家在三思后有所行动：试验引进国外普遍用来树立企业品牌和形象的 CI 战略。

CI 战略是一种"企业识别系统"，或曰"企业身份识别系统"，一般称为 CI 战略。CI 是英文 Corporate Identity System 的缩写。CI 作为企业识别系统引起社会关注的时间是 20 世纪 20 年代至 40 年代，美国 IBM 计算机公司最早成功运用了 CI 战略，将公司的全称（INTERNATIONAL BUSINESS MACHINES）浓缩为"IBM"三个字母，并选用蓝色作为标准色。精心设计了"IBM"三个字母的形象，以此象征高科技的精密和公司的开拓精神，在美国公众中迅速树起了蓝色巨人的崭新形象。随后欧美各大企业纷纷效仿，将 CI 战略带入到了普及时代。我们国家真正效仿运用 CI 战略于商战中，是在 20 世纪的 90 年代初。

CI 战略的主要内容包括三大部分：

第一部分：理念识别。英文为（Mind Identity）简称 MI。理念指企业的宗旨、原则、信条、观念。如企业的价值观、使命、方针、口号、企业歌曲、CI 手册等，都属于理念的范畴。企业理念不仅仅是公众了解企业的窗口，更是企业自我发展的灵魂。现代商战中，世界著名的大企业都有闻名于世的企业理念，如：

日立公司的企业理念是：和、诚、开拓。

波音公司的企业理念是：开拓、迎接挑战、安全与质量、正直、讲职业道德。

　　福特公司的企业理念是：人是力量的源泉。

　　麦当劳公司的理念是：S、Q、C。三个字母分别是英文"服务、优质、清洁"的第一个字母。

　　松下公司的理念是：产业报国、光明正大、友好一致、奋斗向上、礼貌谦让、感激、适用同化。

　　海尔公司的理念是：真诚到永远。

　　这些简单易记、震慑人心的企业理念，对内是激励员工团结奋斗的动力源泉；对外是向社会公众展示企业责任心和价值观的企业灵魂。这些企业取得的巨大成就同这些理念密切相关。这些理念让社会公众感觉到这个企业行，值得信赖，自己的选择不会错。

　　第二部分：行为识别。英文为（Behavior Identity）简称BI。行为识别顾名思义，就是通过企业人的行为来塑造企业的形象。行为识别已被现代所有大中小型企业和服务行业不同程度的受用。例如最常见的宾馆酒店设置礼仪人员，见到客人就微笑着说一句"欢迎光临"，或者"先生请走好，欢迎再次光临"等。工作人员的行为规范、言谈举止等，都属于行为识别。据说海尔公司员工外出搞维修时，到顾客家，都要先铺上一块准备好的衬布，然后再把机器搬到布上打开修理，就这一块衬布，让消费者很是感动：海尔人想得真周到。海尔公司用自己员工的行动在向公众展示自己的理念"真诚到永远"。

　　第三部分：视觉识别。英文为（Visual Identity）简称VI。顾名思义，视觉识别就是通过眼睛看而树立企业形象。这个眼睛看可不是企业人的眼睛，而是企业通过精心设计自己的形象标志，让社会公众通过眼睛来发现自己，记住自己。例如，现代电视上让人目不暇接的广告和大街上让人眼花缭乱的广告牌匾等，均属视觉识别标志。当今国人眼熟能详的视觉识别广告有娃哈哈饮料、可口可乐饮料；桑塔纳、奥迪、夏利汽车等标志。

企业与商家竞相运用CI战略包装自己，使商场品牌大战硝烟弥漫。如果一个人稍微留意一下现代城市的品牌广告标志，用不了大会儿，保准看得头晕。华丽、新奇、密布是现代品牌广告带给人们的直接感受。我们如果仔细注意一下品牌大战的特点，就会发现有这样几种表现：一是品牌宣传要做大、做新、做奇。例如，一年花几千万元在央视的黄金时间亮亮企业品牌，电视镜头里一条鱼在煎锅中乱蹦，你以为是说鱼的什么事，其实是在卖以鱼命名的食用油，用鱼作品牌广告含义有二，一是品牌以鱼命名，二是油质好，烹调出的鱼味鲜美。这样做广告容易让人留下品牌印象。商业智慧在此可谓发挥极致。现在的品牌固定标志，做的都具有大、新、奇特征。有些商家在一幢楼的墙面做一个与楼同高同大的品牌设计，让人远远都能看见，心中产生气魄非凡的震撼，从而留下品牌的印象。二是品牌固定标志抢占眼位，即能让人一眼看到，或是容易引起人们视觉注意的位置，都成为商家争抢做品牌标志的地方。例如公交巴士、的士、专用车辆、自行车、三轮车、墙面、空旷地带竖起塔型巨幅标志、路面、服装、雨披等等，几无不可利用之物，只要有利于品牌宣传，再难做的地方也可以做成。三是品牌标志的材料形式多种多样。如平面绘画、立体仿真造型、霓虹灯、气球、飞艇等。四是品牌命名时尚随意，如"一口仙饭庄、靓丽服饰、迷你相馆、喜盈盈面馆、好再来汤圆"，甚至还有家特别口语化的"饿了，来吧美食"等等。商家为给产品命名可谓颇费苦心，目的是好叫、好记、好卖。

4. 商战智慧促进了产品的科技进步

现代商品不仅品种极其丰富，而且知识含量越来越高，这一点在现代商战中有以下几方面突出表现：一、服装业不断创新的时尚样式，吸引着社会公众的消费眼光，提高着人们对衣着审美的情趣和认识。现代服饰的轻盈保暖、式样潇洒、大方前卫，突出不同性格、职业特征等为变化导向，确实让现代社会多姿多彩起来。二是为适应现代社会快节奏的生活，方便食品如雨后春笋般涌现出来，极大地方便了上班上学一族的需要。三、小型家用电器功能愈来愈全、方便实用，给千家万户带来方便。四、视听音响设备走进老百姓家，增加了家庭文化氛围，让人们在劳作之余，能在娱乐中放松自我，提高了人们的生活质量。五、计算机成普及之势走进千家万户，极大地推动着信息经济的快速发展。六、轻便摩托、电动自行车，微型轿车已成为人们的代步工具，提高了现代人的工作效率。交通工具的现代化已成为现代社会经济发展的重要标志。

5. 商战智慧造就了一批批具有现代意识的商人

照传统说法，"十年能培养出个秀才，十年培养不出个商人"、"无奸不商"，许多人都认为经商必奸，奸猾之人才能经商。这是一种错误认识。诚然，无论过去，现在还是未来，确实会有用坑蒙拐骗等奸诈之术经商者，但那是被人们所唾弃的卑鄙小人，不是正派的经商之道。经商同样是一种社会劳动，完全可以用公正之心待之，完全可以用智慧，用诚恳、用辛劳换来理想的回报。现代商战就培育出一批批具有现代意识的现代商人。

所谓现代意识，是指现代商人要具备的善于捕捉商机、敢于承担风险责任、乐于与人合作等意识。现代社会政策开放，经商的人很多，但真正成功的商人并不占多数，问题的根本就在于，成功商人一般都具有强烈的现代经商意识。当然，不成功者未必就是奸商，一个现代商人倘若缺乏强烈的时代经商意识，那就难免在把握商机、捕捉信息、承担风险压力等方面，由于缺少足够的心理准备面对出现的问题，拿不出应对策略而告失败。

现代的成功商人具有大致相同的经商理念，如：货取大厂名牌，竞争以质取胜；薄利多销，让利顾客，所谓"一分利撑死，十分利饿死";把利看淡点,对顾客看重点;诚信经商等于广交朋友;严把质量关就是在树立好的形象;为顾客着想就是在为自己着想……。这些具有时代特色的经商理念,是现代商战积累的智慧经验,看似简单,其实包含着很深的哲理。一个人要想在现代商战中占有一席之地,就应当用这些现代经商理念来指导自己的商业行为。当一个现代商人能做到上述经商理念的要求时,这个商家就一定能取信于人,可以取信于人的商家,尽管也会遇到困难和挫折,但这个商家却因为赢得了人心而走上了现代经商的正道,他就是一个现代商界的成功人士。河南开封有个万宝电器有限公司,自创业始,就坦诚负责地对社会宣称,买万宝电器就等于买到了最好的服务,万宝公司恪守诺言,各种服务随叫随到,定期随访,免费维修等优质服务措施相继出台,其诚恳态度前所未有,一下子吸引了豫东地区的千万顾客,万宝公司又在进货的品牌与质量上严格把关,让顾客买得放心,用得称心,并提出"满意了请告诉您的亲友,不满意请告诉总经理"的响亮口号。十几年来,万宝公司靠着诚信热情的经营,赢得了厂家和广大顾客的信赖,成为中原大地一颗璀璨的商业明星。

6. 商战智慧让整个商界提高了质量意识

在商业流通领域的每一个层面,每一个环节都存在质量问题,或制造,或验收,或装配,或服务等等,每一道工序都有每一道工序的质量问题存在,这一认识是过去所认识不到的。产品丰富与同类产品增多,必然会引起消费比较,消费比较可以是全面的整体比,也可以是某个环节、某个部件比,在比较中,性能、质量之优劣往往立竿见影。在这种质量互比的竞争中,质量好的卖得快,质量次点卖得慢是一个很现实的问题。于是,企业、商家纷纷引进全面质量管理制度,把质量意识提到了关系企业生死存亡的高度来认识。

全面质量管理制度是一种现代管理方法体系。顾名思义,全面质量管理就不是只管哪一部分,而是关系到质量的全方位。从原材料、每道工序、产品装配、验收、装箱、装车、入库、出库等都实行有严格标准的量化管理。有许多企业甚至把质量关延伸到商店里,同商家一起严把产品质量关。全面质量管理制度的实施,促使产品质量得到了可靠保证。

7. 商战智慧把世界连成了一体

全球经济一体化,早已成为现代社会经济发展的一个显著特征。这一特征具体表现在:一、跨国公司增加迅速。例如日本的索尼、松下两巨头在我国设立生产基地;我国的海尔公司在美国、日本、意大利设立分部;德国的奔驰公司在我国设立分厂等等,跨国公司企业做大做强的理智选择,既可资源优势互补,各得其所;又可抗击更大风险,因此,跨国公司一般都是商界精英最终要走的经商之路。二、商品出口量逐年增加。三、新的管理思想很快成为全球商界所共同遵循的原则标准,例如"以人为本"的思想;"以质量求生存"的原则;"向管理要效益"的意识,企业文化建设是增强凝聚力,树立企业形象,提高企业知名度,必不可少的建设行为;了解市场,控制成本,节能降耗的核算法则;四、信息高速公路正结成世界网络,经济动态瞬间可知;五、各种各样的技术劳务输出逐年增加,使技术型剩余劳动力得到充分利用等等。市场开放后,商战促使人们想办法创造一个个新的经济增长点,飞速发展的经济已经把世界紧密地联在了一起。

8. 商品知识的附加值促使第三产业迅速崛起

现代知识对于现代商战的重要贡献之一,是促进了第三产业的崛起与勃兴。

第三产业又俗称为服务业。当知识性产品取代了传统商品的地位,走进社会上的千家万户与各行各业的单位时,相关的知识性服务业务便应运而生。例如:有了彩色电视机,便有了电视维护与维修业务；有了计算机，便有了计算机的拼装、维护与维修业务；有了手机，便有了手机的保养与维修业务；有了家庭的现代化设施，便有了家政培训服务业务等等。

现代人走在城市乡村的大小街道上，更多的是看到各种各样的知识性服务的招牌与店面。知识的附加值在服务业的崛起方面，得到了有力的证明。知识把生产、销售和售后服务，连成了一个整体，把传统的商场概念的内涵，扩展到了社会的每个层面及角落。换句话说，凡是有固定或者流动人群的地方，都是商场，同时都存在有知识性服务的因素和内容。

知识彻底改变了现代社会人们的商业观念，同时也警示人们：知识不仅对商品和商场的发展具有重大意义，而且对于普通人的个体发展，同样具有重大意义：一个不能与知识发展同步前进的人，会过早地感受到生存危机，相反，一个敢于接受知识挑战的人，才能确立由掌握知识而产生的自信与地位。

四　智圆行方与现代法制

1. 智圆行方释义

智圆与行方是一个事物的两个方面，是既对立又统一的整体。我们的先辈为何用圆来形容智，又为何用方来规范行，其意义何在，这是本节首先要搞清楚的问题。

智是人的"聪明才智"，是"知识"，是"智能素质"；圆是指"周全"、"完整婉转"之意，亦作"圆通灵活"讲。《盐铁论·论儒》中有语云："孔子能方不能圆"。意思是说孔子为人做事耿直不圆滑。唐代的孟郊曾说："万俗皆走圆，一身犹学方。"也是说他不愿学世俗圆滑世故，要坚持耿直做人。从学理方面可以得出这样的结论：智作为人的聪明才智，具有圆通灵活的特点，故而才有"智圆"之说。

实际上，人们对"智圆"的认识主要源自对智的工具性和变通性特征的认识。所谓工具性特征，是指智虽无形，但人们无论干什么事，都必须依赖于智，有智则事可成，无智则事难成，这种例证俯拾皆是，毋庸赘举；所谓变通性特征，是指智具备着临事可变的灵活性，人们在解决实际问题时，用这个方法不行，换一个方法就行，同样性质的问题，往往也需要变换方式才能取得更好的结果。例如，我国的《孙子兵法》，从千变万化的战争形态中，抽象出三十六种用兵的智谋，而非固定一形，充分地证明了智的变通特征。时势变则我之智谋变，变则胜，不变则败。另外像俗语所云"权宜之计"、"走着说着"、"创造性地工作"等等，都是智的圆通例证。

智既有圆通灵活之特点，便无法保证智只为善而不作恶，怎样规范约束智的圆通灵活？行为方正自然就成为实施智慧的一个原则和标准。

什么是"行方"？行即行为，指实际做事的行为，方与圆相对。"方"有"则"、"法度"、"准则"、"常法"、"定规"、"方正正直"等义项。智圆行方中的方可概括为做人的原则和社会法制标准。

智圆与行方对立统一的含义是：圆与方虽相互对立，但并非不能协调。协调的原则，也即二者的关系应该摆正为"圆不越方，方可正圆"。圆则圆矣，但只能圆在方中，圆为软性，方则是刚性，圆一旦越方而为，势必造成不良后果。

智在"不作为"状态下，通常是以意识（思想）、或者理论方法的形态存在，"不作为"便没有后果，"作为"了便会产生后果。因此，对智圆行方最科学的理解，应该是把智圆行方看作是预防在先的教育性原则，而不是在实践中拿来对照的原则。换句话说，人的智慧应该始终在方正正直的道德基础上发展，在方正中求圆通，这样才能求得智圆与行方的和谐与统一。我们认为这是智圆行方作为对立统一的概念提出的本质所在。

2."智圆行方"与"不仁不智"

智圆行方与不仁不智,虽概念不同,但旨向一致,都是在讲智应从根本上合乎做人的标准。如果智不能合于"方"和"仁",那就不能称为智。二者稍有不同的是,智圆行方是从多元角度看待智,即人的圆通灵活皆为智,但不论智有多圆,终须合方,否则便非智;不仁不智则从伦理角度,用一元思维的方式,严格规定只要不符合仁,便非智,认为仁智乃智,不仁不智。离开了仁,只能是奸诈之术或欺骗手段。

智圆行方和不仁不智都将智的属性划在正人正派之所为的范畴,认为智应该是正人君子的学识才能和道德品质的有机部分。一切知识和才能,都应该用来成就人的仁德,仁本身即智,而且仁是智的根本。古人云:"天行健,君子以自强不息,地势坤,君子以厚德载物。"这句话突出地表现了古代先哲认为,"自强不息"和"厚德载物"是成就君子美德的两大因素,而这两大因素不仅阐明了智与仁的关系,而且暗示了这一标准符合于"天地运行之正气"。"自强不息"是君子智能的培养发展过程,"厚德载物"是君子智能发展的最终归宿,二者体现出高度的融合与统一。

现代社会高科技犯罪,高智商犯罪屡禁不止,泛滥成灾。在加大对高科技、高智商犯罪打击力度的同时,我们似乎更应该反思一下整个社会在对待"智圆行方"和"不仁不智"的思考与实践方面缺了点什么。如果在发展社会经济的过程中,着力点始终偏向人才智能素质的培养,而忽视或者弱化人才道德素质的构建,那么"智圆而越方"和"不仁不智"的犯罪现象将会更加肆虐,危害社会的健康发展。

历史的经验告诉我们:智必须傍仁始安。爱因斯坦曾坦言道:"世人只关注我们这些人有哪些科学发明,写了什么著作,殊不知,真正对这个世界产生重大影响的是我们的道德。"很明显,如果大科学家不是把自己的智慧用于为人类造福,而是去做危害人类生存的事,那结果将是无法想象的。因此,永远的强调并培养每个人都成为仁德之人,相信仁既可生智,亦可帅智,只有仁者之智才能让人类社会实现真正的可持续发展,这也许应该是我们得出的一个不可动摇的科学结论。

3. 现代法治要求智圆行方

现代法律是代表国家意志的专政手段,是体现上层建筑意识形态要求的系统原则。通俗地讲,就是国家用系统标准要求公民应该怎样,不应该怎样,超越了法律的规定要受什么样的惩处等等。现代法制从山川河流、花草树木、土地空气、房舍道路、人的生活、工作、学习、信仰等等方面,都建立并健全完善着法律规定,现代法制所涉及的广度和深度可以说是空前的。

现代智慧的发展,极大地推动着生产力水平的提高,现代人利用飞速发展的生产力要素,使自己征服自然、改造自然的触角在地球表面已无所不及,并已经发展到征服太空的初级阶段。现代人的智慧被更多地用在了发展社会经济,提高现代人们生活水平的方面。这样便带来了两大方面的问题:一方面科学是把双刃剑,在给人类社会造福的同时,也带来严峻的危害,怎样最大限度地扬科学之长,避科学之短,虽然是明面上的问题,但利用科学的人们并不都是科学家,况且许多人向来只注重眼前利益,很少想贻害后世的中长远问题,因此,站在国家角度,用立法的形式来规范、警示、约束、惩戒科学的负面影响问题,便成为现代法制的一件大事;另一方面,在现代法制尚未健全、政策尚未涉及到的领域,为了眼前利益,有些人便会钻法制的空子,打政策空白的擦边球,做出损害社会,个人收利的不法坏事。例如改革开放初期的乱砍滥伐造成大量水土流失、给近年多次暴发的洪涝灾害埋下了巨大隐患的事实;又如一度化工产品走俏市场,中小型造纸厂、化工厂如雨后春笋般遍布全国各地，企业只顾赢利挣钱，而将大量废水废气排放出去，造成巨大的环境污染，严重地危害着人们的生存环境等事实，皆属此类。在利益驱动下，许多人只想充分利用现代科技为自己捞实惠，只看"钱景"，根本不在乎生存环境的前景，因此，现代法制用法律的手段，对各种只顾个人利益，不顾客观后果的生产活动方式，都明令限期改正或予以查封。现代法制用强制方式要求人们智圆且行方。

4. 现代社会不法之徒利用高智商犯罪现象公开挑战现代法制

随着现代社会的飞速发展，现代人智也发展到了空前普及与提高的程度。但是，智慧给现代社会带来的并不都是福音，在智慧正常作用的反面，各种违纪、违法犯罪活动中，"利用智商"因素越来越多地凸现出来，引起了社会的广泛关注。"高智商犯罪"已经作为一个法律概念，在法律文件或案件侦破中广泛地使用着。

高智商犯罪，是特指利用知识科技手段、信息、政策等进行违法犯罪的活动。

事实上，由于智的发展给人们从事各种活动提供了方便，信息化社会又使普通人的仿效能力大大增强，在这种客观现实下，高智商犯罪就像一面黑旗，给大大小小的智商犯罪树立了"榜样"，可以说，在现代社会中所有违纪、违法犯罪活动中，犯罪嫌疑人或自觉、或仿效、利用智商进行犯罪活动已经成为一种普遍现象。例如：把即将报废的产品经过特殊处理，作为新产品推出去卖；在胶囊中装上面粉充当抗生素卖；把火腿肠泡在有敌敌畏的溶液中，增加所谓的"香味"，卖给广大顾客；用洗衣粉制作鸡蛋糕；用硫磺熏蒸馒头，使之变得更白；将死去的牲畜泡在双氧水里到发白，然后做熟上色，卖给顾客；在普通商品上贴上名牌商标，以次充好，推向市场……凡此种种假冒伪劣产品，经营者可谓煞费苦心，其所用来造假的知识，涉及物理、化学、电力、市场学、顾客心理学等诸多领域，其发展势头，已经成为一股无渠自通的暗流，腐蚀着社会主义市场经济的肌体。利用个体智商或群体智商，进行违纪、违法犯罪活动，已经成为公开挑战现代法制的重大现实问题。

5. 现代法制逐步完善，严厉打击各种智商犯罪活动

近年来，我国腐败官员携巨款外逃事件不断发生，据不完全统计，现在至少有数千名利用行政职务和技术职务之便，携巨款外逃的犯罪嫌疑人。他们带走的公款数额之大，令人惊愕。这些犯罪嫌疑人利用各种关系渠道，分别隐匿在很多国家和地区，企图最终逃避法律的惩罚。

此前，我国对此类犯罪尚无行之有效的追查途径，主要由于国内相关的法律不完备，存在漏洞。自 2003 年《联合国打击跨国有组织犯罪公约》正式颁布生效后，我国人大批准加入该公约，成为该公约的一百四十个签署国之一，为在全球范围打击腐败犯罪外逃，以及寻求境外司法协助，奠定了法律基础。

与此同时，中纪委配合该公约，特地派出专门工作小组，对各地官员外出情况进行监督式巡视，对外出官员的护照进行检查和管理，一旦发现意外，立即作出相关反应，使腐败分子携款外逃企图落空。

挪用公款，是犯罪分子利用职务和技术之便，进行违法犯罪的另类腐败现象。犯罪者往往巧立名目，挪用巨款，或洗黑钱，或假借某种名义据为己有，先挪而后鲸吞之。针对此类犯罪特点，最高人民法院今年公布了一条新的司法解释：挪用公款归个人使用，犯罪的追诉期从挪用行为实施完毕之日起计算。

为遏制企业环境违法行为，国家环保总局今年推出五项措施遏制企业环境违法行为。

为打击阻止犯罪嫌疑人，肆意偷运人体器官出境的违法活动，卫生部、国家质检总局发出通知其确定涉及人类遗传资源物

品不得随意出境,违者将受到法律制裁。

……

为了名利,为了富贵,为了个人享受,铤而走险,骗财、骗色,骗一切可骗者,然终究骗的自己惶惶不可终日,或锒铛入狱,或亡命天涯,享的"福"和吃的苦,宛如海水与口水之别,不唯如此,心灵之污垢,纵有不尽之泉,何日可洗刷洁净。由此观之,善恶之辨,悬乎一念,不可不慎重做人,凡事不可不以仁约智。

现代法制的逐步完善,给各种现代智能犯罪行为布下了"天网","天网恢恢,疏而不漏"。现代法制是智慧的产物,遵守现代法制,是智慧的选择。

利用智商犯罪的根本目的是逃避法律惩罚,法律的根本出发点是遏制并打击犯罪,二者同用智慧,但却有质的区别,前者之智,是变异之智、蜕变之智,已不是仁智范畴,而是骗术;后者之智,是捍卫规范之智,是警示人应走正道之智,是仁智的另类诠释。

6. 智圆行方和现代法制建设深情呼唤仁智回归

①智圆行方、现代法制体现出的哲学内涵都在强调仁与智的统一

智圆行方作为知行统一的境界和标准,是从如何做人的出发点及其归宿的规定性上提出的,换言之,知行统一既是做人的出发点,也是做人的归宿。人发展知,是为了更好的行。客观上,知与行之间总是存在着诸如公与私、义与利、真与假、美与丑等种种关系,如何面对这种种关系而不失知行统一的原则,便成为十分现实的问题。丧失知行统一的原则,就等于放弃了智圆行方的标准;要坚持智圆行方的境界和标准,就必须坚持知行统一。

现代法制从规范角度,全面规定了每个社会公民怎样才能奉公守法,又具有良好的社会公德,从而成为知行统一的合格公民

的具体标准。两者的区别仅在于，现代法制既包含着对知行统一的具体要求，又包含着对违法行为的惩处标准，现代法制把预警性和后教育性有机地结合起来，作为常规教育的辅助手段而发挥作用；智圆行方则从正面旗帜鲜明地提出了知行统一的原则和标准，明明白白地告诉人们："做人要做这样的人！"

智圆行方和现代法制，同是人智慧的结晶，二者对知行要统一的要求，前者是永恒不变的要求，后者是在建设的变化中追求永恒。

②从历史角度看仁智统一

从历史角度看，知行统一只是一种表征现象，其发展的哲学基础，或者说知行统一的本质，是仁智统一。

人作为智慧生命，其生存的显著特征是群居——构成社会，并不断地寻求改变生存质量的方式和途径。在历史发展过程中，人们通过为了利益而争斗的残酷现实，逐渐总结出一个真理：即要使人类社会避免为利益而争斗，根本的一条，就是运用智慧，教育培养人具备独处或与他人合作的良好道德。这个道德，被我们的祖先概括为"仁"。我们的祖先认为，要先学习如何做人，然后学习如何做事，以成就仁德之人，其做事必不会有悖仁德。只有仁德相互统一，才有可能知行统一。

我们的祖先认为：人、仁、智是三位一体的关系。曾子、孟子、荀子等先哲都曾坦言："仁者，人也。"孟子还说："仁，人心也。"《左传·襄公七年》中道："德、正、直三者备乃为仁。"孔子说："仁者，仁义也。"孟子进一步说："仁者，无私心而合天理之谓。"从先哲们的认识中不难看出，他们认为做人要仁，人以仁成，不仁不人，人就得仁，仁才是人，人和仁是密不可分的。

先哲们还认为：一个人温和善良，是仁的体现；恭敬谨慎，是仁的应有之义；有礼貌，是仁的体现；能高谈阔论，是仁的文华。这就明明白白告诉我们，仁本身即智，智在仁中，仁可生智，仁可帅智，仁不仅在成就人格品行方面起着重大作用，而且仁在处理人际关系和个人学问修养方面，同样起着重大作用。人、仁、智是三位一体的关系，仁和智是人成长发展过程中所必需的道德因素和智能因素，仁和智好比是人的两只翅膀，不可或缺，少了一只，都不是完全意义上的人。我国近代著名学者王国维曾对此有精辟的论断："有知识而无道德，则无以得一生之福祉，而保社会之安宁，未及为完全之人物也。"在他看来，有智而无仁，非但严重影响个人一生，还会给社会带来危害。这一认识，与人类发展的社会现实完全吻合。仁与智，是人类繁衍生息，持续发展的两大要素，仁智是否统一发展，给人类任何一种社会形态带来的影响，都将是巨大而深远的。

③从现实角度看仁智相背造成的社会危害

尽管人类早就用智圆行方和法制建设来表征对人、仁、智三位一体的觉悟和理解，也明知作为人，应该有所为，有所不为，绝不可为所欲为。但在现实各种利益的诱惑下，迷失其中者，大有人在，而且随着经济的愈加发展，迷失其中的人愈来愈多。

迷失者放弃了不仁不智的做人做事原则，做出了种种危害社会、败坏社会风气的不法坏事：有为官者，利用职权，进行权钱交易，甚至于卖官鬻爵，大肆收受贿赂，严重败坏了社会风气；有经商者，为了蝇头小利，极尽坑蒙拐骗之能事，手段之多，无所不用其极，严重扰乱了市场正常秩序；有从艺者，以时尚为噱头，引领追星族狂热崇拜，殊不知艺术的真谛是将最美的东西传播于社会，用美净化人的心灵，这些缺乏艺术真谛的所谓"艺术"，其负面影响远远大于正面效应……凡此种种败坏社会风气的现象，从根源上分析，都是当事人仁智相背而为的结果。倘若一个人仁义道德的基础扎实深厚，凡事知其可为与不可为，不但能想到自己，而且虑及社会影响，那结果一定会大不一样。

④从发展角度看智圆行方与现代法制深情呼唤仁智回归

从人的发展角度讲，人的一切发展活动，归根到底是为了改善生存环境，提高生存质量。那么，准此而论，任何直接的、间接的，现实的，未来的等等源自于人自身的不利影响，是绝对应予排除的。

综观现实源自于人类自身，种种危害人类健康发展的不利因素，危害最大、影响最深远的莫过于仁与智的分离。

这一问题在现实中的各个方面，都不同程度地存在着。例如在教育方面：为了追求分数和名次，可以淡化德育，砍掉美育，轻视体育；在政治方面：为了晋升提干，虚报瞒报，人为创造业绩，受益的是个人，吃亏的是广大老百姓；在文化宣传方面：为了追求利润，考虑经济效益多，考虑社会效益少，真正让广大人民群众受益并喜闻乐见的精品文化少得可怜，内容轻浮、不值回味的文化商品却充斥整个社会……面对此情此景，许多专家学者发出慨叹：我们这个社会浮躁有余，冷静不足。

其实，现代社会一直在倡导仁与智的统一。国家在20世纪50年代号召广大青年，要做"又红又专的革命事业的接班人"；在八十年代提出广大青年要做新时期的"四有新人"，在干部问题上，中央一直在严格要求干部是"德才兼备"的优秀分子；在科技和文化领域，国家号召科学家，艺术家要成为"德艺双馨"的专家型人才，国家号召要谱写大量的英雄模范事迹，鼓舞教育人民等等。在不同的历史时期，我们身边确实涌现出不少可歌可泣的平凡而又伟大的英雄人物。在这些英雄人物的精神境界和现实行为中，我们可以清晰地看到仁与智在他们身上的高度统一。是高尚的道德情操和竭忠尽智的服务行动，铸就了时代英模的高大形象。

不容回避的是，在市场经济的社会形态中，五彩缤纷的时尚生活，导致了享乐主义的流行和泛滥，要及时享乐，就要有现实利益作基础，于是乎，许多人在现实利益面前，忘记了仁智统一，一脑门子心思全盯在了如何拥有既得利益上。该要的，不该要的全要，该拿的，不该拿的都拿，该干的，不该干的全干，社会风气始败于斯，再败于斯，让世人怨愤莫名。

如果把时代英雄人物的思想境界同势利之徒的思想对比一下，不难发现，二者仁智的区别，犹如天地，判若黑白。前者做人的思想基础是正直无私，其才智用以造福社会和他人，乐在正直无私的境界中；后者做人的思想基础是自私自利，其聪明才智用以追求实惠，虽非君子取财之道亦敢为之，乐在既得利益的享乐中。这两种人，把仁义道德和聪明才智统一于一身，是做个正人君子，还是做个败坏风气的势利小人均演绎得淋漓尽致。仔细品味其中意义，让人着实感慨万分。

古人曾云："彼，人也，予，人也，彼能是而予不能是，何也？"这句话是后进比照先进而警策自勉的话，倘用在仁不能约智，自甘做仁智背离之人身上，不也正合其适吗？

当市场经济越来越发达，经济利益越来越在现实社会中占据重要地位时，我们忧虑地发现，仁智相背做事的人在逐渐增多，仁智相背而为的坏事也在逐渐增多，这不能不引起全社会的高度关注。

现代社会发展的根本目的，是改善、提高现代人的生活质量，我们在本章的最后，提醒全社会关注这样一个现实问题：享受生活的基础是公民道德的超前发展。仅仅以物质生活水平的提高，来判定一切，是靠不住的。小平同志曾说："社会风气如果再坏下去，就是经济搞上去了，又有什么用？"

发展靠智，更要靠德。仁智统一问题，对于仁智相背已经成为一种普遍的社会现象，并日益严峻挑战社会伦理底线的社会现实。这是一个需要深思的问题，必须思考仁智统一的哲学意义、历史意义和现实意义；需要加强仁智统一相关的宣传、教育、培养工作，把培养仁智统一的人当做头等大事来抓；要做到不是个别和少数人成为道德高尚，智能优良的人，而是普及到全社会的重大现实。

这不仅是现代社会对人的基本要求，而且是智圆行方与现代法制建设对人人成为仁智统一的优秀公民的深情呼唤。

仁智统一的人，才能体现出智圆行方的要求和境界；仁智统一，才能让现代法制建设不再针对智力犯罪增设律条，而把精力集中在其他建设方面；仁智统一，是社会发展中最重要的发展因素——人的发展中的原本之义。

后 记

中华民族是勤劳、勇敢、智慧的民族,有几千年文明史,创造了灿烂辉煌的文化。在长期的封建帝王的专制下,中国人民的才智虽然受到压抑,但是仍然掩不住智慧的光辉。中华民族发明了造纸术、印刷术、火药、指南针等,对世界文化的发展做出了卓越的贡献。然而几千年的封建专制制度下,中国知识分子所为之奋斗的却是一家一户的帝王的江山。随着近代西方文化和民主思想的传入,先进的中国人开始觉醒,寻求富国强兵的道路,并且着手开发民智的运动。

在撰写本书的过程中,我们发现"智"作为一种特殊的生产力在人们的生活中将发挥非常重要的作用。但是智慧必须在仁义、道德的规范之下才能得到正确的发挥。脱离了仁、德的智是丑恶的,迟早会受到历史的嘲笑与审判。

在撰写本书的过程中,我们也深感自己学识的浅薄,对问题的分析、研究、论述有挂一漏万之嫌。但是我们还是希望此书能给人以启迪。人们发挥运用智慧的时候,千万要在道德的规范之下进行,要有正确的"智"观念。

本书写作的分工情况:

李玉洁撰写:绪论,第一章,第九章之四,第十章,第十二章,后记。

袁俊杰撰写:第二章之一,第四章之二、三,第五章之二,第六章,第七章,第八章,第九章之一、二、三,第十一章。

王云飞撰写：第二章之二、三、四、五、六，第三章，第四章之一，第五章之一、三。

宿志刚撰写：第十三章。

王德安撰写：第十四章。

编者
2005 年 12 月 16 日于开封